Die Theorie der Eisen-Kohlenstoff-Legierungen

Studien über das Erstarrungs- und Umwandlungsschaubild

nebst einem Anhang

Kaltrecken und Glühen nach dem Kaltrecken

von

E. Heyn

weiland Direktor des Kaiser-Wilhelm-Instituts
für Metallforschung

Herausgegeben von

Prof. Dipl.-Ing. **E. Wetzel**

Mit 103 Textabbildungen
und XVI Tafeln

Springer-Verlag Berlin Heidelberg GmbH 1924

ISBN 978-3-662-32273-4 ISBN 978-3-662-33100-2 (eBook)
DOI 10.1007/978-3-662-33100-2

Ursprünglich erschienen bei Julius Springer, Berlin 1924
Softcover reprint of the hardcover 1st edition 1924

Vorwort des Herausgebers.

In seinem Vorwort zu Band II A des im Jahre 1912 erschienenen „Handbuches der Materialienkunde für den Maschinenbau“ teilt der Verfasser mit, daß ein weiterer Band über die technisch wichtigsten Eigenschaften der Metalle und Legierungen noch nachfolgen soll. Die Vorsehung hat es anders gewollt. Der geniale Verfasser hat am 1. März 1922 seine Augen zur ewigen Ruhe geschlossen.

In seinem literarischen Nachlaß fand sich ein vollständig durchgearbeitetes Manuskript, betitelt „Eisen und Kohlenstoff“ mit den Absatznummern 405 bis 504 vor. Da der Band IIA des „Handbuches der Materialienkunde für den Maschinenbau“ mit Absatznummer 404 schließt und im Text der Arbeit „Eisen und Kohlenstoff“ oftmals auf Band IIA zurückgegriffen wird, so ist anzunehmen, daß diese Urschrift als 1. Teil des beabsichtigten Bandes IIB gedacht war. Die Arbeit behandelt die Theorien der Eisenkohlenstoff-Legierungen hauptsächlich vom metallographischen Standpunkt aus und enthält nicht nur die Ergebnisse von Heyns eigenen Untersuchungen, sondern auch die anderer Forscher wie Charpy, Benedicks, Maurer, Wüst, Sauveur, Le Chatelier u. a., die ebenfalls viel zur Klärung der Konstitutionsfragen beigetragen haben, die aber in den letzten Jahren etwas in Vergessenheit geraten sind. Insbesondere enthält die Arbeit die geschichtliche Entwicklung der c, t-Bilder von Roberts-Austen, Roozeboom, Le Chatelier und vor allem des Heyn-Charpyschen Doppeldiagrammes. Die Entstehung der Arbeit liegt offenbar schon mehrere Jahre zurück.

Ein zweites Manuskript, betitelt: „Kaltrecken und Glühen nach dem Kaltrecken“, das, wie sich bei der Durchsicht ergab, gleichfalls als Teil des Bandes IIB des „Handbuches“ gedacht war, behandelt bemerkenswerte Untersuchungen von Rudeloff, Goerens, Winter und Speer, Longmuir, Seyrich u. a. über den Einfluß des Kaltreckens und Kaltziehens und nachherigen Glühens auf die Festigkeit von Flußeisen und Flußstahl, sowie Untersuchungen von Hanemann und Lind über die Wirkungen wiederholten Kaltwalzens und Glühens auf die Festigkeitseigenschaften von Bandstahl.

Da beide Urschriften mit allen Abbildungen, Zeichnungen und Tabellen fertig durchgearbeitet waren, so schien es mir nützlich, diese Arbeiten Heyns der Nachwelt zu erhalten. Ich schlug deshalb vor, sie unter dem Titel „Die Theorie der Eisenkohlenstoff-Legierungen“ als Monographie Heyns herauszugeben und erbot mich, die Herausgabe zu übernehmen, ohne jedoch damit zugleich auch die Verpflichtung zu übernehmen, den Inhalt und insbesondere die theoretischen Erörterungen erforderlichenfalls zu vertreten.

Das Buch sollte eigentlich schon im Frühjahr 1923 erscheinen; ich war jedoch infolge anderweitiger Verpflichtungen zu meinem Bedauern genötigt, das Lesen der Korrekturen eine Zeitlang zu unterbrechen, so daß es erst jetzt herausgegeben werden kann. Möge es vor allem auch der neueren wissenschaftlichen Richtung, die vielleicht berufen ist, die Ursachen der beobachteten Erscheinungen in ihren Zusammenhängen noch weitgehender zu erkennen, von Nutzen sein.

Berlin-Charlottenburg, Ende Dezember 1923.

Der Herausgeber.

Inhaltsverzeichnis.

(Die Nummer an den Stichworten gibt die Absatznummer an.)

Anhang.

Literaturverzeichnis L.

Die Literaturhinweise im Text sind durch den Buchstaben L und die zugehörige Nummer gekennzeichnet.

1. Gore: On a momentary molecular change in iron wire. Proc. Roy. Soc. London 17, 260. 1869.
2. Barret: Certain remarkable molecular changes occurring in iron Wire at a low red heat. Phil. Mag. (4), **46**, 472. 1873.
3. Norris: Phil. Mag. **4**, 5, S. 389. 1877.
4. Heim: Untersuchungen über die Goreschen Phänomene. Doktorarbeit, Gießen 1884.
5. Brinell, I. A.: Jernkont. Ann. 1885, S. 9.
6. Pionchon: Sur l'étude calorimétrique des métaux à hautes températures. C. R. **102**, 675. 1886. — Étude calorimétrique du fer aux températures élevées. C. R. **102**, 1454. 1886.
7. Osmond: Transformations du fer et du carbone dans les fers, les aciers et les fontes blanches. Paris: Baudoin 1888.
8. Heyn, E.: Bericht über die mikroskopische Untersuchung usw. Verh. Ver. Bef. Gewerbfl. 1904, S. 355.
9. Carpenter and Keeling: The range of solidification and the critical ranges of iron carbon alloys. J. Iron Steel Inst. Mai 1904. I. S. 224.
10. Karsten: Arch. f. Bergbau u. Hüttenwesen. **8**, 3. 1824.
11. Caron: C. R. **56**, 43. 1863.
12. Rinman: J. f. prakt. Chem. **100**, 33. 1867.
13. Müller, F. G. C.: Z. V. d. I. **22**, 385. 1878.
14. Abel: Engg. **39**, 151. 1885. Stahleisen 1888, S. 291.
15. Osmond und Werth: Théorie cellulaire, Ann. Min. Juli 1885.

16. Mylius, Förster und Schöne: Z. angew. Chem. **13**, 38. 1896.

17. Osmond: Méthode générale pour l'analyse micrographique des aciers au carbone. Bull. Soc. Enc Mai 1895.

18. Charpy und Grenet: Recherches sur la dilatation des aciers aux températures élevées. Bull. Soc. Enc. 1/4, S. 484. 1903.

19. Roberts-Austen: 5. Bericht an die Legierungskomm. Proc. Inst. Mech. Eng. Febr. 1899.

20. Tschernow: The structure of steel. Remarks on the manufacture of steel and the mode of working it. Engg. 1876, S. 11.

21. Heyn und Bauer: Über den inneren Aufbau gehärteten und angelassenen Werkzeugstahls. Mitt. Gr.-Licht. 1906, S 29.

22. Heyn und Bauer: Der Einfluß der Vorbehandlung des Stahls auf die Löslichkeit gegenüber Schwefelsäure, die Möglichkeit, aus der Löslichkeit Schlüsse zu ziehen auf die Vorbehandlung des Materials. J. Iron Steel Inst. 1909, I. S. 109. Mitt. Gr.-Licht. 1909, S. 57.

23. Barus and Strouhal: The electrical and magnetic properties of the iron carburets. Bull. U. S. Geol Survey Nr. 14, 1885.

24. Maurer: Recherches sur la trempe et le revenu du fer et de l'acier. Rev. de Métallurgie Oct. 1908, S. 711.

25. Belloc: Thermoélectricité du fer et des aciers. Ann. Chim. Phys. 1903, S. 43.

26. Reiser: Das Härten des Stahles in Theorie und Praxis.

27. Heyn: Labile und metastabile Gleichgewichte in Eisenkohlenstoff-Legierungen. Z. f. Elektrochem. 1904, S. 491.

28. H. Le Chatelier: Études sur la trempe de l'acier. Rev. Mét. **1**, 473. 1904.

29. Benedicks: Experimental researches on the cooling power of liquids on quenching velocities et on the constituents Troostite et Austenite. J. Iron Steel Inst. II. 1908, S. 153.

30. Brinell-Wahlberg: Hållfastighetsprof och andra undersökningar å diverse metaller och ämnen. Stockholm 1901.

31. C. Fromme: Wiedem. Ann. 1879, S. 352.

32. Howe: The metallurgy of steel 1891, S. 29.

33. Barus und Strouhal: Am. J. of science **31**, S. 386.

34. Howe: The contraction of iron on sudden cooling. J. Iron Steel Inst. 1886, I.

35. Storey: Alterations of steel in heat-treating. Am. Mach. (Europ. Ed.) 7/3 08, S. 277.

36. Derselbe: Spontaneous movement in hardened steel. Am. Mach. (Europ. Ed.) 5/6 09, S. 812.

37. Metcalf und Langley: Z. Berg- u. hüttenm. Verein. Steyermark und Kärnthen. 1880, Nr. 3.

38. Moissan: Sur la destillation des corps simbles. Ann. chim. phys. (8) **8**, 145. 1906.

39. H. Le Chatelier und Wologdin: Das spezifische Gewicht von Graphit. Rev. Mét. **5**, 140. 1908.

40. A. Ledebur: Handbuch der Eisenhüttenkunde. 5 Aufl. 1906.

41. Hanemann: Kohlenstoffgehalt und Gefügeerscheinungen hochgekohlter Eisenkohlenstoff-Legierungen. Stahleisen 1911, Nr. 9.

42. Wüst: Beiträge zur Kenntnis der Eisenkohlenstoff-Legierungen höheren Kohlenstoffgehalts. Wüllner-Festschrift 1905, S. 240

43. Charpy: Sur le diagramme d'équilibre des alliages fer-carbone. C. R. **141**, 948. 1905.

44. Sauveur: Die Konstitution der Eisenkohlenstoff-Legierungen. Z. Metallurgie **3**, 494. 1906.

45. Osann: Über langsam erstarrtes Spiegeleisen. Stahleisen 1910, Nr. 45, S. 1918.

46. H. Le Chatelier et Wologdin: Sur le carbone ordinaire. Rev. Mét. **6**, 925. 1909.

47. Charpy: Sur la séparation du graphite dans la fonte blanche chauffée sous pression. Rev. Mét **6**, 983. 1909.

48. Charpy et Grenet: Sur l'équilibre des systèmes fer-carbone. Bull. soc. d'enc. 1902, S. 399.

49. Ledebur: Verhalten des Roheisens beim Glühen in Holzkohle. Stahleisen 1886, S. 777.

50. H. Le Chatelier: Observations sur le mémoire de M. Bakhuis-Roozeboom. Contr. à l'étude des alliages. S. 379. 1901.

51. Roberts-Austen: 5. Bericht an die Legierungskommission. Inst. Mechan. Eng. Proc. Febr. 1899.

52. E. Heyn: Die Theorie der Eisenkohlenstoff-Legierungen nach Osmond und Roberts-Austen. Stahleisen 1900, Nr. 12.

53. Bakhuis-Roozeboom: Eisen und Stahl vom Standpunkt der Phasenlehre. Z. phys. Chem. **34**, 437. 1900.

54. Kroll: The crystallography of the iron-carbon system. J. Iron Steel Inst. 1910. II. S. 304.

55. Hatfield: The influence of carbon on cast ion. Iron Age 27./12. 1906, S. 1738.

56. Carpenter and Keeling: The range of solidification and the critical ranges of iron carbon alloys. J. Iron Steel Inst. 1908, Sept.

57. Gutowsky: Zur Theorie des Schmelz- und Erstarrungsprozesses der Eisenkohlenstoff-Legierungen. Metallurgie **6**, 731. 1909.

58. Carpenter: The freezing point of iron. J. Iron Steel Inst. 1908, III, 290.

59. Saklatwalla: Die Konstitution der Eisen-Phosphorlegierungen. Doktorarbeit, Charlottenburg, Techn. Hochsch. J. Iron Steel Inst. 1908, II. 92.

60. Ruer und Iljin: Zur Kenntnis des stabilen Systems Eisenkohlenstoff. Metallurgie **8**, 97. 1911.

61. Charpy: Sur la solubilitè du graphite dans le fer. Rev. Mét. Febr. 1908, S. 77.

62. Heyn, E. und Bauer, O.: Zur Metallographie des Roheisens. Stahleisen 1907, Nr. 44 und 45.

63. Goerens und Gutowsky: Experimentelle Studie über Erstarrungs- und Schmelzvorgänge bei Roheisen. Metallurgie 1908, S. 137.

64. Oberhoffer: Über die spezifische Wärme des Eisens. Met. **4**, 427, 448, 486. 1907.

65. Osmond: Sur la cristallographie du fer. Ann. Min. (9), **17**, 110. 1900.

66. Osmond et Cartaud: Sur la cristallographie du fer. Ann. Min. **17**. Aug. 1900.

67. Hilpert, S.: Über die magnetischen Eigenschaften der Modifikationen des Eisens. Z. Elektrochem. **16**, 390. 1910.

68. Meyer, Alfred R.: Über die Änderungen des elektrischen Leitwiderstandes reinen Eisens mit der Temperatur in dem Bereiche 0 bis 1000° C. Doktorarbeit, Greifswald, 1911.

69. Mc. Cance: The constitution of troostits and the tempering of steel. Proc. Mech. Eng. Dez. 1910, S. 1661.

70. Grenet: Note sur la variation par recuit de la résistance électrique d'un acier dur au carbone trempé. Rev. Mét. **1**, 353. 1904.

71. Hanemann: Über die Wärmebehandlung der Stähle. Stahleisen **31**, 1365. 1911.

72. Jung: Studie über die Einwirkung thermischer Behandlung auf die Festigkeitseigenschaften und die Mikrostruktur hypereutektoider Stähle. Metallogr. **1**, 209. 1911.

73. Goerens und Meyer: Bestimmung der Umwandlungslinie des γ-Eisens in β- bzw. α-Eisen. Met. **7**, 307. 1910.

74. Thallner: Über Spannungen im gehärteten Stahle größeren Querschnitts. Stahleisen **19**, 318. 1899.

75. Barus: The secular softening of hard steel. Phys. Rev. **29**, 516. 1909.

76. Brant, Laura C.: The softening of cold glasshard steel in 24 years. Phys. Rev. **29**, 485. 1909.

77. Wologdine: C. R. **148**, 777. 1909.

78. Smith, S. W. J., White, W., Barker, S. G.: The magnetic transition temperature of cementite. Proc. Phys. Soc. London **24**, Teil I, 62. 1911.

79. Meuthen, A.: Kalorimetrische Untersuchung des Systems Eisen-Kohlenstoff, Ferrum **10**, 1. 1912.

80. Ir. and St. Inst. Carnegie Scholarship Memoirs **3**, 320; 1911: On the influence of coldworking and annealing on the properties of iron and steel. — Ferrum **10**, 65; 1912 und 112 und 137; 1913: Über den Einfluß der Kaltformgebung auf die Eigenschaften von Eisen und Stahl.

81. Percy Longmuir: Some aspects of wire drawing. Ir. and St. Inst. 1912, II, S. 188.

82. Seyrich: Über die Einwirkung des Ziehprozesses auf die wichtigsten technischen Eigenschaften des Stahles. Doktorarbeit; Techn. Hochschule Dresden, 1911.

83. Longmuir: Studies on the cold flow of steel: Engg. 23. 5. 1913, S. 716.

84. Speer u. Winter: Mechanische Untersuchungen über den Einfluß des Verzinkens auf Förderseildrähte: Glückauf **46**, S. 785, 820. 1910. — Metallographische Untersuchungen über den Einfluß der Verzinkung auf Förderseildrähte: Glückauf **46**, S. 901. 1910.

85. Hanemann u. Lind: Über Materialveränderungen durch Kaltwalzen. Stahleisen **3**, **4**, S. 551, 1913.

A. Die Benennung der wichtigsten Arten des Eisens.

1. Das in der Technik verwendete Eisen ist stets eine Legierung des Eisens mit anderen Körpern. Unter diesen nimmt die erste Stelle der Kohlenstoff ein, der ein fast unzertrennlicher Begleiter des technischen Eisens ist. Zwar ist seine Legierungsfähigkeit dem Eisen gegenüber beschränkt, so daß der Gehalt des technischen Eisens an Kohlenstoff in der Regel 4,5 % nicht übersteigt, solange nicht durch den Zutritt dritter Körper die Legierungsfähigkeit gesteigert wird. Dieser verhältnismäßig geringe Betrag an Kohlenstoff übt aber einen so durchgreifenden Einfluß auf die gesamten Eigenschaften der Legierung aus, daß Eisenlegierungen mit niederem Kohlenstoffgehalt und solche, deren Kohlenstoffgehalt der oben angegebenen Grenze von 4,5 % nahesteht, äußerlich so große Verschiedenheiten aufweisen, wie zwei ganz verschiedene Metalle.

Außer dem Kohlenstoff haben als übliche Begleiter des Eisens noch zu gelten die Elemente: Silizium, Mangan, Phosphor (z. T. Arsen), Schwefel, Kupfer. Ihre Gegenwart läßt sich bei der technischen Erzeugung des Eisens nicht ganz vermeiden, wenn auch der Gehalt an einzelnen dieser Stoffe bis auf Spuren herabgedrückt werden kann. Sie entstammen den Beimengungen der Eisenerze und den sonstigen Stoffen, die bei der Eisenerzeugung Verwendung finden. Einige dieser Stoffe, z. B. Silizium, Mangan, Phosphor werden auch absichtlich bis zu bestimmten Beträgen ins Eisen übergeführt. Dasselbe gilt von den Zusätzen zum Eisen, wie Nickel, Chrom, Wolfram, Molybdän, Aluminium, Vanadium, Titan usw., die gemacht werden, um dem Eisen bestimmte Eigenschaften zu erteilen. Eisensorten mit größeren Zusätzen an diesen Elementen werden als „Sonder- oder Spezialeisensorten" bezeichnet.

2. Kohlenstoffarme Eisensorten besitzen zwischen einer unteren Grenztemperatur (etwa dunkle Rotglut) und der Temperatur des beginnenden Schmelzens ein Temperaturbereich, innerhalb dessen die Legierung schmiedbar ist. Dies gilt aber nur für den Fall, daß nicht außer dem Kohlenstoff noch wesentliche Mengen von solchen Stoffen zugegen sind, die, wie z. B. Schwefel- oder Sauerstoffverbindungen, der Schmiedbarkeit entgegenwirken. Der Grad der Schmiedbarkeit wächst zunächst mit steigender Hitze, um darauf wieder abzunehmen. In einem Temperaturbereich dicht unterhalb des beginnenden Schmelzens bietet das Metall der Einwirkung der auf bleibende Formänderung abzielenden Kräfte zwar geringen Widerstand dar, es neigt aber zum Aufreißen. Mit steigendem Kohlenstoffgehalt erstreckt sich dieses Temperaturbereich bis zu immer tieferen Wärmegraden herab, so daß das Schmieden bei immer niederen Temperaturen unter Aufwand immer größerer äußerer

Arbeit durchgeführt werden muß; das Metall wird immer schwerer schmiedbar. Bei sehr hohen Kohlenstoffgehalten erstreckt sich diese Zone der Nichtschmiedbarkeit bis herunter zu gewöhnlicher Temperatur, so daß die Legierung als nicht schmiedbar gelten muß. Auf Grund dieser Verschiedenheit teilt man das Eisen ein in schmiedbares Eisen mit geringerem Kohlenstoffgehalt und in nicht schmiedbares Roheisen mit höherem Kohlenstoffgehalt, dem sich meist noch größere Mengen anderer Stoffe, wie z. B. Silizium und Mangan zugesellen.

Eine scharfe Grenze zwischen schmiedbarem Eisen und Roheisen gibt es nicht. Zwischen beiden bestehen ganz allmähliche Übergänge. Man kann einen gewissen Grad der Schmiedbarkeit bis hinauf zu 2,6 % Kohlenstoff beobachten, falls die Menge der übrigen Fremdstoffe gering ist. Erreichen diese aber einen höheren Betrag, so verhält sich eine Legierung mit 2,6 % Kohlenstoff bereits wie Roheisen. Jedenfalls kann man bei den Übergangsgliedern zwischen schmiedbarem Eisen und Roheisen nicht zweifelsfrei entscheiden, zu welcher von beiden Eisenarten sie gehören. Die Übergangslegierungen finden aber verhältnismäßig selten technische Verwendung. Die technischen Sorten schmiedbaren Eisens haben meist Kohlenstoffgehalte unter 1,6 %, während die technisch verwendeten Roheisensorten meist über 2,6 % enthalten.

Auch gegenüber der bleibenden Formveränderung bei gewöhnlicher Temperatur verhalten sich schmiedbares und Roheisen verschieden. Das erstere läßt im allgemeinen um so weitergehende bleibende Formveränderungen bei um so geringerem Arbeitsaufwand zu, d. h. es läßt sich um so leichter kaltrecken, je niedriger der Kohlenstoffgehalt ist. Mit wachsendem Kohlenstoffgehalt wird diese Eigenschaft immer weniger ausgeprägt und verliert sich allmählich ganz, so daß z. B. das Roheisen beim Versuch, erhebliche bleibende Formveränderungen durch ruhende oder stoßende Beanspruchung herbeizuführen, in der Regel bricht. Es ist demnach spröde. Es muß allerdings hierbei bereits darauf aufmerksam gemacht werden, daß der Grad der Kaltstreckbarkeit nicht allein durch den Gehalt an Kohlenstoff, sondern auch durch den an den übrigen Fremdkörpern beeinflußt wird, und ferner, daß hier wie bei allen anderen Metallen und Legierungen der Grad der Kaltstreckbarkeit nicht nur von der chemischen Zusammensetzung, sondern auch von dem Zustand der mechanischen und physikalischen Vorbehandlung abhängt.

3. Bei der Betrachtung der Bruchflächen verschiedener Roheisensorten ist ein Unterschied in die Augen fallend. Gewisse Sorten zeigen auf dem Bruch für das bloße Auge deutlich sichtbare Graphitblättchen, weil ein Teil ihres Kohlenstoffs in der graphitischen Form frei ausgeschieden ist. Die Blättchen lassen sich vielfach mit dem Messer vom Eisen auf der Bruchfläche trennen. Der Bruch erscheint hellgrau bis tiefschwarz, je nach der Menge des im Roheisen enthaltenen Graphits. Solche Sorten nennt man graues Roheisen. In anderen Eisensorten ist Graphit nicht vorhanden. Der Kohlenstoff hat sich nicht vom Eisen getrennt; er ist für das Auge als solcher nicht bemerkbar. Man pflegt diese Art des Kohlenstoffs als „gebundenen“ Kohlenstoff zu bezeichnen. Der Bruch solcher Eisensorten zeigt die für das Eisen kennzeichnende weiße Farbe; sie haben daher den Namen weißes Roheisen erhalten. Zwischen weißem und grauem Roheisen bestehen ganz allmähliche Übergänge je nach der Menge des ausgeschiedenen Graphits. Gewisse Übergangsformen werden als halbiertes Eisen bezeichnet.

In der Regel ist bei den grauen Roheisensorten ein gewisser Siliziumgehalt die Ursache dafür, daß sich der Kohlenstoff zum Teil als Graphit ausgeschieden hat, obwohl, wie später noch zu erörtern sein wird, der Siliziumgehalt nicht unerläßliche und einzige Bedingung für die Graphitausscheidung ist. Die grauen Roheisensorten der Technik zeigen deswegen in der Regel einen höheren Siliziumgehalt als die weißen.

Die Art des vorhandenen Kohlenstoffs übt einen maßgebenden Einfluß auf die Härte des Roheisens aus. Die grauen Roheisensorten sind um so weicher, je größer der als Graphit ausgeschiedene Anteil des gesamten in ihnen enthaltenen Kohlenstoffs ist. Die weißen Roheisen sind hart, zuweilen so hart, daß sie der Bearbeitung mit schneidenden Werkzeugen erheblichen Widerstand entgegensetzen.

Die Roheisensorten sind nicht schmiedbar. Die Formgebung zum Zweck der Herstellung von Zwischenerzeugnissen oder fertigen Gebrauchsgegenständen ist somit nur durch Gießen der geschmolzenen Legierung in Formen möglich. Da nun aber die Gußstücke in der Mehrzahl der Fälle noch einer Nachbearbeitung mit schneidenden Werkzeugen bedürfen, so wird man für Gießereizwecke, von einigen besonderen Ausnahmen abgesehen, nur das bearbeitbare graue Roheisen verwenden können. Dieses bildet das Rohmaterial für die Eisengießereien; man nennt es, wenn es für die Zwecke der Eisengießerei verwendbar ist, Gießereiroheisen. Nachdem es umgeschmolzen und in Formen zu Gebrauchsgegenständen gegossen ist, heißt es Gußeisen. Werden die gegossenen Gebrauchsgegenstände der Benutzung entzogen und wieder als Rohmaterial für die Gießerei verwendet, so erhält derselbe Stoff den Namen Brucheisen.

Der nicht für Gießereizwecke zur Verwendung gelangende Teil des Roheisens (grau und weiß) dient als Ausgangspunkt für die Erzeugung von schmiedbarem Eisen.

4. Die Überführung des Roheisens in schmiedbares Eisen ist möglich durch Entziehung des größeren Teils des Kohlenstoffs. Dies geschieht ausschließlich derart, daß man auf das geschmolzene Roheisen sauerstoffabgebende Körper wirken läßt (Sauerstoffüberträger). Der Kohlenstoff verbindet sich hierbei mit dem Sauerstoff zu Kohlenoxyd (CO), das in Gasform entweicht. Man nennt diesen Vorgang das „Frischen". Die Frischwirkung erstreckt sich auch auf einen Teil der übrigen Fremdkörper im Roheisen, z. B. Silizium und Mangan, die in Form von Kieselsäure und Manganoxydul in die Schlacke gehen, in der sich auch ein Teil des Eisens als Sauerstoffverbindung vorfindet.

Mit abnehmendem Kohlenstoffgehalt wird das Eisen schwerer schmelzbar. Das schmiedbare Eisen bedarf also, um im geschmolzenen Zustande verharren zu können, einer höheren Temperatur als das Roheisen, aus dem es erzeugt wird. Somit können beim Frischen folgende beiden Fälle eintreten:

a) Während des Frischens wird die Temperatur nicht wesentlich über diejenige des ursprünglichen geschmolzenen Roheisens gesteigert. Alsdann kann das entstehende schmiedbare Eisen nicht im völlig flüssigen Zustand erhalten werden. Im Lauf des Frischvorgangs scheiden sich Kristalle schmiedbaren Eisens aus. Sie bilden mit der gleichzeitig entstehenden flüssigen Schlacke eine teigige Masse, die zu Klumpen zusammengeballt werden kann. Die einzelnen Klumpen (Luppen) werden unter dem Dampfhammer oder der Presse bei Schweißhitze kräftig gequetscht (gezängt), so daß ein Teil der Schlacke aus dem Eisen ausfließt und die ursprünglich wenig zusammenhängende Masse durch das Zusammenschweißen der einzelnen Eisenkristalle ein zusammenhängendes Ganze bildet. Das so gewonnene Eisen heißt Schweißeisen[1]). Die gezängte noch glühende Luppe wird in der Mehrzahl der Fälle in einem Walzwerk zu Rohschienen ausgewalzt, die gewöhnlich die Form eines Flacheisens haben. Da der Schlackengehalt der Rohschienen noch beträchtlich ist, werden sie kalt zu Stücken von bestimmter Länge gebrochen, sortiert und zu vierseitigen prismatischen Paketen zusammengebaut (paketiert). Die einzelnen Pakete werden auf Schweißhitze gebracht, in einem Walzwerk unter dem Druck der Walzen zu zusammenhängenden Eisenmassen verschweißt und schließlich zu fertigen oder zu Zwischenerzeugnissen ausgestreckt. In die Pakete können auch altes Schweißeisen (Alteisen) von außer Benutzung gesetzten Verbrauchsgegenständen, sowie sonstige Schweißeisenabfälle mit eingefügt und somit wieder aufgearbeitet werden.

b) Während des Frischens findet genügende Temperatursteigerung statt, so daß das entstehende schmiedbare Eisen in allen Zeitstufen des Frischvorganges im geschmolzenen Zustand verharrt. Die hierbei gebildete Schlacke hat Gelegenheit, sich über dem Eisen anzusammeln und sich so von ihm zu trennen. Das nach diesem Verfahren gewonnene schmiedbare Eisen heißt Flußeisen. Es wird im flüssigen Zustand in Formen gegossen entweder unmittelbar zu Gebrauchsgegenständen (Stahlgüsse, Flußeisen- oder Stahlformgüsse), oder zu prismatischen Zwischenerzeugnissen (Blöcke oder Brammen), die weiterer Formgebung durch Schmieden und Walzen unterzogen werden.

5. Während die obige Einteilung des schmiedbaren Eisens auf der Art der Erzeugung aufgebaut ist, gründet sich die im folgenden zu besprechende Einteilungsweise auf die Verschiedenheit bestimmter Eigenschaften. Hierbei spielen allerdings mehrere verschiedene Gesichtspunkte der Einteilung durcheinander, so daß eine bedauerliche Verwirrung Platz gegriffen hat. Am besten dringt man in das verwickelte Gebiet an der Hand der geschichtlichen Entwickelung ein.

Bis zur Mitte des 18. Jahrhunderts kannte man kein anderes schmiedbares Eisen als das Schweißeisen. Man pflegte damals die wegen ihres geringeren Kohlenstoffgehaltes weicheren Sorten schmiedbaren Eisens von geringerer Festigkeit als Eisen (Schmiedeeisen), die wegen ihres höheren Kohlenstoffgehaltes härteren und festeren Sorten als Stahl zu bezeichnen. Die ersteren dienten, weil sie sich unter geringerem Kraftaufwand und unter Beobachtung weniger weitgehender Vorsichtsmaßregeln schmieden ließen, besonders zur Herstellung von Schmiedestücken. Die letzteren fanden vorwiegend Verwendung zur Herstellung von Waffen und von Werkzeugen zur Bearbeitung des Eisens selbst oder zur Bearbeitung und Formgebung anderer Materialien. Da man an den Stahl, wenn er seinen Zwecken entsprechen sollte, größere Anforderung bezüglich der mechanischen Eigenschaften stellen mußte, und da auch seine Erzeugung ein größeres Maß von Erfahrungen erheischte als die Erzeugung des Schmiedeeisens, so gewöhnte man sich daran, den Stahl als etwas Edleres, Wertvolleres zu betrachten als das Eisen. Diese Gewohnheit spiegelt sich sogar noch im allgemeinen Sprachgebrauch wieder, wie z. B. in den Ausdrücken „stählerner Wille, stahlharter Charakter,

---

[1]) In seltenen Fällen wird heutzutage schmiedbares Eisen unmittelbar aus Erzen gewonnen. Alsdann wird der Vorgang der Herstellung des Roheisens aus den Erzen und die Überführung des Roheisens in schmiedbares Eisen durch Frischen in ein und demselben Apparat (Rennfeuer, Stückofen) unmittelbar nacheinander oder nebeneinander durchgeführt. Das Ergebnis ist dann auch Schweißeisen.

stählerne Nerven" usw. Eine besondere Rolle spielte hierbei die Eigentümlichkeit des Stahls, durch eine besondere Wärmebehandlung (Abschrecken, Härten) eine solche Steigerung der Härte zu erfahren, daß er zur Bearbeitung (Drehen, Hobeln, Feilen usw.) anderer Eisen- und Stahlsorten Verwendung finden konnte, also diesen gegenüber etwas Bezwingendes, Beherrschendes besaß, was seinen guten Ruf bedingte.

Die genannte Wärmebehandlung besteht darin, daß der Stahl auf eine Temperatur von über 700° C erhitzt und dann plötzlich in Wasser abgeschreckt wird. Während er vor dieser Behandlung, im sogenannten naturharten Zustande, von einer Stahlfeile bequem angegriffen wird, ist dies nach der Behandlung nicht mehr oder wenigstens wesentlich schwerer möglich. Man nennt diese Eigenschaft Härtbarkeit. Sie liegt als kennzeichnendes Unterscheidungsmerkmal der Unterteilung des Schweißeisens in Eisen und Stahl zugrunde. Schweißeisensorten, die nach der Abschreckung eine mit dem Feilversuch nicht feststellbare Härtesteigerung erlitten hatten, wurden als Eisen (Schmiedeeisen) angesehen; diejenigen, die deutliche Härtesteigerung erkennen ließen, galten als Stahl.

Seit der Mitte des 18. Jahrhunderts lernte man durch Umschmelzen von Schweißeisen oder Schweißstahl im Tiegel Flußeisen herstellen, das stahlartigen Charakter, also Härtbarkeit zeigte. Die Erfindung wurde in England von Huntsman gemacht und später von Alfred Krupp zu hoher Vollendung geführt. Das Erzeugnis wurde als Stahl bezeichnet. Durch die Erfindungen des Engländers Henry Bessemer (1855), der Gebrüder Martin in Gemeinschaft mit W. Siemens (1865), der Engländer Thomas und Gilchrist (1878) erlangte man Verfahren zur Massenerzeugung von Flußeisen und zu einer völligen Umwälzung im Eisengewerbe. In den Ländern englischer und französischer Zunge nannte man das nach diesen Verfahren gewonnene Flußeisen „steel" bzw. „acier", also Stahl, und zwar gleichgültig, ob es Härtbarkeit zeigte oder nicht. Demnach ist der englische Begriff „Stahl" in diesem Sinne gebraucht gleichbedeutend mit Flußeisen; er umfaßt alles schmiedbare Eisen, das im völlig flüssigen Zustande gewonnen worden ist.

Die englische Bezeichnungsweise hat auch in Deutschland ziemlich tief Wurzel gefaßt. Daneben machten sich aber noch andere Bestrebungen geltend, die darauf hinzielten, das auf flüssigem Wege erzielte schmiedbare Eisen in analoger Weise wie das Schweißeisen einzuteilen in Flußeisen und Flußstahl, wobei man zunächst wieder die deutliche Härtbarkeit als Unterscheidungsmerkmal zugrunde legte. Durch diese Art der Einteilung ist zunächst die Schwierigkeit geschaffen, daß die Begriffe Schweißeisen und Flußeisen einmal im weiteren Sinne als Gattungsbegriffe für das gesamte entweder in Teigform oder im flüssigen Zustand gewonnene schmiedbare Eisen gebraucht wurden; das andere Mal wurden sie als Unterbegriffe verwendet, da man den Gattungsbegriff Schweißeisen unterteilte in Schweißeisen im engeren Sinne (nicht deutlich härtbar) und in Schweißstahl (deutlich härtbar), und den Gattungsbegriff Flußeisen zerlegte in Flußeisen im engeren Sinne (nicht deutlich härtbar) und Flußstahl (deutlich härtbar). Um die damit verbundene Schwerfälligkeit in der Darstellung zu umgehen, sollen im folgenden für die Begriffe Schweißeisen und Flußeisen im weiteren Sinne die Ausdrücke „Schweißmaterial" und „Flußmaterial" gebraucht werden, obwohl sie kein allgemeines Bürgerrecht besitzen. Diese Art der Benennung ist nur als eine Vereinbarung zwischen Leser und Verfasser zu betrachten. Man hat sonach folgende Schemata für die Einteilung:

Einteilung I nach deutschem Vorschlag.

In Teigform gewonnen:		In völlig flüssigem Zustand gewonnen:	
Schweißeisen (Schweißmaterial)		Flußeisen (Flußmaterial)	
↙	↘	↙	↘
Schweißeisen (nicht deutlich härtbar)	Schweißstahl (deutlich härtbar)	Flußeisen (nicht deutlich härtbar)	Flußstahl (deutlich härtbar)

Einteilung II nach englischem Muster.

In Teigform gewonnen:		In völlig flüssigem Zustand gewonnen:
Schweißeisen (Schweißmaterial)		Stahl (= Flußmaterial)
↙	↘	
Schweißeisen (nicht deutlich härtbar)	Schweißstahl (deutlich härtbar)	

Mit der Einteilungsart I hat man einen alten Brauch aus der Schweißeisenzeit auf das Flußmaterial übertragen, der, wie die geschichtliche Entwickelung gezeigt hat, einem Kleidungsstück gleicht, das für die praktischen Verhältnisse etwas zu kurz geworden ist. Die auf dem alten Abschreck- und Feilversuch aufgebaute Feststellung der Härtbarkeit gab zwischen Eisen und Stahl eine ganz willkürliche Abgrenzung. Man lernte feinere Verfahren zur Bestimmung der Härtbarkeit kennen und mußte einsehen, daß eine gewisse Härtbarkeit allen technischen Sorten schmiedbaren Eisens zukam. Demnach kann zwischen Flußeisen und Flußstahl bezüglich der Härtbarkeit kein qualitativer, sondern nur ein quantitativer Unterschied bestehen. Mit steigendem Kohlenstoffgehalt, gegebenenfalls auch durch Steigerung des Gehaltes an sonstigen Stoffen, tritt die Eigenschaft der Härtbarkeit immer deutlicher zutage. Man kann aber zwischen den am wenigsten und den am stärksten härtbaren Sorten Flußmaterial eine ununterbrochene Reihe mit allmählichen Übergangen aufstellen. Die Anfangs- und die Endglieder dieser Reihe sind leicht auf Grund der Einteilungsart I als Flußeisen oder Flußstahl zu bestimmen. Bei den mittleren Gliedern aber ist der Willkür freiester Spielraum gelassen.

Da man erkannt hatte, daß die Härtbarkeit im allgemeinen mit steigendem Kohlenstoffgehalt zunimmt, versuchte man obigem Übelstand dadurch abzuhelfen, daß man als willkürliche Grenze zwischen Flußeisen und Flußstahl einen bestimmten Kohlenstoffgehalt (z. B. 0,5 $^0/_0$) festlegte. Dieselbe Grenze übertrug man auch auf die Unterscheidung zwischen Schweißeisen und Schweißstahl. Danach würde schmiedbares Eisen mit weniger als 0,5 $^0/_0$ Kohlenstoff als Eisen (Schweißeisen oder Flußeisen), solches mit höherem Kohlenstoffgehalt als Stahl (Schweißstahl oder Flußstahl) zu bezeichnen sein. Diese Art der Abgrenzung hat wenig Anklang gefunden, da der Kohlenstoffgehalt nicht allein die Eigenschaften des Materials bedingt und somit die Grenze nicht nur willkürlich, sondern auch unzweckmäßig ist.

Die alte Einteilung in Eisen und Stahl auf Grund der Härtbarkeit war mehr darauf zugeschnitten, das Material für Werkzeuge und Waffen (Werkzeugstahl) von dem Material abzugrenzen, das den gewöhnlichen Bedürfnissen der Technik, insbesondere als Baustoff für Maschinen, Schiffe und sonstige Baulichkeiten diente. Für diesen Zweck würde auch heute noch die alte Einteilung auf Grund der Abschreckprobe und des Feilversuchs brauchbar sein.

Bei dem rastlosen Fortschreiten auf den Gebieten des Maschinenbaus, des Schiffsbaus und der Baukonstruktion traten aber bald andere Gesichtspunkte in den Vordergrund. Für den Konstrukteur ist die Festigkeit seiner Baustoffe eine grundlegende Eigenschaft; er gewöhnte sich daran, die Festigkeit als entscheidendes Merkmal bei der Auswahl der Baustoffe zugrunde zu legen. Er wurde dazu getrieben, weil in vielen Fällen die Ansprüche an die Festigkeit seiner Konstruktionen mit Ansprüchen an die Gewichtsverminderung parallel gingen, welchen Ansprüchen gleichzeitig nur durch Auswahl festerer Baustoffe genügt werden konnte.

Für den Konstrukteur würde es nun zwar zweckmäßig sein, seine als Baustoff verwendeten Eisenlegierungen auf Grund ihrer Festigkeiten und sonstigen mechanischen Eigenschaften in eine größere Anzahl Gruppen einzuteilen, als es die althergebrachte Zweiteilung in Eisen und Stahl zuläßt. In Wirklichkeit geschieht dies auch. Allein die alte Zweiteilung ist doch bei uns so tief eingewurzelt, daß ihr nebenbei immer noch Rechnung getragen werden muß. Eine große Menge von gerichtlichen Streitfällen dreht sich um die ewige Frage, ob das als Stahl, zuweilen als „bester Stahl", manchmal auch als „bester, bester Stahl" bestellte Material auch wirklich dieser Bezeichnung entspricht. Der Besteller ist sich bei dieser Art, das Material zu kennzeichnen, nicht bewußt, daß angesichts der Verworrenheit auf dem Gebiete der Namengebung des Eisens diese Bezeichnung ohne nähere Angaben über die Eigenschaften des bestellten Materials ganz nichtssagend ist. Er steht zu sehr im Banne der alten Sprachgewohnheit, daß „Stahl" etwas wesentlich Besseres und Edleres ist als Eisen, und daß diese Bezeichnung bei der Bestellung genüge, um ihm jede Enttäuschung zu ersparen. Und doch kann er unter Umständen gerade durch die Wahl dieser Bezeichnung den Lieferer irreführen. Oft ist gerade diese Bezeichnung schuld daran, daß er nicht das seinen Zwecken am besten entsprechende Material erhält.

Damit in solchen Fällen für die Entscheidung eine gewisse Richtschnur vorliegt, hat der Deutsche Verband für die Materialprüfungen der Technik im Jahre 1904 folgende Festigkeitsgrenzen zwischen Eisen und Stahl in Vorschlag gebracht[1].

	σ_B Zerreißfestigkeit at
Schweißeisen . .	gleich oder unter 4200
Schweißstahl	über 4200
Flußeisen . . .	gleich oder unter 5000
Flußstahl	über 5000.

Die angegebenen Zahlen beziehen sich auf das Material nach dem Ausglühen.

Im Maschinenbau ist es allerdings zurzeit noch immer üblich, auch Flußeisen mit etwas geringerer Festigkeit als 5000 kg/qcm als „Maschinenstahl" zu bezeichnen. Dies ist das Flußeisen, das zu Maschinenteilen verwendet wird, von deren Zuverlässigkeit die Betriebssicherheit der Maschine in erster Linie abhängt, z. B. Kolbenstangen, Wellen, Kurbeln u. dgl. Die Festigkeit dieser Materialien liegt etwa in den Grenzen $\sigma_B = 4500$ bis 5500 at.

Zieht man noch in Betracht, daß in manchen Kreisen auch noch die Einteilung II nach englischem Muster in Gebrauch ist, so erkennt man, daß die Verwirrung auf diesem Gebiete ausreichend ist, um einsichtige Personen davon abzuhalten, bei Materialbestellungen sich auf die schwankenden Be-

[1]) Vgl. Stahl und Eisen **24**, 1412. 1904.

griffe Eisen und Stahl allein zu stützen. Sie werden durch besondere Zusätze und Angaben das verlangte Material genau definieren.

6. Um einen gedrängten Überblick über die Namengebung des Eisens zu geben, ist in Tabelle I eine Zusammenstellung gemacht.

In Tabelle II ist eine Übersicht über die Benennung der Eisenarten nach der Art ihrer Herstellung zusammengestellt. Näher auf die hüttenmännische Gewinnung des Eisens einzugehen, ist hier nicht der Ort. Man vergleiche hierüber die Lehrbücher der Eisenhüttenkunde.

Tabelle I.

I. Roheisen.

<table>
<tr><td colspan="3">Nicht schmiedbar. Spröde. Gehalt an Kohlenstoff meist über 2,6 %.</td></tr>
<tr><td>1. Weißes Roheisen.
Kein Graphit. Kohlenstoff in „gebundener“ Form. Hart. Schwer bearbeitbar. Bruchfläche weiß.</td><td>Halbiertes Roheisen.
Übergang zwischen 1 und 2.</td><td>2. Graues Roheisen.
Teil des Kohlenstoffs als Graphit ausgeschieden. Weniger hart als 1. Bearbeitbar. Bruchfläche grau. Wenn zu Gebrauchsgegenständen durch Gießen umgeformt: Gußeisen.</td></tr>
</table>

Zwischen I. und II. mit abnehmendem Kohlenstoffgehalt allmählicher Übergang.

II. Schmiedbares Eisen.

<table>
<tr><td colspan="4">Schmiedbar. Weniger spröde als Roheisen. Kohlenstoffgehalt unter 2,6 %, meist unter 1,6 %.</td></tr>
<tr><td colspan="2">3. Schweißmaterial. (Schweißeisen im weiteren Sinne.)
Im teigigen Zustande gewonnen. Gemenge von Eisen und Schlacke.</td><td colspan="2">4. Flußmaterial. (Flußeisen im weiteren Sinne.)
Im völlig flüssigen Zustand gewonnen.</td></tr>
<tr><td>3a. Schweißeisen. (Schmiedeeisen.)
Kohlenstoffärmer, weicher als 3b.
$\sigma_B \leq 4200$ at.</td><td>3b. Schweißstahl.
Kohlenstoffreicher, härter als 3a.
$\sigma_B > 4200$ at.</td><td>4a. Flußeisen.
Kohlenstoffärmer, weicher als 4b.
$\sigma_B \leq 5000$ at.</td><td>4b. Flußstahl.
Kohlenstoffreicher, härter als 4a.
$\sigma_B > 5000$ at.</td></tr>
<tr><td colspan="2">Zwischen 3a und 3b ganz allmählicher Übergang.</td><td colspan="2">Zwischen 4a und 4b ganz allmählicher Übergang.</td></tr>
</table>

B. Eisen und Kohlenstoff.

7. Das Eisen hat bei höheren Wärmegraden ein sehr großes Bestreben, sich mit dem Kohlenstoff zu legieren, so daß es außerordentlich schwierig ist, kohlenstoffreies Eisen herzustellen. Durch Reduktion von Eisen-Sauerstoffverbindungen im Wasserstoffstrom erhält man zwar nahezu kohlenstofffreies Eisen, aber in Form von nicht zusammenhängenden Kriställchen, die erst durch Schmelzen oder Schweißen zu gröberen Stücken vereinigt werden müssen. Hierbei stellt sich nun sofort die Schwierigkeit ein, die Erhitzung so durchzuführen, daß entweder keine Oxydation des Eisens unter Aufnahme von Sauerstoffverbindungen, oder andererseits keine Kohlenstoffaufnahme aus den Feuergasen oder aus den sonstigen kohlenstoffhaltigen Stoffen, mit denen das erhitzte Eisen in Berührung kommt, eintritt.

Tabelle II.

Roheisen.

Aus Eisenerzen im Hochofen erzeugt.

- Zur Erzeugung von **schmiedbarem Eisen** durch Frischen.
- Zur Erzeugung von Gußwaren. Gießereiroheisen:
  - Gegossen zu Formgüssen **Gußeisen.**

Flußmaterial Erzeugt in

- Thomasbirne (basisch zugestellt) → **Thomas-{flußeisen. (fluß)stahl.**
- Bessemerbirne (sauer zugestellt) → **Bessemer-{flußeisen. (fluß)stahl.**
- (Kleinbessemer-birne)
- Siemens-Martinofen (basisch oder sauer zugestellt) → **Siemens-Martin-{flußeisen. (fluß)stahl.**
- Elektroofen → **Elektro-{flußeisen. stahl.**
- Tiegel → **Tiegelstahl** (Gußstahl).

Gegossen zu **Rohblöcken**

- Zum Verwalzen.
- Zum Schmieden. (Für schwere Schmiedestücke vorwiegend Siemens-Martinmaterial oder, wenn ganz besonders hohe Anforderungen gestellt werden, Tiegelstahl.)

Flußeisen-} formguß.
Stahl-
(Zu Gebrauchsgegenständen vergossen.)

Schweißmaterial[1]) Erzeugt im

- Frischfeuer → **Frisch-{eisen. stahl.**
- Puddelofen → **Puddel-{eisen. stahl.**

Zu Fertigerzeugnissen ausgewalzt oder ausgeschmiedet.

[1]) Teilweise auch durch Paketieren und Auswalzen von Schweißeisenabfällen erhalten: Geschweißtes Eisen.

Zementstahl: Durch Erhitzen in Berührung mit kohlenstoffhaltigen Materialien hochgekohltes Eisen (meist Schweißeisen). Als Einsatzmaterial für Erzeugung von Tiegelstahl verwendet.

Sonderstähle: Flußmaterialien mit besonderen Zusätzen, z. B. von Nickel, Chrom, Wolfram, Molybdän, Vanadium, Titan, oder größeren Mengen von Silizium, Mangan.

Für wissenschaftliche, teilweise auch bereits für technische Zwecke hat man zur Herstellung möglichst kohlenstofffreien Eisens die elektrolytische Abscheidung herangezogen. Hierbei kann aber je nach der Art des angewendeten Elektrolyten Wasserstoff oder Stickstoff in das Eisen übergeführt werden.

In der Regel hat man es in der Technik mit Eisenkohlenstoff-Legierungen zu tun, deren Kohlenstoffgehalt zwischen 0,04 und 4,5⁰/₀ schwankt, sofern die Gegenwart größerer Mengen von dritten Stoffen ausgeschlossen ist. Bei Anwesenheit größerer Mengen von solchen dritten Stoffen, wie z. B. Mangan, Chrom usw., kann der Kohlenstoffgehalt wesentlich höher werden.

1. Umwandlungen in den erstarrten Eisenkohlenstoff-Legierungen mit weniger als 2 % Kohlenstoff. Gefügebestandteile nach langsamer Abkühlung.

8. Die Erkenntnis von dem Wesen der Eisenkohlenstoff-Legierungen hat durch die Entwickelung der Metallographie, der physikalischen Chemie, insbesondere der Lehre von den physikalisch-chemischen Gleichgewichten, in den letzten Jahrzehnten eine ganz wesentliche Förderung erfahren. Der Weg bis zu dem jetzigen Standpunkt unserer Erkenntnis, der wahrscheinlich noch nicht in allen Punkten endgültig ist, war mühsam. Ganz allmählich haben die aus dem Dunkel hervortretenden, durch jahrhundertlange Beobachtung festgestellten Tatsachen die Deutung erfahren, wie sie dem heutigen Standpunkt der Wissenschaft entspricht.

9. Im Jahre 1869 beobachtete Gore (L. 1)[1], daß ein sich abkühlender hellglühender Eisendraht keine gleichmäßige Verkürzung erlitt, sondern bald nach Beginn der Abkühlung plötzliche Wiederverlängerung zeigte. Dies war eine unerwartete Beobachtung, da man bis dahin bei den meisten Metallen gefunden hatte, daß sie bei der Abkühlung ihre Länge stetig verkürzen. Die von Gore beobachtete Erscheinung deutete auf eine Ausnahmestellung des Eisens hin. Im Jahre 1873 ergänzte Barret (L. 2) die Beobachtung dahin, daß beim Erhitzen eines kalten Eisendrahtes plötzliche Verkürzung bei derselben Temperatur eintrat, bei welcher während der Abkühlung die oben erwähnte Wiederverlängerung beobachtet worden war. Die Erscheinung war also umkehrbar. Barret fand ferner, daß bei der Abkühlung eines Stahldrahtes bei einer bestimmten Temperatur plötzlich Wiederaufglühen auftrat. Der bereits dunkelrot gewordene Draht wurde bei Beobachtung im dunkeln Raum vorübergehend wieder heller glühend, was auf Freiwerden von Wärme schließen läßt. Die Erscheinung hat den Namen „Rekaleszenz" erhalten. Bereits damals zeigte es sich, daß Stahldraht die Erscheinung deutlicher zeigte, als weichere, kohlenstoffärmere Drahtsorten. Norris (L. 3) bestätigte die Beobachtungen Barrets und nahm an, daß die Erscheinungen auf Kristallisationsvorgänge zurückzuführen seien. In seiner Doktorarbeit (L. 4) bewirkte Carl Heim (1884) eine weitere Klärung der Erscheinung. Seine Arbeit ist leider wenig bekannt geworden; ich nehme Anlaß auf ihre Wichtigkeit hinzuweisen. Heim faßte seine Beobachtungen wie folgt zusammen: „Die beim Abkühlen des Eisens auftretende, bei verschiedenen Eisensorten verschieden große abnormale Ausdehnung ist — entweder allein oder doch wenigstens vorwiegend — von dem Kohlenstoffgehalt des Eisens abhängig. Ihr Betrag nimmt mit steigendem Kohlenstoffgehalt zu, bei ge-

[1] Im Nachfolgenden bedeutet L Literaturverzeichnis, L und die beigeschriebene Zahl die Nummer in diesem Verzeichnis.

ringerem ab und beim kohlenstofffreien Eisen ist sie nicht vorhanden.“ Das Wiederaufglühen kohlenstoffreicher Eisensorten (die Rekaleszenz nach Barret) hat Heim deutlich bestätigt.

Ungefähr zur gleichen Zeit wie Heim beobachtete I. A. Brinell (L. 5) (1884), daß auf einem an dem einen Ende erhitzten Stahlstab, der der allmählichen Abkühlung überlassen wurde, auf der Grenze zwischen dem vorher nicht erhitzten und dem noch rotglühenden Teil ein heller Fleck entstand, der sich vergrößerte und über die ganze Oberfläche des noch glühenden Teils erstreckte, worauf dann die Abkühlung in gewöhnlicher Weise weiter verlief. Auch Brinell suchte den Grund hierfür im Freiwerden von Wärme. Da weiches Flußeisen die Erscheinung nicht zeigte, suchte Brinell die Ursache der Wärmeentbindung in dem Übergang des Kohlenstoffs aus einer Form in die andere.

10. Im Jahre 1886 ermittelte Pionchon (L. 6) die Wärmemenge Q, die von sehr kohlenstoffarmen Eisensorten bis zur Erhitzung auf bestimmte Wärmegrade t verbraucht wurde. Die Ergebnisse seiner Versuche sind in Abb. 1 auf Grund der von Pionchon mitgeteilten Zahlen schaubildlich dar-

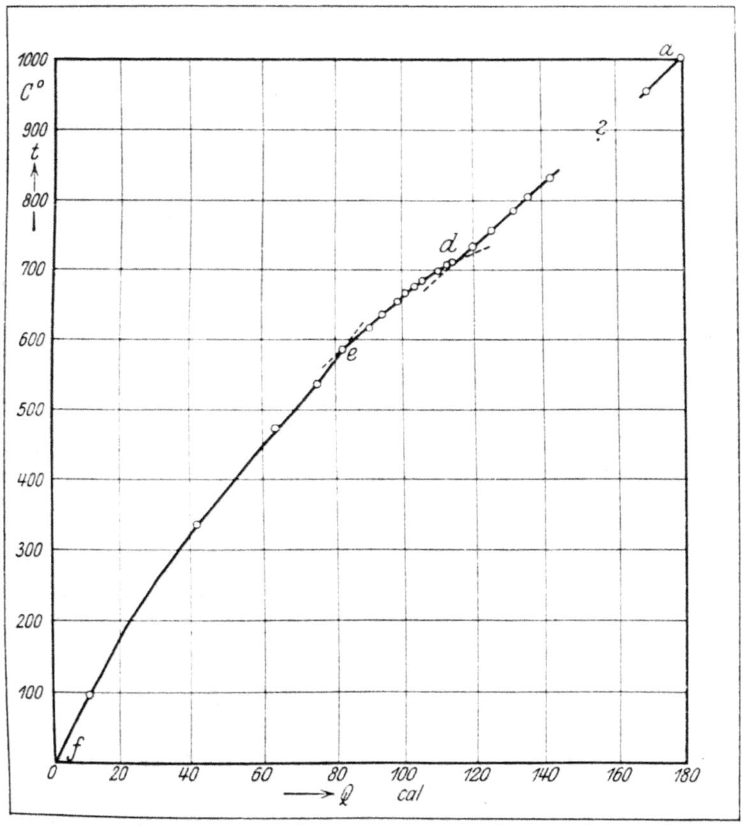

Abb. 1. Q, t-Linie des Eisens nach Versuchen von Pionchon.

gestellt. Hierbei sind die Temperaturen t als Ordinaten, die Wärmemengen Q als Abszissen verwendet. Die so erhaltene Q, t-Linie zeigt zwischen 585 und 715° C (zwischen den Punkten d und e) eine erhebliche Störung ihres Verlaufes. Während zwischen 585 und 715° C zur Steigerung der Temperatur um 130° C 34 cal erforderlich sind, genügen unterhalb 585° C (zwischen 455 und 585° C) zur Steigerung der Temperatur um den gleichen Betrag bereits 21 cal und oberhalb 715 (zwischen 715 und 845° C) 29 cal.

Pionchon folgert hieraus: „Das Eisen erleidet bei der Erhitzung in der Nähe von 700° C eine Umwandlung, die ähnlich wie die Änderungen des Aggregatzustandes durch eine außerordentlich rasche Wärmeabsorption in einem engen Temperaturbereich gekennzeichnet ist.“ Bei der Abkühlung würde bei der gleichen Temperatur plötzliche Wärmeabgabe stattfinden.

Die von Pionchon beobachtete Erscheinung entspricht nicht dem, was vor ihm mit dem Namen Rekaleszenz bezeichnet worden war. Denn die letztere tritt in kohlenstoffarmen Eisensorten, wie sie Pionchon benutzte, nicht auf, sondern ist abhängig von der Gegenwart eines gewissen Kohlenstoffgehaltes. Die Beobachtung Pionchons mußte deswegen bei dem damaligen Stand der Wissenschaft zunächst als ein Widerspruch zu den früheren Beobachtungen erscheinen.

11. Es ist das Verdienst Osmonds (L. 7), der an die Pionchonsche Beobachtung anknüpfte, diesen scheinbaren Widerspruch aufgeklärt zu haben. Seine Forschungen sind grundlegend geworden für die heutige Auffassung der Vorgänge in den erstarrten Eisenkohlenstoff-Legierungen beim Erhitzen und Abkühlen. Ermöglicht wurden Osmonds Untersuchungen durch die Bequemlichkeit und Sicherheit der Messung höherer Temperaturen, wie sie durch das Le Chateliersche Thermoelement erreichbar wurde (IIA, 167).[1] Osmond ging in der früher (II A, 194) geschilderten Weise vor, indem er die $t, \Delta z$-Linien[2] der Eisenkohlenstoff-Legierungen ermittelte. Einige solcher Linien sind der Quelle (L. 7) entnommen und in den Abb. 2 und 3 wiedergegeben. Darin sind alle Temperaturen um 35° C gegenüber der Quelle erhöht, weil Osmond das Thermoelement auf den Schmelzpunkt des Kaliumsulfates eingestellt und diesen zu 1015° angenommen hat. Er liegt aber nach neueren Untersuchungen um 35° höher. Die Schaulinien sind während der Abkühlung aufgenommen. Der Abfall der Temperatur erleidet an den mit Ar_3 bis Ar_1 bezeichneten Stellen Verzögerungen, was sich dadurch kund gibt, daß die Zeiten Δz zum Durchlaufen eines bestimmten Temperaturintervalles Δt bei den Temperaturen Ar_3 bis Ar_1 sehr große Werte annehmen. Die Schaulinien haben dort Gipfel, die Osmond als „kritische Punkte“[3]) bezeichnet. Sie sind später auch „Halte-

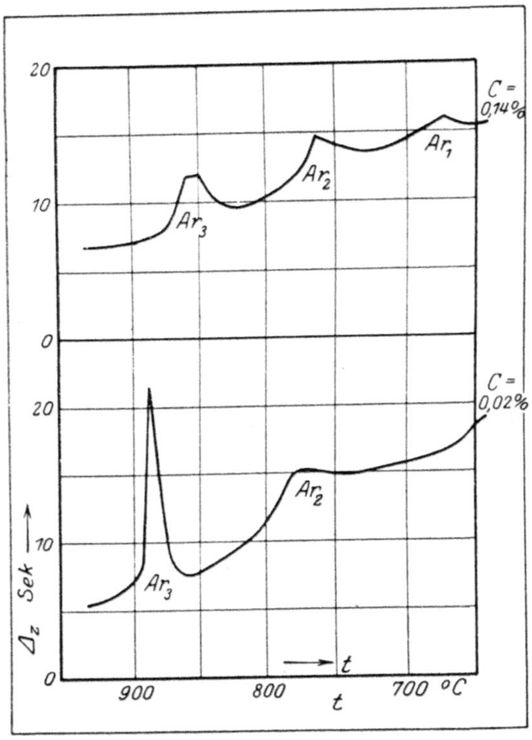

Abb. 2. $t, \Delta z$-Linien nach Osmond.

[1]) Im Nachfolgenden bedeutet IIA immer Band IIA des Buches von Martens-Heyn: Handbuch der Materialienkunde für den Maschinenbau und die nachfolgende Zahl die Absatz-Nummer.

[2]) Während früher (IIA 161) die Werte Δz als Abszissen zu den Temperaturen t gewählt wurden, sind hier die Temperaturen t Abszissen und die Zeitunterschiede Δz Ordinaten.

[3]) Der Ausdruck „Punkte“ ist nicht ganz zutreffend. Es sind Temperaturbereiche, nicht Temperaturpunkte.

punkte" oder „Umwandlungspunkte" (II A, 5, 69 u. ff.) genannt worden. Der Zeiger r an den Bezeichnungen Ar_1, Ar_2, Ar_3 bedeutet, daß die Umwandlungspunkte bei der Abkühlung (r = refroidissement) gewonnen sind, zum Unterschied von den Punkten Ac_1, Ac_2, Ac_3, die bei der Erhitzung der Eisenproben erhalten worden sind (c = chauffage)[1]).

12. Der bei der niedrigsten Temperatur, in der Nähe von 700° C auftretende Haltepunkt Ar_1 fehlt noch bei der kohlenstoffärmsten Legierung mit 0,02 % Kohlenstoff (Abb. 2). Mit steigendem Kohlenstoffgehalt tritt er immer deutlicher auf. Das kohlenstoffärmste Eisen zeigt zwei deutlich ausgeprägte Haltepunkte bei Ar_3 und Ar_2, die auch in dem Eisen mit 0,14 % Kohlenstoff zu erkennen sind. In dem Eisen mit 0,45 % Kohlenstoff fallen die beiden Punkte Ar_3 und Ar_2 zusammen. In dem Stahl mit 1,24 % Kohlenstoff schließlich verschmelzen alle drei Haltepunkte zu einem einzigen: Ar_3-Ar_2-Ar_1.

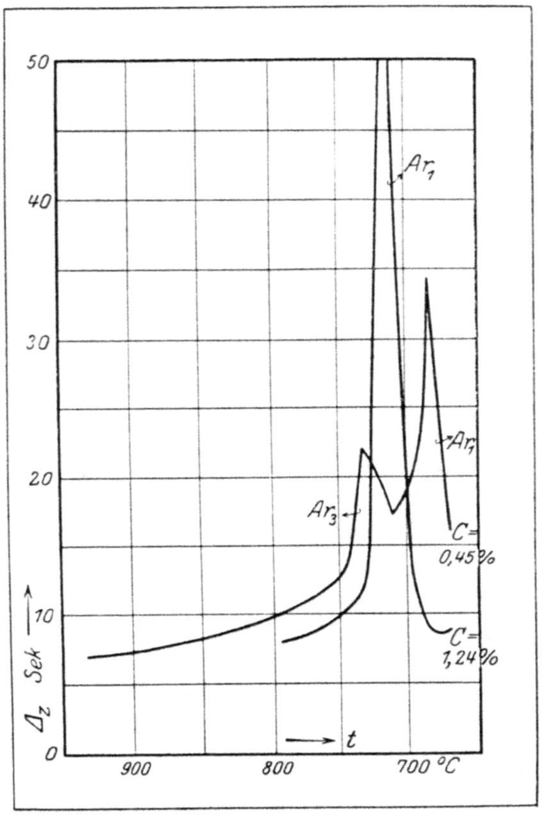

Abb. 3. $t, \Delta z$-Linien nach Osmond.

Die Verzögerung der Abkühlung bei den Haltepunkten ist durch plötzliche Entbindung von Wärme bedingt. Dies deutet daraufhin, daß sich in den Haltepunkten Vorgänge (Umwandlungen II A, 5, 69 u. ff.) abspielen, die ähnlich wie der Übergang eines flüssigen Stoffes in den festen Aggregatzustand mit Freiwerden von Wärme verbunden sind. Umgekehrt bedeuten die Haltepunkte bei der Erhitzung der Eisenproben, daß bei den durch sie angegebenen Temperaturen Wärme ohne merkbare Temperatursteigerung verbraucht wird, d. h. mit anderen Worten, daß daselbst Wärme gebunden wird, daß sich also dort ein analoger Vorgang vollzieht, wie der Übergang eines festen Stoffes in den flüssigen Zustand.

Das Auftreten der Haltepunkte Ar_3 und Ar_2 im kohlenstoffärmsten Eisen weist daraufhin, daß die sich abspielenden Vorgänge dem Eisen selbst eigentümlich sind. Das Fehlen von Ar_1 im kohlenstoffärmsten Eisen und das allmähliche Anwachsen der Verzögerung der Abkühlung bei Ar_1 mit steigendem Kohlenstoffgehalt besagt, daß der bei dieser Temperatur eintretende Vorgang mit dem Kohlenstoffgehalt des Eisens in Zusammenhang steht.

13. Osmond schreibt die Vorgänge bei Ar_3 und Ar_2 allotropischen Umwandlungen des Eisens zu. Die oberhalb Ar_3 bestehende Allotropie nennt er γ-Eisen. Sie geht während der Abkühlung bei der Umwandlungstemperatur Ar_3 in die zweite Allotropie, das β-Eisen, über. Bei

[1]) Wir werden später sehen (s. 20), daß die Punkte Ar und Ac nicht notwendigerweise zusammenzufallen brauchen.

weiterer Abkühlung findet nun bei Ar_2 eine weitere allotropische Umwandlung des β-Eisens in α-Eisen statt. Dies ist bis zu gewöhnlichen Temperaturen beständig. Wir kennzeichnen die einzelnen Vorgänge schematisch durch folgende Zeichen, wobei die Richtung des Pfeiles die Richtung des sich abspielenden Vorganges angibt.

Abkühlung			Erwärmung		
Ar_3	$\gamma \to \beta$	Wärmeentbindung	Ac_2	$\alpha \to \beta$	Wärmebindung
Ar_2	$\beta \to \alpha$	desgl.	Ac_3	$\beta \to \gamma$	desgl.

Dies bietet weitgehende Analogie mit den uns bekannten Vorgängen der Änderung der Aggregatzustände, die folgendem Schema entsprechen:

Abkühlung				Erwärmung			
T_3	Kondensationstemperatur	gasförmig $\to$ flüssig	Wärmeentbindung	T_2	Schmelztemperatur	fest $\to$ flüssig	Wärmebindung
T_2	Erstarrungstemperatur	flüssig $\to$ fest	Wärmeentbindung	T_3	Siedetemperatur	flüssig $\to$ gasförmig	Wärmebindung

Wir begehen keinen grundsätzlichen Fehler, wenn wir uns die allotropischen Übergänge des Eisens als Übergänge aus einem festen Aggregatzustand in einen anderen festen Aggregatzustand vorstellen. Hierbei würde der feste γ-Aggregatzustand bei Wärmegraden oberhalb Ar_3 (Ac_3) bestehen können. Bei Ar_3 (Ac_3) geht er in den zwischen Ar_3 und Ar_2 (Ac_3 und Ac_2) beständigen festen Aggregatzustand β über. Dieser wiederum unterliegt bei Ar_2 (Ac_2) der Umwandlung in den festen α-Aggregatzustand.

Die Wärmemenge, die beim Übergang aus dem gasförmigen in den flüssigen, und aus dem flüssigen in den festen Aggregatzustand entbunden oder gebunden wird, heißt Verdampfungs- bzw. Schmelzwärme. Analog bezeichnen wir die Wärmebindung oder Entbindung beim Übergang von einem allotropischen Zustand in den anderen mit „Umwandlungswärme“.

Osmond hat es sich zur Lebensaufgabe gemacht, seine Allotropentheorie zur Geltung zu bringen. Er hat dies unter dem Widerspruch seiner Zeitgenossen tun müssen. Er ist erst allmählich verstanden worden. Die spätere Generation wird dem Streit, der in der Literatur um die Allotropentheorie entbrannte, ziemlich verständnislos gegenüberstehen. Sie ist von früh auf daran gewöhnt worden, die Allotropie als eine sehr weit verbreitete Erscheinung zu betrachten, nicht als einen abnormen Ausnahmefall, wie er den Zeitgenossen Osmonds erschien. Sie ist ausgerüstet mit der Klarheit, die die Entwickelung der physikalischen Chemie schuf, und dadurch auf eine höhere Warte gehoben, von der aus sie die Anschauung Osmonds als naturgemäß und ohne weiteres einleuchtend betrachten wird. Es wird für sie von Interesse sein, gerade aus dem Lebenskampf Osmonds um seine Allotropentheorie zu erkennen, welche fast sprunghafte Entwickelung die physikalisch-chemische Erkenntnis in den letzten Jahrzehnten des vorigen Jahrhunderts durchgemacht hat.

Osmond fand einen tatkräftigen Mitkämpfer für seine Allotropentheorie in Roberts-Austen. Von diesem rührt ein schärferes Verfahren zur Ermittelung der Haltepunkte her, das in II A, 195 beschrieben ist.

Die Ergebnisse dieses Verfahrens führen zu den $t, \Delta e$-Linien. Eine Reihe von $t, \Delta e$-Linien für Eisenkohlenstoff-Legierungen mit verschiedenen Kohlenstoffgehalten sind in den Abb. 4—11 dargestellt. Sie sind bei der Abkühlung aufgenommen (Heyn, L. 8).

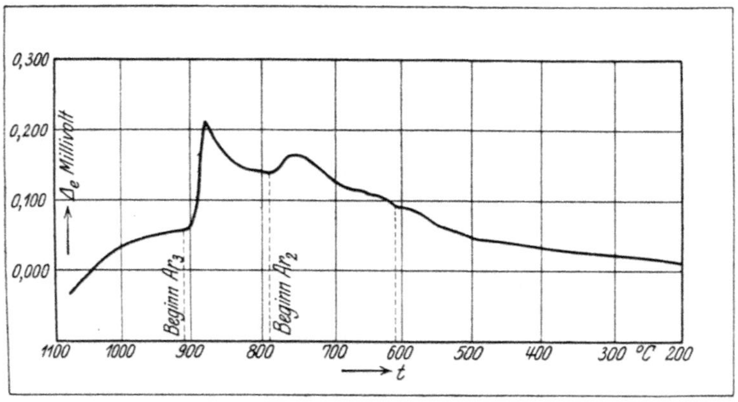

Abb. 4. $t, \Delta e$-Linie für Eisen mit 0,08% C ($Si = 0{,}005\%$; $Mn = 0{,}08\%$).

14. Werden die Ergebnisse der einzelnen Schaubilder Abb. 4—11 zu einem einzigen Schaubild vereinigt, in dem die Kohlenstoffgehalte c der einzelnen untersuchten Legierungen als Abszissen, und diejenigen Tempera-

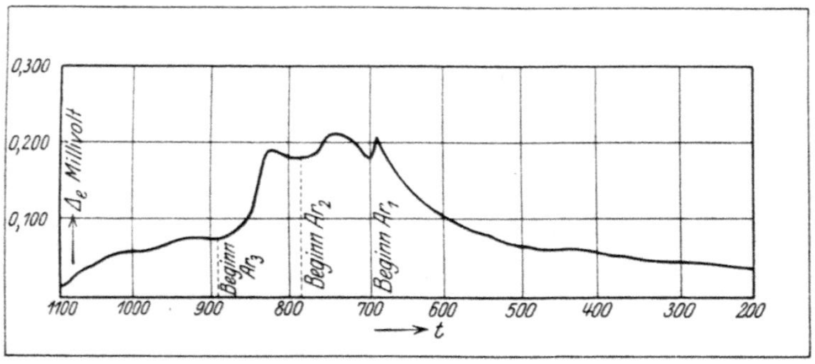

Abb. 5. $t, \Delta e$-Linie für Eisen mit 0,17% C ($Si = 0{,}02\%$; $Mn = 0{,}02\%$).

turen t als Ordinaten eingetragen werden, bei denen sich der Beginn der Umwandlungen bei Ar_3, Ar_2 und Ar_1 bemerkbar macht, so ergibt sich das in Abb. 12 gezeichnete Schaubild, das als c, t-Bild bezeichnet wird (II A,

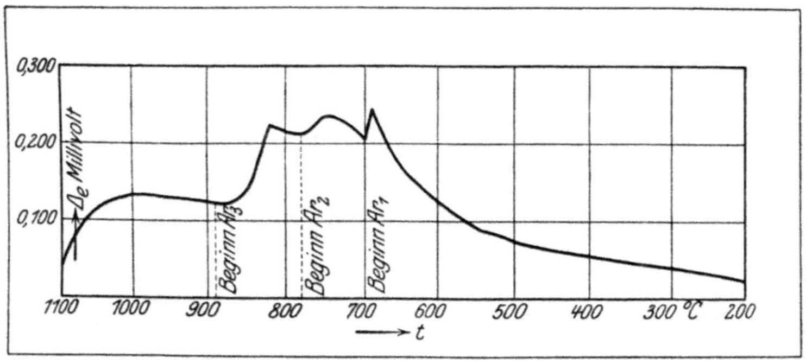

Abb. 6. $t, \Delta e$-Linie für Eisen mit 0,20% C ($Si = 0{,}04\%$; $Mn = 0{,}04\%$).

16, 30). Es zeigt einige geringfügige, nur quantitative Verschiedenheiten gegenüber den ersten c, t-Bildern von Osmond und Roberts-Austen, und stimmt gut überein mit den etwa gleichzeitig erfolgten Messungen von

Carpenter und Keeling (L. 9). Die von den letzteren ermittelten Punkte sind in Abb 12 als Kreise eingetragen, während die Kreuze den Beobachtungen von Heyn entsprechen.

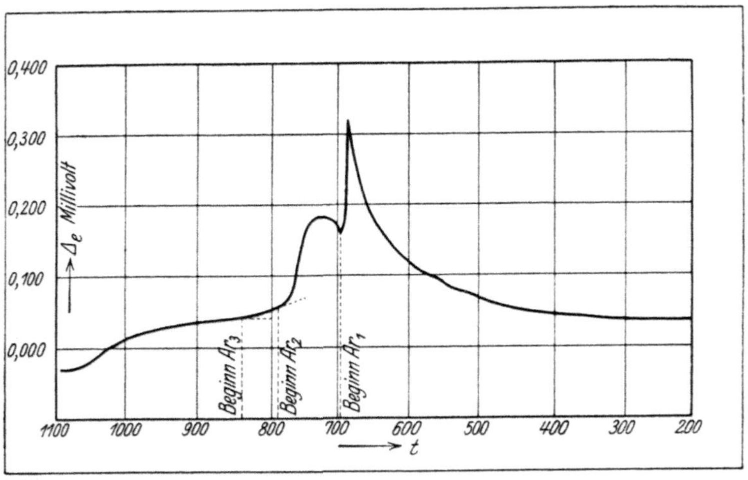

Abb. 7. $t, \Delta e$-Linie für Eisen mit 0,39 % C ($Si = 0{,}04$ %; $Mn = 0{,}03$ %).

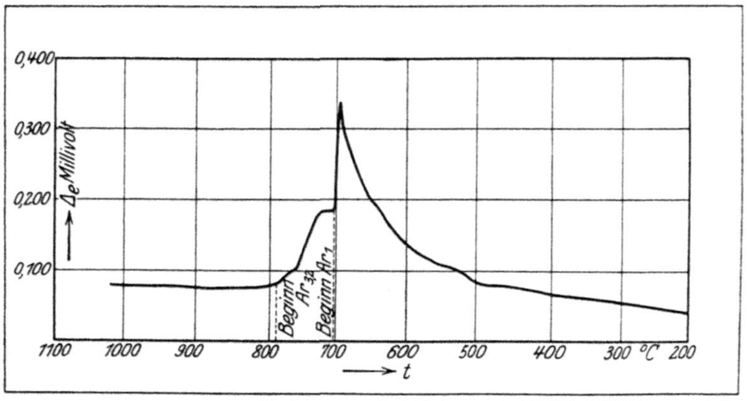

Abb. 8. $t, \Delta e$-Linie für Eisen mit 0,50 % C ($Si = 0{,}06$ %; $Mn = 0{,}05$ %).

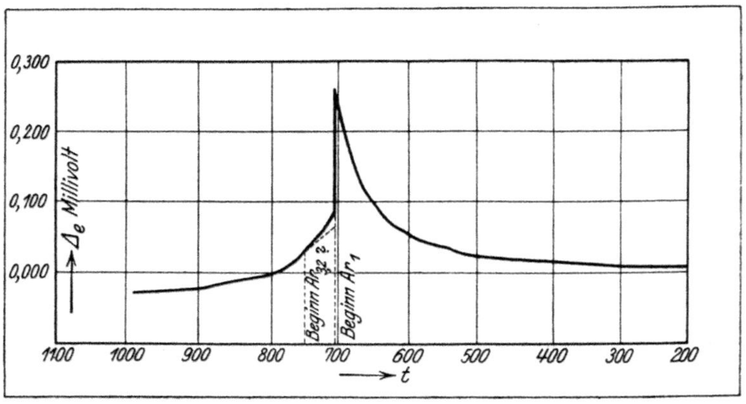

Abb. 9. $t, \Delta e$-Linie für Flußstahl mit 0,75 % C ($Si = 0{,}04$ %; $Mn = 0{,}04$ %

Sieht man zunächst von dem Zweig MO ab, so entspricht Abb. 12 einem c, t-Bild nach Art $A a 2 \gamma$ (oder $A a 2 \gamma'$, wenn der Punkt P die Abszisse $c = 0$ hat). Vgl. II A, 51—58. Nur kann dieses c, t-Bild nicht der Erstarrung entsprechen, denn im vorliegenden Falle befinden sich die Legierungen sowohl oberhalb wie unterhalb der Linie GSE im festen Aggregatzustand. An Stelle des Übergangs aus dem flüssigen in den festen Zustand tritt hier der Übergang aus einem festen in einen zweiten festen Aggregatzustand: d. h. mit anderen Worten, daß Abb. 12 ein c, t-Bild für die Umwandlung nach Art $Aa2\gamma$ bzw. $Aa2\gamma'$ ist. (IIA, 69—71.) Es entspricht einer Zwei-

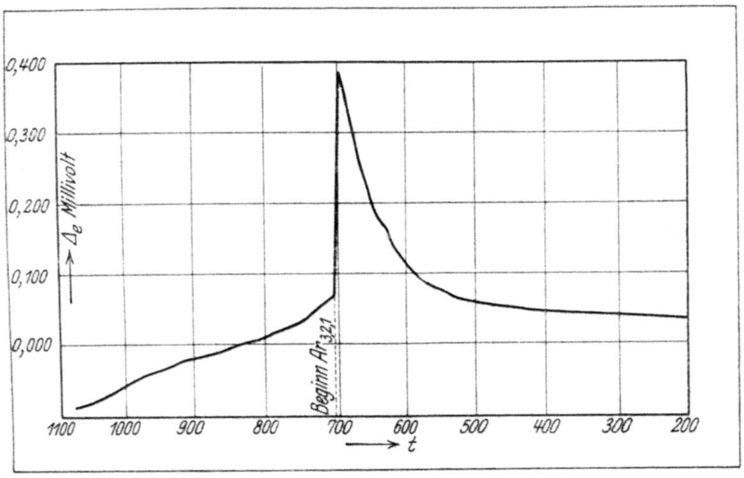

Abb. 10. $t, \Delta e$-Linie für Flußstahl mit 0,95 % C ($Si = 0{,}04$ %; $Mn = 0{,}06$ %).

stoff-Legierung, die ein Eutektikum S bildet, das sich längs der eutektischen Linie PSF ausscheidet. Das Eutektikum muß die durch den Punkt S angegebene Zusammensetzung, nämlich 0,95 % Kohlenstoff haben. Seine Ausscheidung erfolgt unter Wärmeabgabe und bedingt die oben besprochene „Rekaleszenz" bei $Ar_1 = 700^0$ C. Die frei werdende Wärmemenge erreicht

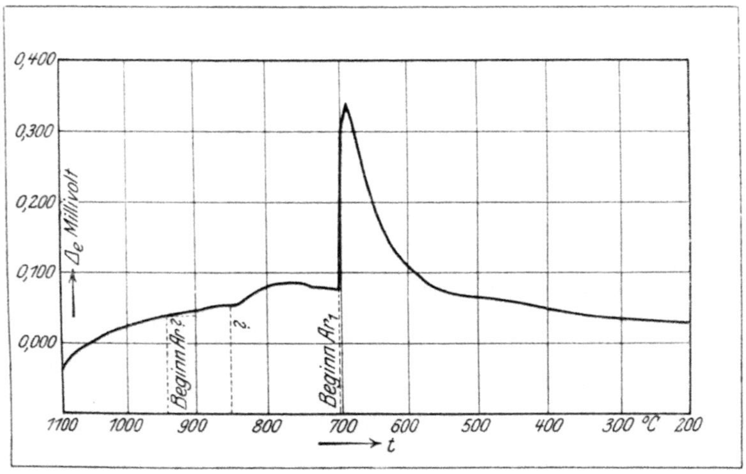

Abb. 11. $t, \Delta e$-Linie für Flußstahl mit 1,30 % C.

nach früherem (IIA, 152) ihren Höchstwert bei der eutektischen Legierung, also in diesem Falle bei 0,95 % Kohlenstoff (Punkt S in Abb. 12). Nach links und nach rechts von S muß die Menge der frei werdenden Wärme abnehmen. Im Punkte P, also bei kohlenstofffreiem Eisen muß sie gleich Null werden, wie ja tatsächlich gezeigt wurde. Durch den Beginn des Zweiges GS bei G wird erwiesen, daß der eine Stoff (IIA, 24) der Zweistofflegierung das Eisen sein muß. Der zweite Zweig SE führt nicht bis ans Ende. Es ist also zunächst eine offene Frage, welches der zweite Stoff der

Zweistoff-Legierung ist. Er könnte z. B. Kohlenstoff sein, wenn sich SE bis zur Abszisse $c = 100\,\%$ fortsetzte. In diesem Falle würde der Zweig SE der Ausscheidung von freiem Kohlenstoff entsprechen, der für das bloße Auge oder unter dem Mikroskop leicht feststellbar sein müßte. Die Erfahrung hat aber gelehrt, daß in Legierungen, die so wenig Kohlenstoff enthalten, wie die in Abb. 12 dargestellten, freier Kohlenstoff in der Regel nicht auftritt. Der zweite Stoff der Zweistoff-Legierung kann also kein freier Kohlenstoff sein.

Es liegt nahe anzunehmen, daß dieser zweite Stoff eine chemische Verbindung zwischen Eisen und Kohlenstoff ist, die sich während der Abkühlung längs des Kurvenzweiges SE abscheidet. Eine solche Verbindung ist schon seit längerer Zeit bekannt durch die Arbeiten von Karsten (L. 10), Caron (L. 11), Rinman (L. 12), F. G. C. Müller (L. 13), Abel (L. 14),

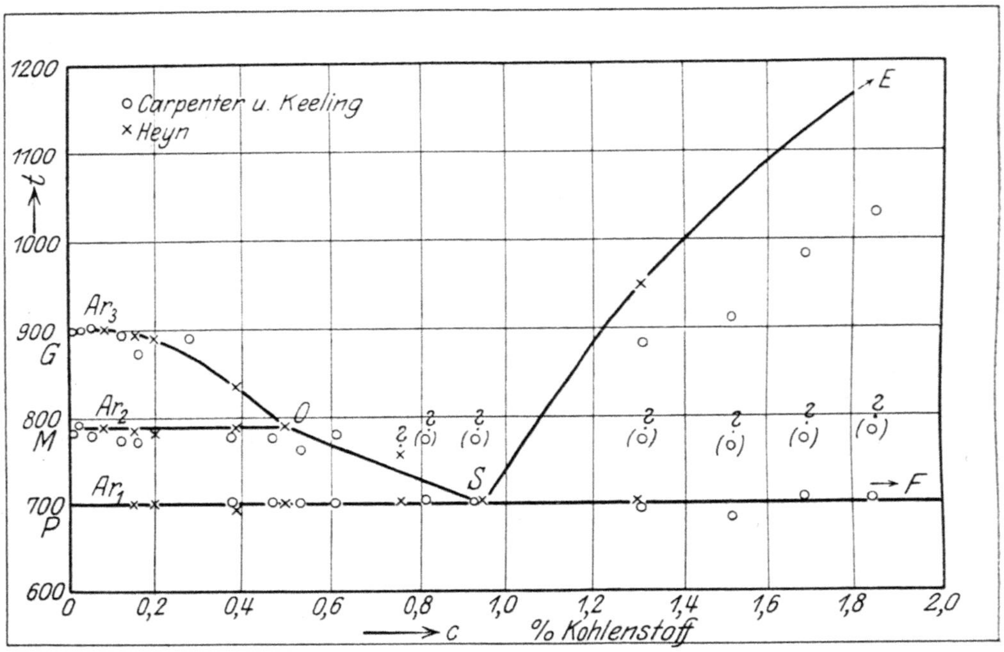

Abb. 12. c, t-Bild der Eisen-Kohlenstoff-Legierungen.

Osmond und Werth (L. 15). Wird langsam abgekühltes schmiedbares Eisen oder weißes Roheisen in verdünnter Schwefel- oder Salzsäure unter Luftabschluß aufgelöst, so hinterbleibt ein Rückstand, der aus 93,33 % Eisen und 6,67 % Kohlenstoff besteht, wenn die Legierung außer Eisen und Kohlenstoff keine zu großen Mengen fremder Bestandteile enthält. Innerhalb gewisser Grenzen bleibt das Verhältnis zwischen Eisen- und Kohlenstoffmenge im Rückstand gleich. Mylius, Foerster und Schoene (L. 16) haben nachgewiesen, daß dieser Rückstand tatsächlich eine chemische Verbindung, ein Karbid, entsprechend der Formel Fe_3C ist. Die Analyse läßt natürlich nicht erkennen, ob das Molekül aus 4 Atomen besteht, wie es die Formel Fe_3C verlangt. Auch alle Karbide der Formel $Fe_{3n}C_n$ geben die gleiche Analyse. Im folgenden soll einfach vom „Karbid" mit der Formel Fe_3C gesprochen werden, aber mit dem eben angegebenen Vorbehalt. Das Eisen des Karbids kann zum Teil ersetzt sein durch Mangan und andere Stoffe. Der in dem Karbid enthaltene Kohlenstoff hat verschiedene Namen erhalten, z. B. von Caron den Namen „Zementationskohle", von Osmond und Werth den Namen „Glühkohle", von Ledebur den Namen „Karbidkohle“. Unter dem Mikroskop gibt sich das Karbid als ein harter Gefügebestandteil zu erkennen, dessen Härte die aller anderen Gefügebestandteile des Eisens übertrifft und daher beim Reliefpolieren erhaben erscheint (II A, 233). Nach Müller kommt ihm die Härte 6 der Mohsschen Härteskala zu (Feldspathärte). Von Howe hat dieser Gefügebestandteil den Namen „Zementit“ erhalten, der sich allgemein eingebürgert hat. Bei reinen Eisenkohlenstoff-Legierungen ist der Gefügebestandteil Zementit und der chemische Begriff Karbid dasselbe. Wenn aber zum Eisen außer Kohlenstoff noch andere Stoffe hinzutreten, wie z. B. Mangan u. dgl., so ist Zementit nur der Name für den Gefügebestandteil und entspricht einem mineralogischen Gattungsbegriff, der auch diejenigen Karbide umfaßt, in denen Eisen teilweise durch andere chemische Stoffe vertreten ist, ohne daß aber die mikroskopischen Kennzeichen geändert werden.

Das Mikroskop, unterstützt durch die Möglichkeit der chemischen Abscheidung des Karbids, beweist also, daß der zweite Stoff des Zweistoffsystems, dessen c, t-Bild die Abb. 12 darstellt, das Karbid des Eisens ist. Der Linienzug SE entspricht der Abscheidung dieses Karbides, während der Linienzug GOS der Ausscheidung einer Allotropie des Eisens entsprechen muß. Da die Kurve GOS bei Ar_3, dem Umwandlungspunkt des γ-Eisens in das β-Eisen beginnt, so muß sich längs des Zweiges GO die Ausscheidung des β-Eisens vollziehen.

Würde das Schaubild dem Übergang aus dem flüssigen in den festen Zustand entsprechen, so würde oberhalb des Linienzuges GSE „flüssige“ homogene Lösung der beiden Grundstoffe der Legierung zu erwarten sein. Im vorliegenden Falle ist aber die Legierung auch oberhalb GSE fest; wir müssen daher oberhalb GSE auf eine „feste Lösung“[1]) zwischen γ-Eisen und Karbid schließen, d. h. die Legierung bildet oberhalb GSE eine homogene Masse, in der das Karbid in derselben Weise verteilt ist, wie etwa das Kochsalz in einer wäßrigen Lösung dieses Salzes; nur ist diese homogene Verteilung im festen Aggregatzustand vorhanden (II A, 4 und 22). Man sagt auch nach dem Vorgang von Bakhuis-Roozeboom, γ-Eisen und Karbid bilden oberhalb GSE „Mischkristalle“; d. h. die dort bestehenden Kristalle enthalten γ-Eisen und Karbid, die sich im festen Zustand ebenso vollkommen und homogen mischen, wie etwa Kochsalz mit dem Wasser in einer wäßrigen Lösung (II A, 4). Wir werden später sehen, daß der oben aus dem c, t-Bild gezogene Schluß durch das Mikroskop bestätigt wird.

Zieht man noch die Linie MO der Abb. 12 in Betracht, so gleicht das c, t-Bild der Umwandlung dem Teile $J_1J_2H''NO''D''$ in Abb. 48 des Bandes IIA, worin statt der Buchstaben J_1, J_2, H'', N, O'', D'' die Buchstaben $GMOPSE$ der Abb. 12, und an Stelle der Stoffe A und B die Stoffe Eisen und Karbid zu setzen sind. Es würden somit die Überlegungen in IIA, 83—85 in unserem Falle Platz zu greifen haben.

Darnach würde das Karbid im γ-Eisen löslich sein und mit ihm die feste γ-Lösung (a'' in Abb. 48, IIA) bilden. Das längs der Linie GO ausgeschiedene β-Eisen (A' in Abb. 48, IIA) besitzt kein nennenswertes Lösungsvermögen gegenüber dem Karbid, weil sonst an Stelle der Geraden MO (J_2H'' in Abb. 48, IIA) eine gebrochene Linie etwa wie $J_2G'H''$ in Abb. 47, IIA auftreten müßte. Da das β-Eisen kohlenstofffrei ist, so wird auch die Temperatur Ar_2 seiner Umwandlung in α-Eisen[2]) längs MO durch die

---

[1]) Im folgenden kurz „γ-Lösung“ genannt.
[2]) Richtiger (β, α)-Eisen s. Abs. 18.

Gegenwart des Karbides nicht verändert. Unterhalb MO ist nur α-Eisen[1]) beständig (A in Abb. 48, II A). Längs der Linie GO scheidet sich β-, längs der Linie OS α-Eisen[2]), längs SE Karbid aus der festen γ-Lösung aus.

Falls der Punkt P (entsprechend N in Abb. 48, II A) die Abszisse $c = 0$ hat, so würde auch das α-Eisen[1]) keine Löslichkeit für Karbid besitzen. Wie wir später aus dem Gefüge erkennen werden, kann diese Löslichkeit nur sehr klein sein, so daß wir für den Punkt P die Abszisse c mit genügender Annäherung gleich null setzen können.

Es ergeben sich folgende Beständigkeitsfelder:

1. Feld oberhalb $GOSE$: Feste Lösung von Karbid in γ-Eisen (feste γ-Lösung).
2. Feld GOM: β-Eisen im Gleichgewicht mit fester γ-Lösung.
3. Feld $MOSP$: α-Eisen[2]) im Gleichgewicht mit fester γ-Lösung.
4. Feld ESF: Karbid im Gleichgewicht mit fester γ-Lösung.
5. Unterhalb PSF: α-Eisen[1]) im Gleichgewicht mit Karbid.

Der Punkt S ist ein eutektischer Punkt, in dem gleichzeitig Eisen und Karbid in der eigenartigen Form des eutektischen Gemenges ausgeschieden werden müssen. Das sich in allen Legierungen bei $Ar_1 = 700^0$ C ausscheidende Eutektikum muß nach Früherem (II A 17, 20, 52—60) ein inniges Gemenge von Eisen und Karbidkriställchen darstellen. Dies läßt sich unter dem Mikroskop nachprüfen; alle langsam abgekühlten Eisenkohlenstoff-Legierungen zeigen einen deutlich ausgeprägten Gefügebestandteil, der aus abwechselnden kleinen Kriställchen des harten Zementits und des weichen Eisens besteht. Die Kriställchen erscheinen meist in Form dünner Lamellen, wie Tafelabb. 1, Taf. I in 1650facher Vergrößerung zeigt. Die dünnen Lamellen sind Zementit und stehen in Relief; die breiteren Lamellen sind vertieft und entsprechen dem Eisen. Dieser eutektische Gefügebestandteil hat von Howe den Namen Perlit erhalten, weil er unter Umständen infolge seines lamellaren Aufbaues ähnliche Farbwirkungen durch Interferenz des Lichtes hervorbringt wie Perlmutter.

Da bei Zimmerwärme nach langsamer Abkühlung das Eisen nur in der α-Form vorhanden sein kann, so muß sich dieses α-Eisen unter dem Mikroskop als Gefügebestandteil zu erkennen geben. Dies ist in der Tat der Fall; es zeigt sich in Form von weichen Kirstallen, die den Namen Ferrit erhalten haben. Der Name Ferrit ist wiederum ein mineralogischer Gattungsbegriff; er wird nicht nur für reines α-Eisen gebraucht, sondern auch für Eisen, das bei Gegenwart bestimmter fremder Beimischungen im Eisen gewisse Mengen dieser Stoffe in fester Lösung halten kann, sofern nur die mineralogischen Kennzeichen des Ferrits dabei keine Änderung erfahren. Der Ferrit findet sich auch im Perlit wieder, der sich aus abwechselnden Lamellen von Ferrit und Zementit aufbaut.

Aus den früheren Betrachtungen über die c, t-Bilder der Zweistoff-Legierungen nach Art $A\,a\,2\,\gamma$ (II A, 57, 58) ergibt sich, daß nach langsamer Abkühlung auf Zimmerwärme die dem eutektischen Punkt S entsprechende eutektische[3]) Legierung ausschließlich aus Perlit bestehen muß. Ist der Kohlenstoffgehalt kleiner als der eutektische[4]) (etwa 0,95% Kohlenstoff = etwa

[1]) Richtiger (β, α)- oder α-Eisen } s. Abs. 18.
[2]) Richtiger (β, α)-Eisen }

[3]) Howe hat neuerdings vorgeschlagen, die Legierung „eutektoïdisch" zu nennen und das Eutektikum „Eutektoïd", um den Unterschied gegenüber dem Eutektikum auszudrücken, das sich aus dem flüssigen Zustand bildet (II A, 76).

[4]) Untereutektische Legierungen (nach Howe hypoeutektoïdische) (II A, 57).

$14^0/_0$ Karbid), so muß neben dem Perlit als zweiter Gefügebestandteil Ferrit auftreten; mit abnehmendem Kohlenstoffgehalt nimmt die Menge des Perlits ab, die des Ferrits zu, bis schließlich beim Kohlenstoffgehalt $0^0/_0$ das Gefüge ausschließlich aus Ferrit besteht. Steigt der Kohlenstoffgehalt über das eutektische Maß[1]), so nimmt die Perlitmenge ebenfalls ab; aber zum Perlit gesellt sich als zweiter Gefügebestandteil der Zementit, dessen Menge mit steigendem Kohlenstoffgehalt anwächst.

Die soeben dargelegten Gefügeverhältnisse sind von Osmond in der grundlegenden Arbeit „Méthode générale pour l'analyse micrographique des aciers au carbone", Bull. Soc. Encour. Mai 1895 (L. 17) festgestellt worden. Die späteren Arbeiten haben den Inhalt dieses Werkes nur bestätigen können.

15. Zur Erläuterung des oben über das Gefüge der Eisenkohlenstoff-Legierungen Gesagten mögen noch folgende Beispiele angeführt werden.

Eisen mit 0,05$^0/_0$ Kohlenstoff, gewalzt. Tafelabb. 2, Tafel I zeigt das Gefüge in 123facher Vergrößerung, wie es nach dem Ätzpolieren (II A, 233) oder nach Ätzung mit 1 prozentiger alkoholischer Salzsäure (II A, 235) unter dem Mikroskop erscheint. In einer hellen, weichen Grundmasse *F* von Ferrit eingebettet liegen kleinere härtere, in Relief stehende etwas dunkler erscheinende Perlitinselchen *P*. Eines dieser Inselchen ist in Abb. 3, Tafel I in 900facher Vergrößerung dargestellt: man erkennt seinen Aufbau aus Lamellen zweier verschieden harter Körper. Die Menge des Perlits ist gering, weil der Kohlenstoffgehalt des Eisens niedrig ist. Ätzt man den Schliff mit starken Ätzmitteln, z. B. mit einer Lösung von Kupferammoniumchlorid 1 : 12 (II A, 235), so zerlegt sich die Ferritgrundmasse in einzelne Körner, wie in Abb. 21, Tafel IV, Band II A, die bei 365facher Vergrößerung dargestellt ist. Die Abbildung erinnert an das Gefüge von Marmor, der ja aus einzelnen Körnern von Kalkspat besteht. Einzelne Körner des Ferrits erscheinen dunkler, andere heller. Diese verschiedene Färbung wird durch Ätzfiguren (II A, 252, 253) hervorgerufen. Sie bilden nach früherem den Beweis, daß der Ferrit trotz der unregelmäßigen Umgrenzung seiner Körner den Aufbau von wirklichen Kristallen hat. Je nach der Lage der Flächen der Ätzfiguren zum einfallenden Licht (II A, 252, 253) wird mehr oder weniger Licht in die Achse des Mikroskops zurückgespiegelt und so hellere oder dunklere Färbung erzielt. In Abb. 27, Tafel V, Band II A, sind in 1650facher Vergrößerung einige Ferritkörner mit kennzeichnenden Ätzfiguren abgebildet.

Eisen mit 0,34$^0/_0$ Kohlenstoff, gewalzt. Abb. 4, Tafel I zeigt in 123facher Vergrößerung nach dem Ätzpolieren größere Mengen der dunkler erscheinenden Perlitinselchen, als sie im vorigen Eisen enthalten waren. Das Licht ist in der Abbildung von links oben einfallend zu denken. Die Lichtkanten der Perlitinseln liegen alle links oben, was darauf hinweist, daß sie gegenüber der Ferritgrundmasse in Relief stehen, also härter als diese sind. Bei stärkerer Vergrößerung würde der Perlit in ähnlicher Weise seinen Aufbau zeigen wie in Abb. 3, Tafel I.

Eisen mit 0,51$^0/_0$ Kohlenstoff, gewalzt. Vgl. II A Abb. 18, Tafel IV, in 123facher und II A Abb. 19, Tafel IV, in 1650facher Vergrößerung. Sie sind vom ätzpolierten Schliff aufgenommen. In der ersteren zeigen sich die dunkleren Perlitinseln wieder erhaben in weicher heller Grundmasse von Ferrit. Ihr Anteil am Gesichtsfeld beträgt jetzt etwa 50$^0/_0$, ist also wesentlich größer als bei den früheren Eisensorten. In der zweiten Abbildung erkennt man

---

[1]) Übereutektische Legierungen (nach Howe hypereutektoïdische).

deutlich den Aufbau des Perlits P aus zwei verschiedenen Bestandteilen, von denen der weichere dasselbe ist wie der Ferrit F.

Eisen mit 0,95 $^0/_0$ Kohlenstoff, gewalzt. Die ganze Masse des Gefüges besteht jetzt aus Perlit, dessen kennzeichnender lamellarer Aufbau bei 1650facher Vergrößerung nach Ätzung mit alkoholischer Salzsäure in Abb. 5. Tafel II dargestellt ist.

Eisen mit 2,16 $^0/_0$ Kohlenstoff, geglüht. Siehe Abb. 6, Tafel II in 365facher Vergrößerung nach dem Ätzpolieren. Hier tritt neben P, dem durch seinen lamellenartigen Aufbau gut gekennzeichneten Perlit, Zementit in weißen harten Kristallen Z auf, die sich vom Ferrit deutlich durch ihre wesentlich größere Härte unterscheiden.

16. Die mikroskopischen Kennzeichen der bisher besprochenen Gefügebestandteile sind in nachfolgender Übersicht zusammengestellt.

Tabelle III.

Die wichtigsten mikroskopischen Kennzeichen der Gefügebestandteile der langsam abgekühlten schmiedbaren Eisenkohlenstoff-Legierungen.

Name	Verhalten nach dem Reliefpolieren auf Gummiunterlage mit Rot und Wasser [1])	Verhalten nach dem Ätzpolieren auf Gummiunterlage mit Rot und Süßholzextrakt [1])	Verhalten nach Ätzung mit	
			1 Rt. HCl und 100 Rt. abs. Alkohol [1]) HCl/Alk.	1 Gt. Kupferammoniumchlorid in 12 Gt. Wasser [1])
Ferrit	Weichster Gefügebestandteil. Erscheint allen anderen Gefügebestandteilen gegenüber vertieft	Ungefärbt; erst bei lange fortgesetzter Behandlung färben sich einzelne Körner gelblich	Bei sehr schwacher Ätzung ungefärbt. Bei stärkerer Ätzung bleiben einige Körner hell, andere werden gelb bis braun	Bei starker Vergrößerung deutlich ausgebildete Ätzfiguren sichtbar, die für Ferrit kennzeichnend sind
Zementit	Härtester Gefügebestandteil; ungefähr Feldspathärte. Gegenüber allen anderen Gefügebestandteilen in Relief	Ungefärbt, bleibt spiegelblank		
Perlit	Härte zwischen der von Ferrit und Zementit. Demnach gegenüber ersterem in Relief, gegenüber letzterem vertieft	Bei schwächerer Vergrößerung meist dunkelgefärbt erscheinend. Bei sehr starker Vergrößerung wird der eigenartige Aufbau aus 2 Bestandteilen verschiedener Härte sichtbar. Diese beiden Bestandteile bilden meist gekrümmte parallele Lamellen, seltener Körner		

Die Gefügebestandteile 1 und 2 obiger Tabelle werden zuweilen in der Literatur als „Freier Ferrit" und „Freier Zementit" bezeichnet zum Unterschied von den feinen Ferrit- und Zementitlamellen, die gemeinschaftlich den Perlit bilden.

Nebeneinander auftreten können nach dem, was früher über den Gefügeaufbau von Zweistoff-Legierungen der Art $A\,a\,2\,\gamma'$ gesagt worden ist (II A, 57, 58), nur je zwei der in der Zusammenstellung III aufgeführten Gefügebestandteile, also entweder Ferrit neben Perlit in den Legierungen mit weniger Kohlenstoff, als dem eutektischen Punkt S im c, t-Bild entspricht (untereutektische Legierungen) oder Zementit neben Perlit in den übereutektischen Legierungen

[1]) 2-3, 235, S. II A.

mit mehr als dem eutektischen Kohlenstoffgehalt. Die eutektische Legierung selbst besteht ausschließlich aus Perlit. Der eutektische Kohlenstoffgehalt ergibt sich aus dem c, t-Bild zu $0{,}95\,\%$. Es ist schwierig, den eutektischen Kohlenstoffgehalt genau zu ermitteln; er liegt zwischen den Grenzen 0,85 bis $1{,}1\,\%$, je nach den Abkühlungsverhältnissen und auch nach dem Gehalt an fremden Beimengungen außer Kohlenstoff und Eisen.

Über die Flächenanteile von Ferrit und Perlit in den verschiedenen Legierungen lassen sich auf Grund des c, t-Bildes Berechnungen in der früher dargelegten Weise (II A, 59) anstellen. Eine Legierung mit $c\,\%$ Kohlenstoff, wobei c kleiner als der eutektische Kohlenstoffgehalt c_e vorausgesetzt ist, muß nach Formel 3 in II A, 59 im Gesichtsfeld $F_e = \frac{100 \cdot c}{c_e}\,\%$ Perlit enthalten; setzt man den eutektischen Gehalt $c_e = 1\,\%$, so ergibt sich der Flächenanteil des Perlits F_e zu $100 \cdot c\,\%$.

Trägt man die Kohlenstoffgehalte c als Abszissen, die Flächenanteile F_e des Perlits als Ordinaten ab, so muß sich nach obiger Beziehung eine Gerade ergeben, die durch den Koordinatenanfang geht und deren Ordinate für $c = 1\,\%$ gleich 100 ist. Diese Linie ist in Abb. 13 gestrichelt eingezeichnet.

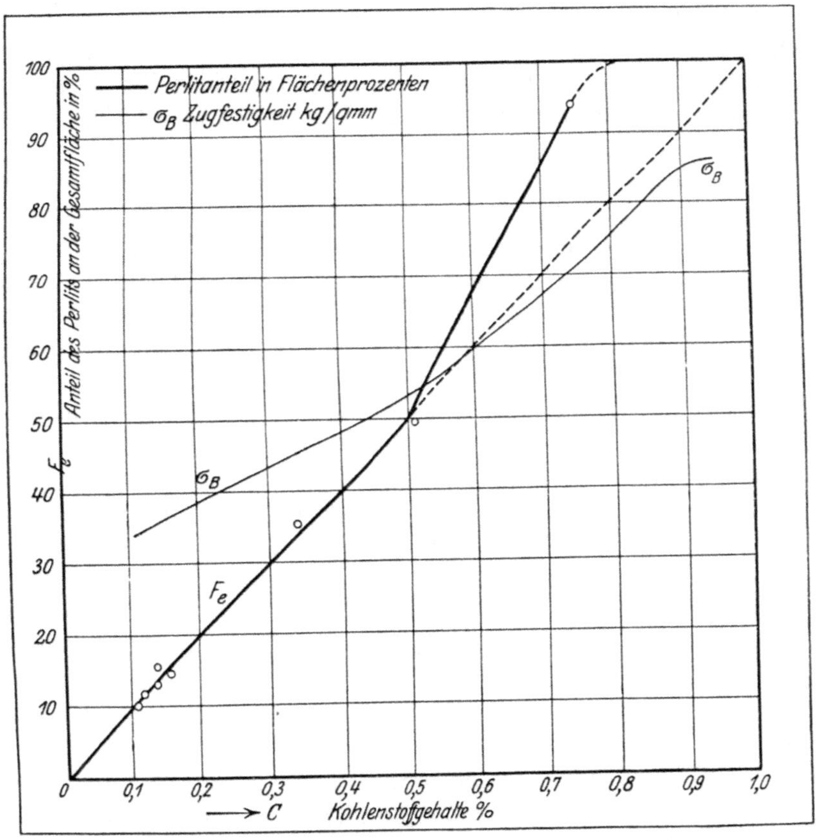

Abb. 13. Beziehungen zwischen Kohlenstoffgehalt, Perlitanteil und Zugfestigkeit in gewalztem Eisen und Stahl.

Für eine Reihe von Eisenkohlenstoff-Legierungen mit sehr geringem Gehalt an fremden Verunreinigungen (L. 8) sind die Perlitflächenanteile planimetrisch bestimmt worden (II A, 59); die Ergebnisse sind in der Abbildung durch Kreise ○ angegeben. Man erkennt, daß bis zu $0{,}5\,\%$ Kohlenstoff die beobachteten Werte für die Perlitflächen sehr genau mit der gestrichelten Geraden zusammenfallen. Bei höheren Kohlenstoffgehalten steigt dagegen die beobachtete Perlitmenge F_e schneller, als es der gestrichelten Geraden entspricht; d. h. es wird dann mehr Perlit beobachtet als nach der Rechnung zu erwarten wäre. Dies liegt z. T. sicher daran, daß es mit steigendem Kohlenstoffgehalt immer schwieriger wird, die dünnen Adern von Ferrit, die zwischen dem Perlit noch übrigbleiben, von den dünnen Ferritlamellen zu unterscheiden, die am Aufbau des Perlits selbst beteiligt sind. Zum andern Teil scheinen hier aber noch andere Einflüsse eine Rolle zu spielen. Auffällig ist, daß der Gehalt von 0,5 % gerade zusammenfällt mit dem Kohlenstoffgehalt, bei dem die Umwandlungen Ar_3 und Ar_2 zusammenfallen (Punkt O im c, t-Bild, Abb. 12); auffällig ist ferner, daß auch von 0,5 % Kohlenstoff aufwärts die Festigkeit σ_B rascher mit wachsendem Kohlenstoffgehalt ansteigt, als unterhalb dieses Grenzwertes (vgl. Abb. 13 und II A, 322).

Bei geschmiedeten und gewalzten Eisenkohlenstoff-Legierungen kann man bis zu 0,5 % Kohlenstoffgehalt die planimetrische Ausmessung der Perlitfläche zur quantitativen Kohlenstoffbestimmung verwenden; für kleine Kohlenstoffgehalte, z. B. unter 0,2 %, ist nach meinen Erfahrungen die planimetrische Kohlenstoffbestimmung genauer als die analytische; oberhalb 0,5 % Kohlenstoff ist aber die mikroskopische Ausmessung des Perlits nicht mehr zur quantitativen Kohlenstoffbestimmung benutzbar; man kann dann nur noch ungefähre Schätzung des Kohlenstoffs darauf gründen. Bei gegossenen Legierungen kann der Kohlenstoffgehalt, bei dem die Linie für den Perlitanteil von der punktierten Geraden abweicht, niedriger als bei 0,5 % liegen. Der Grund hierfür wird später angegeben (60).

Steigt der Kohlenstoff über das eutektische Maß hinaus, so tritt neben dem Perlit Zementit auf. Man könnte glauben, daß man aus der planimetrischen Messung der Zementitfläche den Kohlenstoffgehalt der Legierung berechnen könne; das ist aber nicht möglich. man kann höchstens eine grobe Schätzung darauf gründen. Dies liegt daran, daß der kleinste Meßfehler bei der Ermittlung der Zementitfläche große Fehler in der Kohlenstoffberechnung hervorruft, da ja der Kohlenstoffgehalt des Zementits bei 6,67 % liegt. Ferner gehen andere Stoffe in den Zementit über, wie z. B. Phosphor usw. und erhöhen die Zementitmenge beträchtlich. Dazu kommt noch, daß es schwierig ist, die Fläche des Zementits einigermaßen genau zu messen, da er meist in Form von kettenartig aneinandergereihten Kristallen auftritt, die zwischen sich kleine mit Perlit ausgefüllte Zwischenräume lassen. Vgl. Abb. 7, Tafel II in 365facher Vergrößerung, die einem gegossenen Flußeisen mit 2,08 % Kohlenstoff entspricht.

17. Nachdem wir die Ursachen der „Rekaleszenz“ bei 700° C in der Ausscheidung des Eutektikums und der dabei frei werdenden Wärme erkannt haben, wollen wir noch einen Blick zurückwerfen auf die Goresche Erscheinung (9). Die Längenänderungen von Eisenkohlenstoff-Legierungen bei der Erwärmung und Abkühlung sind von Charpy und Grenet einer eingehenden Untersuchung unterzogen worden (L 18). Die Ergebnisse sind in Abb. 14 vereinigt, in dem die Temperaturen t als Abszissen, die entsprechenden Längenänderungen Δl[1]) in einem willkürlichen Maßstab als Ordinaten eingezeichnet sind. Zur Vervollständigung sind noch die beiden Abb. 15 und 16 derselben Verfasser mitgeteilt, in denen die Dehnungslinien sowohl für die

[1]) In der Quelle ist die Abbildung leider nur schematisch, nicht im richtigen Maßstab gegeben, so daß man Schlüsse auf die Größe der Wärmeausdehnungszahlen aus der Abbildung nicht ziehen darf. — Versuchsverfahren s. II A, 217.

Erhitzung, als auch für die Abkühlung zweier Eisensorten mit 0,15 und 0,82 % Kohlenstoff, sowie die zugehörigen $t, \Delta z$-Linien eingezeichnet sind. Die ausgezogenen Linien gelten für die Erhitzung, die gestrichelten für die Abkühlung. Die als Ordinaten benutzten Wärmedehnungen $\Delta l/l$ sind in mm$\cdot 10^{-4}$ bezogen auf die Längeneinheit der Probestäbe angegeben. Die Abb. 15 und 16 lassen sehr deutlich erkennen, daß die Längenänderungen, abgesehen von kleinen Temperaturverschiebungen, die auch den Umwandlungstemperaturen anhaften, umkehrbar sind. Der Verlauf der Linien $t, \Delta l$ ist sonach nahezu der gleiche, ob man die Temperaturskala von unten nach oben oder umgekehrt durchläuft.

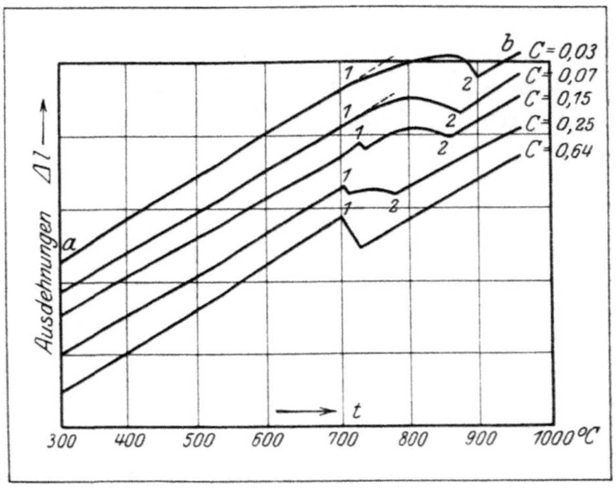

Abb. 14. $t, \Delta l$-Linie nach Charpy und Grenet.

Aus Abb. 14 (Linie für 0,64 % Kohlenstoff) und Abb. 16 (Linie für 0,82 % Kohlenstoff) erhellt, daß während der Erhitzung bei 1 plötzliche Verkürzung des Versuchsstabes stattfindet, die sich über ein engbegrenztes Temperaturbereich fortsetzt, worauf dann wieder regelmäßige Verlängerung wahrgenommen wird. Bei der Abkühlung tritt umgekehrt bei 1 plötzliche Verlängerung ein. Das ist die bereits von Gore beobachtete Erscheinung. Der plötzliche Richtungswechsel bei 1 fällt zusammen mit der eutektischen Temperatur Ar_1 bzw. Ac_1. Mit abnehmendem Kohlenstoffgehalt tritt der Richtungswechsel bei 1 allmählich zurück und verschwindet schließlich ganz. Dafür tritt in den kohlenstoffärmeren Legierungen ein neuer Richtungswechsel bei 2 in die Erscheinung.

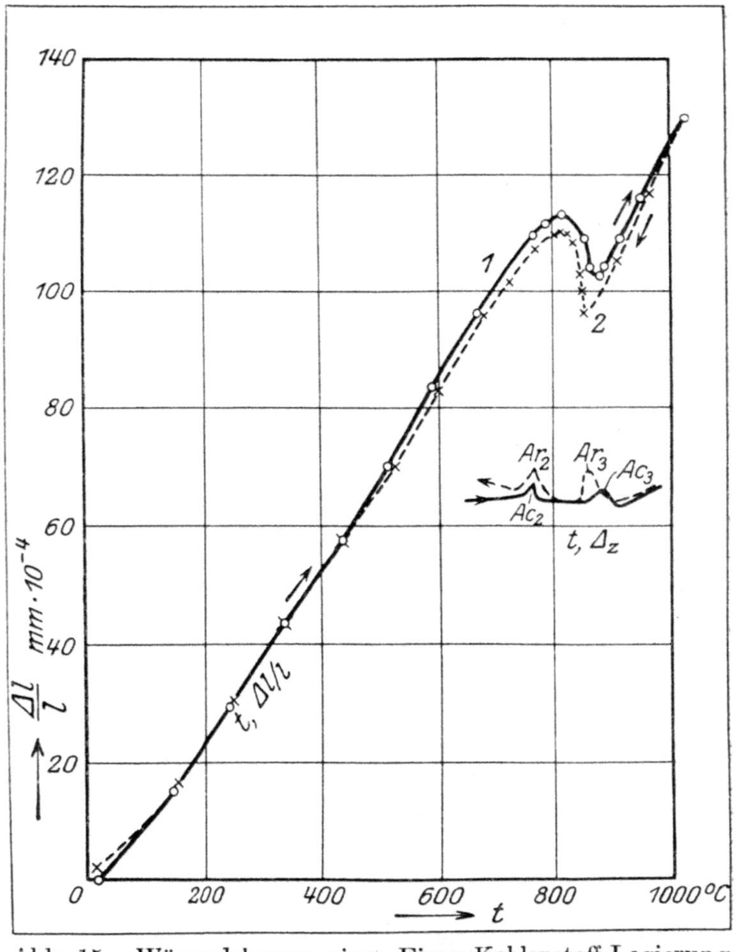

Abb. 15. Wärmedehnung einer Eisen-Kohlenstoff-Legierung mit 0,15 % Kohlenstoff (nach Charpy und Grenet).

Er fällt zusammen mit der Umwandlungstemperatur $A r_3$ $(A c_3)$. Bei steigendem Kohlenstoffgehalt sinkt Punkt 2 allmählich.

Oberhalb der Punkte 2 verläuft die Längenänderung wieder regelmäßig. Die Regelmäßigkeit der Ausdehnung ist nur gestört zwischen den Punkten 1 und 2, also innerhalb des Intervalles $A r_3$ bis $A r_1$ (bzw. bei der Erhitzung $A c_3$ bis $A c_1$). Wie die Abb. 14 bis 16 erkennen lassen, macht sich die Umwandlung $A r_2$ bzw. $A c_2$ bei der Ausdehnung nicht deutlich bemerkbar.

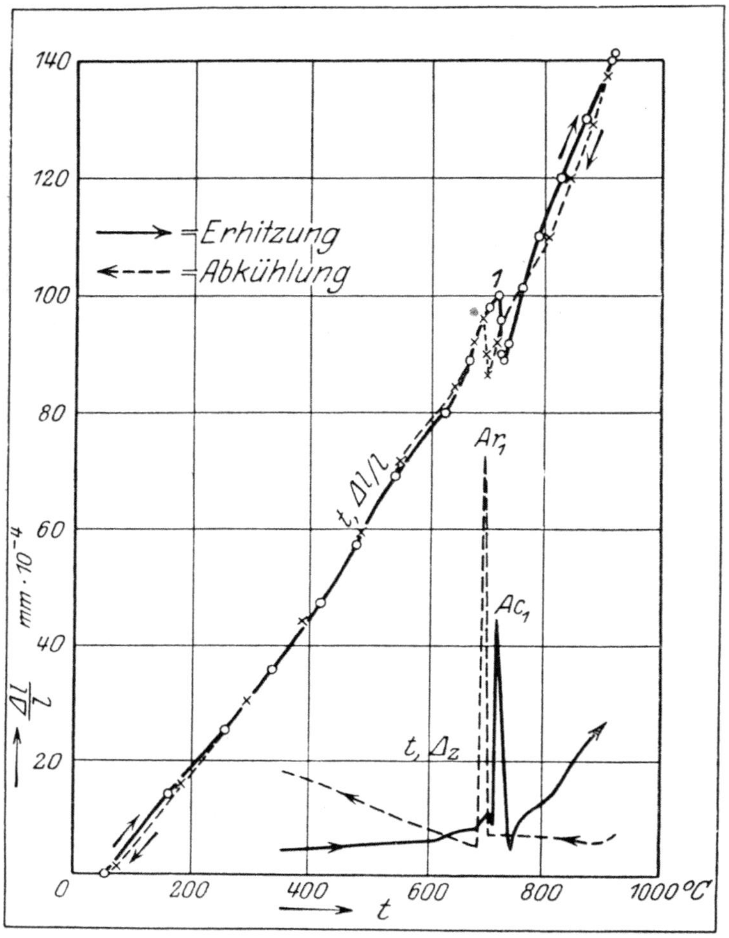

Abb. 16. Wärmedehnung einer Eisen-Kohlenstoff-Legierung mit 0,82% Kohlenstoff (nach Charpy und Grenet).

Wir können kurz zusammenfassend sagen: Die Umwandlung $A r_3$ des γ-Eisens in β-Eisen ist mit Volumvermehrung verbunden, bei der Umwandlung $A r_2$ $(A c_2)$ erfolgt dagegen keine merkbare Volumänderung[1]). Die Ausscheidung des Eutektikums bei $A r_1$, mit anderen Worten der Zerfall der festen γ-Lösung in die zwei Bestandteile Ferrit und Zementit, die zusammen den Perlit bilden, ist mit Volumvermehrung verknüpft. Dies ist nicht auffällig, da in vielen Fällen eine Lösung (auch eine feste) weniger Raum einnimmt, als der Summe der Räume ihrer Bestandteile entspricht.

18. Wir haben bisher dem Vorgange Osmonds folgend die Umwandlungen des Eisens bei A_3 und A_2[2]) als allotropische Umwandlungen bezeichnet.

Welches sind nun die ausschlaggebenden Merkmale für allotropische Umwandlungen? Wir haben sie in allen unseren bisherigen Betrachtungen auf gleiche Stufe mit Änderungen des Aggregatzustandes in einem Einstoffsystem gestellt und sie begrifflich als Übergang aus einem festen in einen anderen festen Aggregatzustand festgelegt (II A, 5, 69). Demzufolge muß bei der Temperatur der allotropen Umwandlung, ebenso wie bei der Temperatur

---

[1]) Es ist aber trotzdem nicht ausgeschlossen, daß auch diese Umwandlung mit einer kleinen Volumvermehrung verbunden ist, die sich aber über ein größeres Temperaturbereich erstreckt und deswegen der Beobachtung entging. Auch die Schaulinien von Charpy und Grenet (L. 18) selbst lassen mehrfach Andeutungen hierfür erkennen.

[2]) A_3 ist die allgemeine Bezeichnung für $A r_3$ und $A c_3$. — A_2 ist die allgemeine Bezeichnung für $A r_2$ und $A c_2$.

des Überganges eines Einstoffsystems aus einem Aggregatzustand in einen anderen, Gleichgewicht zwischen zwei Phasen bestehen. Die Temperatur muß so lange unverändert bleiben, als die beiden Phasen noch nebeneinander vorhanden sind; sie kann sich erst ändern, wenn eine der beiden Phasen verschwindet (II A, 29). Der Übergang von der einen Phase zur anderen muß mit Wärmetönung verbunden sein, und zwar muß bei dem Übergang der oberhalb der Umwandlungstemperatur beständigen Phase in die unterhalb derselben beständige Wärme nach außen abgegeben werden, während beim umgekehrten Vorgang der gleiche Betrag von Wärme gebunden wird. Diese Wärmemenge ist ganz analog der latenten Wärme beim Übergang aus einem Aggregatzustand in einen anderen.

Nach dem ersten Hauptsatz der Thermodynamik ist

$$U = Q - A,$$

worin U die Zunahme der Gesamtenergie eines Systems, A die von ihm nach außen abgegebene Arbeit und Q die von ihm aufgenommene Wärmemenge bedeutet. Werden einem Stoff Q Wärmeeinheiten zugeführt, so wird er in der Regel sein Volum verändern. Die Volumänderung sei dv und werde positiv gerechnet, wenn sich der Stoff ausdehnt. Der auf dem Stoff lastende äußere Druck sei p. Alsdann gibt der Stoff bei der Wärmeaufnahme von Q Einheiten infolge der Volumvermehrung nach außen die Arbeit $A = p\,dv$ ab. Die Gesamtenergie U des Systems hat sich also um den Betrag $Q - A$ vermehrt.

Bei gasförmigen Systemen und bei dem Übergang aus dem flüssigen in den gasförmigen Zustand kann der Betrag $A = p\,dv$ erhebliche Beträge erreichen. Wenn wir uns aber nur auf den Übergang aus dem festen in den flüssigen oder auf Umwandlungen innerhalb des festen Aggregatzustandes beschränken und den Druck unveränderlich gleich einer Atmosphäre halten, so ist im allgemeinen der Betrag $p\,dv$ gegenüber dem Wert von Q so klein, daß wir ihn für unsere Zwecke mit genügender Annäherung vernachlässigen und $U = Q$ setzen dürfen. Dann ist also die Änderung der Gesamtenergie des Systems angenähert meßbar durch die zugeführte oder abgegebene Wärmemenge Q, die mit Hilfe des Kalorimeters festgestellt werden kann.

Die Abhängigkeit der Änderung der Gesamtenergie $U = Q$ von der Temperatur t läßt sich nun so ermitteln, daß man das System auf verschiedene Temperaturen t erwärmt und die im Kalorimeter bei der Abkühlung der Gewichtseinheit des Systems von t auf 0^0 C abgegebene Wärmemenge Q mißt. Die Beziehung zwischen Q und t ist dann bei unveränderlichem Druck $p = 1$ durch eine ebene Kurve darstellbar, die wir Q, t-Linie nennen wollen, da Q als Abszisse, t als Ordinate verwendet wird (s. Abb. 17 und 18). Abb. 17 gibt das Q, t-Bild für den Übergang eines Einstoffsystems aus dem festen in den flüssigen Zustand und umgekehrt. Für die Erhitzung ist es von d nach a zu lesen, für die Abkühlung umgekehrt. Der Zweig $a\,b$ entspricht der flüssigen, der Zweig $d\,c$ der festen Phase. Der Unterschied der Abszissen von d und c gibt die während der Erhitzung von t' auf t_1 vom festen System aufgenommene

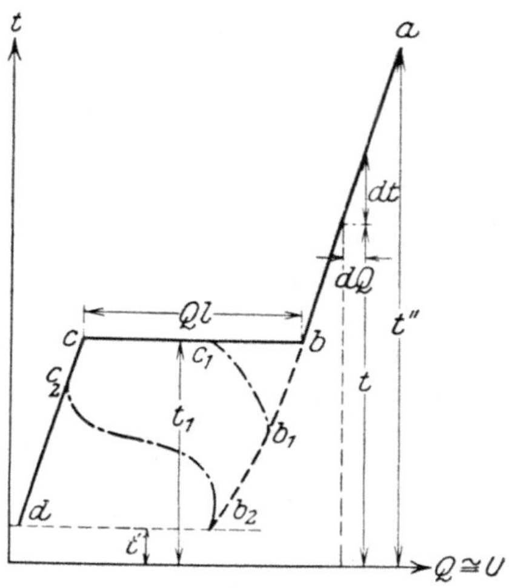

Abb. 17.

Wärmemenge oder angenähert die damit verbundene Zunahme der Gesamtenergie an. Der Unterschied Q_l in den Abszissen der Punkte c und b mißt die Energieänderung, die mit dem Übergang aus dem festen in den flüssigen Zustand verbunden ist; Q_l wird bezeichnet als die Schmelzwärme oder latente Wärme, oder die mit dem Übergang verbundene Wärmetönung. Wird nach dem Schmelzen dem System weiter Wärme zugeführt, so gibt der der Temperatursteigerung von t_1 auf t'' entsprechende Unterschied der Abszissen von b und a die damit verknüpfte weitere Zunahme der Gesamtenergie an.

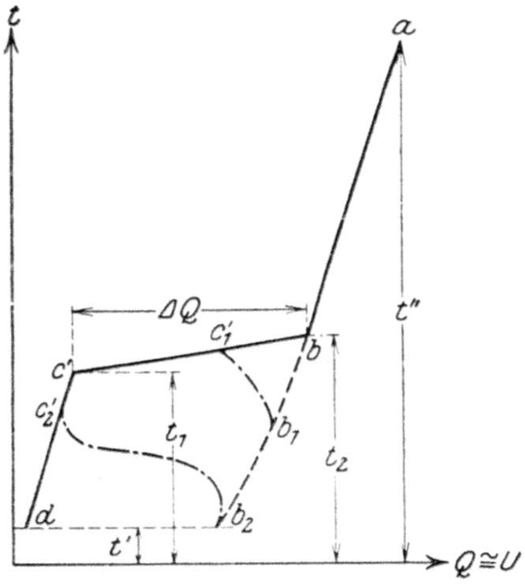

Abb. 18.

Die Abb. 17 gilt auch für allotrope Umwandlungen. Hier ist Q_l die Umwandlungswärme. Die dem Zweig $a\,b$ entsprechende Phase ist oberhalb des Umwandlungspunktes t_1 beständig und hat einen größeren Gesamtenergiegehalt als die unterhalb t_1 beständige, durch den Zweig $d\,c$ veranschaulichte Phase.

Die spezifische Wärme s ist laut Begriffserklärung die Wärmemenge, die zugeführt werden muß, um die Gewichtseinheit eines Stoffes um einen Celsiusgrad zu erwärmen. Da diese Wärmemenge im allgemeinen mit der Temperatur t wechselt, so wird die obige Begriffserklärung durch die Gleichung $s = dQ/dt$ ausgedrückt, wenn vorausgesetzt wird, daß die Abszisse Q im Q, t-Bild der Gewichtseinheit des Systems entspricht. Je steiler die Linie Q, t bei einer bestimmten Temperatur läuft, um so kleiner ist die spezifische Wärme bei dieser Temperatur. Flacher Verlauf der Q, t-Linie weist auf hohe Beträge der spezifischen Wärme bei den entsprechenden Temperaturen hin.

Über die Strecke $c\,b$, also während der Zustandsänderung oder der Umwandlung, ist $dt = 0$, mithin s unendlich groß. Das ist ja nicht überraschend, da ja bei der Umwandlungstemperatur t_1 die Wärmemenge Q_l zugeführt wird, ohne daß Temperatursteigerung eintritt.

Man kann sich nun in einem Einstoffsystem innerhalb des festen Aggregatzustandes noch eine andere Art der Umwandlung etwa nach Abb. 18 vorstellen. Der Unterschied dieser Abbildung gegenüber der Abb. 17 ist folgender: Die Umwandlung vollzieht sich nicht bei unveränderter Temperatur, sondern innerhalb des Temperaturbereiches t_1 bis t_2.

Nach der Phasenlehre ist dies in einem Einstoffsystem bei gleichzeitiger Gegenwart von zwei Phasen nicht möglich. Der Vorgang kann sich in der in Abb. 18 angedeuteten Weise nur innerhalb einer einzigen Phase abspielen.

Beweis: Die Zusammensetzung c ist im Einstoffsystem unveränderlich. Frei verfügen können wir nur über Druck p und innerhalb der Grenzen t_1 und t_2 über die Temperatur. Das Gleichgewicht ist somit vom Freiheitsgrad $f = 2$ (vgl. II A, 28). Die Zahl der Stoffe n ist im Einstoffsystem gleich 1. Die Zahl der möglichen Phasen r ergibt sich dann aus der Bedingung $f = n + 2 - r$ oder $2 = 1 + 2 - r$, woraus $r = 1$.

Die Punkte b und c' entsprechen somit nicht wie in Abb. 17 zwei verschiedenen Phasen, sondern zwei Zuständen derselben Phase, die sich um den Betrag ΔQ in der Gesamtenergie unterscheiden. Eine solche Änderung des Gleichgewichtes innerhalb einer einzelnen, für sich allein bestehenden Phase nennt man eine Änderung des inneren Gleichgewichtes (II A, 286). Eine solche Umwandlung dürfen wir nicht mehr als allotrop bezeichnen, da laut unserer Begriffsbestimmung die allotrope Umwandlung ein zweiphasiges Gleichgewicht beim Umwandlungspunkt bedingt. Wir wollen eine solche Umwandlung innerhalb einer einzigen Phase innere Umwandlung nennen.

Über die tieferen Ursachen der Umwandlungen (allotroper oder innerer) sind wir nicht genügend sicher unterrichtet. In Frage können kommen:

1. Änderungen im Aufbau des Moleküls und zwar Änderung der Zahl der Atome oder Änderung ihrer Anordnung im Molekül.

2. Änderungen der Bewegungsenergie der Moleküle (Änderung der Energie von geradlinig schwingenden Bewegungen, von Drehbewegungen mit gleicher oder verschiedener Schwingungsenergie innerhalb verschiedener durch den Schwingungsmittelpunkt gelegter Ebenen usw.) Alle diese Änderungen, gleichgültig welcher Art sie sind, bedingen Änderung der Gesamtenergie und somit auch von Q, so daß sie sich in der Q, t-Linie zu erkennen geben müssen.

Unter Umständen ist es schwer, den sicheren Beweis zu führen, welche der beiden Umwandlungsarten (allotrope oder innere) in einem besonderen Falle vorliegt. Leicht ist der Nachweis, wenn die beiden Phasen b und c im Falle der allotropen Umwandlung äußerlich für das bloße Auge oder unter dem Mikroskop erkennbare verschiedene Eigenschaften, z. B. verschiedene Farben, oder ausgeprägt verschiedene Kristallgestalt besitzen. Die $t, \Delta z$- und $t, \Delta e$-Linien (II A, 161, 195) können manchmal Aufschlüsse geben, wenn das Temperaturbereich t_2 bis t_1 der Umwandlung sich deutlich ausprägt. Den sichersten Aufschluß gibt die Q, t-Linie selbst, wobei aber bemerkt werden muß, daß die Festlegung derselben durch den Versuch ziemlich hohe Anforderungen an das Geschick des Versuchsausführenden stellt. Zuweilen geben Änderungen gewisser physikalischer Eigenschaften innerhalb des Umwandlungsbereiches Fingerzeige.

Im übrigen ist es für den Techniker keine Frage von allzu großer Bedeutung, welche der beiden Umwandlungsarten (allotrope oder innere) in einem besonderen Falle vorliegt. Wesentlich ist für ihn nur die Kenntnis, daß eine Umwandlung stattfindet. Wesentliche Unterschiede in den Eigenschaften des Stoffes sind zu erwarten, wenn der Unterschied in der Gesamtenergie zwischen den beiden Zuständen b und c' (Abb. 18) derselben Phase oder den beiden Allotropien b und c der Abb. 17 groß ist, und dieser Unterschied ist schließlich unabhängig davon, ob die beiden Zustände in zwei äußerlich verschiedenen Phasen oder in einer und derselben Phase auftreten.

Ich bin auf die Frage nur deswegen näher eingegangen, um dem Leser ein gewisses Fundament zu verschaffen, von dem aus er dem hierüber herrschenden Streit in der Literatur ohne besondere Aufregung zuschauen kann. Leider drehen sich die heftigsten und zeitraubendsten Streitigkeiten in der wissenschaftlichen Literatur vielfach um rein formale Dinge, die infolge unklarer Begriffsbestimmungen und unklarer gelehrter Bezeichnungen eine Wichtigkeit beanspruchen, die ihnen gar nicht zukommt.

An Material, welches zur Entscheidung der Frage, welche Art der Umwandlung das Eisen bei A_3 und A_2 durchmacht, ob allotrope oder innere, heranzuziehen wäre, liegt folgendes vor:

1. Kristallform. Nach Osmond und Cartaud (L. 65 und 66) kristallisiert das Eisen oberhalb und unterhalb A_3 in regulären Würfeln. Oberhalb A_3 zeigen die Würfel häufig abgestumpfte Ecken (Würfel und Oktaeder). Unterhalb A_3 entstehende Eisenkriställchen zeigen niemals abgestumpfte Ecken, sondern nur abgestumpfte Kanten. Demnach besteht ein kristallographischer Unterschied zwischen dem γ-Eisen einerseits und dem β- und α-Eisen andererseits. Zwischen den Kristallen α und β war kein kristallographischer Unterschied festzustellen.

Daraus wird es wahrscheinlich, daß die Umwandlung $\gamma \rightleftarrows \beta$ allotrop ist, während für die Umwandlung bei A_2 kein greifbarer Anhalt aus der kristallographischen Untersuchung gewonnen wurde.

2. Die Q, t-Linie. Bereits in 10 wurde auf die klassische Untersuchung von Pionchon über die Beziehung zwischen Q und t bei kohlenstoffarmen Eisensorten hingewiesen und ihrer Bedeutung für die Entwicklung der Lehre von den Eisenkohlenstoff-Legierungen Erwähnung getan. Auf Grund der Zahlenangaben von Pionchon habe ich die Q, t-Linie in Abb. 1 gezeichnet. Durch Verbindung der einzelnen, den Beobachtungsergebnissen entsprechenden Punkte erhält man drei verschiedene Linienzüge: fe, ed und da, die sich in den Punkten e und d schneiden. Die Störung im Verlauf der Linie zwischen d und e ist nicht zu verkennen. Pionchon selbst gibt als Störungsintervall die Temperaturen von 660 bis 723° C an; meiner Ausgleichslinie in Abb. 1 zufolge liegen die Grenzen des Störungsintervalles etwas weiter, nämlich zwischen $e = 585$ und $d = 715$° C.

Über den Verlauf der Q, t-Linie in der Nähe von A_3 gibt Abb. 1 keinen Aufschluß, da dort zu wenig Punkte durch Beobachtung festgestellt sind. Die Lücke wird aber durch eine neuere Untersuchung von Oberhoffer (L. 64) über die Beziehung zwischen Q und t bei kohlenstoffarmem Flußeisen ausgefüllt. Seine Ergebnisse sind in folgender Tabelle zusammengefaßt:

Tabelle IV.

t° C	Q cal[1])	t° C	Q cal	t° C	Q cal
265	31,0	756	127,0	1018	167,8
391	50,4	766	129,7	1040	170,9
440	58,4	769	129,9	1078	178,8
500	67,9	790	134,1	1123	187,3
543	74,9	802	136,5	1140	187,3
552	76,6	834	141,7	1163	194,7
573	81,1	844	143,7	1210	200,5
622	88,3	880	149,1	1305	217,0
638	92,7	883	148,8	1376	228,4
640	94,0	915	158,7	1420	236,3
660	98,5	977	162,3	1494	249,2
700	111,8	995	166,7	1523	254,2
709	113,5	1011	168,5		

Auf Grund der in der Tabelle enthaltenen Zahlen habe ich die Abb. 19 gezeichnet. Auch hier besteht wieder eine Störung zwischen den Punkten e und d, zwischen den Temperaturen 622 und 765° C. Die Lage des Punktes d entspricht nahezu der Umwandlungstemperatur Ar_2. Ferner zeigt der Verlauf der Kurvenzweige dc und ba, das zwischen 885 und 915° C ein plötzlicher Übergang cb stattfinden muß, den ich in der Abbildung auf 900° C verlegt habe. Diese Übergangsstrecke bc würde der Temperatur Ar_3 entsprechen.

Die Lage von bc ist nicht sicher festgelegt. Wir können deshalb aus der Q, t-Linie nicht mit Bestimmtheit entscheiden, ob der Fall der Abb. 17 (allotrope Umwandlung) oder der der Abb. 18 (innere Umwandlung) vorliegt. Jedenfalls aber kann sich die Umwandlung Ar_3 nur über ein sehr kleines Temperaturbereich erstrecken, und das kommt schließlich in der Wirkung

[1]) Q = Wärmemenge in cal, die 1 g Eisen bei der Abkühlung von t auf 0° C abgibt.

auf dasselbe hinaus, was die Abb. 17 veranschaulicht. Wir werden deshalb im folgenden die Umwandlung $\gamma \rightleftarrows \beta$ bei A_3 als allotrop betrachten.

Bemerkenswert ist, daß nach beendeter Umwandlung Ar_3 bei c die Linie ***cd*** sehr rasch nach links abbiegt, was darauf hindeutet, daß sich auch nach der Umwandlung Ar_3, also nach Überführung des γ-Eisens in das β-Eisen, innerhalb des β-Eisens das innere Gleichgewicht noch wesentlich verändert. Dies weist im Grunde genommen auf eine innere Umwandlung hin, die auf die allotrope Umwandlung folgt. Die dadurch bedingte Änderung

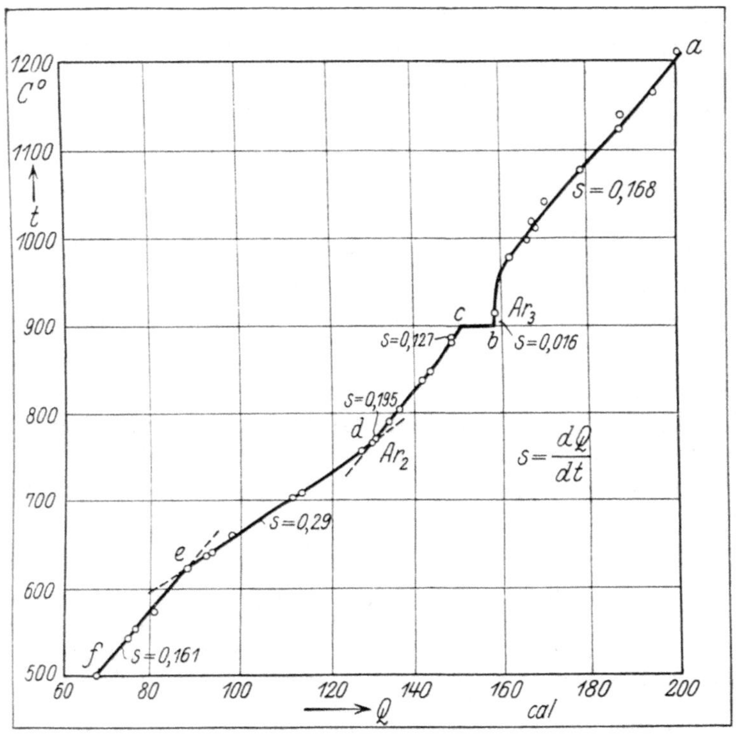

Abb. 19. Q, t-Linie des Eisens (nach Versuchen von Oberhoffer).

der Gesamtenergie würde dann voraussichtlich Änderungen in den physikalischen Eigenschaften des β-Eisens bei den in Frage kommenden Temperaturen bedingen.

Der Verlauf der Q, t-Line von d abwärts gleicht dem in Abb. 18, spricht also für eine innere Umwandlung, die sich bis herunter zu $e = 622^0$ C fortsetzt. Es ist natürlich auch nicht mit Bestimmtheit zu entscheiden, ob nicht doch noch ein sehr kurzes wagerechtes Verbindungsstück in der Nähe von d die Zweige ed und dc verbindet, und so doch noch allotrope Umwandlung mit nachfolgender sehr beträchtlicher innerer Umwandlung vorliegt. Jedenfalls ergibt sich aus Abb. 19, daß sich die Umwandlung bei Ar_2 über ein größeres Temperaturbereich de erstreckt. Sie beginnt bei $d = 765^0$ C und setzt sich bis nach $e = 620^0$ C fort. Wir werden deswegen diese Umwandlung als innere betrachten, also als eine solche, die keinen Phasenwechsel bedingt, sondern die in einer und derselben Phase vor sich geht.

Streng genommen dürften wir deshalb auch nicht von β- und α-Eisen sprechen, da diese nach wissenschaftlichem Sprachgebrauch zwei verschiedene Phasen darstellen. Wollten wir aber hier die Bezeichnungsweise ändern, die sich seit Jahren eingebürgert hat, so würde nur Verwirrung gestiftet werden.

und dieser Gefahr der Verwirrung würde kein wissenschaftlicher Fortschritt gegenüberstehen. Ich werde deswegen die von Osmond eingeführte Bezeichnung β- und α-Eisen weiter beibehalten; der Leser wird sich nur daran erinnern müssen, daß sie aller Wahrscheinlichkeit nach nur eine und dieselbe Phase sind. Um aber auszudrücken, daß die innere Umwandlung allmählich vor sich geht, wollen wir sie nicht mehr durch die Gleichung $\beta \rightleftarrows \alpha$, sondern durch $\beta \rightleftarrows (\beta, \alpha) \rightleftarrows \alpha$ darstellen. Oberhalb Ar_2 (Beginn der Umwandlung während der Abkühlung) besteht β-Eisen. Während der Umwandlung, zwischen d und e findet allmählicher Übergang statt, was angedeutet wird durch das Zeichen (β, α). Der Zustand nach erfolgter Umwandlung unterhalb e soll mit α bezeichnet werden. β und α stellen zwei verschiedene Zustände derselben Phase dar, die aber bezüglich des Maßes ihrer Gesamtenergie ebensoweit voneinander unterschieden sein können wie zwei verschiedene Phasen bei einer allotropen Umwandlung.

Wir stellen uns mit der obigen Auffassung nicht in einen Gegensatz zu Osmond, der zwar die Umwandlung bei A_2 als allotrope bezeichnet aber stets betont hat, daß β- und α-Eisen während der Umwandlung Mischkristalle miteinander bilden, so daß eine neue Phase nicht entsteht. Das ist nur eine andere Ausdrucksweise für das, was wir als innere Umwandlung bezeichnet haben.

Mit Rücksicht auf die oben angegebene Bezeichnungsweise haben wir in 14 in der Liste der Beständigkeitsfelder noch eine Verbesserung anzubringen. Da die Umwandlung A_2 sich von Ar_2 durch die eutektische Temperatur hindurch bis zu etwa 620^0 C fortsetzt, haben wir zu schreiben (S. 20):

3. Feld *MOPS*: (β, α)-Eisen im Gleichgewicht mit fester γ-Lösung.
5. Unterhalb *PSF*: (β, α)- oder α-Eisen im Gleichgewicht mit Karbid.

Ich möchte ferner noch darauf aufmerksam machen, daß in Abb. 12 der Richtungswechsel bei *O* in der Linie *GOS* bestehen bleibt, gleichgültig, ob die Umwandlung bei A_2 allotrop ist oder nach obigem als der Beginn einer inneren Umwandlung zu denken ist. Sobald die aus einer festen oder flüssigen Lösung ausgeschiedenen Kristalle eine bei einer bestimmten Temperatur plötzlich einsetzende Veränderung ihres Energiegehaltes erleiden, muß auch die die Lösung darstellende Phasenlinie (in diesem Falle *GOS*) bei dieser Temperatur (Punkt *O*) Richtungswechsel erfahren.

3. Die t, Δe-Linien. Bereits Roberts-Austen (L. 19) fand in kohlenstoffarmem Elektrolyteisen in der t, Δe-Linie für die Abkühlung bei etwa 600^0 C, also unterhalb der eutektischen Temperatur (700^0 C) einen schwachen Richtungswechsel. Er gab diesem Punkte die Bezeichnung A_0. Die Ablenkung ist auch in der von mir ermittelten t, Δe-Linie in Abb. 4 für ein sehr kohlenstoffarmes Flußeisen deutlich bei 610^0 C zu erkennen (L. 8). Diese Ablenkung entspricht jedenfalls dem Ende der Umwandlung $\beta \longrightarrow (\beta, \alpha) \longrightarrow \alpha$, das auf Grund der Q, t-Linie bei etwa 620^0 C liegt (Abb. 19). Wir wollen zur leichteren Verständigung im folgenden mit Ar_2 den Beginn der Umwandlung bei etwa 780^0 C und mit Ar_0 das Ende dieser Umwandlung bei etwa 600 bis 620^0 C bezeichnen. Für die Erhitzung ist dann Ac_0 der Beginn und Ac_2 das Ende der Umwandlung.

4. Magnetismus. In II A, 390 und 391, wurde gezeigt, daß kohlenstoffarmes Eisen oberhalb $Ar_2 = 780^0$ C paramagnetisch ist, und mit Beginn der Umwandlung $\beta \longrightarrow (\beta, \alpha) \longrightarrow \alpha$ sofort starke Steigerung der magnetischen Durchlässigkeit erfährt, die sich, wenn auch in geringerem Maße, bis zu niederen Temperaturen fortsetzt, wie Abb. 476 in II A erkennen läßt. Danach muß die Änderung des Energiegehaltes längs des Zweiges *de* in Abb. 19 mit dem plötzlichen Übergang aus dem paramagnetischen in den ferromagnetischen

Zustand und mit sehr rascher Steigerung der magnetischen Durchlässigkeit parallel gehen. Es ergibt sich folgendes Schema:

$$\underset{\text{paramagnetisch}}{\beta} \longrightarrow \underbrace{(\beta, \alpha) \longrightarrow \alpha}_{\text{ferromagnetisch}}$$

→ Magn. Durchlässigkeit wachsend.

Man nennt deshalb die Umwandlung zwischen A_2 und A_0 vielfach die „magnetische Umwandlung“ des Eisens.

Der Vorgang ist umkehrbar. Bei der Erhitzung des Eisens nimmt in der Gegend von Ac_0 die magnetische Durchlässigkeit sehr rasch ab und sinkt bis Ac_2 soweit, daß das Eisen von da ab als paramagnetisch gelten kann. Über die Endtemperatur Ar_0 geben uns die Änderungen der magnetischen Eigenschaften keinen sicheren Aufschluß. Abb. 476, II A, zeigt z. B. die eigentümliche Erscheinung, daß in starken magnetischen Feldern die Stärke der Magnetisierung $\mathfrak{J}'$ bis herunter zu Zimmerwärme steigt, während sie unter der Einwirkung schwacher Felder in der Gegend von 500^0 C einen Höchstwert erreicht, um dann nach der Zimmerwärme zu wieder etwas abzusinken.

Dies läßt sich wie folgt erklären: Nach der Theorie des Ferromagnetismus von P. Weiß (II A, L_8 19) besteht das Eisen unterhalb Ar_2 aus magnetischen Molekülen, deren Achsen sich unter dem Einfluß von magnetischen Feldern parallel zu richten bestrebt sind. Temperatursteigerung vermindert das magnetische Moment dieser Molekularmagnete, zunächst allmählich, und schließlich sehr schnell bei Annäherung an eine Grenztemperatur (Ac_2). Andererseits nimmt nach einer Annahme von Hopkinson die Leichtigkeit, mit der die magnetischen Moleküle ihre Achsen unter der Einwirkung des äußeren magnetischen Feldes parallel richten können, mit steigernder Temperatur wegen der verminderten Reibung zu. Bei schwachen magnetischen Feldern überwiegt diese vermehrte Leichtigkeit der Achseneinstellung gegenüber der Verringerung des magnetischen Momentes der Moleküle infolge der Erhitzung; die Linie für $\mathfrak{J}'$ in Abhängigkeit von der Temperatur muß deswegen von Zimmerwärme ab aufwärts zunächst ansteigen (vgl. die Linie für $\mathfrak{H} = 25$ bis 100 in Abb. 476, II A). Bei starken Feldern ist das Gegenteil der Fall (Linien für $\mathfrak{H} = 300$ bis 1300 in Abb. 476, II A). Für mittelstarke Felder läuft die Linie $t, \mathfrak{J}'$ bis etwa 400^0 C wagerecht, weil beide oben erwähnten Wirkungen sich gegenseitig die Wage halten (Linie für $\mathfrak{H} = 150$).

2. Vorgänge in den erstarrten Eisenkohlenstoff-Legierungen mit weniger als 2 % Kohlenstoff infolge plötzlicher Abschreckung. Gefügebestandteile im abgeschreckten Material.

a. Eutektische Legierung. Abschrecken und Anlassen.

19. Es ist schon seit langer Zeit bekannt, daß man Stahl durch plötzliche Abkühlung von Rotglut, z. B. durch Eintauchen des rotglühenden Metalls in Wasser, wesentlich härter machen kann. Man bezeichnet den Vorgang als „Härten“ des Stahles. Der Stahl nimmt „Härtung“ an, er ist „härtbar“. Durch Glühen des abgeschreckten (gehärteten) Stahles kann man wieder die ursprüngliche geringere Härte des Materials herstellen, die sogenannte „Naturhärte“. Die Eigenschaft des Stahls, in zwei Grenzzuständen von so verschiedener Härte aufzutreten, hat ihn besonders wertvoll gemacht als Material für die Herstellung von Werkzeugen. Im Zustand der Naturhärte läßt sich der Stahl leicht durch andere Werkzeuge bearbeiten und in beliebige Formen überführen. Nach der Abschreckung (Härtung) dagegen ist er so hart geworden, daß aus ihm hergestellte Werkzeuge imstande sind, denselben Stahl im naturharten Zustand zu bearbeiten. Man kann sich davon leicht überzeugen, wenn man ein Bruchstück einer zerbrochenen Feile bei Rotglut ausglüht. Es läßt sich dann bequem mit einem nicht geglühten Bruchstück derselben Feile feilen.

Man kennt zwar die Eigenschaft des Stahles, infolge plötzlicher Abschreckung Härtung anzunehmen, schon seit langer Zeit und beherrscht auch die hierbei eintretenden Erscheinungen empirisch. Die klare theoretische Erkenntnis der sich hierbei abspielenden Vorgänge ist aber erst durch die metallographische Forschung erzielt worden. Tschernow machte im Jahre 1868 (L. 20) darauf aufmerksam, daß kein Stahl gehärtet werden kann, wenn er nicht über eine bestimmte, von ihm mit a bezeichnete Temperatur hinaus erhitzt wurde. Die Temperatur a liegt bei dunkler Kirschrotglut für gewöhnlichen Kohlenstoffstahl.

Im vorigen Abschnitt wurden die Vorgänge behandelt, die bei der langsamen Abkühlung der Eisenkohlenstoff-Legierungen vor sich gehen. Es ist nun von vornherein einleuchtend, daß irgendein Vorgang, wie z. B. die Umwandlungen des Eisens, die Ausscheidung des Ferrits, des Perlits, des Zementits mit einer gewissen endlichen Geschwindigkeit, also innerhalb einer gewissen endlichen Zeit vor sich gehen, wenn auch unter gewissen Umständen diese Zeit sehr klein sein kann. Gelingt es nun, z. B. durch plötzliches Abschrecken von einer bestimmten Temperatur aus die Abkühlung so schnell zu bewirken, daß die Zeit zum Durchlaufen der kritischen Temperaturbereiche, innerhalb deren sich die Umwandlungen bei langsamer Abkühlung vollziehen, kleiner ist als die Zeit, die zur vollständigen Durchführungen der Umwandlungen erforderlich ist, so ist zu erwarten, daß diese Umwandlungen ganz oder teilweise unterdrückt werden (II A, 135). Wir würden dann die Legierung in einem Zustand erhalten, der sich dem nähert, in dem sie sich bei der Temperatur befand, von der aus die plötzliche Abschreckung bewirkt wurde. Dieser Zustand kann natürlich, da er durch Gewaltmaßregeln gezwungen ist, entgegen den ihm von der Natur vorgeschriebenen Gesetzen auch bei niedrigen Wärmegraden bestehen zu bleiben, nicht einem stabilen Gleichgewicht entsprechen, das nur durch Aufwand an Energie gestört werden kann. Die in diesem Zustand befindliche Legierung wird vielmehr das Bestreben haben, aus dem ihr aufgezwungenen Zustand in einen stabileren überzugehen, d. h. die unterdrückten Umwandlungen nachträglich noch so gut es geht nachzuholen. Sie befindet sich in einem metastabilen Gleichgewicht (II A, 127—130). Die Übergänge vom metastabilen Gleichgewichtszustand zum stabilen erfolgen unter Durchlauf einer ganzen Reihe von metastabilen Zwischenzuständen.

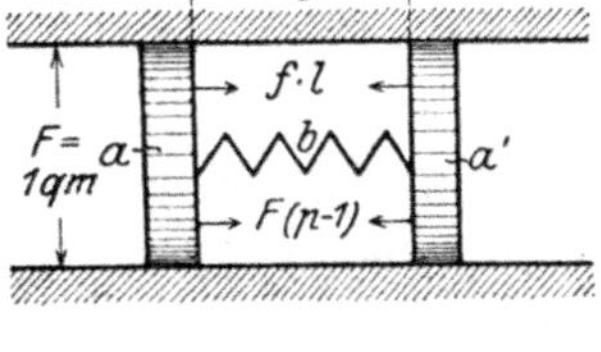

Abb. 20.

20. Da nicht alle Leser den bei „Umwandlungen“ sich abspielenden Vorgängen vertraut gegenüberstehen werden, soll zur Versinnlichung ein bekannter physikalischer Vorgang herangezogen werden. Wir hatten früher gesehen (5), daß zwischen einer Aggregatzustandsänderung und einer Umwandlung weitgehende Analogie besteht. Deswegen wollen wir zunächst einmal den Übergang von Wasser in den dampfförmigen Zustand unter den besonderen durch Abb. 20 angedeuteten Bedingungen betrachten. In einem Zylinder spielen zwei Kolben a und a', die miteinander durch eine Spiralfeder b verbunden sind. Wenn die Feder entspannt ist, sei der Abstand der beiden inneren Kolbenflächen l_0 und zwischen den Kolben befinde sich 1 kg Wasser, dessen Volumen sonach 0,001 cbm beträgt. Zwischen Zylinderwandung und Kolben besteht die Reibung r_t, die mit steigenden Wärmegraden t abnimmt und bei hohen Wärmegraden klein ist. Man kann sich das etwa dadurch veranschaulichen, daß man die Dichtung zwischen Zylinder und Kolben mit pechartigen Körpern bewirkt, die bei niederen Temperaturen hart sind und starke Reibung verursachen, bei höheren Wärmegraden dagegen weich werden, so daß die Reibung gering wird. Vorausgesetzt wird, daß sich die Steigerung der Reibung mit abnehmender Temperatur bei Veränderung der Temperatur augenblicklich ohne Verzögerung einstellt.

Bei 20^0 C Zimmerwärme sind die beiden Kolben bis auf die Entfernug l_0 einander genähert. Zwischen ihnen befindet sich Wasser. Dieser Zustand soll mit I bezeichnet werden. Er ist stabil, da er freiwillig keine Neigung hat sich zu ändern.

Wir erhitzen nun den Zylinder mit Inhalt. Es wird eine bestimmte Temperatur A_c geben, bei welcher das Wasser siedet und in Dampfform übergeht. Hierbei sucht der Dampf ein größeres Volumen als das Wasser anzunehmen, also die Kolben auseinanderzudrücken; dem wirken die dabei eintretende Federspannung und die Reibung entgegen. Bezeichnet man den Dampfdruck bei der Siedetemperatur mit p, die Entfernung der beiden Kolben mit l, die bei A_c vorhandene Reibung mit r_{A_c}, ist ferner f die Federkonstante, d. h. diejenige Kraft in kg, die erforderlich ist, um die Feder um 1 m zu dehnen und $F = 1$ qm die Kolbenfläche, so gilt für die Temperatur A_c die Bedingung

$$F(p-1) = (l - l_0) f + r_{A_c}.$$

Für Wasser ist die Beziehung zwischen Temperatur t und dem Druck p des gesättigten Dampfes bekannt. Sie ist in Abb. 21 zeichnerisch durch die mit p bezeichnete Dampfdruckkurve wiedergegeben, in der die Temperaturen als Abszissen, die Drücke p als Ordinaten verwendet sind. Ferner ist für den gesättigten Wasserdampf auch die Beziehung zwischen p und dem Volumen v bekannt. Es ist nämlich nach Zeuner $pv^{1,0646} = 1,7616$. Da p eine Funktion von t ist, muß auch v eine solche von t sein. Der Kolbenquerschnitt F wurde gleich 1 qm gewählt. Deswegen kann man für $v = F \cdot l$ auch l setzen. Demnach ist auch l und die Federspannung lf abhängig von der Temperatur, wie dies in Abb. 21 durch die mit lf bezeichnete Linie ersichtlich wird, wobei f zu $1,25 \cdot 10^4$ kg angenommen wurde.

Das Volumen l_0 von 1 kg Wasser ist 0,001 cbm. Dieser Wert ist gegenüber den großen Werten von l zu vernachlässigen, so daß wir $l_0 = 0$ setzen können. Die Gleichgewichtsbedingung geht dann über in

$$F(p-1) = lf + r_{A_c} \quad \text{. . . . . (1)}$$

Für die Reibung r_t wurden in Abb. 21 vier verschiedene Annahmen gemacht, die durch die Linien r_t, r_t', r_t'', r_t''' wiedergegeben sind. Hierbei ist im ersteren Fall die Reibung klein und wächst bei den übrigen Fällen stufenweise.

Die linke Seite der Gleichung (1) ist wegen $F = 1$ qm dargestellt durch die Linie p, wenn man die Ordinate $p = 1$ als Nullordinate wählt und mit 10^4 multipliziert. Die Maßeinheiten für $F(p-1)$ sind rechts in Abb. 21 angegeben.

Die rechte Seite der Gleichung (1) erhält man zeichnerisch dadurch, daß man die Ordinaten der Linie lf um die Werte von r_t, die zu den gleichen Temperaturen gehören, verlängert. Es ergeben sich dann die dünn gestrichelten Linien $lf + r_t$, und zwar vier verschiedene solche Linien wegen der vier verschiedenen Annahmen über die Reibung. Die Schnittpunkte der Linien $lf + r_t$ mit der Linie $F(p-1)$ genügen alsdann der Gleichung (1). Die diesen Schnittpunkten entsprechenden Temperaturen A_c, A_c', A_c'' und A_c'''

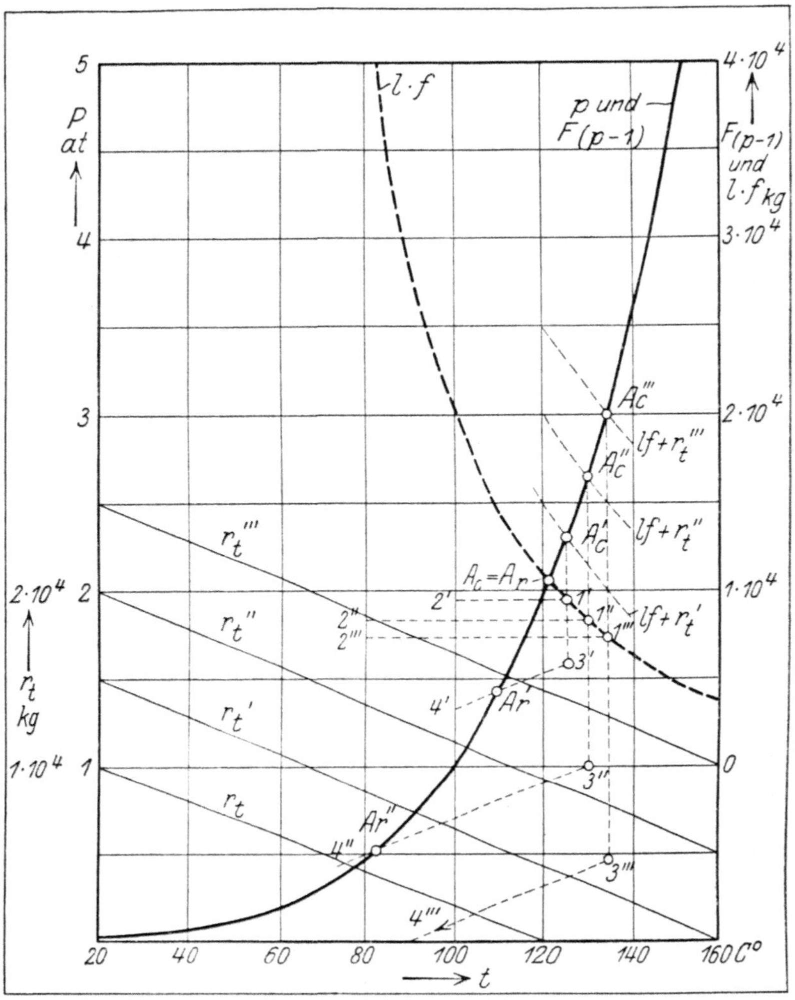

Abb. 21.

sind die Siedepunkte unter den gewählten Bedingungen. Bei diesen Temperaturen wandelt sich das Wasser vollständig in Dampf um; die beiden Kolben werden infolgedessen auseinandergetrieben und stellen sich auf eine bestimmte Entfernung l_1 ein.

Auch dieser Zustand ist stabil, solange die Temperatur nicht geändert wird. Wir wollen ihn als **Zustand II** bezeichnen.

Jetzt soll das System allmählich abgekühlt werden. Der äußere Atmosphärendruck und die Federspannung wirken nun gemeinsam auf Annäherung der Kolben hin. Entgegen wirkt die Reibung r_{A_r}. Als Gleichgewichtsbedingung ergibt sich

$$F(1-p) + lf = r_{A_r}$$

oder

$$F(p-1) = lf - r_{A_r} \quad \ldots \ldots \ldots \ldots \quad (2)$$

Da der Druck $F(p-1)$ während der Abkühlung nicht genügt, um die Kolben weiter auseinander zu treiben, also die Gegenkraft $lf + r_{A_c}$ zu überwinden, andererseits aber auch die Federspannung lf noch kleiner ist als

$F(p-1)+r_{A_r}$, mithin nicht ausreicht, um die Kolben einander zu nähern, so bleibt der Kolbenabstand l_1 zunächst unverändert derselbe wie beim Siedepunkt. Ebenso bleibt die Federspannung $lf=l_1f$ unverändert. Erst wenn infolge der fortschreitenden Abkühlung der Druck p sich soweit vermindert hat, daß die Gleichung

$$F(p-1)=l_1f-r_{A_r} \quad \ldots\ldots\ldots\ldots \quad (2a)$$

erfüllt wird, verdichtet sich der Dampf zu Wasser und die beiden Kolben nähern sich einander unter dem Einfluß des Federdrucks und des Drucks der Atmosphäre bis auf den Betrag $l_0=0$.

Den der Gleichung (2a) entsprechenden Druck p, sowie die dazugehörige Temperatur erhalten wir auf folgende Weise aus Abb. 21, wobei zunächst nur die Reibungslinie r_t' sowie der zugehörige Siedepunkt A_c' zugrunde gelegt werde. Durch die Senkrechte $A_c'1'$ wird die lf-Linie im Punkte $1'$ geschnitten. Die Ordinate dieses Punktes gibt die Federspannung l_1f an. Diese Spannung bleibt nach obigem bei sinkender Temperatur zunächst ungeändert, was durch die Wagerechte $1'2'$ ausgedrückt wird. Von l_1f ist die bei der jeweiligen Temperatur herrschende Reibung r_t' abzuziehen. Dieser aus der Linie r_t' zu entnehmende Betrag ist von Linie $1'2'$ nach unten abzutragen. Dies führt zur Linie $3'4'$, deren Ordinaten die Werte l_1f-r_t' haben. Der Schnittpunkt A_r' dieser Linie $3'4'$ mit der Linie $F(p-1)$ entspricht dann der Gleichung (2a) und gibt Temperatur und Druck an, bei denen Verdichtung des Dampfes zu Wasser stattfindet und die Kolben sich bis auf $l_0=0$ einander nähern.

Bei weiterer Abkühlung werden keine wesentlichen Änderungen mehr erzielt. Wir erhalten also unterhalb A_r' einen stabilen Zustand, der der gleiche ist, wie der Zustand I. Die Überführung aus dem stabilen Zustand I in den stabilen Zustand II und rückwärts können wir beliebig oft wiederholen.

Legt man die durch die Linie r_t gekennzeichneten Reibungsverhältnisse zugrunde (Abb. 21), so ist die Reibung in der Nähe des Siedepunktes A_c gleich null. Infolgedessen fallen Siede- und Kondensationstemperatur zusammen: $A_c=A_r$. Werden aber stärkere Reibungen etwa nach den Linien r_t' und r_t'' zugrunde gelegt, so entfernen sich Siedepunkt A_c' bzw. A_c'' und Kondensationstemperatur A_r' bzw. A_r'' um so mehr voneinander, je größer die Reibung in den entsprechenden Temperaturbereichen ist. Wählt man schließlich die Reibung so hoch, wie die Linie r_t''' angibt, so liegt der Siedepunkt bei A_c''', einen Kondensationspunkt gibt es aber gar nicht mehr, da die Linie $3'''4'''$ die Linie $F(p-1)$ nicht schneiden kann. Mit diesem und ähnlichen Fällen werden wir uns später zu beschäftigen haben.

Vorläufig wollen wir nur Fälle ins Auge fassen, wo die Reibung in der Nähe der Siedetemperatur gering ist, so daß die Punkte A_c und A_r nur wenig voneinander entfernt liegen oder womöglich gar zusammenfallen.

Wir wollen nun versuchen, das obige aus der Verdampfung und Kondensation des Wassers hergeleitete Ergebnis auf die Vorgänge anzuwenden, die sich in einem eutektischen Stahl mit 0,95 % Kohlenstoff bei der Temperatur Ac_1 vollziehen. Die eutektische Legierung ist gewählt, weil hier nur eine Umwandlung stattfindet, also der einfachste Fall vorliegt (s. Abb. 12). Sinngemäß lassen sich die Überlegungen auch auf andere Legierungen übertragen. Bei der Erhitzung wird das unterhalb Ac_1 bestehende α-Eisen[1]) bei

[1]) Es müßte, streng genommen, „α- bzw. (α,β)-Eisen" heißen (18), weil zwischen A_0 und Ac_1 der Übergang des α-Eisens in (α,β)-Eisen stattfindet, dem dann bei Ac_1 die Umwandlung in γ-Eisen folgt. Es ist aber hier die Osmondsche Bezeichnungsweise

Ac_1 in γ-Eisen umgewandelt. Dieser Vorgang ist analog einer Aggregatzustandsänderung, z. B. der Verdampfung. Da das γ-Eisen Karbid auflösen kann, so werden gleichzeitig mit der Umwandlung von α- in γ-Eisen die Zementitlamellen, die sich im Perlit befanden, im γ-Eisen gleichmäßig aufgelöst zur festen γ-Lösung.

Unterhalb Ac_1 besteht die Legierung aus Perlit, also einem mechanischen Gemenge von feinen Ferrit- und Zementitlamellen. In Abb. 22 ist eine einzige solche Zementitlamelle neben einer einzigen Ferritlamelle schematisch gezeichnet.

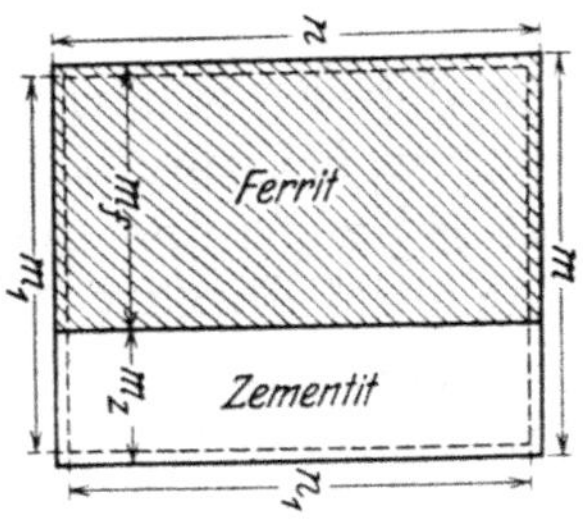

Abb. 22.

Wir können uns nun vorstellen, daß ein bestimmter, von der Temperatur abhängiger Druck p herrscht, der die Zementitteilchen antreibt, zwischen die Teilchen des Eisens und ebenso die Eisenteilchen antreibt, zwischen die Teilchen des Zementits einzudringen. Wir wollen diesen Druck p als Lösungsdruck bezeichnen. Damit die angestrebte gegenseitige Durchdringung des Eisens und des Zementits möglich wird, müssen ihre kleinsten Teilchen entgegen ihrer gegenseitigen Anziehung fl ähnlich wie die Kolben in der oben besprochenen Vorrichtung auseinandergetrieben werden. Außerdem wirkt der gegenseitigen Durchdringung noch die Reibung r_t der Teilchen einander entgegen, die zu vergleichen ist mit der Reibung der Kolben der oben besprochenen Vorrichtung an der Zylinderwand.

Unterhalb der Grenztemperatur A_{c_1} genügt der Lösungsdruck p nicht, um die ihm entgegenstehenden Widerstände $lf + r_t$ zu überwinden. Die Ferrit- und Zementitlamellen bleiben unverändert nebeneinander bestehen.

Bei der Temperatur A_{c_1} wandelt sich das Eisen in γ-Eisen um. Dadurch werden die Verhältnisse plötzlich so verändert, daß der Lösungsdruck p die Widerstände $lf + r_t$ zu überwinden vermag. Die Karbidteilchen dringen in das Eisen und die Eisenteilchen umgekehrt in das Karbid ein. Sowohl das Eisen als auch das Karbid vergrößert hierbei sein Volumen. Während das Eisen ursprünglich das Volumen $m_f n$ einnahm, ist sein Volumen nach der Durchdringung auf das durch die punktierte Linie in Abb. 22 angedeutete Volumen $m_1 n_1$ gewachsen. Ebenso nimmt nach der Durchdringung das Karbid statt des ursprünglichen Raumes $m_z n$ nun den Raum $m_1 n_1$ ein. Die Folge der gegenseitigen Durchdringung ist die Bildung der festen γ-Lösung.

Die Ausdehnung jedes der Bestandteile, die mit der Bildung der festen Lösung verknüpft ist, ist analog der Volumvermehrung bei der Verdampfung des Wassers beim Siedepunkt. Zwischen dem Lösungsdruck p und den Widerständen lf und r_t bildet sich bei A_{c_1} ein neuer Gleichgewichtszustand aus, dem auch ein bestimmtes Volumen $m_1 n_1$ entspricht.

Hierbei darf nicht etwa überraschen, daß bei der Erhitzung der Legierungen bei $Ac_1 = 700\,^0$C nach Abb. 16 Volumenverminderung eintritt. Sie rührt daher, daß der Raum $m_f n + m_z n$ unterhalb, also vor der Bildung der festen Lösung, größer ist als der Raum $m_1 n_1$ nach ihrer Bildung. Es ist eine häufige Erscheinung, daß Lösungen einen kleineren Raum einnehmen, als ihre Bestandteile vor der Auflösung. Wesentlich für unsere Betrachtung ist, daß der Zementit sein kleineres Volumen $m_z n$ nach der Lösung auf das

beibehalten, wonach das Eisen unterhalb A_2 als α-Eisen und oberhalb A_2 bis A_3 als β-Eisen bezeichnet wird. Bei der eutektischen Legierung fallen die Temperaturen A_3, A_2 und A_1 zusammen. Man bezeichnet deswegen diese Temperatur vielfach mit A_{123}.

größere Volumen $m_1 n_1$ und ebenso das Eisen sein Volumen von $m_f n$ auf das Volumen $m_1 n_1$ gebracht hat.

Da es sich hier um Vorgänge in festen Körpern handelt, ist anzunehmen, daß die Reibung bei der Umwandlungstemperatur recht merklich sein muß; da nun aber mit steigender Reibung der Abstand zwischen Verdampfungstemperatur und Kondensationspunkt zunahm, so muß geschlossen werden, daß auch die Temperatur der Umwandlung bei der Erhitzung Ac_1 und diejenige bei der Abkühlung Ar_1 um einen bestimmten Betrag auseinanderliegen. Das trifft tatsächlich zu. Man findet in eutektischen Stählen meist Ac_1 um etwa 30^0 C höher als Ar_1. Die Lage des Punktes Ac_1 ist bis zu einem gewissen Grade abhängig von der Schnelligkeit der Erhitzung; bei rascher Erhitzung liegt er etwas höher. Aber auch bei sehr langsamer Erhitzung fallen die beiden Punkte Ac und Ar nicht zusammen. Da der Punkt Ar_1 von der Schnelligkeit der Abkühlung (wenn man nicht mit übertrieben schneller Abkühlung arbeitet) verhältnismäßig wenig abhängig ist und da man praktisch leichter gleichmäßige Abkühlung als gleichmäßige Erhitzung erzielen kann, ist die Bestimmung von Ar genauer, es wird deswegen auch meist nur Ar (auch für die übrigen Umwandlungen) angegeben.

Wie wir später sehen werden (55), kann man durch Zusatz gewisser fremder Stoffe zu den Eisenkohlenstoff-Legierungen die Reibung r steigern. Dann muß sich dies durch größeren Abstand zwischen den Punkten Ac_1 und Ar_1 bemerkbar machen. Ja, wenn die Reibung groß genug ist, kann Ar_1 sogar bis unter Zimmerwärme heruntergedrückt werden; d. h. die Umwandlung kann sich erst unterhalb Zimmerwärme bei sehr starker Abkühlung vollziehen, tritt aber bei gewöhnlicher Abkühlung überhaupt nicht ein.

Dem oben mit I bezeichneten Zustand entspricht der Zustand der Legierung unterhalb Ac_1, wobei das Gefüge aus Perlit gebildet ist. Bei Ac_1 geht die Umwandlung des Eisens und die Auflösung des Zementits vor sich, so daß man feste γ-Lösung erhält. Diese entspricht dem Zustand II. Beide Zustände sind stabil, I unterhalb und II oberhalb Ac_1.

Kehren wir jetzt zu der in Abb. 20 gezeichneten Vorrichtung zurück. Wir führen durch Erhitzung bis über A_c Verdampfung, also Zustand II herbei. Alsdann werfen wir die ganze Vorrichtung in Wasser von Zimmerwärme und setzen voraus, daß sie darin sehr schnell die Temperatur des Wassers t_0 annimmt. Was geschieht nun? In Gleichung (2a) wird infolge der Abschreckung der Dampfdruck p einen sehr kleinen Wert annehmen, den wir gegenüber dem Atmosphärendruck 1 vernachlässigen können; die linke Seite der Gleichung geht also über in $-F$. Auf der rechten Seite bleibt $l_1 \cdot f$ zunächst unverändert, weil wir voraussetzen, daß die Bewegung der Kolben infolge Zusammenziehung der Feder größere Zeit beansprucht als die Abkühlung des ganzen Systems auf Zimmerwärme. An Stelle der Reibung r_{A_r}, die bei der Kondensationstemperatur sehr klein angenommen war, erhalten wir jetzt entsprechend der gemachten Voraussetzung über die Steigerung der Reibung mit abnehmender Temperatur plötzlich einen sehr hohen Wert, den wir mit r_0 bezeichnen wollen. Aus Gleichung (2a) erhalten wir die Gleichgewichtsbedingung

$$-F = l_1 \cdot f - r_0$$

oder

$$r_0 = l_1 \cdot f + F \quad \ldots \ldots \ldots \ldots \quad (3)$$

Ist laut Voraussetzung r_0 sehr groß, so wird sein

$$r_0 > l_1 \cdot f + F,$$

d. h. Gleichgewicht tritt nicht ein. Trotz der Wirkung des äußeren Atmosphärendrucks F und trotz des Bestrebens $l_1 \cdot f$ der Feder, die Kolben einander näher zu bringen, wird die Annäherung wegen der hohen Reibung nicht stattfinden können; die beiden Kolben bleiben abgebremst in der Entfernung l_1 voneinander stehen, vorausgesetzt, daß die Abkühlung schroff genug war. Wir erhalten einen Zustand III, der äußerlich dem Zustand II ähnlich ist; wir könnten ihn mit einigem Recht als Pseudozustand II bezeichnen. Äußerlich merkbare Änderungen sind nicht eingetreten; aber das Gleichgewicht ist nicht mehr stabil, wie bei Zustand II, sondern es ist metastabil. Die Federspannung hat das Bestreben, die Kolben einander zu nähern, also den stabileren Zustand herbeizuführen. Diesem Bestreben wird das System sofort nachkommen, wenn die widerstehende Reibung etwas vermindert wird. Dies kann dadurch geschehen, daß das System auf eine über der Zimmerwärme gelegene Temperatur t erwärmt wird. Die dieser Temperatur entsprechende Reibung r_t ist laut Voraussetzung geringer als r_0. Sobald r_t kleiner als $l_1 \cdot f + F$ geworden ist, wird sich nach Gleichung (3) ein neuer Gleichgewichtszustand einstellen:

$$r_t = l_t \cdot f + F, \qquad (4)$$

wobei l_t kleiner als l_1; die Kolben haben sich also entsprechend genähert. Wir wollen diesen Zustand als III_t bezeichnen. Auch er ist noch metastabil, da ja die Feder immer noch das Bestreben hat, die Kolben einander weiter zu nähern, also einen stabileren Zustand herbeizuführen. Da aber l_t kleiner ist als l_1, so ist dies Bestreben kleiner als im Zustand III. Je weiter wir die Temperatur t steigern, um so geringer wird dies Bestreben der Federn, um so geringer der Grad der Metastabilität des Systems; es nähert sich allmählich dem stabilen System I, bei dem die Kolben den geringsten Abstand besitzen.

Übertragen wir nun die Betrachtungen über die Zustände III und III_t auf den eutektischen Stahl. Um den Zustand III zu erhalten, müssen wir die Legierung von einer Temperatur oberhalb Ac_1 plötzlich auf Zimmerwärme abschrecken. Wir erhalten einen Zustand III, den wir wieder als Pseudozustand II bezeichnen könnten. Da wesentliche äußerlich sichtbare Veränderungen nicht eingetreten sein können, müssen wir nun bei Zimmerwärme einen ähnlichen Zustand beobachten, wie er dem Zustand II zukam; d. h. die homogene feste Lösung von Karbid in γ-Eisen muß zum mindesten scheinbar erhalten geblieben sein, und wir nennen den so beobachtbaren Gefügebestandteil, aus dem der ganze eutektische Stahl im Zustand III besteht, nach Osmonds Vorschlag Martensit zu Ehren des Mitbegründers der Metallographie A. Martens. Der erhaltene Zustand III, den wir auch als martensitischen Zustand bezeichnen wollen, ist metastabil, d. h. er hat das Bestreben, sich in den stabilen Zustand I umzuwandeln, in dem die Legierung in ein Gemenge von Karbid und Eisen, also zu Perlit, zerfallen ist. Wir nennen deshalb den Zustand I auch den perlitischen.

Unter dem Mikroskop müssen sich die oben gezogenen Schlüsse bestätigen. In Abb. 5, Taf. II ist ein Stahl mit $0{,}95\,^0/_0$ Kohlenstoff nach langsamer Abkühlung, also im Zustand I abgebildet. Das Gefüge besteht aus Perlit. In Abb. 8, Taf. II ($V = 365$) ist derselbe Stahl nach dem Abschrecken von 900 ^{0}C, also einer oberhalb $Ac_1 = 700^0$ C gelegenen Temperatur, dargestellt. Er befindet sich im Zustand III. Die Abschreckung erfolgte in Wasser. Das nach Ätzung mit alkoholischer Salzsäure in 365facher Vergrößerung wiedergegebene Gefüge ist wesentlich vom Perlit verschieden. Während im letzteren (Abb. 5,

Taf. II) parallel liegende Lamellen von abwechselnd Ferrit und Zementit das Gefüge ausmachen, haben wir in Abb. 8, Taf. II eine anscheinend homogene Masse, die in nadelförmige Kriställchen unterteilt ist. Der Unterschied ist in den Abbildungen nicht so auffallend wie in den Schliffen selbst. Man bemerkt den großen Unterschied schon während der Ätzung, wobei der perlitische Stahl sehr schnell, bereits nach etwa 3 bis 4 Minuten, durch die Salzsäure-Alkohollösung dunkel gefärbt wird. Bei dem martensitischen, im Zustand III befindlichen Stahl dagegen tritt überhaupt keine Dunkelfärbung auf. Der Schliff bleibt hell. Die einzelnen Kriställchen, in die die Masse des Martensits zerfallen ist, werden unter dem Mikroskop erst nach lange fortgesetztem Ätzen nach etwa einer halben Stunde sichtbar. Der Martensit würde, da ja der Zustand III eigentlich ein Pseudozustand II ist, als feste Pseudo-γ-Lösung aufgefaßt werden können. Der Zerfall in die Bestandteile Ferrit und Zementit, die zusammen den Perlit (Zustand I) ausmachen, ist durch die plötzliche Abschreckung verhindert worden. Der Martensit hat aber das Bestreben, sich dem stabilen Zustand I zu nähern; er ist eine bei Wärmegraden unterhalb Ac_1 metastabile Erscheinungsform. Durch Erwärmen des Martensits auf bestimmte Temperaturen t und durch die damit verbundene Verminderung der Reibung auf den Betrag r_t muß sich eine Annäherung an den stabilen Zustand I herbeiführen lassen; wir erhalten Zwischenzustände III_t, die sich dem Zustand I um so mehr nähern, je größer t ist. Die Erwärmung auf t^0 hat in der Technik den Namen „Anlassen" des Stahles erhalten. Wir können sonach auch die Zustände III_t als Anlaßzustände bezeichnen.

21. Der perlitische und der martensitische Zustand des Stahles unterscheiden sich in hervorragendem Maße durch die Härte. So ergibt z. B. ein Stahl mit 0,95 % Kohlenstoff (neben 0,35 % Si, 0,17 % Mn, 0,012 % P, 0,024 % S) im perlitischen Zustande beim Ritzversuch nach Martens (I, 357) unter einer Belastung der Diamantspitze von 20 g eine Ritzbreite von 0,0069 mm. Derselbe Stahl im martensitischen Zustand nach der Abschreckung bei 900° C in Wasser ergab hingegen eine Ritzbreite von 0,0034 mm. Seine Härte ist also wesentlich größer. Ebensosehr unterscheiden sich die beiden Zustände durch die Kugeldruckhärte. Sie wurde mit einem Härteprüfer Bauart Martens (II A, 351) festgestellt, wobei eine Kugel von 5 mm Durchmesser eingedrückt und diejenige Kraft $P_{0,05}$ in kg ermittelt wird, die einen Eindruck von 0,05 mm in der zu prüfenden Probe erzeugt. Es wurden ermittelt

für den perlitischen Stahl . . . . $P_{0,05} = 260$ bis 277 kg,
für den martensitischen Stahl . . 2775 kg.

Mit dem Stahl im martensitischen Zustand vermag man denselben Stahl im perlitischen Zustand bequem zu ritzen. Wenn man aus dem Stahl ein Schneidwerkzeug herstellt und durch plötzliches Abschrecken von 900° C in den martensitischen Zustand überführt, so vermag man mit diesem Werkzeug den Stahl im perlitischen Zustand zu bearbeiten (zu drehen, hobeln usw.). Die Fähigkeit, diese verschiedenen Härtegrade im Zustand I und III anzunehmen, heißt, wie früher bereits erwähnt, die Härtbarkeit des Stahles (5).

Die Härte des Stahles im perlitischen Zustand (I) heißt Naturhärte, die im martensitischen Zustand (III) Glashärte. Da der letztere Zustand metastabil ist, so muß er sich, wie oben gezeigt, durch Erwärmen auf Temperaturen t (unterhalb Ac_1) in metastabile Zwischen- oder Anlaßzustände III_t überführen lassen, denen dann natürlich auch eine Zwischenhärte zwischen der Natur- und der Glashärte zukommt. Jeder Anlaßtemperatur entspricht eine bestimmte Härte, die man als Anlaßhärte bezeichnet. Ebenso wie es unendlich viele Anlaßtemperaturen t zwischen Zimmerwärme und Ac_1 gibt, ebenso hat man natürlich auch unendlich viele Anlaßhärten zwischen den äußersten Grenzen, der Natur- und der Glashärte. Je höher t ist, um so mehr nähert sich die Anlaßhärte der Naturhärte.

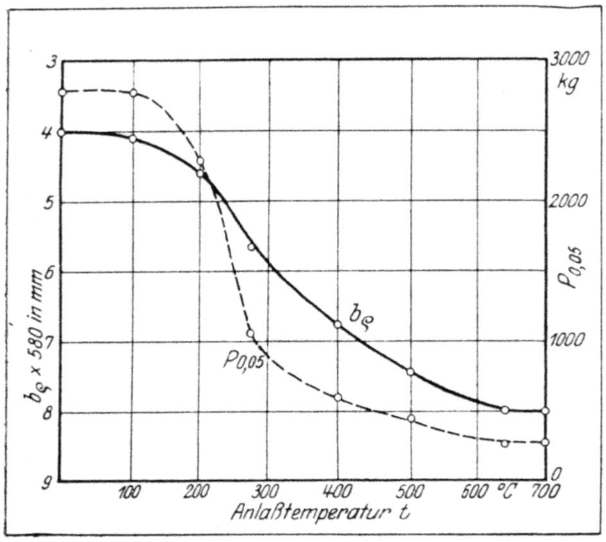

Abb. 23. Ritzhärte und Kugeldruckhärte $P_{0,05}$ von abgeschrecktem und angelassenem Werkzeugstahl.

Dies wird belegt durch Abb. 23 [E. Heyn und O. Bauer (L. 21, 22)]. Es bezieht sich auf den Stahl mit 0,95 % Kohlenstoff, dessen Zusammensetzung oben angegeben ist. Als Abszissen sind die Anlaßtemperaturen t verwendet, als Ordinaten die Breite b_ϱ der mittels einer Diamantspitze unter 20 g Belastung erzielten Ritze, die in 580facher Vergrößerung in mm gemessen sind. Den absoluten Wert der Ritzbreite würde man durch Division mit 580 in mm erhalten. Ferner sind als Ordinaten noch angegeben die Kugeldruckhärten $P_{0,05}$ in kg (II A, 351). Die Abszisse 0 entsprechend einer Anlaßtemperatur von 0° C kommt dem nicht angelassenen, glasharten Stahl zu. Die Abszisse 700° C entspricht dem vollständig ausgeglühten und langsam abgekühlten Stahl im perlitischen, naturharten Zustand. Bei steigender Anlaßtemperatur nähert sich die Härte (sowohl die Ritzhärte als auch die Kugeldruckhärte) der Naturhärte.

Tabelle V.

	Angelassen 1 bis 3 Stunden bei t C°	Bearbeitbarkeit mit Werkzeug aus gewöhnlichem Kohlenstoffstahl	Verhalten unter dem Handhammer im Stahlmörser
Abgeschreckt in Wasser bei 900 °C	Nicht angelassen, glashart	Nicht angreifbar	Sehr spröde. Konnte leicht zu grobem Pulver zerschlagen werden
	Bei 100°	Desgl.	Sehr spröde. Pulvern war bereits weniger leicht
	Bei 200°	Desgl.	Nur schwer zu pulvern
	Bei 300°	Mit sehr schwachem Span und sehr geringer Schnittgeschwindigkeit hobelbar	Nicht mehr zu pulvern
	Bei 400°	Hobelbar	Desgl.
	Bei 500°	Gut hobelbar	Desgl.
	Bei 600°	Sehr gut hobelbar	Desgl.
Im geschmiedeten Zustand		Desgl.	Desgl.

Im Zusammenhang mit der Änderung der Härte durch Anlassen steht auch die Veränderung der Bearbeitbarkeit durch schneidende Werkzeuge. Die Bearbeitungsversuche geschahen mit einem Werkzeug aus gewöhnlichem Werkzeugstahl, der in der üblichen Weise gehärtet und angelassen wurde. Über den Angriff des gehärteten und bei verschiedenen Temperaturen t angelassenen Versuchsstahles gibt die Tabelle V Aufschluß.

Sie zeigt gleichzeitig, daß der Stahl im Zustande der Glashärte sehr spröde ist, so daß er leicht zu Pulver zerschlagen werden kann. Im Zustande der Naturhärte ist dies nicht möglich. Mit steigender Anlaßtemperatur nimmt die Sprödigkeit ab; schon bei einer Anlaßtemperatur $t = 200^0$ fällt das Pulvern sehr schwer; bei einer Anlaßtemperatur von 300^0 ist es schon unmöglich.

α) Anlaßwirkung.

22. Aus unseren früheren Betrachtungen haben wir erkannt, daß zwischen dem martensitischen Zustand III (glasharter Stahl) und dem perlitischen Zustand I (naturharter Stahl) eine ganze Reihe von Anlaßzuständen besteht, die eine allmähliche Kette zwischen den beiden Endgliedern bilden müssen.

Über den inneren Aufbau des einen Endgliedes, nämlich des Perlits, sind wir unterrichtet. Er ist das eutektische Gemenge von Ferrit und Karbid. Dagegen herrscht über den inneren Aufbau des Martensits, sowie über den der Anlaßstufen noch nicht genügend Klarheit.

Da aber trotzdem in der Literatur Behauptungen hierüber mit großer Bestimmtheit auftreten, ist es erforderlich, sich wenigstens ein Bild davon zu verschaffen, nach welcher Richtung in Zukunft Aufklärung gebracht werden kann.

Wir greifen zurück auf die in Abb. 17 und 18 dargestellten Q, t-Linien. Es kann vorkommen, daß die sich bei t_1 (Abb. 17) bzw. zwischen t_1 und t_2 (Abb. 18) abspielende Umwandlung Verzögerung erleidet, oder daß mit anderen Worten Unterkühlung eintritt (II A, 130, 131, 156). Ein lehrreiches Beispiel hierfür bietet der Schwefel (II A, 70). Eine Unterkühlung kann z. B. erfolgen nach der Linie bb_1 (Abb. 17, 18). Wird bei b_1 die Unterkühlung aufgehoben, so wird infolge der Wärmeabgabe und der damit verbundenen Temperatursteigerung die Linie b_1c_1 nach links bis c_1 ansteigen. Von da ab setzt sich die Umwandlung bei der Temperatur t_1 bis c weiter fort, und die weitere Abkühlung erfolgt wie früher nach cd (18). Ähnliches gilt für die Unterkühlung bei der inneren Umwandlung, die in Abb. 18 durch die Linie bb_1c_1' angedeutet ist.

Bleibt die Unterkühlung bis zu tieferen Temperaturen, beispielsweise bis zu b_2 bestehen (Abb. 17 oder 18), so kann es vorkommen, daß nach Aufheben der Unterkühlung die Temperatur nach b_2c_2 bzw. b_2c_2' ansteigt, also die Temperatur t_1 nicht mehr erreicht wird. Läßt sich die Unterkühlung bis Zimmerwärme treiben und ist keine Neigung zur Auslösung der Unterkühlung bei dieser Temperatur vorhanden, so kann der Stoff bei gewöhnlicher Temperatur in dem dem Punkte b_2 entsprechenden metastabilen Zustand erhalten bleiben. Er hat einen höheren Energiegehalt, als wenn er sich im stabilen Zustand entsprechend dem Punkte d befände.

Wird der Stoff von seinem metastabilen Zustand b_2 aus wieder erwärmt, so kann die Zustandsänderung, wenn die Unterkühlung hartnäckig erhalten bleibt, längs der Linie b_2b_1b vor sich gehen; d. h. der Stoff nimmt Wärme auf und erhöht seine Temperatur. Er bleibt von b_2 bis b metastabil. Erst von b ab in der Richtung auf a zu ist er wieder stabil.

Häufiger tritt aber der Fall ein, daß bei der Erwärmung des im metastabilen Zustand b_2 befindlichen Stoffes die Unterkühlung aufgehoben wird und die Erwärmung infolgedessen nach einer ähnlichen Linie wie $b_2 c_2$ vor sich geht, d. h. die Temperatur wird gesteigert unter gleichzeitiger Wärmeabgabe (Verminderung der Abszisse Q). Der Stoff erreicht dann bei c_2 den für die betreffende Temperatur stabilen Zustand und bleibt stabil bei weiterer Erwärmung über $c_2 c$. Bei t_1 erfolgt wieder die Rückverwandlung in die oberhalb t_1 stabile Form. Die weiteren Vorgänge werden durch die Linie $c\,b\,a$ dargestellt. Analoges ergibt sich für den Fall der Abb. 18.

Die Q, t-Linie gibt die gesamte von dem Stoff bei der Erhitzung von 0^0 C bis t^0 aufgenommene Wärmemenge an und diese ist ein Maßstab für den Energieinhalt. Sie liefert den vollkommensten Aufschluß über die Zustände, in denen sich ein Stoff bei verschiedenen Temperaturen und unter verschiedenen Bedingungen befindet. Es fragt sich nun, inwieweit man diese Q, t-Linie durch den Versuch ermitteln kann. Man könnte so vorgehen, daß

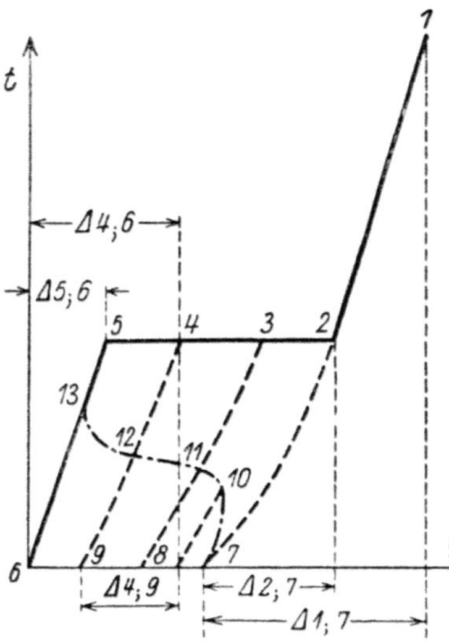

Abb. 24a.

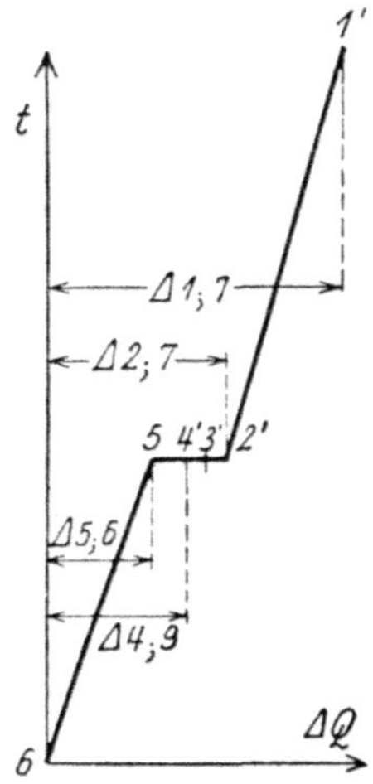

Abb. 24b.

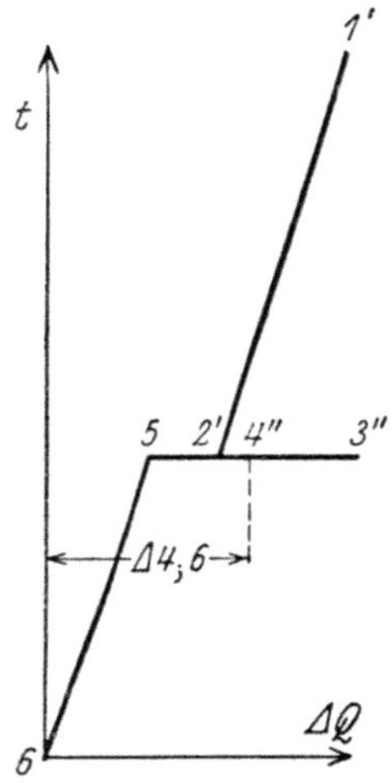

Abb. 24c.

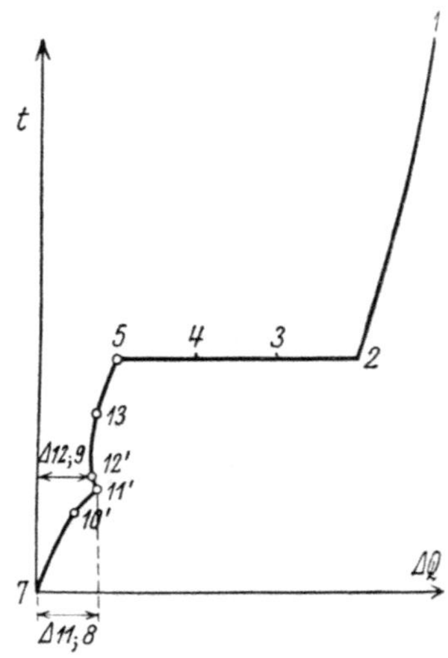

Abb. 24d.

man die Gewichtseinheit des Stoffes genügend langsam, so daß die stabilen Gleichgewichte entsprechend der Linie 6, 5, 2, 1 in Abb. 24a Zeit zur Einstellung haben, auf verschiedene Temperaturen t erhitzt und dann schnell in ein Kalorimeter (Wasser- oder Eiskalorimeter) überführt, in dem die von dem Stoff bei der Abkühlung auf eine bestimmte Temperatur (z. B. 0^0) abgegebene Wärmemenge ΔQ gemessen wird. Die zueinander gehörigen Werte von t und ΔQ liefern dann die ΔQ, t-Linie. Sie stimmt mit der Q, t-Linie nur dann überein, wenn während der Wärmeabgabe im Kalorimeter die Abkühlung nach der Linie 1, 2, 5, 6 vor sich geht, also wiederum genügend Zeit zur Einstellung ausschließlich stabiler Zustände zur Verfügung steht. Hierbei wird, wenn z. B. t die Ordinate des Punktes 1 ist, die Wärmemenge $\Delta\, 1; 6$ abgegeben, wobei $\Delta\, 1; 6$ den Unterschied der Abszissen der Punkte 1 und 6 bedeutet.

Anders ist es dagegen, wenn die Abkühlung im Kalorimeter nicht nach der Linie 1, 2, 5, 6, sondern beispielsweise nach der Linie 1, 2, 7 erfolgt, also Unterkühlung eintritt. In diesem Falle gibt der Stoff im Kalorimeter nicht die ganze in ihm enthaltene Wärmemenge $\Delta\, 1; 6$, sondern nur die

Wärmemenge $\Delta 1;7$ ab. Diese Wärmemenge erscheint dann in der $\Delta Q, t$-Linie Abb. 24b als Abszisse des Punktes 1′, während die Ordinate dieselbe bleibt wie in Abb. 24a. Läßt man den Stoff außerhalb des Kalorimeters langsam von 1 über 2 nach 4 abkühlen und läßt ihn dann schnell (also noch während der Umwandlung) in das Kalorimetergefäß fallen, so sind zwei Fälle möglich. Entweder hat die bereits auf dem Wege 2 bis 4 (Abb. 24a) begonnene Umwandlung innerhalb des Kalorimeters noch Gelegenheit zu Ende zu gehen (längs der Linie 4, 5, 6 Abb. 24a); alsdann wird im Kalorimeter die Wärmemenge $\Delta 4;6$ abgegeben, und dieser Betrag erscheint in dem $\Delta Q, t$-Bild der Abb. 24c als Abszisse des Punktes 4″. Oder die bei Punkt 4 der Abb. 24a noch nicht beendete Umwandlung kann sich im Kalorimeter wegen zu schneller Abkühlung nicht fortsetzen, so daß die Abkühlung nach Linie 4, 9 in Abb. 24a verläuft. Dann gibt der Stoff bei der Abkühlung nur noch die Wärmemenge $\Delta Q = \Delta 4;9$ ab und diese erscheint in Abb. 24b als Abszisse des Punktes 4′. Ähnliches gilt für die übrigen Punkte der Abb. 24b und 24c, die sich dadurch unterscheiden, daß in Abb. 24b die außerhalb des Kalorimeters begonnene Umwandlung sich im Kalorimeter nicht weiter fortsetzt, während in Abb. 24c diese Fortsetzung vorausgesetzt ist.

Wie man sieht, unterscheiden sich die durch kalorimetrische Versuche gewonnenen $\Delta Q, t$-Linien (Abb. 24b und 24c) wesentlich von der theoretischen Q, t-Linie der Abb. 24a. Es wird auf die Geschwindigkeit der Abkühlung im Kalorimeter ankommen, ob sich die $\Delta Q, t$-Linien der Q, t-Linie mehr oder weniger nähern.

Bei Stoffen, deren Umwandlung keine Neigung zur Unterkühlung aufweist, so daß selbst bei recht rascher Abkühlung die Linie 1, 2, 5, 6 in Abb. 24a zurückgelegt wird, stimmen die $\Delta Q, t$- und die Q, t-Linien überein. Sie entfernen sich um so weiter voneinander, je mehr Neigung zur Unterkühlung vorhanden ist und je rascher die Abkühlung im Kalorimeter vor sich geht. Alsdann erscheint die $\Delta Q, t$-Linie gegenüber der Q, t-Linie verzerrt. Die Wagerechte 2′5 wird gegenüber der Strecke 25 verkürzt, sie kann unter Umständen bis auf Null abnehmen. Wenn die spezifische Wärme des unterkühlten Stoffes kleiner ist als die des nicht unterkühlten, kann 2′ sogar links von 5 fallen.

Wenn man die Messung der Wärmemengen ΔQ einmal in einem Kalorimeter vornimmt, das genügend langsame Wärmeabgabe nach der Linie 1, 2, 5, 6 der Abb. 24a ermöglicht, und das andere Mal in einem anderen Kalorimeter (z. B. Wasserkalorimeter), das die Abkühlung des eingeworfenen erhitzten Stoffes sehr rasch bewirkt, beispielsweise nach der Linie 1 2′5 6 der Abb. 24b, so kann man aus dem Vergleich beider Abbildungen die Lage des Punktes 7 in Abb. 24a bestimmen, da ja die Größe der Abszisse $\Delta 2;7$ unmittelbar aus der Abb. 24b abgelesen werden kann. Durch die Kenntnis der Lage des Punktes 7 in Abb. 24a ist aber auch dieser Unterschied in der Gesamtenergie $\Delta 6;7$ des durch den Punkt 6 verkörperten stabilen und des durch den Punkt 7 dargestellten metastabilen Zustandes des Stoffes bei Zimmerwärme bekannt. Es werden allerdings bei der Ermittelung der beiden Schaulinien erhebliche versuchstechnische Schwierigkeiten zu überwinden sein. Jedenfalls liegt hier noch ein sehr weites zu beackerndes Feld vor uns, das reichliche Früchte in der Zukunft verspricht.

Übrigens könnten die beiden Schaulinien des reinen Eisens in Abb. 1 und 19 durch ähnliche Umstände beeinflußt worden sein, wie sie soeben besprochen worden sind. Es könnten dadurch die Strecken *cb* und *de* verkürzt erscheinen, so daß wir die Abbildungen nicht ohne weiteres alt Q, t-Abbildung, sondern nur als $\varDelta Q, t$-Linien auffassen dürfen[1]).

Wird der Stoff in dem dem Punkte 7 der Abb. 24a entsprechenden unterkühlten Zustand aufs neue erwärmt (angelassen), so kann beispielsweise die Änderung des Wärmeinhaltes nach der Linie 7, 10, 11, 12, 13 usw. erfolgen. Hierbei würde während des Anlassens Wärme abgegeben. Auch diese Wärmemengen sind nicht ohne weiteres kalorimetrisch zu ermitteln. Mit dem Kalorimeter wird nur eine $\varDelta Q, t$-Linie nach Art der Abb. 24d erhalten. Der abgeschreckte Stoff (Punkt 7) wird längs 10, 11 der Abb. 24a auf die dem Punkt 1 entsprechende Temperatur genügend langsam erwärmt (angelassen), alsdann wird er rasch ins Kalorimeter übergeführt, worin die Abkühlung nach der Linie 11, 8 erfolgt. Er gibt also im Kalorimeter die Wärmemenge $\varDelta$ 11; 8 (Unterschied der Abszissen der Punkte 11 und 8) ab. Diese Wärmemenge tritt dann in Abb. 24d als Abszisse des Punktes 11' auf. In analoger Weise sind die übrigen Punkte der Abb. 24d erhalten, die das $\varDelta Q, t$-Bild für das Anlassen des unterkühlten (abgeschreckten) Stoffes widergibt, wie es durch den unmittelbaren Versuch erhalten werden kann. Leider läßt sich aus ihm die Lage der Punkte der Anlaßlinie 7, 10, 11, 12, 13 der Abb. 24a nicht ableiten. Nur die Lage der Punkte 7 und 13 wird durch Abb. 24a gegeben. Letzterer ist der Punkt, wo in Abb. 24d die Linie 7, 10', 11', 12' usw. in die Gerade 5, 7 übergeht.

Es wäre vielleicht möglich, nach dem folgenden Grundsatz die Linie 7, 10, 11, 12, 13 der Abb. 24a zu erhalten. Man bringt eine abgewogene Menge des Stoffes im Zustand 7 in ein Gefäß, das ein Medium von der Wärmekapazität C und einer Temperatur t in der Nähe der durch die Ordinate von 11 angedeuteten Temperatur 11 enthält. Man überläßt beide unter Ausschluß von Wärmeverlusten nach außen dem Temperaturausgleich, der sich z. B. bei t_{11} einstellen möge. Hierbei wird von dem zu untersuchenden Stoffe die Wärmemenge $\varDelta Q = \varDelta\, 7; 11$ abgegeben, während das Medium von der Temperatur t auf die Temperatur t_{11} erhitzt wird, also die Wärmemenge $C\,(t_{11} - t)$ aufnimmt. Aus der Gleichung $\varDelta Q \cdot t_{11} = C\,(t_{11} - t)$ erhält man $\varDelta Q$, den Unterschied der Abszissen der Punkte 7 und 11 in Abb. 24a. Die übrigen Punkte des Linienzuges 7, 10, 11, 12 lassen sich in ähnlicher Weise ermitteln. Zweifellos werden aber beim Versuch erhebliche Schwierigkeiten zu überwinden sein. Mir ist bis jetzt noch kein Versuch nach dieser Richtung hin bekannt geworden.

a) Wie liegen nun die Verhältnisse beim reinen Eisen? Sehr ausgeprägte Unterkühlungserscheinungen, wie sie oben besprochen wurden, treten bei den Umwandlungstemperaturen A_3 und A_2 sicher nicht auf. Die bisherigen Beobachtungen deuten darauf hin, daß diese Umwandlungen sehr rasch vonstatten gehen. Immerhin könnten aber doch bei sehr schroffer Abschreckung Unterkühlungserscheinungen eintreten. Die bisher ermittelten $\varDelta Q, t$-Linien können uns hierüber keinen Aufschluß gewähren; wir müssen diesen daher auf weniger unmittelbarem Wege suchen.

Nach Früherem treten bei der Erhitzung von langsam abgekühltem kohlenstoffarmem Eisen Längenänderungen im Sinne der Linie $a\,1\,2\,b$ der Abb. 14, Linie $C = 0{,}03$ ein. Bei der langsamen Abkühlung wird dieselbe Linie im umgekehrten Sinne zurückgelegt. Wäre es aber möglich, durch plötzliche Abschreckung die Umwandlungen des Eisens zu verhindern, so müßten hierbei die Längenänderung nach der Fortsetzung der Linie $b\,2$ erfolgen, d. h. das plötzlich abgeschreckte Eisen würde bei Zimmerwärme eine

---

[1]) Dies gilt in viel höherem Maße für kohlenstoffreichere Eisensorten, da ja der Kohlenstoffgehalt die Neigung zur Unterkühlung (gänzliche oder teilweise Unterdrückung der Umwandlungen, Erniedrigung der Haltepunkte) infolge rascher Abkühlung steigert. Es ist unbekannt, ob und wieweit die kürzlich veröffentlichten Versuchsergebnisse von A. Meuthen (L 79) hierdurch beeinflußt sind.

geringere Länge haben als das langsam abgekühlte. Wenn dann bei der Wiedererwärmung des abgeschreckten Eisens (Anlassen) Auslösung der Unterkühlung einträte, so würde hierbei innerhalb eines bestimmten Temperaturbereiches Übertritt der Linie von der Verlängerung der Linie $b\,2$ nach der Linie $a\,1\,2\,b$ stattfinden. Charpy und Grenet (L. 18) haben nun festgestellt, daß sich die Linien der Längenänderung des abgeschreckten (a) und des langsam abgekühlten (b) kohlenstoffarmen Flußeisens während der Erhitzung völlig decken. Daraus ist zu schließen, daß die Umwandlungen des Eisens durch Abschrecken nicht wesentlich beeinflußt werden.

Der umgekehrte Fall, daß die beiden Linien (a) und (b) sich nicht völlig decken, würde noch kein Beweis für die Möglichkeit von Unterkühlungserscheinungen sein, da ja Längenänderungen infolge von Wärmespannungen (II A, 324—338) durch die ungleichmäßige Abkühlung während der Abschreckung hervorgerufen und während der darauffolgenden Erhitzung wieder ausgelöst werden können, und zwar sowohl bei Stoffen, die Umwandlungen erleiden, als auch bei solchen, wo dies nicht der Fall ist.

Auch das magnetische Verhalten des Eisens gibt einen gewissen Aufschluß. Es ist bis jetzt noch nie gelungen, selbst durch die schroffste Abschreckung, das Eisen bei gewöhnlicher Temperatur paramagnetisch zu erhalten. Es ist immer stark ferromagnetisch, woraus folgt, daß die Umwandlungserscheinungen durch das Abschrecken wenigstens nicht völlig unterdrückt werden können. Es sind zwar Unterschiede in der Stärke der Magnetisierung $\mathfrak{J}$ zwischen dem kohlenstoffarmen langsam abgekühlten und abgeschreckten Eisen festzustellen (vgl. Abb. 479, II A). Diese können aber auch durch Verschiedenheiten in der Reibung erklärt werden, die sich der Parallelstellung der magnetischen Moleküle im abgeschreckten und langsam abgekühlten Eisen entgegenstellen (18, Abs. 4). Wenn dies zuträfe, müßten die Unterschiede in schwachen magnetischen Feldern stärker hervortreten als in starken und bei der magnetischen Sättigung ganz verschwinden. Hierüber fehlen noch planmäßige Untersuchungen, jedenfalls kann man jetzt schon sagen, daß eine vollständige Unterdrückung der magnetischen Umwandlung im kohlenstoffarmen Eisen durch Abschreckung ausgeschlossen ist.

b) Wesentlich anders nun gestalten sich die Verhältnisse, wenn zum Eisen noch Kohlenstoff hinzutritt. Wir wollen den einfachsten Fall, nämlich die eutektische Legierung mit etwa $1\,^0/_0$ Kohlenstoff betrachten. Hier fallen die Umwandlungen Ar_3 und Ar_2 mit der Ausscheidung des eutektischen Gemisches (Perlit) bei Ar_1 zusammen. Versuchsmäßig festgestellte $\Delta Q, t$-oder Q, t-Linien liegen nicht vor. Wahrscheinlich wird aber die Q, t-Linie einen ähnlichen Verlauf wie in Abb. 25 haben. Der Zweig ab entspricht der Abkühlung der festen γ-Lösung, die oberhalb Ar_1 stabil ist. Über bc erfolgt die Umwandlung des γ-Eisens in β-Eisen, gleichzeitig damit der Zerfall der festen γ-Lösung in das eutektische Gemenge ($85\,^0/_0$ Ferrit $+$ $15\,^0/_0$ Zementit $=$ Perlit) und außerdem noch ein Teil der magnetischen Umwandlung des Eisens, die sich über eine Strecke ce unterhalb Ar_1 fortsetzt. Die Linie cef entspricht der Abkühlung des Perlits.

Die Vorgänge bei Ar_1 sind nun erfahrungsgemäß von der Abkühlungsgeschwindigkeit in hohem Maße abhängig. Sie unterliegen der weiter oben besprochenen Abschreckwirkung. Wir können daher annehmen, daß bei schroffer Abkühlung die Vorgänge nicht nach $abcef$, sondern nach einer ähnlichen Linie wie abM verlaufen werden. Der Punkt M entspricht dem bei gewöhnlicher Temperatur metastabilen martensitischen Zustand. Da der Martensit kräftig ferromagnetisch ist, so dürfen wir wohl erwarten, daß die Abszisse des Punktes M kleiner ist als die Abszissen der Punkte der Linie cef, bei denen die magnetische Umwandlung bereits eingeleitet ist; sie ist in

Abb. 25 gleich der des Punktes c angenommen. Die Gesamtenergie des in irgendeiner Form im Martensit M enthaltenen Eisens ist dann schon soweit gesunken, daß kräftiger Ferromagnetismus auftritt. Ich unterlasse es hierbei, in Erörterung darüber einzugehen, ob das im Martensit enthaltene Eisen als γ-, β- oder α-Eisen zu betrachten ist, weil solche Erörterungen bisher wenig fruchtbringend gewesen sind. Man könnte das dem Punkt M entsprechende Eisen γ-Eisen nennen, das infolge der starken Abnahme der Gesamtenergie auf dem Wege von b nach M magnetisch geworden ist (L.67), man könnte es aber ebensogut als (β, α)- oder als α-Eisen ansprechen, weil es eben wie dieses ferromagnetisch ist. Unsere Überlegung läßt ferner auch zunächst die Frage offen, ob der Martensit (Punkt M) einen einheitlichen Gefügebestandteil (feste Lösung von Karbid in irgendeiner Form des Eisens) oder ein Gemenge mehrere Bestandteile darstellt.

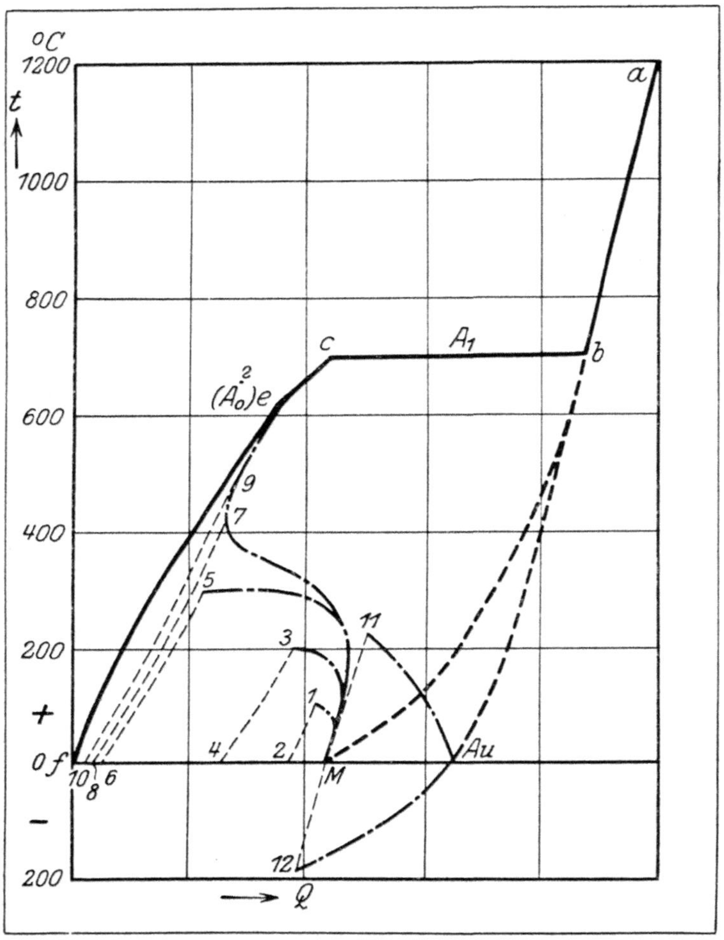

Abb. 25. Hypothetische Q, t-Linie der eutektischen Legierung.

Wird die im martensitischen Zustande M befindliche Legierung angelassen, so wird ähnlich wie in Abb. 24a Annäherung an den stabilen Zustand unter Wärmeabgabe eintreten. Die in Abb. 25 gezeichnete hypothetische Linie M 7 9 e entspricht qualitativ den bisher gewonnenen, aber durchaus noch nicht vollständigen Versuchsergebnissen. Es ist z. B. angenommen, daß sich der Martensit beim Erhitzen auf 100° C und längerem Erhalten bei dieser Temperatur nach der Linie M 1 unter Wärmeabgabe verändert. Bei der darauffolgenden Abkühlung (ob langsam oder schnell, wird hier wenig Unterschied bedingen) wird eine ähnliche Linie wie 12 durchlaufen werden. Analog sind die Verhältnisse beim Anlassen auf 200° (Linie M 3 4), 300° (M 5 6), 400° (M 7 8), 500° (M 7 9 10), 600° (M 7 9 ef) usw. Die Punkte 2 4 6 8 10 entsprechen somit den verschiedenen Anlaßzuständen bei Zimmerwärme.

Auch hier wollen wir uns zunächst davon fernhalten, von bestimmten Allotropien des Eisens in den einzelnen Anlaßstufen zu reden, da wir gar nicht wissen, inwieweit das Eisen und inwieweit der Kohlenstoff an der Änderung des Zustandes während des Anlassens beteiligt ist. Schließlich ist auch noch mit einer magnetischen Umwandlung des Karbides zu rechnen, worauf bisher in der Literatur gar nicht Rücksicht genommen worden ist. Wird die Linie der Abb. 482, II A, für die Stärke der Magnetisierung $\mathfrak{J}_0'$

bei der Sättigung bis zu einem Gehalt von 6,67 % Kohlenstoff, also bis zum Karbid extrapoliert, so ergibt sich für dieses $\mathfrak{J}_0'$ etwa zu 130, während dem reinen Eisen etwa der Wert 211 zukommt. Da nun alle ferromagnetischen Stoffe bei einer bestimmten Temperatur ihre magnetische Umwandlung durchmachen, dürfte auch wohl das Karbid keine Ausnahme bilden[1]). Wie sich die dadurch bedingte Zustandsänderung bei der Abschreckung und beim Anlassen geltend macht, ist noch völlig unbekannt.

Im folgenden soll untersucht werden, welche Aufschlüsse über die Erscheinungen beim Abschrecken und Anlassen des eutektischen Stahles aus den bisher angestellten physikalischen und chemischen Untersuchungen gewonnen werden können.

23. Löslichkeit in verdünnter Schwefelsäure. Zunächst fällt eine Eigentümlichkeit in die Augen, die in Abb. 26 schaubildlich wiedergegeben ist. Setzt man Plättchen gleicher Abmessungen von einem und demselben eutektischen Stahl (0,95 % Kohlenstoff) nach dem Abschrecken in Wasser bei 900° C und nach dem Anlassen bei verschiedenen Wärmegraden t der Ein-

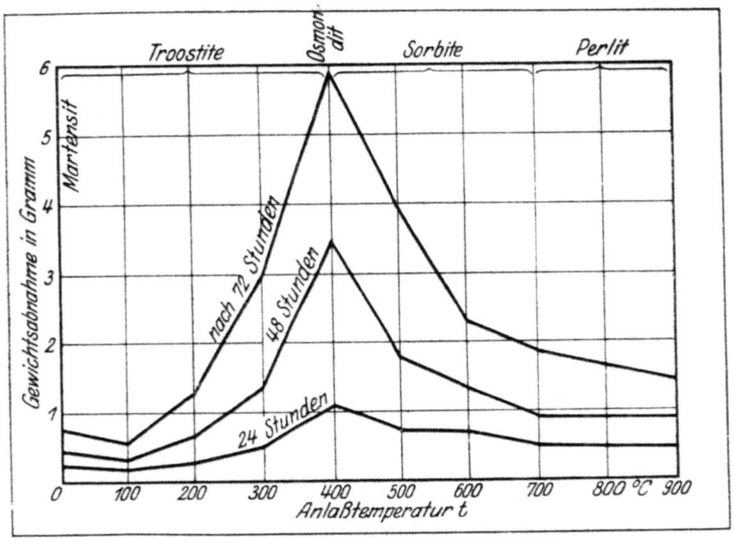

Abb 26. Löslichkeit von abgeschrecktem und angelassenem Werkzeugstahl mit 0,95 % C in einprozentiger Schwefelsäure.

wirkung von 1prozentiger Schwefelsäure aus, so beobachtet man, daß die nach bestimmten Zeiten abgelöste Stahlmenge, die sich durch die Gewichtsverluste der Plättchen ermitteln läßt, bei den verschieden behandelten Proben sehr verschieden ist. Am größten ist der Gewichtsverlust der bei 400° angelassenen Proben. Nach der Seite der niedrigen sowohl, als auch nach der Seite der höheren Anlaßhitzen nehmen die Gewichtsverluste ab und erreichen beim glasharten (martensitischen) Stahl und bei dem bei 700° C angelassenen (perlitischen) Stahl ihre Mindestwerte. Diese Erscheinung wurde zuerst von E. Heyn und O. Bauer (L. 21, 22) festgestellt. Sie weist darauf hin, daß der Übergang vom metastabilen Martensit zum stabilen Perlit über eine metastabile Zwischenstufe hinweg erfolgt. Diese Zwischenstufe hat den höchsten Grad der Löslichkeit in verdünnter Schwefelsäure.

Ein solcher stufenweiser Abfall von einer wenig stabilen zu einer stabileren Erscheinungsform ist nichts Außergewöhnliches. Er tritt bei vielen

[1]) Tatsächlich ist durch Wologdine (L. 77) und Smith, White und Barker (L. 78) eine magnetische Umwandlung des Karbids festgestellt worden. Sie liegt nach letzteren Forschern bei etwa 210° C. Darüber ist das Karbid nicht oder nur schwach magnetisch, darunter zeigt es starken Ferromagnetismus.

chemischen und physikalischen Vorgängen ein. Nach Ostwald bildet er sogar die Regel. Um eine kurze Verständigung möglich zu machen, soll diese metastabile Zwischenstufe, die bei 400° Anlaßtemperatur durch ihre große Löslichkeit bemerkbar ist, als Osmondit bezeichnet werden. Hiermit soll zugleich eine Ehrung des um die Kenntnis der Vorgänge in den Eisenkohlenstoff-Legierungen so hoch verdienten Forschers Osmond bezweckt werden. Ob der Osmondit ein einheitlicher Stoff ist oder aus mehreren Bestandteilen aufgebaut ist, bleibt zunächst offen. Auch über die Art dieser etwaigen Bestandteile werden keine Voraussetzungen gemacht. Unter Anwendung der gewählten Bezeichnung haben wir zu sagen, daß bei gesteigerter

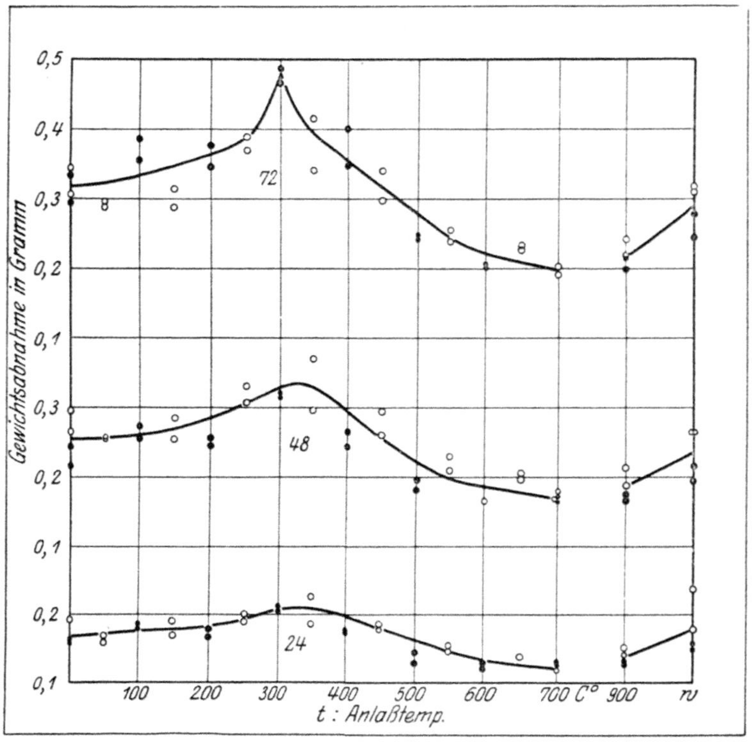

Abb. 27. Löslichkeit von abgeschrecktem und angelassenem Flußeisen mit 0,07% C in einprozentiger Schwefelsäure.

Anlaßhitze der Martensit sich zunächst in der Richtung auf die etwas stabilere Zwischenstufe Osmondit hin ändert, von der aus schließlich der allmähliche Übergang bis zum völlig stabilen Gleichgewicht erfolgt, das im Perlit erreicht ist.

Um Überblick darüber zu gewinnen, ob der Höchstwert der Löslichkeit des in der Nähe von 400° angelassenen Stahles ausschließlich vom Kohlenstoffgehalt abhängt und nicht vielmehr auch auf Rechnung etwaiger Umwandlungen im Eisen zu setzen ist, wurden von E. Heyn und O. Bauer (L. 22) auch Löslichkeitsversuche mit einem abgeschreckten und angelassenen kohlenstoffarmen Flußeisen ausgeführt. Dieses enthielt: 0,07% Kohlenstoff, 0,06% Silizium, 0,10% Mangan, 0,01% Phosphor, 0,019% Schwefel, 0,015% Kupfer. Proben gleicher Abmessungen wurden von 1000 bis 1030° C in Wasser abgeschreckt und dann bei den als Abszissen in Abb. 27 eingezeichneten Temperaturen t 2 Stunden lang angelassen. Die nach 24, 48, 72 Stunden dauernder Einwirkung der 1prozentigen Schwefelsäure beobachteten Gewichtsverluste sind als Ordinaten verwendet. Die so erhaltene Schaulinie entspricht den Mittelwerten aus zwei Versuchsreihen. Zweifellos besteht auch hier bei 350 bis 400° C ein Höchstwert der Löslichkeit entsprechend der Zwischenstufe Osmondit. Diese zeigt somit auch bei so geringen Kohlenstoffgehalten wie 0,07 % noch ihre kennzeichnende große Löslichkeit in Schwefelsäure. Der Unterschied in der Löslichkeit der bei verschiedenen Temperaturen angelassenen Proben ist allerdings bei dem kohlenstoffarmen Eisen geringer als bei dem kohlenstoffreichen Stahl.

Man kann daraus folgern, daß der dem Osmondit entsprechende Höchstwert der Löslichkeit nicht ausschließlich auf Rechnung des Kohlenstoffs, sondern auch teilweise auf Rechnung einer Zustandsänderung des Eisens zu setzen ist.

Es fragt sich nun, inwieweit die Änderung der übrigen Eigenschaften des abgeschreckten Stahles während des Anlassens die aus der Löslichkeit gezogenen Schlüsse bestätigen. Dies wird in den folgenden Abschnitten erörtert.

24. Färbung nach Ätzung mit Salzsäure-Alkohol. Stellt man sich von einem eutektischen Stahl (0,95 %) eine Reihe von Proben gleicher Abmessungen her, schreckt sie bei 900° C unter gleichen Umständen in Wasser ab und läßt sie dann gleichlange bei verschiedenen Anlaßtemperaturen an, so erhält man nach dem Anschleifen und nach gleichlanger Ätzung mit Salzsäure-Alkohol (1 ccm abs. Alkohohl in 100 ccm konz. Salzsäure z. B. 10 Minuten lang) sehr verschiedene Färbung der Schliffe, wie Abb. 9, Taf. III erkennen läßt. Mit steigender Anlaßtemperatur färben sich die Schliffe immer dunkler; die Färbung erreicht ihren Höchstwert bei einer in der Nähe von 400° C liegenden Anlaßtemperatur und nimmt dann allmählich wieder ab. Die Dunkelfärbung wird erzielt durch eine dunkle kohlenstoffreiche Ausscheidung auf dem Schliff, die sich durch Abwischen nicht entfernen läßt. Der Höchstwert der Dunkelfärbung entspricht dem Osmondit [Heyn und Bauer (L. 21, 22)].

25. Verhalten des Kohlenstoffs bei Auflösung des Stahls in verdünnten Säuren. Löst man Stahl unter Ausschluß des atmosphärischen Sauerstoffs in verdünnter Schwefel- oder Salzsäure (10prozentig oder besser noch schwächer), so können folgende Fälle eintreten:

a) Das im Stahl teils als Zementit, teils als Zementitlamellen im Perlit enthaltene Karbid bleibt im wesentlichen unverändert zurück. Sein Kohlenstoff bleibt an das Eisen gebunden, so daß der Lösungsrückstand der Formel Fe_3C entsprechend 6,67 % Kohlenstoff neben 93,33 % Eisen aufweist. Dieser Teil des Kohlenstoffs hat den Namen Karbidkohle erhalten. Er soll im folgenden mit C_c bezeichnet werden.

b) Kohlenstoff entweicht an einen Teil des bei der Lösung entwickelten Wasserstoffs gebunden in Form übelriechender Kohlenwasserstoffe. Dieser gasförmig entweichende Anteil des Kohlenstoffs wird Härtungskohle genannt (abgekürzt C_h), weil abgeschreckte (gehärtete) Stähle im martensitischen Zustande die Hauptmenge ihres Kohlenstoffs in dieser Form bei der Lösung entweichen lassen.

c) Im Rückstand von der Lösung kann Kohlenstoff zurückbleiben, ohne daß das zur Bildung von Fe_3C ausreichende Eisen gleichzeitig vorhanden ist. In dieser Form bleibt ein Teil des Kohlenstoffs beim Lösen unter Luftabschluß fast immer zurück, gleichgültig in welchem Zustand der Behandlung der Stahl sich befindet, ob im martensitischen, im perlitischen oder in irgendeinem Anlaßzustand. Diese Art des Auftretens des Kohlenstoffs werde mit C_f bezeichnet [Heyn und Bauer (L. 21 und 22)]. Beim Lösen des martensitischen Stahles bleibt C_f zurück, während der Hauptteil des Kohlenstoffs als C_h entweicht. Beim perlitischen Stahl hinterbleibt im Lösungsrückstand außer Karbid noch ein Teil des Kohlenstoffs als C_f, so daß die gesamte im Rückstand verbleibende Kohlenstoffmenge, die als C_r bezeichnet werden soll, teilweise aus Karbidkohle C_c und teilweise aus C_f besteht, wobei $C_r = C_c + C_f$. In den angelassenen Stählen findet sich C_f teils allein im Rückstand, teils neben C_c. Der C_f ist entweder reiner Kohlenstoff oder zum mindesten ein Kohlenwasserstoff, der nur sehr geringe Mengen Wasserstoff neben dem Kohlenstoff enthält. Er ist von E. Heyn und O. Bauer (L. 21 und 22) früher als „freier Kohlenstoff" bezeichnet worden, woher auch die Bezeichnung C_f stammt. Diese Bezeichnung gab aber, wie es schien, teilweise zu der irrtümlichen Auffassung Veranlassung, daß der C_f bereits im Stahl als freier Kohlenstoff vorhanden sei. Dies trifft natürlich nicht zu, sonst müßte er im Schliff unter dem Mikroskop sichtbar sein und außerdem bei der Lösung des Stahles in Salpetersäure als Kohlenstoff unlöslich zurückbleiben, was nicht der Fall ist. Der C_f wird vielmehr erst während der Lösung des Stahles in der verdünnten Säure aus irgendeiner Kohlenstoffverbindung abgeschieden; er ist das Zersetzungserzeugnis eines der Übergangsbestandteile zwischen Martensit und Perlit.

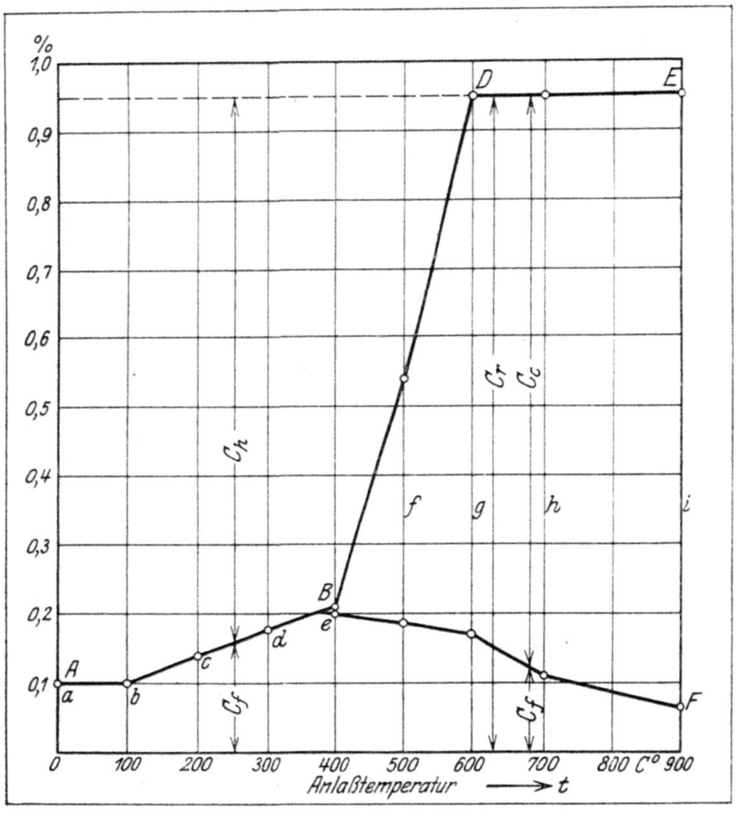

Abb. 28. Verhalten des Kohlenstoffs eines Stahles mit 0,95% C beim Lösen abgeschreckter und angelassener Proben in 10%iger Schwefelsäure.

In der Abb. 28 sind die Ergebnisse einer Versuchsreihe dargestellt, die mit einem eutektischen Stahl mit 0,95% C neben 0,35% Si, 0,17% Mn, 0,012% P, 0,024% S von E. Heyn und O. Bauer (L. 21 und 22) ausgeführt ist. Kleine Stahlscheiben von gleichen Abmessungen wurden bei 900° C unter gleichen Umständen in Wasser abgeschreckt und dann bei den als Abszissen angegebenen Temperaturen t 2 Stunden lang angelassen; die

Abszisse Null entspricht dem abgeschreckten und nicht angelassenen Stahl. Als Ordinaten sind die Mengen der drei verschiedenen unter a) bis c) angeführten Kohlenstofformen in Prozenten eingezeichnet. Man erkennt, daß bei Anlaßtemperaturen zwischen Null und 400° C die Hauptmenge des Kohlenstoffs in der Form von C_h gasförmig entweicht. Der im Rückstand verbleibende Kohlenstoffanteil C_f, der frei von Eisen ist, steigt mit wachsender Anlaßtemperatur bis zu dem Punkt B in Abb. 28, der etwa einer Temperatur von 400° C (wahrscheinlich etwas niedriger als 400°) entspricht. Bei Überschreiten dieser Grenztemperatur beginnt nun im Rückstand neben C_f auch Eisen aufzutreten, so daß von jetzt ab der gesamte im Rückstand verbleibende Kohlenstoff C_r teils als C_f, teils als C_c vorhanden ist. Der Rest des Kohlenstoffs entweicht als gasförmiger Kohlenwasserstoff, entspricht also der Form C_h. Mit weiter steigender Anlaßtemperatur nimmt nun auch die Menge des letzteren sehr schnell ab und die Menge des C_c sehr rasch zu, so daß bei einer Anlaßtemperatur von 600° C die Menge des C_h bereits Null geworden ist und der gesamte Kohlenstoff als $C_r = C_c + C_f$ im Rückstand bleibt. Die Menge des C_f hat bei der Grenze B (etwa 400° C) ihren Höchstwert erreicht und sinkt bei steigender Anlaßhitze wieder ab.

Die Anlaßtemperatur von etwa 400° C zeigt sich auch hier wieder als scharf ausgeprägte Grenze. Die unterhalb dieser Grenze angelassenen Stähle geben bei der Lösung kein C_c, sondern nur C_h und C_f. C_c tritt in den Rückständen erst bei einer Anlaßhitze von 400° C auf. Die Grenztemperatur von 400° C ergibt ferner den Höchstwert von C_f im Rückstand. Nach früherem entspricht die Temperatur von etwa 400° C derjenigen Anlaßhitze, bei der die Zwischenstufe Osmondit erreicht ist. Wir können uns also auch so ausdrücken, daß beim Übergang des Martensits zum Osmondit (Anlaßtemperaturen von 0 bis 400°) der Kohlenstoff in solcher Art im Stahl enthalten ist, daß im Lösungsrückstand keine Karbidkohle C_c, sondern nur C_f auftritt, und daß der Rest des Kohlenstoffs als C_h gasförmig entweicht. Beim Übergang vom Osmondit zum Perlit beginnt erst C_c aufzutreten, wächst rasch an unter Zurückdrängen und schließlichem gänzlichen Verschwinden des C_h. Der Osmondit liefert den Höchstbetrag von C_f. Beim Übergang von Osmondit zum Perlit nimmt der Betrag an C_f wieder ab.

Das Auftreten von C_f im Lösungsrückstand erklärt auch die Dunkelfärbung der angelassenen Stahlschliffe bei Ätzung mit alkoholischer Salzsäure (24). Diese Säure scheidet ebenso wie die verdünnte Schwefelsäure C_f ab. Je mehr C_f ausgeschieden wird, um so dunkler färbt sich der Schliff, wie dies Abb. 9, Taf. III zeigt. Der Osmondit muß daher am dunkelsten gefärbt werden. Nach sinkenden und ebenso nach steigenden Anlaßtemperaturen von 400° C aus gerechnet muß sonach die Dunkelfärbung abnehmen, wie dies oben tatsächlich festgestellt wurde.

26. Kleingefüge. Die folgende Beschreibung bezieht sich auf den eutektischen Stahl mit 0,95 $^0/_0$ Kohlenstoff, von dem bisher immer die Rede war. Die zur Abschreckung gelangenden Proben waren klein, weil bei großen Stücken während des Abschreckens Umstände eintreten, die die Sachlage verwickelter gestalten, wie später gezeigt wird (40). Nach dem Abschrecken bei 900° C in Wasser zeigt die nicht angelassene Probe nadlig ausgebildeten, rein weiß erscheinenden Martensit, s. Abb. 10, Taf. III in 350facher Vergrößerung. Der Schliff ist wie alle hierunter beschriebenen mit Salzsäurealkohol geätzt. Es wurden nun Proben gleicher Abmessungen sämtlich bei 900° C in Wasser abgeschreckt und dann bei verschiedenen Wärmegraden t angelassen. Nach dem Anlassen bei 100° C behält der Martensit seinen nadligen Aufbau unverändert bei, er hat sich aber gleichmäßig schwach gelblich gefärbt (Abb. 11, Taf. III in 350facher Vergrößerung). In der bei 200° C angelassenen Probe ist die Färbung mehr bräunlich geworden, sonstige Veränderungen sind aber nicht eingetreten (Abb. 12, Taf. III in 350 facher Vergrößerung). Bei 275° Anlaßhitze ist nun aber eine durchgreifende Veränderung vorgekommen (Abb. 13, Taf. IV in 350facher und Abb. 14, Taf. IV in 900 facher Vergrößerung). Zwei verschieden gefärbte Körper, ein hellerer und ein dunklerer sind nadelförmig gemengt. Die Nadelbildung ist gröber als in dem nicht angelassenen ursprünglichen Martensit. Nach dem Anlassen bei 405° C erscheint der Schliff unter dem Mikroskop ganz dunkel. Der nadlige Aufbau ist völlig verschwunden. Ein etwas heller braun gefärbter und ein fast schwarzer Körper bilden ein kaum unterscheidbares, inniges Gemenge. Der dunkler gefärbte Teil überwiegt bei weitem, der helle tritt fast ganz zurück (Abb. 15, Taf. IV in 350 facher und Abb. 16, Taf. IV in 1650 facher Vergrößerung). Es ist übrigens möglich, daß die verschiedene Färbung der beiden Körper auf verschieden dicke Auflagerung von C_f infolge der Ätzung zurückzuführen ist. Es braucht nicht notwendigerweise ein Gemenge zweier verschiedener Bestandteile vorzuliegen; das Gefüge kann auch einheitlich sein und nur scheinbar als Gemenge auftreten. Wird die Anlaßhitze weiter bis auf 500° C getrieben, so nimmt der hellere Anteil etwas an Menge zu (Abb. 17, Taf. IV in 350 facher Vergrößerung). Nach dem Anlassen bei 640° C ist eine durchgreifende Änderung des Gefüges ersichtlich (Abb. 18, Taf. IV in 350 facher Vergrößerung). In einer helleren Grundmasse liegen winzige rundliche Inselchen eines erhaben erscheinenden Körpers eingesprengt. In der bei 700° C angelassenen Probe ist die Zahl der aus der Grundmasse ausgeschiedenen Inselchen wesentlich vergrößert. Die Inselchen sind erhaben. Das Ganze könnte als ein körniger Perlit betrachtet werden, in dem der Zementit, der sonst in Gestalt dünner Lamellen erscheint, in Form kleiner Körnchen in der Grundmasse eingebettet liegt (Abb. 19, Taf. V in 350 facher Vergrößerung). Zum Vergleich ist noch das Gefüge desselben Stahles im ursprünglichen geschmiedeten Zustand in den Abb. 20 in 350facher und 21, Taf. V in 900 facher Vergrößerung dargestellt. Es besteht aus gut gekennzeichnetem, lamellarem Perlit.

In der ganzen Reihe der Gefügebilder, die die Übergänge zwischen Martensit und Perlit durch Anlassen darstellen, kommt wiederum der bei 400° C angelassenen Probe, also dem Osmondit, eine Ausnahmestellung zu. Bei den Anlaßhitzen von 0 bis 200° wird der Martensit zunächst ohne weitere Änderung immer dunkler gefärbt. Bei etwa 270° hat sich aus der so umgewandelten martensitischen Grundmasse ein dunkler Gefügebestandteil abgeschieden. Bei 400° Anlaßhitze besteht der Stahl im wesentlichen nur aus diesem dunklen Bestandteil, der dem Osmondit entspricht. Oberhalb 400° beginnt sich wieder ein hellerer Bestandteil aus der sich allmählich entfärbenden Grundmasse auszusondern. Die Menge dieses sich in Form von Körnchen aussondernden Bestandteiles wächst bei weiter steigender Anlaßhitze und erreicht bei 700° Anlaßtemperatur den Höchstwert. Die erhabenen Körnchen kann man auf Grund der Untersuchung in Absatz 25 als Karbid (Zementit) betrachten. Unter 400° haben wir somit allmählichen Übergang von Martensit zum Osmondit und oberhalb 400° Übergang vom Osmondit zum körnig ausgebildeten Perlit unter allmählich sich steigernder Ausscheidung von Karbid.

Die Übergangsbestandteile zwischen Martensit besitzen die Kennzeichen, die Osmond für die von ihm Troostit genannten Gefügebestandteile gegeben hat (Osmond L. 17). Die Übergänge zwischen Osmondit und Perlit entsprechen in ihren mikroskopischen Merkmalen dem von Osmond als Sorbit beschriebenen Bestandteil. Auch der Osmondit selbst würde noch unter die Osmondsche Definition des Troostits fallen; ebenso können noch die Anfangsglieder der Übergangsstufen zwischen Osmondit und Perlit als Troostit angesprochen werden, soweit sie dunkel erscheinen. Wegen dieser unscharfen Abgrenzung, die nicht frei von Willkür ist, habe ich es für richtig gehalten, den Namen Osmondit anzuwenden für die Zwischenstufe zwischen Martensit und Perlit, die bei einer Anlaßhitze von 400^0 entsteht, und die sich durch die verschiedenen bereits besprochenen und noch später zu erwähnenden Eigenschaften scharf aus der Reihe der übrigen Übergangsbestandteile abhebt. Sie stellt eine natürliche Grenze dar. Um nun die bereits in Gebrauch befindlichen Bezeichnungen Troostit und Sorbit nicht auszuschalten, habe ich in Gemeinschaft mit O. Bauer vorgeschlagen, die Übergangsglieder zwischen Martensit und Osmondit als Troostite, und die Zwischenglieder zwischen Osmondit und Perlit als Sorbite zu bezeichnen. Ich halte dies trotz Widerspruchs von einigen Seiten für zweckmäßig und berechtigt, da die Namen Troostit und Sorbit wegen der ungenügenden Definitionsmöglichkeit im Laufe der Zeit immer verschwommeneren Charakter angenommen haben, und ohne besondere Angaben darüber, in welchem Sinne sie gemeint sind, keine scharfe Vorstellung geben können. Die Natur hat den Osmondit als scharfe Grenze geschaffen. Warum soll man für diese natürliche Grenze keine Bezeichnung wählen, wo man sich doch auf anderen Gebieten (ich erinnere an die unnatürliche Abgrenzug zwischen Stahl und Eisen (5)) bemüht, Grenzen dort zu schaffen, wo von der Natur keine gesetzt ist?

27. Wärmetönungen während des Anlassens. Durch Beobachtung der Wärmebindungen während der Erhitzung oder der Wärmeentwickelung während der Abkühlung gewinnt man nach früherem (II A, 146—161) wertvolle Aufschlüsse über etwaige Umwandlungen und Ausscheidungen von Stoffen aus flüssigen oder festen Lösungen. Von E. Heyn und O. Bauer (L. 22) wurden nach dieser Richtung hin folgende Versuche ausgeführt. Verwendet wurde das Differentialverfahren nach Roberts-Austen in der Form, wie es früher (II A, 195) beschrieben worden ist. A (II A, Abb. 138) war eine Probe des eutektischen Stahles nach dem Abschrecken von 900^0 in Wasser und darauffolgendem Anlassen bei verschiedenen Temperaturen t. B war eine Probe desselben Stahles von gleichen Abmessungen nach dem Ausglühen, also im perlitischen Zustande. In Probe A war die Warmlötstelle eines gewöhnlichen Thermoelementes I angebracht, mit Hilfe dessen die jeweilige Temperatur t_a der Probe A abgelesen werden konnte. Ferner waren in A und B die beiden Warmlötstellen eines Doppelelementes II, das die der jeweiligen Temperaturdifferenz $t_a - t_b$ entsprechende elektromotorische Kraft $\varDelta e$ angab, wobei t_b die Temperatur der Probe B bedeutet. Trägt man die Temperaturen t_a als Abszissen und die elektromotorischen Kräfte $\varDelta e$ als Ordinaten auf, so erhält man die in Abb. 29—33 wiedergegebenen ausgezogenen t_a, $\varDelta e$-Linien. Da die Beobachtung von $\varDelta e$ während der Erhitzung vorzunehmen ist, und da es praktisch schwer ist, die Erhitzung so gleichmäßig durchzuführen, daß bei Verwendung zweier im gleichen Zustand befindlicher Probekörper A und B die elektromotorische Kraft $\varDelta e$ durchweg gleich Null bleibt, so wurde folgender Kunstgriff angewendet.

Zuerst wurden die Werte von $\varDelta e$ während der Erhitzung bestimmt. Alsdann ließ man beide Proben A und B auf gewöhnliche Temperatur abkühlen und erhitzte aufs neue unter möglichst denselben Umständen wie das erste Mal. Da die Proben A und B jetzt im gleichen, nämlich perlitischen Zustande sind, so müssen die jetzt ermittelten Werte von Δe diejenige elektromotorische Kraft ergeben, die der Ungleichmäßigkeit der Erhitzung der beiden Proben A und B entspricht, die also nicht auf Zustandsänderungen im Material zurückzuführen ist. Diese Δe-Werte sind in den

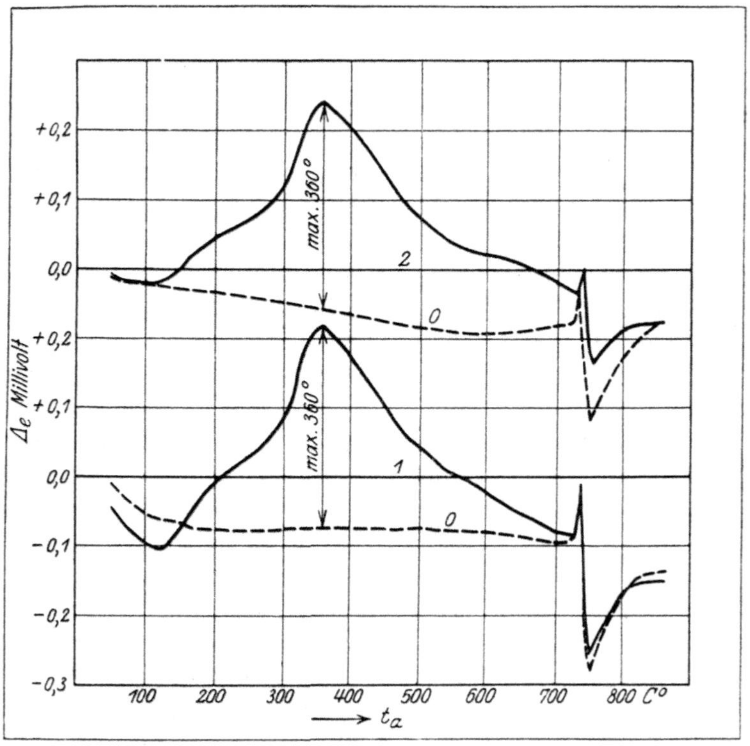

Abb. 29. (1 = Versuch 1; 2 = Versuch 2; 0 = Nullinie.)

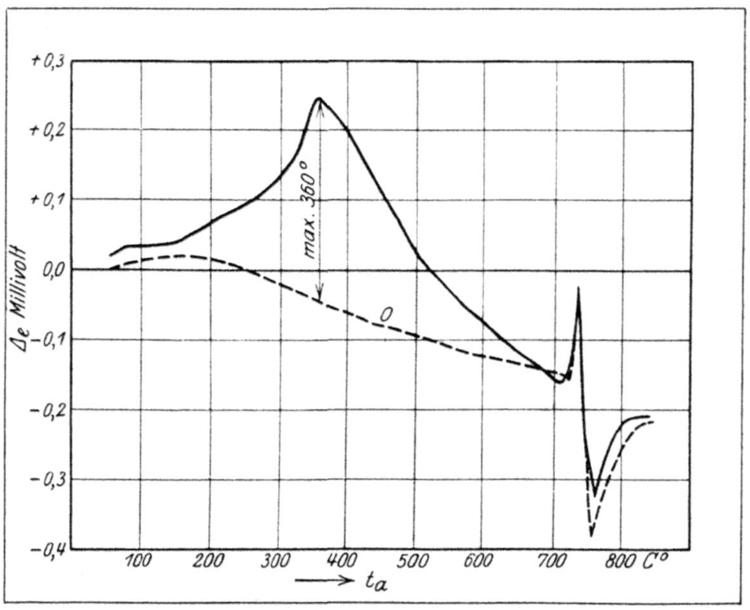

Abb. 30 (bei 100° C angelassen).

Abb. 29—33 als punktierte Linien zu den Temperaturen t_a als Abszissen eingetragen, und zwar als das Mittel aus mehreren Erhitzungen. Sie geben die Nullinien, von denen aus die Ordinaten der bei der ersten Erhitzung erhaltenen Δe-Linien (in den Abbildungen ausgezogen) zu messen sind.

Die Probekörper, die zur Ermittelung der Schaubilder in Abb. 29—33 benutzt wurden, entstammen einem eutektischen Stahl mit 0,95 % Kohlenstoff. Die einzelnen Probekörper hatten folgende Behandlung durchgemacht:

	Probe A.		Probe B.
Abb. 29	abgeschreckt bei 900° in Wasser;	nicht angelassen	ausgeglüht.
„ 30	„ „ „ „ „	angelassen bei 100°	„
„ 31	„ „ „ „ „	„ „ 210°	„
„ 32	„ „ „ „ „	„ „ 310°	„
„ 33	„ „ „ „ „	„ „ 410°	„

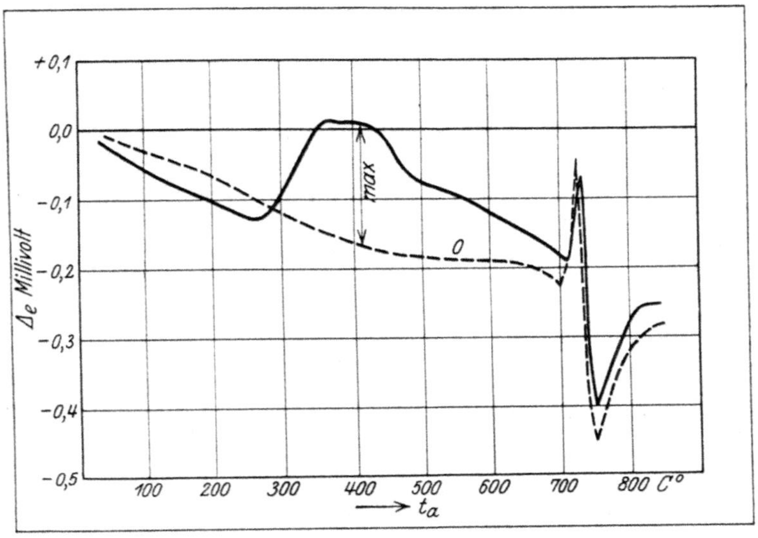

Abb. 31 (bei 210° C angelassen).

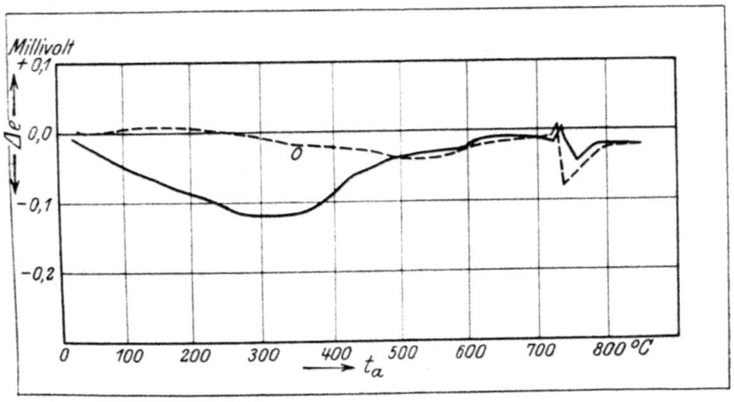

Abb. 32. (bei 310° C angelassen).

Die nicht angelassenen Stähle entwickeln, wie Abb. 29 erkennen läßt, den größten Betrag an Wärme während des Anlassens in der Nähe von 350° C, da dort der Abstand der ausgezogenen $\varDelta e$-Linie von der punktierten Nullinie den Höchstwert erreicht. Diese Temperatur stimmt annähernd überein mit derjenigen, bei der sich der Osmondit bildet. Ähnlichen Verlauf zeigen die Kurven für den bei 100° angelassenen Stahl (Abb. 30). Die bei 210° ausgelassene Probe zeigt den Höchstwert bei 410° (Abb. 31). Aber der größte Abstand zwischen der ausgezogenen $\varDelta e$-Linie und der gestrichelten Nullinie ist schon erheblich geringer als bei den bei niedrigerer Temperatur angelassenen Proben. Eine eigenartige Kurve liefert die bei 310° angelassene

Stahlprobe (Abb. 32). Sie liegt unterhalb der Nullinie, was auf Wärmeabsorption hindeuten würde; es ist aber wohl möglich, daß dieser eigenartige Verlauf bedingt ist durch verschiedene spezifische Wärme zwischen den beiden Proben A und B (vgl. Abb. 25). Bei Wiederholung des Versuches erhielt man immer wieder eine innerhalb der Fehlergrenzen des Verfahrens mit der in Abb. 32 wiedergegebenen Kurve übereinstimmende Schaulinie. Schließlich ist zu bemerken, daß die bei 410^0 angelassene Probe eine Δe-Kurve gibt, die mit der Nullinie im wesentlichen zusammenfällt (Abb. 33).

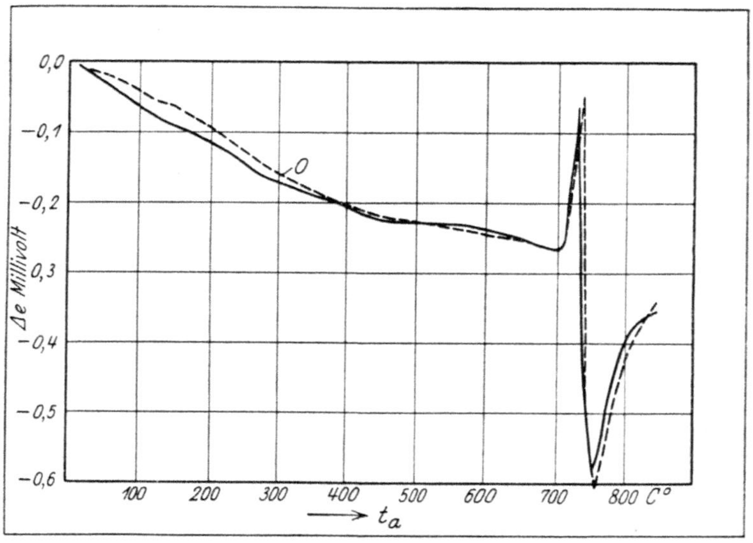

Abb. 33 (bei 410^0 C angelassen).

Wenn auch die angegebenen Versuche noch kein endgültiges Urteil gestatten, so zeigen sie doch, daß die Hauptmenge der Wärme während des Anlassens unterhalb einer Temperatur von 400^0 frei wird, und daß bei weiterem Anlassen über 400^0 hinaus entweder keine Wärmeentwickelung mehr stattfindet, oder daß die entwickelte Wärmemenge so gering ist, daß ihr Betrag mit dem angewendeten Versuchsverfahren nicht beobachtbar war. Demnach würde also die Hauptwärmemenge während der Umwandlung des Martensits in den Osmondit abgegeben, während beim Übergang vom Osmondit zum Perlit die Wärmentwicklung geringfügig oder gleich Null ist[1]).

Daraus ergibt sich die Wahrscheinlichkeit, daß der Übergang vom Martensit zum Osmondit von der Ausscheidung eines Stoffes (möglicherweise auch mehrerer Stoffe) aus dem Martensit begleitet ist; denn solche Ausscheidungen gehen unter Wärmeentwickelung vor sich. Welcher Art dieser ausgeschiedene Stoff ist, wissen wir nicht. Er soll der Kürze wegen als Stoff x bezeichnet werden. Von einer Seite ist behauptet worden, dieser Stoff x sei weiter nichts als Karbid in feiner Verteilung. Das ist zunächst eine Hypothese ohne jede experimentelle Grundlage, die sich bisher nicht fruchtbar erwiesen hat. Es erscheint richtiger, die Vermutungen über die chemische Zusammensetzung des Stoffes x so lange beiseite zu setzen, bis sich ein greifbarer Anhalt bietet.

28. Elektrischer Leitwiderstand. In Abb. 34 ist die Änderung des elektrischen Leitwiderstands abgeschreckter Stähle infolge Anlassens dargestellt auf Grund der Arbeiten von Barus und Strouhal (L. 23). Die chemische

[1]) Den obigen Beobachtungen entsprechend sind in Abb. 25 die mutmaßlichen Q, t-Linien der Anlaßzustände gezeichnet worden.

Zusammensetzung des Stahles ist in der Quelle leider nicht angegeben. Als Abszissen sind die Anlaßtemperaturen t eingezeichnet, als Ordinaten die spezifischen Leitwiderstände ω bei 0° C der angelassenen Stähle in Mikrohm/cm^3 = $\Omega \cdot 10^{-6}$/cm^3 (II A, 401). Die Kurve sinkt rasch ab bis zu einer Anlaßtemperatur von 400°. Der bei dieser Temperatur angelassene Stahl hat einen Leitwiderstand, der nicht mehr sehr verschieden ist von dem des bei 700° angelassenen Stahls. Leider sind für die zwischen 420 und 700° liegenden Anlaßtemperaturen von Barus und Strouhal keine Versuche ausgeführt worden, so daß man nicht wissen kann, ob in der Nähe von 400° Unstetigkeiten in der Kurve auftreten oder nicht.

Weitere Untersuchungen sind später ausgeführt worden von Grenet (L. 70) und von Maurer (L. 24). Die Untersuchungen des letzteren beziehen sich auf einen Stahl mit 0,83% und einen Stahl mit 1,2% Kohlenstoff. Die Ergebnisse sind in den Abb. 35 und 36 dargestellt[1]). Hier sind wiederum die Abszissen die Anlaßtemperaturen t; als Ordinaten sind die spezifischen Leitwiderstände der angelassenen Stähle benutzt, und zwar in relativem Maße, wenn der Leitwiderstand des bei 800° C angelassenen Stahles gleich 1 gesetzt wird. Die ausgezogenen Kurven A und C entsprechen den Versuchsergebnissen nach Abschrecken des Stahles von 800° in Wasser und darauffolgendem Anlassen; die gestrichelten Linien B und D dagegen den bei 1100° in Wasser abgeschreckten und alsdann angelassenen Stählen.

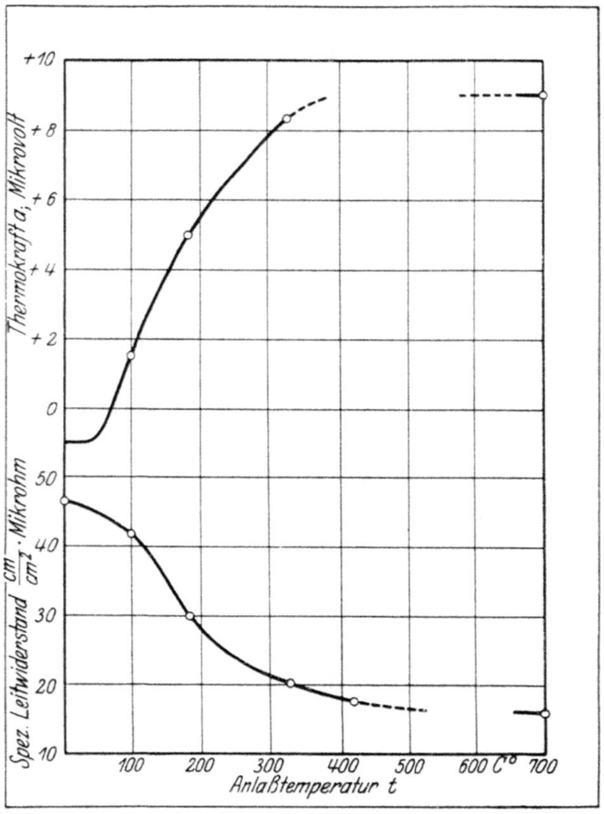

Abb. 34. Änderung des elektrischen Leitwiderstandes abgeschreckter Stähle infolge Anlassens; Anlaßdauer = 1 Stde. (Nach Barus und Strouhal, L. 23.)

Aus den Kurven erkennen wir, daß bis zu einer zwischen 300 und 400° gelegenen Anlaßhitze der Leitwiderstand rasch absinkt. Dies in Verbindung mit den Beobachtungen über die Wärmetönungen beim Anlassen (27) deutet darauf hin, daß sich ein Körper x beim Übergang vom Martensit zum Osmondit ausscheidet. Es ist eine Erfahrungsregel (II A, 403), daß der elektrische Leitwiderstand eines Stoffes wesentlich dadurch gesteigert wird, daß er einen zweiten Körper in fester Lösung hält. Dadurch, daß der Körper x sich beim Übergang vom Martensit in Osmondit ausscheidet, muß sich also der elektrische Leitwiderstand beträchtlich vermindern.

[1]) Die Schaubilder sind von mir auf Grund der von Maurer angegebenen Zahlenwerte gezeichnet. Maurer selbst zieht seine Kurven stetig durch, ohne daß er Knickpunkte zwischen 300 und 400° angibt. Um das zu erreichen, muß man aber den Zahlenwerten Zwang antun.

Zwischen 350 und etwa 600 bis 700° C, also während des Übergangs vom Osmondit zum Perlit, findet nur geringe Abnahme des elektrischen Leitwiderstandes statt. Sie könnte durch Zustandänderungen innerhalb des

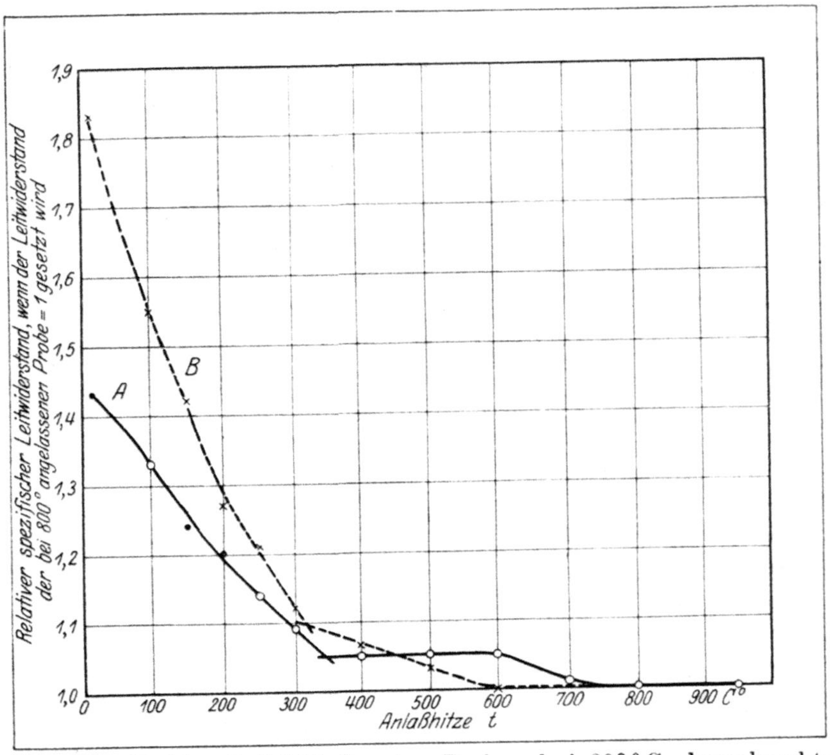

Abb. 35. Stahl mit 0,83% C; A = Proben bei 800° C abgeschreckt; B = Proben bei 1100° C abgeschreckt.

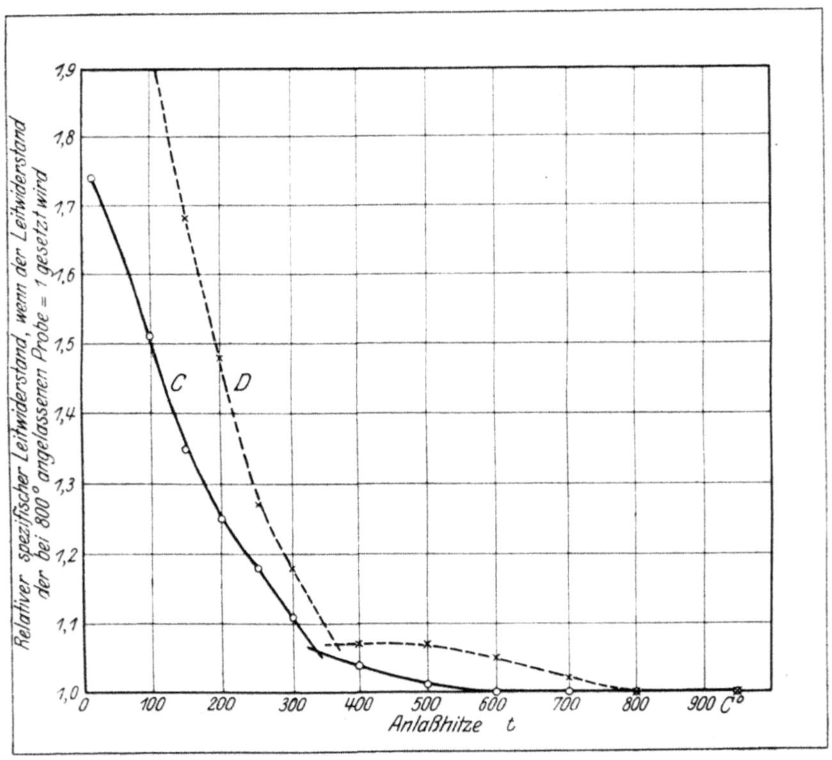

Abb. 36. Stahl mit 1,2% C; C bei 800° C, D bei 1100° C abgeschreckt.

ausgeschiedenen Stoffes x oder innerhalb des Eisens bewirkt werden. Letztere könnten sicher nur geringe Änderungen des Leitwiderstandes hervorrufen, da der elektrische Leitwiderstand des Eisens durch die Umwandlungen bei A_2 und A_3 nur ganz unbedeutend beeinflußt wird.

Dies zeigt Abb. 37, die nach den von Morris (II A, L. 8.28) angegebenen Werten aufgezeichnet ist und die sich auf ein sehr kohlenstoffarmes Eisen

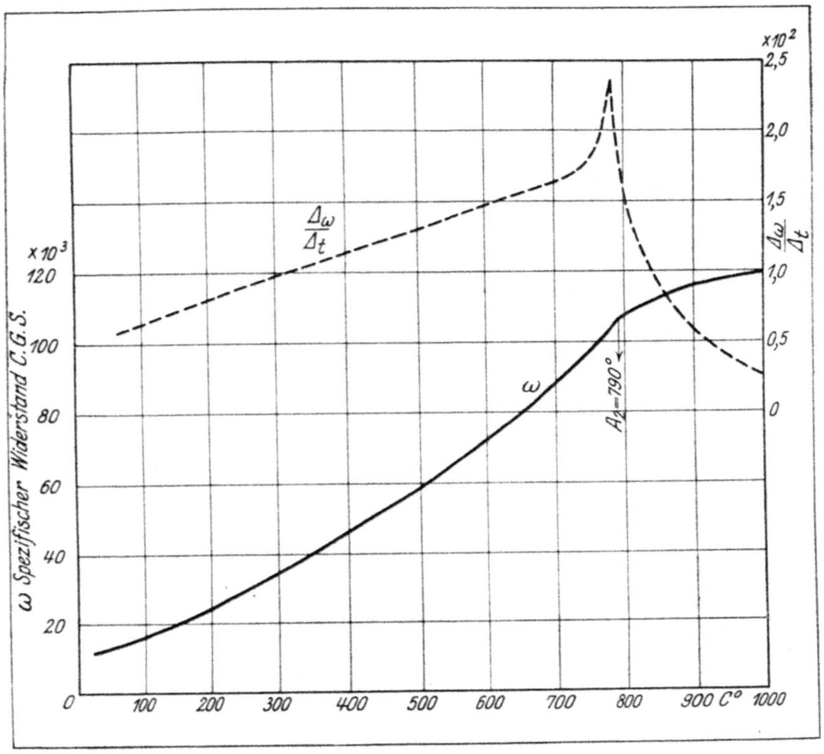

Abb. 37. Elektrischer Leitwiderstand des Eisens bei verschiedenen Temperaturen nach Morris (Transformatoreneisen bei 1150° C geglüht).

bezieht. Als Abszissen sind die Temperaturen verwendet, bei denen der Widersstand ω gemessen wurde; dieser selbst ist in e. m. CGS-Einheiten ausgedrückt als Ordinate aufgetragen (II A, 401). Bei $A_2 = 790^0$ ist nur ein sehr schwacher Richtungswinkel in der Schaulinie zu erkennen, die Umwandlung bei $A_3 = 900^0$ C kommt in der Linie überhaupt nicht zum Ausdruck.

Nach neueren Untersuchungen von R. Meyer (L. 68) scheint auch der schwache Richtungswechsel bei 790^0 C nicht vorhanden zu sein, und der Höchstwert für den Temperaturkoeffizienten $\frac{\Delta \omega}{\Delta t}$ in der Nähe von 700^0 C zu liegen. Danach würden dann die Umwandlungen des reinen Eisens in der Linie des Leitwiderstandes in Abhängigkeit von der Temperatur überhaupt nicht zum Ausdruck kommen. Die Änderungen würden ganz allmählich vor sich gehen.

Mir scheint daher der von einigen Seiten aus den Maurerschen Untersuchungen gezogene Schluß, daß wegen des nur geringen Unterschiedes im Leitwiderstand zwischen Osmondit und Perlit der Osmondit nichts weiter sei als Perlit, zum mindesten sehr gewagt. Nach Ansicht des Verfassers bestätigt vielmehr die Unstetigkeit der Schaulinien zwischen 300 und 400^0 in Abb. 35 und 36 die Anschauung, daß der Osmondit noch nicht identisch ist mit dem Perlit, sondern daß er erst eine metastabile Zwischenstufe darstellt, die der Martensit bei seinem Übergang nach dem Perlit durchmachen muß.

29. Thermoelektrische Kraft. Barus und Strouhal (L. 23) haben den Einfluß des Abschreckens und nachherigen Anlassens von Stahl auf die thermoelektrische Spannung festgestellt, die bei Berührung mit Silber entsteht. Sie fanden die Beziehung

$$e = a(\Theta_1 - \Theta_2) + b(\Theta_1^2 - \Theta_2^2),$$

wenn e die elektromotorische Kraft, Θ_1 die Temperatur der Warmlötstelle und Θ_2 die der Kaltlötstelle des Thermoelementes Stahl-Silber, und schließlich a und b Konstante bezeichnen. Der Wert der Konstanten a, der die Größe von e vorwiegend beeinflußt, ist in Gestalt einer Schaulinie eingetragen in Abb. 34. Darin sind die Anlaßtemperaturen t des Stahles als Abszissen und die Werte von a als Ordinaten eingetragen. Leider ist die Untersuchung nicht auf die Zwischenwerte zwischen 330 und 700° C ausgedehnt. Jedenfalls ist aber zu erkennen, daß die Hauptänderung der thermo-

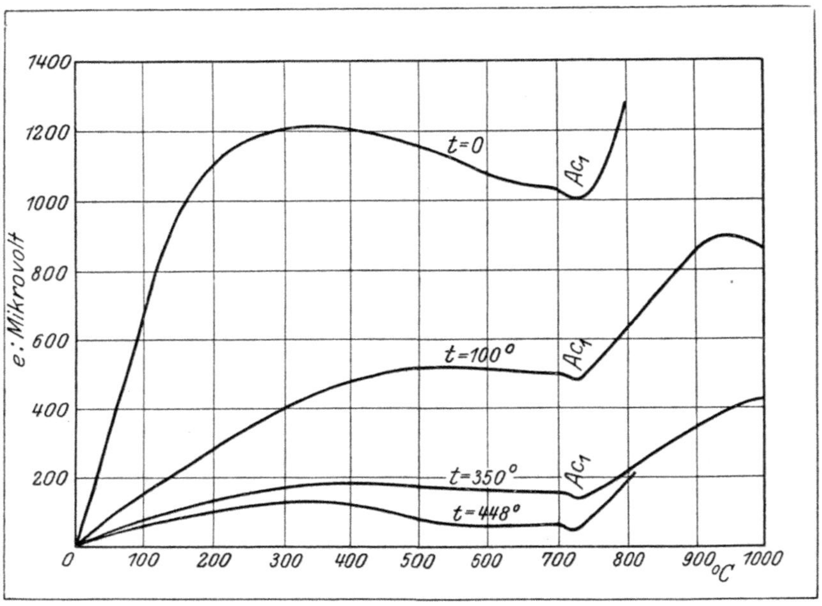

Abb. 38. Thermoelektromotorische Kraft e eines Paares Stahl geglüht und derselbe Stahl gehärtet und angelassen bei t^0 C in Abhängigkeit von der Temperatur (nach Belloc).

elektromotorischen Kraft während des Anlassens unterhalb 400°, also während des Übergangs vom Martensit zum Osmondit eintritt. Bei weiter gesteigerter Anlaßtemperatur ist die Änderung nur gering.

Eine andere Versuchsreihe stammt von Belloc (L. 25). Er ermittelte bei den in Abb. 38 als Abszisse angegebenen Temperaturen die thermoelektromotorische Kraft e zwischen einer Probe eines geglühten (perlitischen) Stahls gegen eine Probe desselben Stahls nach dem Abschrecken in Wasser und Anlassen bei verschiedenen Temperaturen t. Die gemessene thermoelektromotorische Kraft e wurde als Ordinate eingezeichnet. Man erkennt aus dem Schaubild, daß die thermoelektromotorische Kraft bei 400° einen Höchstwert erreicht, der in dem nicht angelassenen Stahl am stärksten ausgeprägt ist und nach Überschreiten der Anlaßhitze 350° schwach wird. Leider macht Belloc über die näheren Umstände, unter denen die Versuche ausgeführt wurden, keine Angaben. Für das plötzliche Ansteigen der Kurven nach Überschreiten des Haltepunktes Ac_1 bei etwa 730° finde ich keine Erklärung. Man müßte doch erwarten, daß, nachdem die beiden das Thermoelement bildenden Stahlproben oberhalb 700° auf den gleichen, nämlich den perlitischen Zustand gebracht sind, die thermoelektrische Spannung zwischen ihnen auf Null gesunken sein müßte. Bevor dieser Widerspruch nicht durch neuere Versuche aufgeklärt ist, möchte ich aus Bellocs Versuchen vorläufig keine Schlüsse ziehen.

30. Magnetismus. Interessante Aufschlüsse über die metastabile Zwischenstufe Osmondit liefert das Studium der magnetischen Eigenschaften. Von McCance (L. 69) wurde die Stärke der Magnetisierung $\mathfrak{J}'$ von abgeschreckten Eisenkohlenstoff-Legierungen bestimmt (II A, 384). Der Kohlenstoffgehalt lag zwischen 0,07 und 1,3%. Die Stäbe hatten eine Länge von 76 mm bei 6,35 mm Durchmesser. Sie wurden bei 850° C in Wasser abgeschreckt und darauf bei den verschiedenen in Abb. 39 als Abszisse eingetragenen Temperaturen t angelassen. Die Anlaßdauer z in Stunden ist in der Abbildung oben vermerkt. Das verwendete magnetische Feld war $\mathfrak{H} = 17$ CGS. Die Linie für den eutektischen Stahl würde zwischen die beiden Linien für $C = 0{,}87$ und 1,3% fallen. Wegen der Kürze der Stäbe ist die Entmagnetisierung durch das eigene Feld, also der Entmagnetisierungsfaktor N beträchtlich (II A, 385). In der Abbildung sind aber die Werte von $\mathfrak{J}'$ ohne Berichtigung für die Entmagnetisierung angegeben, da es sich hier ja nur um Vergleichswerte handelt.

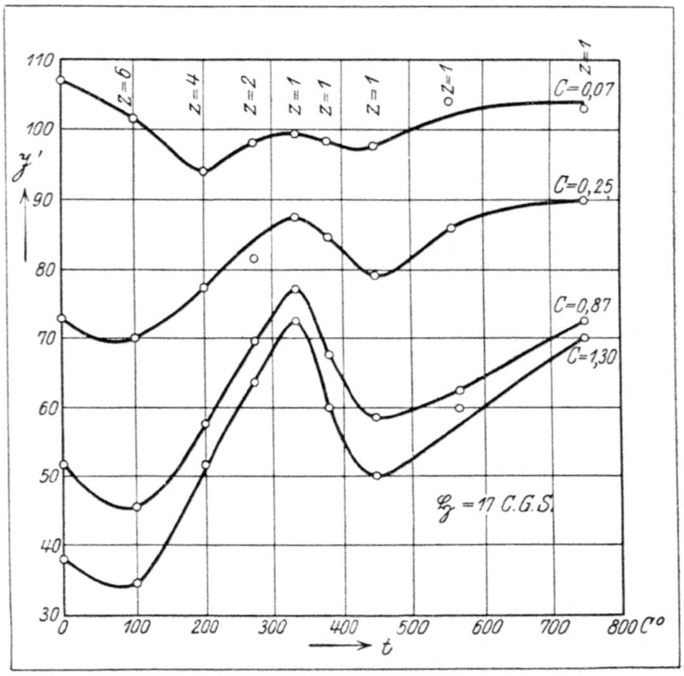

Abb. 39. Stärke der Magnetisierung von Eisen-Kohlenstoff-Legierungen nach dem Abschrecken und Anlassen. (Nach McCance.)

Die Linien der Abb. 39 zeigen sämtlich in ihrem Verlauf eine Störung zwischen 100 und 450° C mit einem ausgeprägten Gipfel bei 350° C. Der Gipfel wird mit abnehmendem Kohlenstoffgehalt schwächer. Er entspricht wiederum dem Osmondit, der somit gekennzeichnet ist durch den Höchstwert der magnetischen Durchlässigkeit. Bei den kohlenstoffreichen Legierungen liegt dieser Höchstwert der magnetischen Durchlässigkeit sogar noch über der des bei 750° geglühten Materials. Beim Übergang vom Martensit zum Osmondit steigt somit zunächst die magnetische Durchlässigkeit, um dann bis zur Anlaßtemperatur 450° C abzunehmen, von wo an wieder allmählicher Anstieg stattfindet.

Die Linien für $\mathfrak{J}'$ in Abb. 39 zeigen ausgeprägte Ähnlichkeit mit den Linien der Löslichkeit in Abb. 26 und 27. Der Höchstwert der Löslichkeit fällt mit dem Höchstwert der magnetischen Durchlässigkeit zusammen, wobei zu berücksichtigen ist, daß in Abb. 26 Beobachtungswerte für Anlaßtemperaturen zwischen 300 und 400° C nicht vorliegen, so daß möglicherweise der Gipfel der Linien zwischen diese beiden Temperaturen fällt. Dem

Mindestwert der Löslichkeit bei 100° C in Abb. 26 entspricht in Abb. 39 auch der Mindestwert für die magnetische Durchlässigkeit.

Vielleicht hängt der Mindestwert der Löslichkeit bei 100° C Anlaßtemperatur damit zusammen, daß ein Teil der im abgeschreckten Stahl durch das Abschrecken erzeugten inneren Spannungen durch die schwache Erwärmung auf 100° bereits beseitigt wird. Es ist anzunehmen, daß beim Abschrecken des Stahles infolge der außerordentlich großen Spannungen teilweise bleibende Formveränderung erzeugt wird, daß also der abgeschreckte Stahl sich in einem kaltgereckten Zustand befindet. Aus den Versuchen über die Löslichkeit kaltgereckten Eisens (II A, 309—310) geht hervor, daß bereits schwaches Erwärmen z. B. auf 100° die große Löslichkeit des kaltgereckten Materials etwas vermindert. Ob jedoch die teilweise Verminderung der Spannungen bis zu 100° C Anlaßtemperatur Verminderung der magnetischen Durchlässigkeit herbeiführen kann, ist nicht ohne weiteres einzusehen, auch liegen hierüber keine Beobachtungen vor. Es wäre jedenfalls eine dankenswerte Aufgabe, diese Frage weiter zu verfolgen.

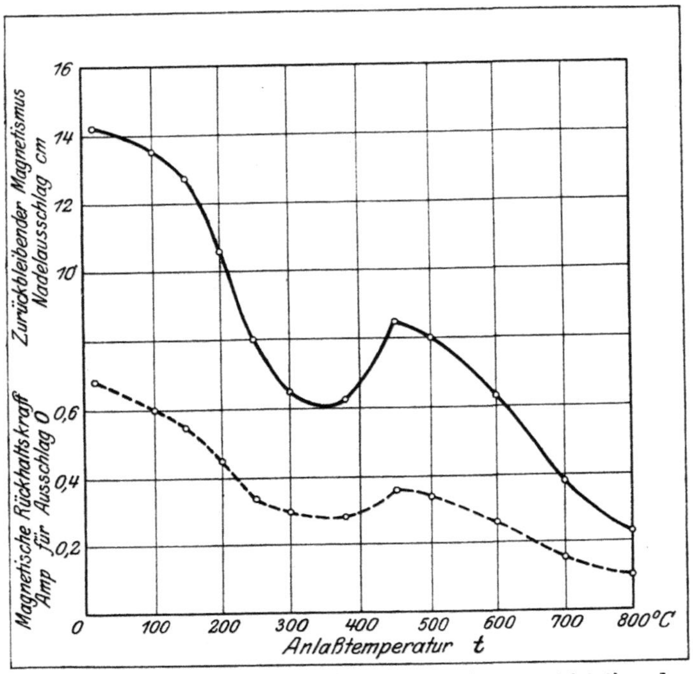

Abb. 40. Einfluß des Anlassens auf zurückbleibenden Magnetismus und Rückhaltskraft (nach **Maurer**; Stahl mit 0,83% C, abgeschreckt bei 800° C).

Weiteren Aufschluß liefern die von **Maurer** (L. 24) gefundenen Kurven über den zurückbleibenden Magnetismus $\mathfrak{B}_r$ und die magnetische Rückhaltskraft G_c (II A, 386) eines in Wasser bei 800° abgeschreckten Stahles mit 0,83% Kohlenstoff nach dem Anlassen bei den verschiedenen in Abb. 40 als Abszissen eingezeichneten Temperaturen t. $\mathfrak{B}_r$ und G_c sind im glasharten martensitischen Zustand am größten, im naturharten perlitischen Zustand (Anlaßhitze 800° C) am kleinsten. Die Linien, die den Übergang zwischen beiden Zuständen darstellen, erleiden wiederum zwischen 100 und 450° C Anlaßtemperatur eine Störung. Innerhalb des Störungsbereiches zeigen die Linien eine Ausbuchtung nach unten mit Mindestwerten bei der dem Osmondit entsprechenden Anlaßtemperatur 350° C

31. Spezifisches Gewicht. Die Veränderungen des spezifischen Gewichtes, des Volumens und der Längenabmessungen geben wenig zuverlässige Aufschlüsse über die sich während des Anlassens innerhalb des abgeschreckten Materials abspielenden Vorgänge, da alle diese Größen durch Nebenerscheinungen (Wärmespannungen, Kaltreckwirkungen, s. II A, 324—338, 299) beeinflußt werden, und solche Nebenerscheinungen beim Abschrecken des Stahles unvermeidlich sind. **Maurer** (L. 24) ermittelte das spezifische Gewicht eines Stahles mit 0,83% Kohlenstoff nach dem Abschrecken in Wasser und Anlassen bei den verschiedenen in Abb. 41 als Abszissen eingezeichneten Anlaßtemperaturen t. Es steigt zunächst mit t, d. h. der Stahl erleidet Volumverminderung; bei einer Anlaßtemperatur von etwa 450° erreicht er sein kleinstes Volum und beginnt infolge Anlassens bei weiter gesteigerter Temperatur sich wieder auszudehnen. Der Höchstwert des spezifischen Gewichts, also der Mindestwert des Volums, würde sonach etwas oberhalb der dem Osmondit zukommenden Anlaßtemperatur liegen. Der Übergang vom Martensit zum Osmondit und noch etwas darüber hinaus würde infolgedessen unter Volumverminderung, der weitere Übergang zum Perlit unter Volumvermehrung geschehen.

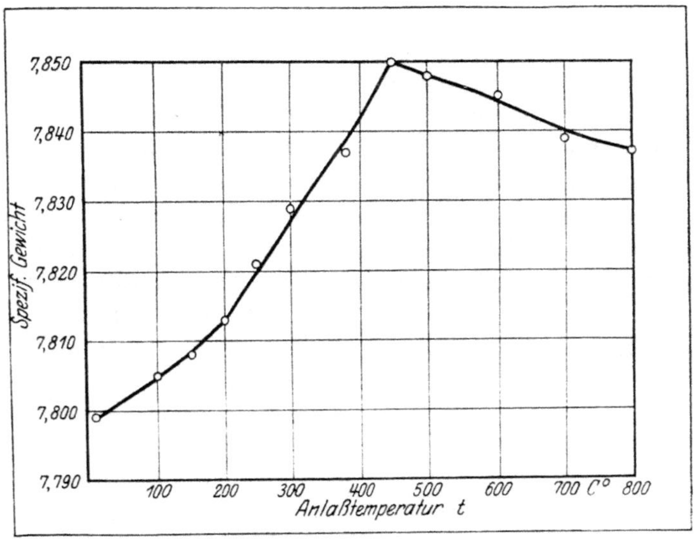

Abb. 41. Änderung des spezifischen Gewichtes von abgeschrecktem Stahl mit 0,83% C infolge Anlassens. (Nach Maurer.)

Etwas abweichend hiervon ist der Verlauf der Wärmedehnungslinien nach Charpy und Grenet (L. 18), die in Abb. 42 wiedergegeben sind. Als Abszissen wurden die Temperaturen gezeichnet, bei denen die als Ordinate benutzte Wärmedehnung $\frac{\Delta l}{l}$ bezogen auf die Längeneinheit beobachtet wurde. Eine kleine Probe eines Stahles mit 0,93% Kohlenstoff wurde bei 925° C in Wasser abgeschreckt und darauf der Hitze unterworfen. Sie ergab die Wärmedehnungslinie *abcd;* eine andere nicht abgeschreckte Probe desselben Stahles lieferte bei der Erwärmung die Dehnungslinie *efd*. Die Länge des abgeschreckten Stahles ist bei gewöhnlicher Temperatur größer als die des nicht abgeschreckten; der Unterschied in der Länge bleibt bis etwa 300° C (Punkt b) bestehen. Alsdann tritt über Strecke bc rasche Zusammenziehung des abgeschreckten Stahles ein, so daß seine Länge der des nicht abgeschreckten sehr nahe kommt. Von da ab bestehen nur noch geringe Unterschiede zwischen den beiden Linien *abcd* und *efd*, die bei 450° C ganz verschwinden. Hiernach würde also der Punkt c, bei dem die Verkürzung der Probe im wesentlichen beendet ist, dem osmonditischen Zustand entsprechen.

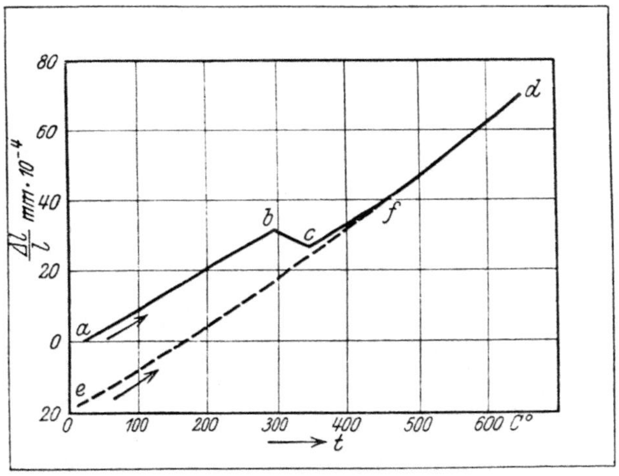

Abb. 42. Verlauf der Wärmedehnung bei abgeschrecktem und nicht abgeschrecktem Stahl mit 0,93% C. (Nach Charpy und Grenet.)
Linie *abcd*: Probe bei 925° C abgeschreckt
„ *efd*: Probe nicht abgeschreckt.

32. Färbevermögen gegenüber Salpetersäure. Löst man kohlenstoffhaltige Eisensorten in kalter Salpetersäure und behandelt die Lösung darauf in der Wärme, so lösen sich die zuerst entstehenden Flocken oder dunklen Ausscheidungen von kohlenstoffhaltigen Stoffen auf und erteilen der Lösung eine gelbliche bis braune Färbung. Die Stärke dieser Färbung steht unter sonst gleichen Umständen in einem gewissen Zusammenhange mit der Menge des Kohlenstoffs in der Legierung und ist von Eggertz auch zur Bestimmung des Kohlenstoffgehaltes verwendet worden. Er benutzte einen Stahl mit bekanntem Kohlenstoffgehalt (Normalstahl) und behandelte ihn in gleicher Weise mit Salpetersäure wie den Stahl, dessen Kohlenstoffgehalt festzustellen war. Die erhaltenen Lösungen der beiden Stähle wurden in Meßröhrchen von gleichem Querschnitt so lange mit Wasser verdünnt, bis ihre Gelbfärbung gleich stark geworden war. Derjenige Stahl, der hierzu die größte Wassermenge erforderte, war derjenige, welcher die stärkste Färbung hervorrief, also den größten Kohlenstoffgehalt besaß. Die Kohlenstoffgehalte des zu untersuchenden und des Normalstahls verhalten sich sonach wie die Höhen der Flüssigkeitssäulen in den Meßröhrchen. Das Verfahren kann gute Dienste bei der Kohlenstoffbestimmung leisten, wenn der zu untersuchende Stahl und der Normalstahl sich im gleichen Zustand der Behandlung befinden. So darf z. B. nicht etwa ein glasharter mit einem geglühten Stahl als Normalstahl verglichen werden, sondern nur ein geglühter mit einem ebenfalls geglühten. Sobald man dies nicht beachtet, begeht man schwerwiegende Fehler.

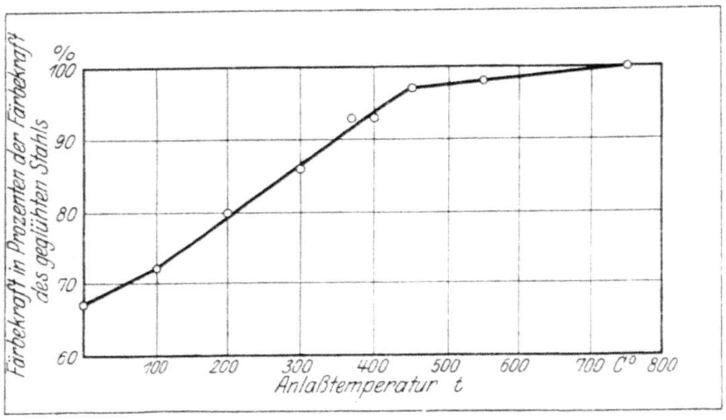

Abb. 43.

Maurer (L. 24) benutzte nun einen Stahl mit 1 $^0/_0$ Kohlenstoff (und außerdem 0,17 $^0/_0$ Si, 0,12 $^0/_0$ Mn, 0,009 $^0/_0$ S und 0,02 $^0/_0$ P), schreckte ihn bei 800 bis 900^0 in Wasser ab und ließ ihn bei verschiedenen Wärmegraden t zwischen 0 und 750^0 an. Als Normalstahl benutzte er stets denselben Stahl nach dem Ausglühen, also im perlitischen Zustande. Er erhielt so die Färbekraft in den einzelnen Anlaßzuständen in Prozenten der Färbekraft des geglühten Stahls. Sie ist auf Grund der Zahlen Maurers in Abb. 43 als Ordinate eingezeichnet, während die Anlaßtemperaturen als Abszissen verwendet sind. Man bemerkt zunächst wieder eine Unstetigkeit in der Schaulinie bei 450^0, die allerdings Maurer selbst entgangen ist. Maurer benutzte sogar seine Ergebnisse, um die Versuche von E. Heyn und O. Bauer (L. 21 und 22), wonach das eigentliche Karbid sich erst bei Anlaßhitzen von 400^0 ab bildet, zu widerlegen. Dies ist ihm allerdings nicht gelungen, denn das Eggertzsche Verfahren ist überhaupt nicht geeignet, nachzuweisen, ob Karbid vorhanden ist oder nicht. Das zeigt ja Maurers Kurve selbst; der abgeschreckte und nicht angelassene, also martensitische Stahl, der nach Übereinstimmung aller überhaupt kein frei ausgeschiedenes Karbid enthält, besitzt bei der Eggertz-Probe bereits eine Färbekraft von 67 $^0/_0$ derjenigen des perlitischen karbidhaltigen Stahls. Wie man mit Hilfe eines solchen Verfahrens feststellen will, von welcher Anlaßtemperatur ab Karbid auftritt, ist nicht einzusehen.

33. Zusammenfassung. Aus dem oben Gesagten geht hervor, daß der Übergang von Martensit zum Perlit über eine metastabile Zwischenstufe vor sich geht, die mit Osmondit bezeichnet wurde. Während des Übergangs vom Martensit zum Osmondit, also in den Troostiten, scheidet sich wahrscheinlich ein Stoff x aus und zwar unter Wärmeabgabe. Über die Natur des Stoffes x wissen wir nichts; es ist vermutlich ein kohlenstoffhaltiger Körper. In dem Maße wie die Ausscheidung von x fortschreitet, vermehrt sich die Menge von C_f im Lösungsrückstand. Damit im Zusammenhang steht die Vermehrung der Dunkelfärbung der Schliffe nach Ätzung mit Salzsäure-Alkohol und ferner auch die Vermehrung der Löslichkeit in verdünnter 1prozentiger Schwefelsäure. Der elektrische Leitwiderstand nimmt mit fortschreitender Ausscheidung von x ab und erreicht im Osmondit einen niedrigen Wert, der demjenigen des Perlits nahesteht, ihn aber noch nicht erreicht. Das spezifische Gewicht nimmt zu und gelangt in der Nähe des Osmondits zu einem Höchstwert. Die magnetische Durchlässigkeit steigt bis zum Osmondit an, während gleichzeitig magnetische Rückhaltskraft und zurückbleibender Magnetismus abnehmen.

Der Osmondit selbst zeichnet sich aus 1. durch den höchsten Grad der Löslichkeit in verdünnter Schwefelsäure, 2. durch den Höchstgehalt an dem ausgeschiedenen Stoff x und infolgedessen durch den größten Betrag von C_f nach dem Lösen unter Luftabschluß in verdünnter Säure. Damit zusammenhängend wird er durch Salzsäure-Alkohol am dunkelsten gefärbt; 3. durch den Höchstwert der magnetischen Durchlässigkeit, 4. durch den Mindestwert von zurückbleibendem Magnetismus und Rückhaltskraft.

Beim Übergang vom Osmondit zum Perlit, also in den Sorbiten findet weitere Ausscheidung des Stoffes x voraussichtlich nicht statt, wenigstens wird sie durch die Wärmetönung nicht angezeigt. Vom Osmondit ab beginnt in den Rückständen von der Lösung in verdünnten Säuren unter Luftabschluß eigentliches Karbid, also C_c aufzutreten. Seine Menge wächst rasch; gleichzeitig verringert sich die Menge des C_f. Die Kohlenstofform C_h ist bereits bei 600^0 ganz verschwunden. Die Dunkelfärbung der mit Salzsäure-Alkohol geätzten Schliffe nimmt ab, ebenso die Löslichkeit in 1prozentiger Schwefelsäure. Der elektrische Leitwiderstand nimmt noch stetig um einen gewissen, allerdings sehr geringen Betrag bis zum Perlit ab und erreicht im Perlit seinen Mindestwert. Das spezifische Gewicht nimmt wieder ab. Zurückbleibender Magnetismus und Rückhaltskraft steigen zunächst rasch an, um dann wieder zu fallen, und erreichen ihren Mindestwert beim Perlit.

Die magnetische Durchlässigkeit nimmt anfangs rasch ab, später allmählich wieder zu.

Nach **Hanemann** und **Jung** (L. 71 und 72) hat der Osmondit bei eutektischen und übereutektischen Eisenkohlenstoff-Legierungen die höchste Bruchgrenze σ_B. Die letztere wächst vom Martensit bis zum Osmondit, um dann wieder rasch abzufallen. Ich möchte diese Feststellung nicht mit zum Beweise dafür heranziehen, daß beim Übergang vom Martensit zum Perlit eine scharf ausgeprägte metastabile Zwischenstufe, der Osmondit, durchlaufen wird, und zwar aus folgenden Gründen: Der Zugversuch mit glasharten oder bei niedrigen Temperaturen angelassenen Stählen bietet außerordentliche Schwierigkeiten bei der sachgemäßen Einspannung in der Maschine. Die Ergebnisse werden leicht dadurch in ganz gröblicher Weise getrübt, daß die abgeschreckten Stahlproben, in diesem Falle Drähte von 5 mm Durchmesser, sich beim Abschrecken werfen und die nicht ganz geraden Zugstäbe beim Zugversuch Biegespannungen erhalten, die angesichts der Sprödigkeit des Materials bei ganz niederen Belastungen zum Bruch führen können. Außerdem können auch noch Trübungen der Ergebnisse durch Härterisse zustande kommen. In den Quellen ist nicht angegeben, wie die angegebenen Fehlerquellen vermieden worden sind.

34. Einfluß der Anlaßdauer auf die Anlaßwirkung. Unsere Überlegung in 20 führte dazu, daß jeder Anlaßtemperatur t eine bestimmte Kolbenentfernung l_t, also auch ein bestimmter Anlaßzustand entspricht, der bedingt wird durch die Größe der Federspannung fl, den äußeren Atmosphärendruck F und durch die bei der Anlaßtemperatur zwischen Kolben und Zylinderwand herrschende Reibung r_t. Sobald z. B. das im martensitischen Zustand III befindliche Material auf die Anlaßtemperatur t erwärmt wird, sinkt die Reibung von dem hohen Betrag r_0, der ihr bei gewöhnlicher Temperatur zukam, auf den Betrag r_t, der der Anlaßtemperatur entspricht. Die Kolben müssen sich deswegen unter der Wirkung der Kräfte fl und F einander nähern, anfangs mit großer Geschwindigkeit, da der Überschuß der Kraft $fl + F$ über die Reibung r_t groß ist, später immer langsamer, je geringer infolge der Annäherung der Kolben dieser Überschuß wird. Schließlich wird bei einer Entfernung l_t der Kolben der Endzustand erreicht, der gegeben ist durch die Gleichung

$$l_t f + F = r_t .$$

Die Änderung der Kolbenentfernung l in Abhängigkeit von der Zeit z wird dargestellt durch Linien wie in Abb. 44. Hier sind die Zeiten z als Abszissen, die zugehörigen Kolbenentfernungen l als Ordinaten abgetragen. Die einzelnen Linien entsprechen den verschiedenen ihnen beigeschriebenen An-

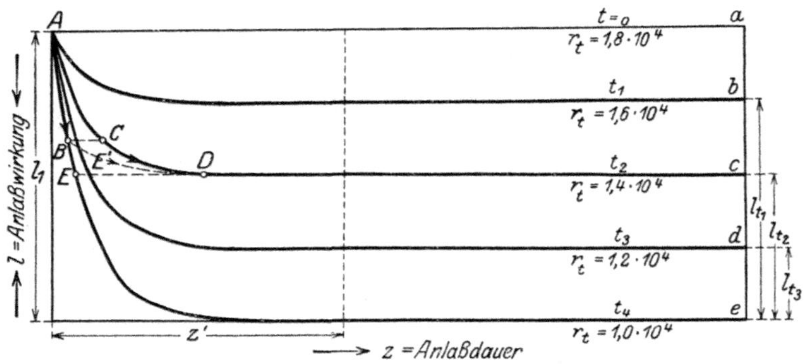

Abb. 44. Einfluß von Anlaßtemperatur und Anlaßdauer auf die Anlaßwirkung.

laßtemperaturen $t = 0, t_1, t_2, t_3$ usw. Die diesen Anlaßtemperaturen zugehörigen Endzustände sind durch die Endordinaten $l_1, l_{t1}, l_{t2}, l_{t3}$ usw. gekennzeichnet. Die anfängliche Kolbenentfernung l_1 entspricht dem martensitischen Zustande III. Je mehr sich die Linien der Abszissenachse näheren, je kleiner also l wird, um so weiter ist die Anlaßwirkung vorgeschritten. Wenn die Ordinate null geworden ist, ist der perlitische Zustand I, also stabiles Gleichgewicht erreicht. Das metastabile Gleichgewicht ist um so weiter vom stabilen entfernt, je größer die Ordinate l ist.

Die Gleichungen der Linien in Abb. 44 ergeben sich durch Integration der Differentialgleichung

$$l f + F - r_t = m \frac{d^2 l}{d z^2} \quad . \quad . \quad . \quad . \quad . \quad . \quad . \quad . \quad . \quad . \quad (5)$$

in der links die antreibende Kraft, rechts das Produkt aus Masse m der Kolben und ihrer Beschleunigung steht. Durch einmalige Differentiation erhält man die in der Einheit der Zeit erzielte Anlaßwirkung (Anlaßgeschwindigkeit):

$$\frac{dl}{dz} = -\sqrt{\frac{f}{m}} \cdot \frac{lf + F - r_t}{f} \quad . \quad . \quad . \quad . \quad . \quad . \quad . \quad . \quad . \quad . \quad (6)$$

Durch nochmalige Integration erhält man schließlich die Gleichungen der Linien Aa, Ab, Ac, Ad usw. in Abb. 44 wie folgt:

$$l = \left(l_1 - \frac{r_t - F}{f}\right) e^{-z\sqrt{\frac{f}{m}}} + \frac{r_t - F}{f} \quad \text{. . . . . (7)}$$

Der Grenzwert l_t für jede Anlaßtemperatur nach der Zeit $z = \infty$ ergibt sich aus Gleichung (7) zu

$$l_t = \frac{r_t - F}{f} \quad \text{. . . . . (8)}$$

(vgl. Gleichung 4), Absatz 20). Wenn auch streng genommen die Werte l_t erst nach unendlich langer Zeit erreicht werden, so nehmen doch die Kolbenentfernungen l schon nach verhältnismäßig kurzer Zeit z' Werte an, die den Grenzwerten l_t sehr nahe kommen.

Übertragen wir die Überlegung auf die metastabilen Zustände III (martensitisch) und III_t (Anlaßzustände), so tritt an die Stelle der Kräfte $F + fl$ die Kraft P, mit der sich die betreffenden Anlaßzustände dem stabilen perlitischen Zustand I zu nähern bestrebt sind. Die Kraft P ist eine Funktion des Abstandes l der Eisenteilchen, die durch das noch in fester Lösung befindliche, zwischen das Eisen eingelagerte Karbid auseinandergetrieben sind. Diese Kraft P wächst mit dem Abstand l und wird gleich null, wenn l den Wert l_0 erreicht, d. h. wenn zwischen den Eisenteilchen kein Karbid in fester Lösung mehr eingelagert, das Karbid also aus der Lösung ausgeschieden ist. (Infolge dieser Betrachtungsweise kann unsere Kolbenvorrichtung nur solche Vorgänge erläutern, die mit der Ausscheidung des Karbides aus dem Martensit während des Anlassens zusammenhängen, dagegen nicht die Vorgänge, die durch etwaige Änderungen innerhalb des Eisens oder des Karbides selbst bedingt werden; sie gibt uns deshalb auch keinen unmittelbaren Aufschluß über die metastabile Zwischenstufe Osmondit.)

Wir sind weder über die Beziehung unterrichtet, die zwischen der Kraft P und dem Abstand l der Eisenteilchen herrscht, noch über die Größe der Reibung r_t, welche sich bei einer bestimmten Temperatur t der Trennung der Eisen- und Karbidteilchen voneinander entgegensetzt.

a) Wäre r_t für jede Anlaßtempertur eine bestimmte, von der Anlaßdauer z unabhängige Größe, so würden die Verhältnisse ähnlich liegen, wie bei der zur Erläuterung herangezogenen Kolbenvorrichtung.

Im martensitischen Zustande III ist die Kraft P mit der Reibung r_0 bei Zimmerwärme im metastabilen Gleichgewicht. Wird nun durch Steigerung der Temperatur (Anlassen) die Reibung von r_0 auf den kleineren, der Anlaßtemperatur t entsprechenden Wert r_t heruntergedrückt, so wird der Überschuß $P - r_t$ eine rasche Verminderung von l wie in Abb. 44 bewirken, wobei sich P ebenfalls vermindert. Dadurch wird mit fortschreitender Anlaßdauer der Unterschied $P - r_t$, und sonach auch die Anlaßgeschwindigkeit $\frac{dl}{dz}$ immer kleiner, bis schließlich l den Grenzwert l_t erreicht, bei dem $P = r_t$ geworden ist, das System also infolge der Reibung wieder abgebremst stehen bleibt. Der Wert von l_t verändert sich von da ab nicht mehr, auch wenn z unendlich wird. Die Linien z, l, die die Abhängigkeit der Anlaßwirkung von der Anlaßdauer darstellen, müssen also ähnlich wie die Linien in Abb. 44 laufen, d. h. für jede Anlaßtemperatur einem Grenzwerte l_t zustreben. Die Annäherung an den Grenzwert l_t kann wie bei den Exponentiallinien in Abb. 44

nach verhältnismäßig kurzer Zeit z' bis auf sehr kleine Beträge erfolgen, sie kann aber auch asymptotisch vor sich gehen, so daß sich die Linien in Abb. 44 ähnlich wie die Hyperbeln den Wagerechten durch b, c, d, e usw. nähern. Das hängt von der Art der Beziehung ab, die zwischen P und l besteht, und die uns nicht bekannt ist. Auf keinen Fall aber können die Linien sich dem Grenzwert $l_t = l_0 = 0$ nähern, solange nicht die Reibung r_t für eine bestimmte Anlaßtemperatur null geworden ist. In diesem besonderen Falle wird als Grenzzustand der perlitische I erreicht, in allen anderen Fällen aber ein durch die Größe l_t gekennzeichneter Anlaßzustand, der um so weiter vom Zustand I entfernt ist, je größer die Reibung r_t, je niedriger also die Anlaßtemperatur ist.

Wegen fehlender Kenntnis über die Beziehung zwischen P und l, ferner über die Reibungen r_t haben wir keinen Anhalt für die Größenordnung der Zeit z' (Abb. 44), nach der die Annäherung des Anlaßzustandes an den der Anlaßtemperatur entsprechenden Grenzzustand so weit vorgeschritten ist, daß wir den Einfluß weiter fortgesetzten Anlassens bei der gleichen Temperatur vernachlässigen können. Wir werden weiter unten sehen, welche Aufschlüsse der Versuch hierüber gewährt.

b) Ist die Reibung r_t für jede Temperatur t von der Zeitdauer z abhängig, so daß sie sich mit wachsendem z schließlich dem Werte 0 nähert, so würde für jede Anlaßtemperatur der Grenzzustand l_t übereinstimmen mit dem perlitischen Zustand I, für den $l_t = l_0$ wird, die Kolben also ihre kleinste Entfernung voneinander angenommen haben. Das würde heißen, der Grenzanlaßzustand ist für jede Anlaßtemperatur der perlitische Zustand. Bei höheren Anlaßtemperaturen t würde sich der Anlaßzustand diesem Grenzzustand schneller nähern, als bei niederen Anlaßtemperaturen. Der Verlauf der Linien, die die Anlaßwirkung in Abhängigkeit von der Anlaßdauer z darstellen, würde dann von der Abb. 44 insofern abweichen, als für $z = \infty$ die Punkte $a\,b\,c\,d$ mit dem Punkt e zusammenfallen, der den perlitischen Zustand darstellt. Für endliche Zeitdauer, etwa für $z = z'$ würde dagegen an dem Verlauf der Linien keine wesentliche Änderung gegenüber Abb. 44 wahrnehmbar sein.

Messungen über den Einfluß der Anlaßdauer auf die Anlaßwirkung sind von Barus und Strouhal (L. 23 und 75) ausgeführt worden. Sie benutzten als Maßstab für die Anlaßwirkung l die Größe des spezifischen Leitwiderstandes ω_0 (bezogen auf 0^0 C) eines bei verschiedenen Temperaturen t angelassenen Stahldrahtes. Abb. 45 b gibt auf Grund der von den genannten Forschern veröffentlichten Zahlen die Beziehungen zwischen Anlaßdauer z (Abszisse) und spezifischem Leitwiderstand ω_0 (Ordinate). Die Anlaßtemperaturen sind den einzelnen Linien beigeschrieben. Der spezifische Leitwiderstand des glasharten Stahles schwankte zwischen $37{,}7 \cdot 10^{-6}$ und $40{,}8 \cdot 10^{-6}$ Ω/cm^3. Der spezifische Leitwiderstand des bei 1000^0 C geglühten, also im perlitischen Zustand befindlichen Stahles lag bei $15 \cdot 10^{-6}$ Ω/cm^3.

Abb. 45 a zeigt die Anlaßwirkung bei gewöhnlicher Zimmerwärme bei sehr langer Einwirkungsdauer z, die sich bis auf 24 Jahre erstreckte (Brant, L. 76). Hierbei sind wieder die spezifischen Leitwiderstände ω_0 als Ordinaten, die Anlaßdauern z in Jahren als Abszissen verwendet. Bei den Stahldrähten, auf die sich die Abbildung bezieht, lag ω_0 für den glasharten Zustand bei $44{,}8 \cdot 10^{-6}$ und $45{,}0 \cdot 10^{-6}$ Ω/cm^3 für die Drähte mit 0,44 und 0,81 mm Durchmesser, bei $41{,}9 \cdot 10^{-6}$ für den Draht mit 1,26 mm Durchmesser.

Nach 24 Jahren war ω_0 auf $36{,}0 \cdot 10^{-6}$, $36{,}1 \cdot 10^{-6}$ und $32{,}9 \cdot 10^{-6}$ Ω/cm^3 gefallen, entsprechend einer Abnahme um rund $20\,^0/_0$.

Die Linien in Abb. 45 haben entschieden Ähnlichkeit mit denen in Abb. 44, zu denen die Überlegung an Hand der Kolbenvorrichtung führte. Die Zeitdauer z', nach der man die Anlaßgeschwindigkeit $\left(\text{in diesem Falle } \frac{d\,\omega_0}{d\,z}\right)$ als nahezu unendlich klein auffassen kann, scheint bei niedrigen Anlaßtemperaturen sehr groß zu sein. Sie ist, wenn die Anlaßtemperatur gleich der Zimmerwärme (Abb. 45a), noch nicht einmal nach 24 Jahren erreicht. Dagegen scheint z' für höhere Anlaßtemperaturen (z. B. $t = 330^0$ C) wesentlich kürzer zu sein.

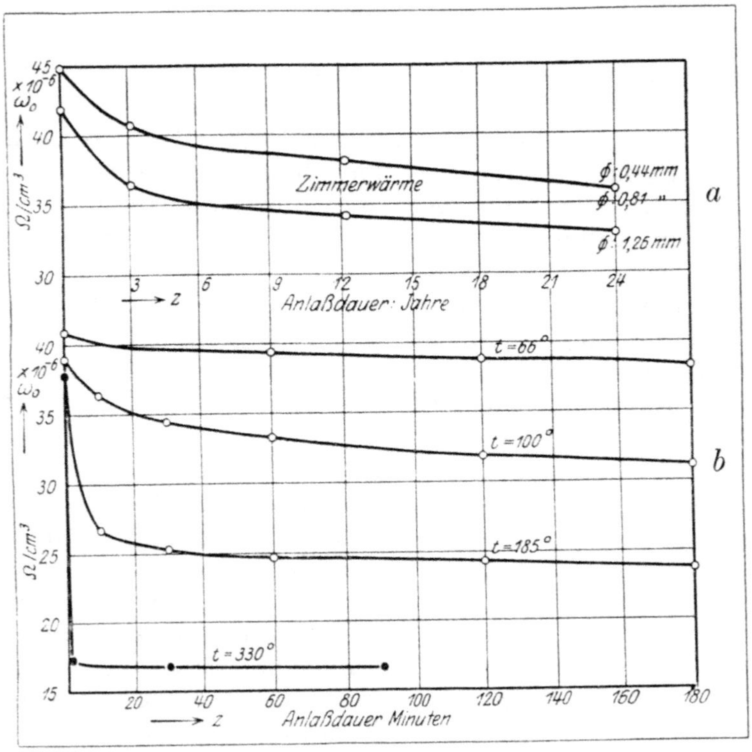

Abb. 45. Einfluß der Anlaßdauer und Anlaßtemperatur auf den spezifischen Leitwiderstand gehärteter Stahldrähte (nach Barus und Brant).

Barus (L. 75) hat versucht, aus dem Verlauf der einzelnen Linien in Abb. 45 empirisch zu einer Beziehung zwischen ω_0 (Anlaßwirkung) und Anlaßdauer z zu gelangen. Er gibt für die Linien in Abb. 45b an:

$$\Lambda = \Lambda^{I} - (\Lambda^{I} - \Lambda^{III})\, e^{-a\, z^{30/t}}.$$

Hierin bedeutet Λ die spezifische Leitfähigkeit $\left(= \frac{1}{\omega_0}\right)$ bezogen auf 0^0 C nach Anlassen bei der Temperatur t während der Dauer von z Minuten, Λ^{I} die spezifische Leitfähigkeit nach dem Ausglühen bei 1000^0 C, also im perlitischen Zustande I, Λ^{III} die spezifische Leitfähigkeit im glasharten, also martensitischen Zustande III. Die Einheit für die Leitfähigkeit sind reziproke $10^{-6}\ \Omega/cm^3$ (IIA, 401). a ist eine von der Anlaßtemperatur abhängige Zahl, die sich aus folgender Übersicht ergibt:

$t =$	66	100	185	330^0 C
$10^5 \cdot a/2{,}3 =$	123	153	996	577

Für die Anlaßlinien in Abb. 45a gibt Barus die empirische Gleichung

$$\Lambda = \Lambda^{I} - (\Lambda^{I} - \Lambda^{III})\, e^{-a\sqrt{z}},$$

wobei die Zahl a für die verschieden dicken Drähte gesetzt wird:

Durchmesser $=$	0,44	0,81	1,26 mm
$a/2{,}3 =$	0,0115	0,0116	0,0175.

Die oben angeführten Gleichungen stimmen mit den Versuchswerten nicht besonders gut überein. Nach ihnen würde für $z = \infty$ $\Lambda = \Lambda^I$ werden. d. h. nach unendlich langer Zeit würde bei jeder Anlaßtemperatur schließlich die spezifische Leitfähigkeit erreicht, die dem bei 1000^0 C geglühten Draht, also dem perlitischen Zustand I zukommt. Das würde bedeuten, daß der oben genannte Fall b) vorliegt, daß sich also die Reibung r_t für jede Anlaßtemperatur schließlich dem Nullwert nähert.

Man darf dies keineswegs als einen Beweis dafür auffassen, daß der Fall b) tatsächlich beim Anlassen des martensitischen Stahles vorliegt; denn die in Abb. 45 wiedergegebenen Versuchswerte lassen sich auch durch andere Gleichungen umfassen, denen die Voraussetzung des Falles b) nicht zugrunde liegt. Es ist überhaupt gewagt, aus der geringen Anzahl von Punkten, die den Linien in Abb. 45 zugrunde liegen, auf die Verhältnisse zu extrapolieren, die bei sehr großen Anlaßdauern z vorkommen können, die also dem Grenzwert der Anlaßwirkung entsprechen.

Ich für meine Person halte es nicht für wahrscheinlich, daß entsprechend dem Falle b) die Reibung r_t für alle Anlaßtemperaturen dem Grenzwert 0 zustrebt, und daß für jede Anlaßtemperatur bei genügend langer Zeitdauer z der perlitische Zustand erreicht wird. Ich halte den Fall a) für wahrscheinlicher.

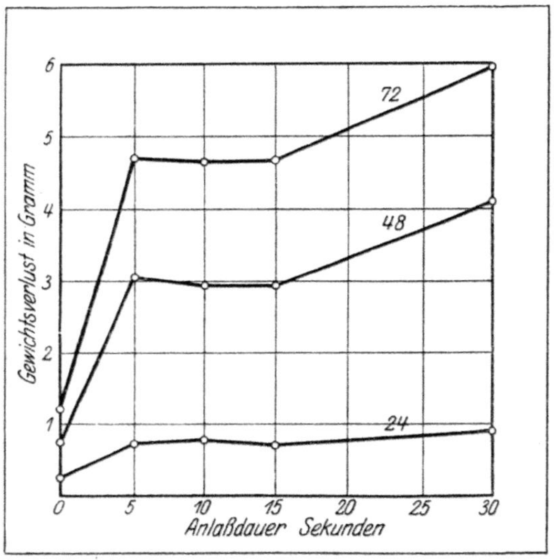

Abb. 46. Einfluß der Anlaßdauer auf die Schwefelsäure-Löslichkeit von abgeschrecktem und angelassenem Werkzeugstahl mit 0,95 % C (1 %ige Schwefelsäure).

Es ist auch noch zu berücksichtigen, daß selbst wenn die obigen, von Barus aufgestellten Gleichungen die wirklichen Verhältnisse richtig wiedergeben würden, der Grenzzustand, dem der martensitische Stahl bei allen Anlaßtemperaturen zustrebt, noch immer nicht der perlitische Zustand I zu sein braucht. Ein Blick auf die Abb. 35 und 36 lehrt uns, daß der spezifische Leitwiderstand sich während des Überganges vom Osmondit zum Perlit nur sehr wenig ändert. Er kann somit nur als Maß für die Anlaßwirkung während des Überganges vom Martensit zum Osmondit, nicht aber für den Übergang vom Osmondit zum Perlit verwendet werden. Die Grenzzustände für die verschiedenen Anlaßtemperaturen und für $z = \infty$ könnten also trotzdem verschieden sein und zwischen dem osmonditischen und dem perlitischen Zustand liegen.

Über den Übergang von Osmondit zum Perlit sind von E. Heyn und O. Bauer (L. 21, 22) Versuche ausgeführt. Hierbei wurde als Maßstab die Löslichkeit in 1prozentiger Schwefelsäure benutzt (23). Verwendet wurden Scheiben von einem geschmiedeten Werkzeugstahl mit 0,95 % Kohlenstoff. Die Scheiben hatten die Abmessungen $25 \times 25 \times 6$ mm. Sie wurden unter gleichbleibenden Umständen auf 900^0 erhitzt und in Wasser abgeschreckt. Alsdann wurden sie in einem Bade von flüssigem Blei bei 465^0 verschieden lange angelassen. Die Anlaßdauern in Sekunden sind in Abb. 46 als Abszissen verwendet; die nach Abkühlung auf Zimmerwärme ermittelte Gewichtsabnahme in verdünnter Schwefelsäure nach 24, 48 und 72 Stunden Einwirkung ist mit der Einheit Gramm als Ordinate eingezeichnet. Die Kurven für die Gewichtsabnahmen zeigen ganz ähnlichen Verlauf, wie die Kurven für den elektrischen Leitwiderstand für Anlaßhitzen unter 400° in Abb. 45[1]).

Neuerdings sind noch Versuche von Schultz und Turk über den Einfluß der Anlaßdauer ausgeführt und von Hanemann veröffentlicht worden. (L. 71.) Die Ergebnisse sind in Abb. 47 und 48 wiedergegeben. Als Versuchsmaterial diente Stahldraht von 5 mm Durchmesser mit 0,87 % Kohlenstoffgehalt. Davon wurden Stücke von 25 mm Länge bei 900° C abgeschreckt und z Stunden bei der Temperatur t angelassen. In Abb. 47 sind als Ordinaten die mit dem Martensschen Ritzhärteprüfer (I, 357, 358) bei einer Belastung der Diamantspitze mit 40 g gewonnenen Ritzbreiten in mm/260 eingetragen. Sie können als Maßstab für die Anlaßwirkung dienen, und zwar ist die letztere um so weiter vorgeschritten, je größer die Ritzbreite wird.

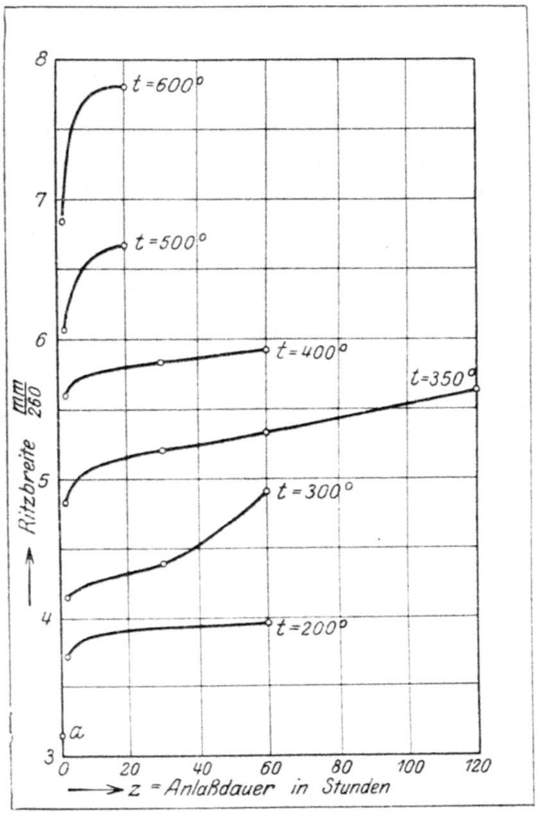

Abb. 47. Einfluß der Anlaßdauer auf die Ritzhärte abgeschreckten und angelassenen Stahles (Draht) mit 0,87 % Kohlenstoff (a = Ritzbreite des nicht angelassenen abgeschreckten Stahles).

Nach der Abb. 47 ist die Anlaßdauer z', nach deren Überschreitung wesentliche Änderungen in der Anlaßwirkung nicht mehr zu erwarten sind, für die Anlaßtemperatur 350° C selbst nach 120 Stunden noch nicht erreicht.

Ähnliches ergibt sich aus der Abb. 48, in der als Maßstab für die Anlaßwirkung die Löslichkeit in 1prozentiger Schwefelsäure verwendet worden ist. Der Gewichtsverlust des glasharten Stahls wurde hierbei nach einer bestimmten gleichbleibenden Lösungsdauer gleich 1 gesetzt. Auf diesen ist dann der Gewichtsverlust in den Anlaßstufen bezogen.

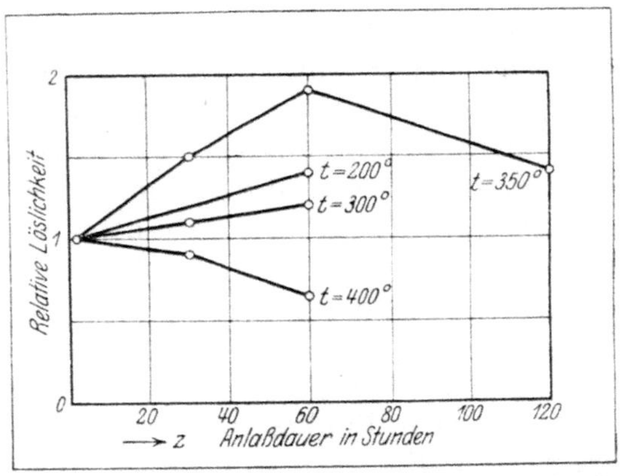

Abb. 48. Einfluß der Anlaßdauer auf die relative Löslichkeit von abgeschrecktem und angelassenem Stahl (0,87 % C) in 1%iger Schwefelsäure (Nach Hausmann, Schultz und Turk).

Entsprechend der Abb. 26 und dem in 23 Gesagten muß hier bei Anlaßgraden unter 400° C gesteigerte Anlaßwirkung gesteigerte Löslichkeit, also Steigen der Linien in Abb. 48

[1]) Die Linien in Abb. 46 entsprechen dem, was auf Grund der Abb. 44 zu erwarten ist. Nur ist zu berücksichtigen, daß in Abb. 44 die Werte l mit steigender Anlaßwirkung sinken, in Abb. 46 dagegen steigen. Die Übereinstimmung der Abb. 44 und 46 ist sofort zu erzielen, wenn Abb. 46 um ihre z-Achse um 180° herumgeklappt wird.

hervorrufen, während bei Anlaßtemperturen von 400 und mehr ^{0}C gesteigerte Anlaßwirkung wieder zur Verminderung der Löslichkeit führen muß. Bei der Anlaßtemperatur von 350^0 C wird anfangs die zunehmende Anlaßwirkung Zunahme, später nach Überschreiten des Höchstwertes der Löslichkeit in Abb. 26 wieder Abnahme der Löslichkeit bewirken.

Aus obigen Auseinandersetzungen ergibt sich für den Einfluß der Anlaßdauer auf die Anlaßwirkung folgendes:

α) Anlassen bei irgendeiner Temperatur t führt nach unendlich langer Anlaßdauer z zu einem „Grenzwert“ l_t des Anlaßzustandes. Es ist noch eine offene Frage, ob dieser Grenzwert l_t für alle Anlaßtemperaturen der gleiche, nämlich der perlitische Zustand I ($l_t = l_0$) ist, oder ob er für verschiedene Temperaturen t verschieden ist und sich um so mehr dem perlitischen Zustand nähert, je höher die Anlaßtemperatur t ist. Im letzteren Falle würden die Linien, welche die Abhängigkeit der Anlaßwirkung von der Anlaßdauer darstellen, ähnlichen Verlauf haben wie in Abb. 44. Im ersteren Falle würden die Linien für unendlich große Abszisse z alle nach einem einzigen Punkte e hinstreben.

β) Für praktische Zwecke interessiert nur die Anlaßwirkung, die innerhalb kürzerer Anlaßdauern (z höchstens 3 Stunden) erzielt wird. Für solche Anlaßdauern kann man die Anlaßwirkung in Abhängigkeit von der Zeit z mit genügender Annäherung durch Linien nach Art der Abb. 44 dargestellt denken. Für eine bestimmte endliche Anlaßdauer z_e erreicht dann die Anlaßwirkung einen bestimmten Wert, den wir als „e-Wert“ bezeichnen wollen. Er werde für die verschiedenen Anlaßtemperaturen in Abb. 44 durch die Punkte $a\,b\,c\,d\,e$ dargestellt. (Zu beachten ist, daß dieser e-Wert nicht gleich dem unter α) genannten „Grenzwert“ ist). Man kann dann sagen, daß jeder Anlaßtemperatur ein bestimmter e-Wert der Anlaßwirkung entspricht, der sich um so mehr dem perlitischen Zustande nähert, je höher die Anlaßtemperatur t ist.

γ) Die in der Zeiteinheit bei einer bestimmten Anlaßtemperatur erzielte Anlaßwirkung (Anlaßgeschwindigkeit) ist zu Anfang der Anlaßdauer am größten und nimmt mit wachsender Anlaßdauer ab.

δ) Die Anlaßgeschwindigkeit ist zu Beginn des Anlassens bei höheren Temperaturen größer als bei niederen.

ε) Anlassen bei einem niederen Hitzegrad (z. B. t_2) führt keine Steigerung der Anlaßwirkung herbei, wenn die Legierung zuvor bei einer höheren Anlaßtemperatur (z. B. t_4) angelassen worden ist (Barus und Strouhal), und hierbei eine höhere Anlaßwirkung erzielt wurde, als der der niederen Temperatur entsprechende e-Wert der Anlaßwirkung.

Ist z. B. bei t_4 (Abb. 44) eine Anlaßwirkung erzielt worden, die durch den Punkt E oder durch einen unterhalb E auf der Linie für t_4 gelegenen Punkt dargestellt wird, so kann weiter fortgesetztes Anlassen bei der niedrigeren Temperatur t_2 keine Änderung in der Anlaßwirkung mehr herbeiführen, da die Ordinate von E bereits gleich der Strecke $c\,e$ ist, die den e-Wert der Anlaßwirkung für die Temperatur t_2 angibt[1]).

Wurde dagegen wegen zu geringer Anlaßdauer bei der Temperatur t_4 nur die dem Punkte B entsprechende Anlaßwirkung erreicht, die geringer ist als der der Temperatur t_2 entsprechende e-Wert (Ordinate von B größer

[1]) Hierbei ist immer die unter β) gemachte Einschränkung zu berücksichtigen. Werden die Anlaßdauern z sehr groß (größer als z_e), so kann bei t_2 unter Umständen noch über den Punkt E hinaus gesteigerte Anlaßwirkung erziehlt werden, wenn der „Grenzwert“ der Anlaßwirkung bei t_2 größer als der „e-Wert“ für die gleiche Temperatur ist, die Linie $ACDc$ also für $z = \infty$ einem Punkte zustrebt, dessen Ordinate kleiner ist, als $c\,e$ in Abb. 44.

als ce), so kann fortgesetztes Erwärmen bei t_2 weitere Anlaßwirkung gemäß der Linie $BE'D$ in Abb. 44 herbeiführen, bis schließlich der e-Wert ce erreicht ist.

35. Anlaßfarben. In der Praxis verwendet man zur Erzielung eines bestimmten Anlaßgrades weder Thermometer noch Zeitmesser, sondern die sogenannten Anlaß- oder Anlauffarben, die an einer blanken Stelle des Stahles infolge Bildung eines dünnen Oxydhäutchens beim Anlassen entstehen. Diese Häutchen liefern dann Interferenzfarben. Man gibt gewöhnlich an, daß einer bestimmten Anlauffarbe eine bestimmte Anlaßtemperatur entspricht, so z. B. nach Reiser (L. 26):

hellgelb	etwa 220 bis 230° C
dunkelgelb	240° C
gelbbraun	255 „
braunrot	265 „
purpurrot	275 „
violett	285 „
kornblumenblau	295 „
hellblau	315 „
grau	330 „

Reiser gibt hierzu noch folgendes an: Trotzdem sind die Anlauffarben durchaus nicht von der Temperatur allein abhängig; man kann vielmehr bei der gleichen Temperatur je nach der Zeitdauer, während welcher man dieselbe auf den Stahl einwirken läßt, alle Anlauffarben der Reihe nach hervorrufen. Bei einem Versuch zeigte sich bei 230° nach 15 Minuten die hellgelbe Farbe, welche nach 30 Minuten in die rote, nach 45 Minuten in die blaue Farbe überzugehen begann. Nach 60 Minuten war die Stahloberfläche lichtblau und es hatte dieselbe sonach bei der gleichen Anlaßtemperatur von 230° in einer Stunde die ganze Farbenskala durchlaufen. Weitere Versuche ergaben, daß, wenn eine und dieselbe gehärtete Stahlsorte bei hoher Temperatur rasch oder bei niederer Temperatur langsam zur gleichen Farbe angelassen wird, der resultierende Härtegrad in beiden Fällen nahezu vollkommen der gleiche ist, indem sich der bei niedrigerer Temperatur angelassene Stahl nur bei sehr genauer Untersuchung etwas härter erwies. Die Temperatur und die Zeit ihrer Einwirkung auf den gehärteten Stahl können sich daher sowohl bezüglich der Farbenerscheinung wie auch bezüglich des resultierenden Härtegrades gegenseitig ersetzen."

Daraus ist zu entnehmen, daß die Anlaßfarbe nicht einer bestimmten Anlaßtemperatur, sondern vielmehr einer bestimmten Anlaßwirkung entspricht. Sie ist für den Härter von Werkzeugstahl ein außerordentlich zuverlässiges Kennzeichen, das allerdings nur bis etwa 330°, also noch nicht ganz bis zum Osmondit, zu gebrauchen ist. Dies ist aber für die Werkzeugstahltechnik gleichgültig, da man hier mit der Härte nie bis zu der des Osmondits heruntergehen kann, weil diese sich ja nicht allzusehr von der des Perlits unterscheidet und durch so weit getriebenes Anlassen die Wirkung des Abschreckens wieder beseitigt würde. Man benutzt nur die verschiedenen Anlaßgrade unterhalb des Osmondits, um Härte und Zähigkeit des Werkzeugs in einer für den Gebrauchszweck passenden Weise abzustufen. Wohl aber geht man über den Osmondit hinaus beim Anlassen von Konstruktionsstählen, um sie besonders widerstandsfähig gegen Stoß und Dauerbeanspruchung zu machen, wovon später die Rede sein soll.

β) Anlaßwirkung während des Abschreckens.

36. Bisher haben wir nur solche Fälle in Betracht gezogen, wo der Stahl durch kräftiges Abschrecken von 900^0 ganz oder wenigstens nahezu vollständig in reinen Martensit übergeführt war, der nachträglich der Anlaßwirkung ausgesetzt wurde. Es müssen aber noch diejenigen Fälle ins Auge gefaßt werden, wo die Abschreckung weniger schroff erfolgt, beispielsweise nach einer der Abkühlungskurven *a* bis *d* in Abb. 49 oben. Darin sind die Abszissen Zeitteilchen, die Ordinaten die zu den einzelnen Zeiten gehörigen Temperaturen der Stahlproben während der Abschreckung.

In Abb. 49 unten ist die Abhängigkeit der Anlaßwirkung von Zeit und Anlaßhitze analog den von Barus und Strouhal ermittelten Kurven in

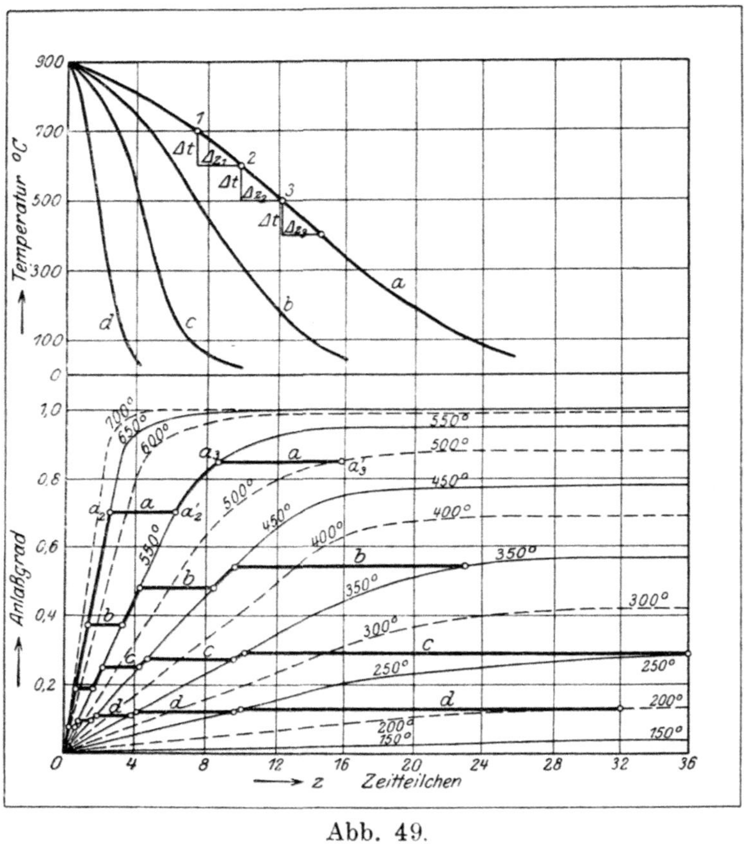

Abb. 49.

Abb. 45 eingezeichnet. Die Linien in Abb. 49 unten erhält man durch Umklappen der Abb. 44 um die z-Achse um 180^0. Die Ordinaten geben dann die Werte $l_1 - l$ an; l_1 ist ferner noch gleich 1 gesetzt. Die Maßeinheit für die in der Abszisse eingetragene Zeit ist willkürlich gewählt, da genaue Untersuchungen über den quantitativen Verlauf nicht vorliegen. Die folgenden Überlegungen haben nur einen qualitativen Charakter, so daß das absolute Maß der Zeit nicht in Betracht kommt. Als Ordinaten sind die Anlaßwirkungen oder Anlaßgrade eingetragen, wobei unter dem Anlaßgrad 1 (d. h. $l = 0$) der Zustand des vollständig ausgeglühten, also rein perlitischen Stahls, unter dem Anlaßgrad 0 (also $l = l_1$) der rein martensitische Zustand verstanden werden soll. Der Zwischenraum zwischen diesen beiden Anlaßgraden 0 und 1 ist in 10 gleiche Teile geteilt gedacht. Die Punkte der dünn gezeichneten Kurven in Abb. 49 unten (Anlaßkurven) geben an, welchen

Anlaßgrad ein rein martensitischer Stahl vom Anlaßgrad 0 nach einer bestimmten Zeit z infolge Erhitzens bei einer Temperatur t annimmt. Die Temperaturen t sind den einzelnen Anlaßkurven beigeschrieben. Die Kurven steigen anfänglich rasch, später langsamer, und laufen schließlich einem bestimmten Grenzwert zu. Theoretisch würde jede Anlaßkurve den Anlaßgrad 1 nach der Zeit $z = \infty$ erreichen; praktisch kann man aber, da Anlassen über die Zeit z' hinaus merkbare Fortschritte in der Anlaßwirkung nicht mehr hervorbringt, für jede Anlaßhitze einen bestimmten erreichbaren Höchstgrad der Anlaßwirkung zugrunde legen, der beispielsweise durch die Ordinaten der Anlaßkurven über der Abszisse $z' = 36$ angedeutet werden soll.

Es soll nun zunächst die Wirkung der Abkühlung eines Stahls nach der Abkühlungskurve a in Abb. 49 oben verfolgt werden. Solange die Temperatur noch oberhalb 700^0 liegt, hat die Abkühlungsgeschwindigkeit keinen für die vorliegende Betrachtung ins Gewicht fallenden Einfluß. Dieser macht sich erst von $Ar_1 = 700^0$ ab geltend. Wir ändern an dem Verlauf der Abkühlung nichts, wenn wir uns denken, daß an der kritischen Grenztemperatur von 700^0 während eines unendlich kleinen Zeitteilchens und über ein unendlich kleines Temperaturgefälle unendlich große Abkühlungsgeschwindigkeit herrscht. Dann wird die Umwandlung bei 700^0 unterschlagen und wir behalten dicht unter 700^0 Martensit, also Anlaßgrad 0. Von jetzt ab ist nun dieser Martensit während der Abkühlung der Erwärmung ausgesetzt, d. h. es erfolgt Anlassen. Dies geschieht nicht wie in den früher besprochenen Fällen bei konstanter, sondern bei fallender Temperatur. Zum Durchlaufen des Temperaturbereichs 700 bis 600^0 ist die Zeit Δz_1 nötig. Nehmen wir der Einfachheit halber während des Zeitteilchens Δz_1 die mittlere Temperatur 650^0 an, so würde der Verlauf des Anlassens während dieser Zeit angegeben werden durch die Anlaßkurve 650^0 in Abb. 49 unten, d. h. wir gelangen vom Nullpunkt dieser Kurve bis hinauf zum Punkte a_2, dessen Abszisse gleich Δz_1 ist. Der Punkt a_2 entspricht einem Anlaßgrad von 0,7. Legt man von a_2 aus eine Parallele zur Abszissenachse, so trifft diese die Anlaßkurve 550^0 im Punkte a_2'; wir können auch sagen, die Wirkung des Anlassens bei 650^0 in der Zeit Δz_1 ist dieselbe, als wenn das Anlassen bei 550^0 stattgefunden hätte während einer der Abszisse von a_2' entsprechenden Zeit. Kühlt nun der Stahl weiter ab von 600 auf 500^0 in der Zeit Δz_2 und nehmen wir wiederum an, daß die mittlere Temperatur innerhalb dieser Zeit 550^0 sei, so wird nun der Verlauf der Anlaßwirkung durch das Kurvenstück $a_2'a_3$ längs der Anlaßkurve 550^0 dargestellt. Der Unterschied der Abszissen von a_2' und a_3 ist gleich Δz_2. Wir gelangen so im Punkte a_3 zu einem Anlaßgrad 0,85. Die weitere Abkühlung des Stahles von 500 bis 400^0 während der Zeitdauer Δz_3 hat keine Einwirkung mehr, weil die Wagerechte durch a_3 die Anlaßkurve 450^0 erst im Unendlichen schneiden kann. Aus dem gleichen Grund hat nun auch die weitere Abkühlung auf den Stahl keinen Einfluß mehr. Er verbleibt in demselben Zustand, als wenn er sehr schroff abgeschreckt und dann 8,5 Zeitteilchen (Abszisse von a_3) bei 550^0 angelassen worden wäre. Da die Wagerechte durch a_3 die Anlaßkurve 500^0 in a_3' schneidet, so kann man auch sagen, daß der gleiche Zustand erreicht ist, als wenn ein vollständig abgeschreckter Stahl 15,8 Zeitteilchen hindurch (Abszisse von a_3') bei 500^0 angelassen worden wäre. Da der Punkt a_3' nahezu der höchstmöglichen Anlaßwirkung der Temperatur 500^0 entspricht, so kann kürzer gesagt werden, daß die Wirkung der Abkühlung des Stahls nach Abkühlungskurve a dieselbe Wirkung erzielt, wie plötzliches Abschrecken und nachheriges Anlassen bei 500^0.

In ähnlicher Weise kann für die Abkühlung nach Abkühlungskurven *b*, *c*, *d* in Abb. 49 oben abgeleitet werden, daß sie zu demselben Zustand des Stahles führt, wie sehr plötzliches Abschrecken und hinterheriges Anlassen auf 350, 250 bzw. 200° (s. Abb. 49 unten).

Wir können daher den Satz aussprechen: Martensitischer, also völlig glasharter Zustand (Anlaßgrad 0) kann bei einem Stahl mit ungefähr dem eutektischen Kohlenstoffgehalt nur dann erzielt werden, wenn die Abschreckung von einer Temperatur oberhalb 700° sehr schroff erfolgt. Ist die Abkühlung durch das unter 700° gelegene Temperaturbereich weniger schroff, so erhält man den Stahl in einem Zustande, der irgendeinem Anlaßgrad entspricht. Der Anlaßgrad ist um so höher, je weniger rasch der Durchlauf der Temperaturen unterhalb 700° erfolgt. Bei genügend langsamer Abkühlung kann die Anlaßwirkung so groß werden, daß sie der Wirkung des vollständigen Ausglühens gleichkommt. Je nach der Abkühlungsgeschwindigkeit kann man alle Zwischengrade des Anlassens erzielen zwischen dem völlig abgeschreckten, glasharten Stahl (Anlaßgrad 0) und dem vollständig ausgeglühten Stahl (Anlaßgrad 1).

Es ist also nicht zu verwundern, wenn die dem gehärteten und nachher angelassenen Stahl zukommenden Gefügebestandteile auch in solchen Stahlproben gefunden werden, die ein eigentliches beabsichtigtes Anlassen nicht erfahren haben, sondern deren Abschreckung nur nicht schroff genug war. Wie man aus dem Verlauf der Kurven in Abb. 49 erkennt, ist vor allen Dingen diejenige Geschwindigkeit für den durch die Abkühlung erreichten Anlaßgrad maßgebend, mit der die Temperaturen dicht unter 700° durchlaufen werden.

Vorausgesetzt, daß die Abkühlung der Stahlprobe in allen ihren Teilen gleichmäßig ist, so würde sich für die nach den Abkühlungskurven *a* bis *d* abgekühlten Proben folgendes ergeben: Die Härte ist bei *d* am größten, sie nimmt nach *a* hin ab. Die Löslichkeit ist bei *d* am geringsten, sie wächst von *d* über *c* nach *b*. Eine zwischen *b* und *a* gelegene Abkühlung, die etwa einer Anlaßtemperatur von 400° entspräche, würde den Höchstwert der Löslichkeit ergeben. Wenn aber die Abkühlung noch langsamer erfolgt, z. B. nach Kurve *a*, so sinkt nach den früheren Betrachtungen (23) die Löslichkeit wieder, so daß die Löslichkeit von *a* und *b* nahezu gleich sein würde. Die Dunkelfärbung nach Ätzung mit alkoholischer Salzsäure würde ebenfalls bei einer Probe am stärksten sein, deren Abkühlungskurve zwischen *a* und *b* liegt. Abkühlung nach *a* gibt Sorbit, nach *b*, *c*, *d* Troostit. Der Troostit von *c* und *d* ist aber entsprechend dem niederen Anlaßgrad weniger dunkel gefärbt als bei *b*. Die Proben *d* bis *b* liefern bei Auflösung in verdünnter Säure unter Luftabschluß keine Karbidkohle, sondern die Kohlenstofform Härtungskohle C_h neben C_f. Die Probe *a* dagegen gibt bereits einen mittleren Betrag an Karbidkohle neben einem geringeren an C_f.

37. Schematisch läßt sich das bisher Abgeleitete auf folgende Weise darstellen. Als Abszissen seien die Zeiten gewählt, als Ordinaten die Temperaturen. Schema A, Abb. 50, stellt dann den Vorgang bei sehr schroffem Abschrecken des Stahles dar; er wird zunächst erhitzt über die Umwandlungstemperatur Ac_3 hinaus (Verlauf *ab*); alsdann wird er bei *b* plötzlich abgeschreckt, wobei die Zeit bis zur Abkühlung auf Zimmerwärme nahezu Null ist. Deswegen verläuft die Kurve *bc* nahezu senkrecht. Der Punkt *c* entspricht dem martensitischen Zustand. Schema B, Abb. 50, hat über *abc* denselben Verlauf. In *c* ist also auch der martensitische Zustand erreicht. Dieser wird dann entsprechend dem Verlauf *cde* durch Erhitzen auf eine bestimmte Anlaßtemperatur t in den Zustand des angelassenen Stahls übergeführt. Schema C endlich zeigt von a bis b denselben Verlauf wie in den früheren Fällen. Die Abkühlung bc' erfolgt aber nicht mit der genügenden Schnelligkeit, um Martensit zu liefern, denn bc' weicht erheblich von der

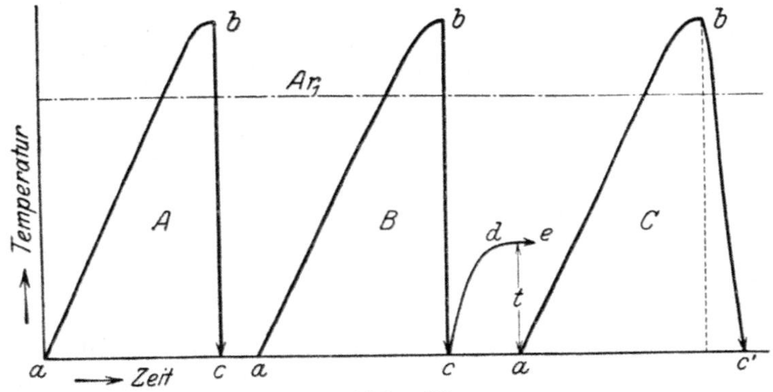

Abb. 50.

Senkrechten ab. Der Durchgang durch die die Temperatur Ar_1 darstellende Wagerechte durch 700° ist so langsam, daß im Punkte c' ein bestimmter Anlaßgrad des Stahls vorhanden sein muß. Ist die Neigung der Geraden bc' genügend groß, so kann der nach Schema C behandelte Stahl denselben Anlaßgrad haben, wie der nach B behandelte.

γ) Die Umstände, die auf die Abschreckung von Einfluß sind.

$\alpha\alpha$) Einfluß der Abschrecktemperatur.

38. Es wird aufgefallen sein, daß in allen bisher besprochenen Fällen die Abschrecktemperatur 900° gewählt wurde, also eine Temperatur, die für die praktische Härtung von Werkzeugen bereits zu hoch liegt, weil dabei der Stahl überhitzt wird und leicht Härterisse bekommt. Der Grund für die Wahl der hohen Abschreckhitze war die Absicht, beim Abschrecken in Wasser möglichst den Anlaßgrad 0 (reinen Martensit) zu erzielen, ohne daß die Abmessungen der Probestücke zu klein hätten gewählt werden müssen. Geht man mit der Abschrecktemperatur tiefer herunter, so wird bei Benutzung gleicher Abschreckflüssigkeit und gleicher Probeabmessungen die Anlaßwirkung größer, als wenn die Abschrekkung bei höherer Temperatur erfolgt. Die Erklärung ist bereits von mir früher gegeben worden (E. Heyn, L. 27). Die damals ausgesprochene Ansicht, daß der plötzliche Hitzeabfall der Stahlproben beim Abschrecken nicht sofort nach dem Eintauchen, sondern erst einige Zeit hinterher eintritt, ist später von H. Le Chatelier (L. 28) und Benedicks (L. 29) unmittelbar durch den Versuch bestätigt worden. Danach müssen die Abkühlungskurven für Stahlproben gleicher Abmessungen, die in der gleichen Flüssigkeit von verschiedenen Temperaturen aus abgeschreckt werden, etwa einen Verlauf haben, wie in Abb. 51. Hierin haben die von höheren Abschrecktemperaturen ausgehenden Kurven im Schnittpunkt mit

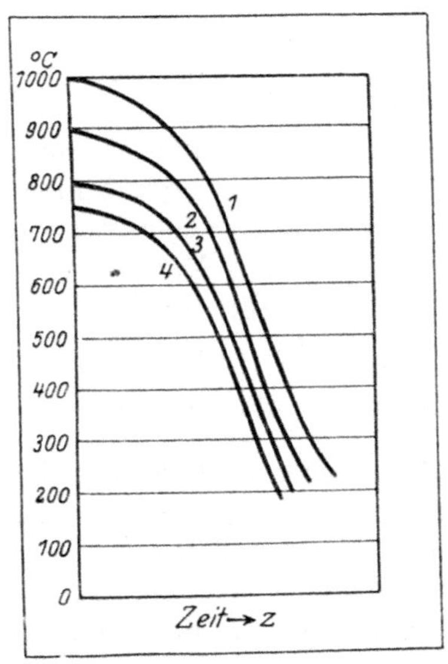

Abb. 51.

der die Umwandlungstemperatur 700⁰ darstellenden Wagerechten einen steileren Abfall, als die von niederen Abschrecktemperaturen beginnenden Kurven. Das heißt aber mit anderen Worten, daß Abschreckung nach den ersteren Kurven einem rascheren Durchlauf der Temperaturen dicht unter 700⁰ entspricht, als nach den letzteren. Nach Benedicks ist die Zeit z, die eine Stahlprobe mit 1⁰/₀ Kohlenstoff im Gewicht von etwa 12,5 g zur Abkühlung von 700 bis 100⁰ bei Abschreckung in Wasser braucht:

Abschrecktemperatur	z
950⁰ C	3,07 Sekunden
845⁰ C	4,43 "
750⁰ C	4,11 "
703⁰ C	5,73 "
695⁰ C	6,20 "

Die Zeiten z wachsen entschieden bei sinkender Abschrecktemperatur. Schärfer noch würden die Unterschiede zum Ausdruck gekommen sein, wenn nicht die Zeit z des Temperaturabfalles von 700 auf 100⁰, sondern die Zeit des Temperaturabfalles von 700 auf 600⁰ gemessen worden wäre. Da nun nach früherem (36) die Schnelligkeit des Durchlaufs der Temperaturen dicht unter 700⁰ von ausschlaggebender Bedeutung für die Anlaßwirkung ist, so muß z. B. (nach Abb. 51) die Abschreckung von 750⁰ unter sonst gleichen Bedingungen die stärkte Anlaßwirkung und auch die größte Troostitmenge erzeugen; wesentlich geringere Anlaßwirkung wird eintreten bei Abschreckung von 1000⁰.

Dies wird belegt durch die beiden Lichtbilder 22 und 23, Tafel VI. Sie entsprechen einem und demselben Werkzeugstahl. Die eine Probe (Abb. 22 in 875facher Vergrößerung) wurde bei sehr hoher Temperatur in Wasser abgeschreckt, oder wie es in der Sprache der Technik heißt „überhitzt gehärtet". Sie besteht ausschließlich aus grobnadligem Martensit. Die zweite Probe wurde etwas oberhalb Ar_1 schätzungsweise bei 800⁰ abgeschreckt. Hier finden wir neben sehr feinnadligem Martensit große Mengen Troostit, der sich bei der Ätzung mit Salzsäure-Alkohol dunkel gefärbt hat (Abb. 23 in 875facher Vergrößerung).

$\beta\beta$) Einfluß der Masse und Oberfläche der abgeschreckten Probe.

39. Es leuchtet ein, daß ein Stahlstück von größerer Masse beim Abschrecken in irgendeiner Flüssigkeit unter sonst gleichen Umständen seine Wärme langsamer verlieren muß als eine Stahlprobe von geringerer Masse. Der größeren Masse entspricht bei gleicher Abschrecktemperatur der größere Wärmeinhalt, der ja der Masse proportional ist. Man ist nach dem Vorgang von H. Le Chatelier (L. 28) geneigt, dem Verhältnis von Masse m zur Oberfläche F der Stahlprobe $\frac{m}{F}$ einen wesentlichen Einfluß zuzuschreiben, da ja die ganze in dem Stahlstück enthaltene Wärmemenge durch die Oberfläche an die Flüssigkeit übertragen werden muß, und dies anscheinend bei gleicher Masse und demzufolge gleichem Wärmeinhalt schneller geht bei größerer Oberfläche als bei kleinerer. Benedicks (L. 29) hat Versuche ausgeführt über den Einfluß der Masse und der Oberfläche. Aus einem Stahl mit 1⁰/₀ Kohlenstoff wurden zwei Zylinder, beide von den Abmessungen 1 cm Durchmesser und 4 cm Länge hergestellt. Die Masse betrug je 25 g. Wurde jeder der Zylinder für sich abgeschreckt in Wasser, so betrug die Zeitdauer z_1 zum Durchlauf des Temperaturbereiches 700 bis 100⁰ 5,6 Sekunden. Alsdann wurden die beiden Proben mit einer der Grundflächen aneinander befestigt und gemeinschaftlich unter gleichen Umständen wie vorher abgeschreckt. Die Zeitdauer zur Abkühlung von 700 auf 100⁰ z_2 betrug jetzt 8 Sekunden.

Wäre die Abkühlungsdauer dem Verhältnis $\frac{m}{F}$ proportional, so müßten die beiden Zeiten z_1 und z_2 in folgendem Verhältnis zueinander stehen:

$$\frac{z_1}{z_2} = \frac{\frac{m_1}{F_1}}{\frac{m_2}{F_2}} = \frac{\frac{25}{\pi(4+0{,}5)}}{\frac{50}{\pi(8+0{,}5)}} = \frac{1{,}77}{1{,}87}.$$

Dies würde, wenn z_1 gleich 5,6 gesetzt wird, den Wert 5,9 für z_2 ergeben statt 8 Sekunden, wie durch den Versuch gefunden.

Würde der Einfluß der Oberfläche vernachlässigt und z_1 nur der Masse proportional gesetzt, so würde man erhalten

$$\frac{z_1}{z_2} = \frac{25}{50} = 2,$$

also für $z_1 = 5{,}6$ Sekunden, $z_2 = 11{,}2$ Sekunden statt 8. Der durch den Versuch ermittelte Wert $z_2 = 8$ liegt zwischen dem letzteren Wert 11,2 und dem nach der früheren Gleichung gefundenen Wert 5,9. Die Beziehung zwischen z, m und F läßt sich also nicht durch die einfache Gleichung

$$z = C \cdot \frac{m}{F}$$

ausdrücken, worin C eine Konstante ist. Sondern z ist eine verwickeltere Funktion von m und F:

$$z = \varphi\left(m \cdot \frac{1}{F}\right),$$

über die Näheres bis jetzt noch nicht bekannt ist.

40. Das Wasser ist eines der schärfsten Abschreckmittel, die wir besitzen. Trotzdem ist nicht gesagt, daß Abschrecken in Wasser jedesmal genügend schnelle Abkühlung durch das unmittelbar unterhalb 700⁰ gelegene Temperaturbereich liefert und daß sich tatsächlich ausschließlich Martensit bildet. Wenn wir dies in früheren Abschnitten angenommen haben, so war dies an die Voraussetzung geknüpft, daß die Masse m der abzuschreckenden Probe klein genug war. Schreckt man dagegen größere Stahlmassen in Wasser ab, so ist die ausschließliche Entstehung von Martensit keineswegs gesichert. Die Abschreckgeschwindigkeit kann für verschiedene Teile des Stahlstückes stets verschieden sein. Die äußere Schicht der Probe, die mit der abschreckenden Flüssigkeit unmittelbar in Berührung steht, kann beispielsweise die Wärme so rasch abgeben, daß dort der Anlaßgrad 0, also reiner Martensit, entsteht. Die inneren Teile der Probe müssen jedoch ihre Wärme erst durch Leitung nach außen abgeben, so daß sie beispielsweise einer Abkühlungskurve a in Abb. 49 oben folgen können, wodurch Anlaßwirkung und Troostitbildung hervorgerufen wird. Dies macht sich bei der Ätzung des Schliffes mit alkoholischer Salzsäure durch dunklere Färbung des inneren Teiles der Stahlprobe geltend, wie in Abb. 52. Sie entspricht einer Scheibe von 25 × 25 × 6 mm eines Stahles mit 0,95⁰/₀ Kohlenstoff, die von 900⁰ in 20prozentiger Kochsalzlösung abgeschreckt wurde. Das Gefüge besteht am Umfang aus Martensit (heller im Bild) und in der Mitte aus Troostit (dunkel). Der Troostit erstreckt sich hier auf den beiden Flächen b_1, b_2 (s. Abb. 52) bis dicht an die Oberfläche, denn es wurde zum Zweck des Anschleifens nur eine ganz geringe Oberflächenschicht weggenommen. In Abb. 52 oben ist der Troostit schraffiert angedeutet. In Abb. 52 unten ist die Schliffläche b_1 dargestellt. Trotzdem, daß die beiden Flächen b_1 und b_2 mit der Abschreckflüssigkeit in unmittelbarer Berührung standen, ist dort doch die Abkühlungsgeschwindigkeit wesentlich langsamer gewesen, als auf den Flächen a_1 a_2. Dies erklärt sich dadurch, daß das Verhältnis zwischen Masse und Oberfläche längs der Flächen a_1 a_2 wesentlich kleiner ist als längs der Flächen b_1 und b_2. Der Einfluß der Oberfläche zeigt sich also sehr deutlich. Bei den Versuchen von Benedicks ist nur die mittlere Abkühlungsdauer z angegeben und der Rechnung zugrunde gelegt. Das Verhältnis Masse zu Oberfläche ist aber innerhalb einer Stahlprobe an verschiedenen Stellen sehr verschieden, so daß schon aus diesem Grunde die einfache Beziehung

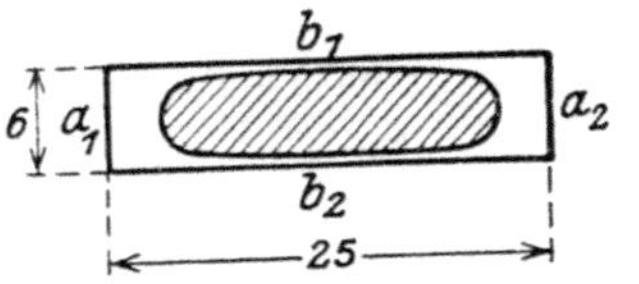

Schnitt A—B.

Abb. 52. Stahl mit 0,95 % C von 900° C in 20%iger Kochsalzlösung abgeschreckt.

$$z = C\frac{m}{F}$$

unmöglich der Wirklichkeit entsprechen kann. Es darf aber daraus nicht geschlossen werden, daß der Einfluß der Oberfläche keine wesentliche Rolle spielt.

$\gamma\gamma$) Einfluß der Art des abschreckenden Mittels.

41. Zu dieser Frage sind Untersuchungen ausgeführt von H. Le Chatelier (L. 28) und Benedicks (L. 29). Beide zeichneten durch photographische Hilfsmittel die Temperatur einer abgeschreckten Stahlprobe während der Abschreckung als Funktion der Zeit auf. Einige der Ergebnisse von Le Chatelier sind in Tabelle VI dargestellt. Als Maßstab für die Abschreckgeschwindigkeit wurde von Le Chatelier und von Benedicks die Zeit z in Sekunden gewählt, die nötig ist zum Durchlauf der Temperaturen 700 bis 100°. Nach unseren früheren Betrachtungen (36) kommt für den Grad der Abschreckung und für die damit verbundene Anlaßwirkung das dicht unter 700° gelegene Temperaturbereich in Betracht; es ist deswegen zweckmäßiger, als Maßstab diejenige Zeit Δz zu verwenden, die zur Abkühlung von 700 auf 600° erforderlich ist. Leider sind die in der untenstehenden Tabelle angeführten, der Arbeit Le Chateliers entnommenen Zahlen nur annähernd vergleichbar, weil die Abschreckhitzen verschieden sind, was nach unseren vorausgegangenen Betrachtungen (38) wesentlichen Einfluß auf die Schnelligkeit des Durchlaufs durch die Temperaturen 700 bis 600° ausübt.

Die in der Tabelle zuerst stehenden Abschreckmittel haben die stärkste Abschreckwirkung. Unter Zugrundelegung beider Maßstäbe, sowohl Δz als auch z, steht schwefelsäurehaltiges Wasser an der Spitze. Salzwasser würde, wenn z als Maßstab angewendet wird, erst hinter dem gewöhnlichen Wasser stehen, während es bei Verwendung von Δz als Maßstab vor dem Wasser steht. Daraus folgt, daß Salzwasser eine nur um ein Geringes stärkere Abschreckwirkung hat, als Wasser. Benedicks leugnet dies; aber seine Versuche beziehen sich nur auf niedere Temperaturen, und hierbei können die

Tabelle VI.

Abschreckmittel[1])	Abschreck-temperatur °C	Δz Sekunden	z Sekunden
Wasser mit 10% Schwefelsäure von Zimmerwärme	880	$0{,}67_5$	5,50
Salzwasser, gesättigt, Zimmerwärme	800	$0{,}72_5$	6,25
Wasser, schwach bewegt, Zimmerwärme	775	0,85	5,35
Wasser, ruhend, Zimmerwärme	820; 770	1,00; 0,75	6,00
Wasser von 50°	810	0,95	7,75
Quecksilber von Zimmerwärme	850	1,40	16
Wasser von 100°	810	2,25	16
Rüböl von Zimmerwärme	860	$2{,}37_5$	45
Blei, schmelzend	825	7,25	—
Luft[2])	900; 825	37 bis 40	—

Verhältnisse anders liegen als bei der wesentlich in Betracht kommenden Temperatur 700 bis 600°.

Beachtenswert ist, daß die abschreckende Wirkung des Wassers bei 50° nicht sehr von der des Wassers von Zimmerwärme abweicht. Je mehr sich aber das Wasser seinem Siedepunkte nähert, um so schneller sinkt seine Abschreckwirkung, so daß sie bei 100° nicht wesentlich von der des Öls verschieden ist. Benedicks sagt mit bezug hierauf mit Recht, daß bei Mitteilung wissenschaftlicher Versuche die Angabe über die Temperatur des Abschreckwassers, wenn sie Zimmerwärme nicht wesentlich überschreitet, nicht so sehr wichtig ist, als die Angabe über die Masse der abgeschreckten Stahlprobe, die von viel größerem Einfluß ist. Wesentlich ist aber auch Angabe über Abmessungen und Gestalt der Probe.

Der Einfluß der Bewegung des Wassers scheint nach der Tabelle nicht sehr bedeutend zu sein. Indessen war die von Le Chatelier angewendete Geschwindigkeit des Wasserwechsels klein und jedenfalls nicht so groß, wie es in der Härtetechnik üblich ist. Bei stärkerer Wasserbewegung und besonders beim Gegenspritzen des Wassers unter Druck gegen den zu härtenden Gegenstand wird erfahrungsgemäß die Abschreckwirkung gesteigert. Benedicks schließt aus seinen Versuchen, daß die Bewegung des Wassers keinen großen Einfluß haben könne; indessen sind seine Schlüsse nicht ohne weiteres auf die hohen Temperaturen 700 bis 600° übertragbar, da sich seine Versuche nur auf niedere Wärmegrade beziehen. Bei den hohen Temperaturen ist die Dampfentwicklung viel stärker und der Einfluß der Wasserbewegung, die die Dampfblasen schneller vom Stahl loslöst, muß in die Erscheinung treten.

42. Nach Benedicks gibt eine Flüssigkeit, vorausgesetzt, daß sie im Verhältnis zur Stahlmasse in genügender Menge vorhanden ist, eine gute Abschreckung, wenn sie

1. hohe Verdampfungswärme besitzt, und
2. wenn sie bei einer Temperatur erhalten wird, die niedrig genug ist, um allzuviel Dampfentwicklung zu verhindern.

Hohe spezifische Wärme, geringe Zähflüssigkeit (Viskosität) und großes Wärmeleitungsvermögen wirken zwar alle in der Richtung einer schnelleren

[1]) Masse der Proben 37 g. Zylinder von 18 mm Durchmesser und 18 mm Höhe.

[2]) Alle Versuche mit Ausnahme der Abkühlung in Luft, die mit einem Stahl mit 0,9% Kohlenstoff vorgenommen wurde, sind mit kohlenstoffarmem Eisen durchgeführt.

Abkühlung; aber ihr Einfluß, wenigstens derjenige der beiden letztgenannten Faktoren, scheint geringer zu sein, als derjenige der Verdampfungswärme.

Benedicks gründet diese seine Schlüsse auf Abkühlungsversuche, bei denen die Wärmeentziehung durch die Flüssigkeit bei verhältnismäßig niederen Wärmegraden erfolgte; es ist nicht ohne weiteres möglich, die Schlüsse auch auf hohe Temperaturen, wie 700 bis 600°, auszudehnen. Indessen besteht große Wahrscheinlichkeit, daß die Verdampfungswärme auch hierbei eine wichtige Rolle spielt. Jedenfalls kann die große Leitungsfähigkeit des Quecksilbers nicht verhindern, daß es als Abschreckmittel in obiger Tabelle VI erst an vierter Stelle steht, und zwar erheblich hinter dem weniger leitenden Wasser, dessen Verdampfungswärme beträchtlich über der des Quecksilbers liegt.

Als Beispiele für die abschreckende Wirkung einzelner Flüssigkeiten seien folgende Versuche von E. Heyn und Bauer (L. 21) erwähnt. Ein und derselbe Stahl mit 0,95 % Kohlenstoff wurde in Gestalt von Scheiben 25 × 25 × 6 mm von 900° in den nachgenannten Mitteln abgeschreckt.

Tabelle VII.

Abschreckmittel	Proben Nr.	Nachbehandlung
20 prozentige Kochsalzlösung	1	angelassen 3 Std. bei 300 bis 320°
	2	nicht angelassen
Wasser von 0°	3	angelassen 3 Std. bei 300 bis 320°
	4	nicht angelassen
Wasser von 20°	5	angelassen 3 Std. bei 300 bis 320°
	6	nicht angelassen
Quecksilber von 22°	7	angelassen 3 Std. bei 300 bis 320°
	8	nicht angelassen
Wasser von 100°	9	angelassen 3 Std. bei 300 bis 320°
	10	nicht angelassen
Leinöl von 20°	11	angelassen 3 Std. bei 300 bis 320°
	12	nicht angelassen
Schmelzendes Blei von 348°	13	angelassen 3 Std. bei 300 bis 320°
	14	nicht angelassen

Die sämtlichen Proben wurden nach dem Abschrecken, aber vor dem Anlassen geschliffen und 15 Minuten mit alkoholischer Salzsäure geätzt. Die so vorbereiteten Schliffe sind in den Abb. 24 bis 30, Taf. VII in natürlicher Größe dargestellt. Wie zu erwarten war, zeigten die in kochendem Wasser, Leinöl und geschmolzenem Blei abgeschreckten Proben keine Härterisse, während die übrigen Proben solche aufweisen (vgl. 73). Nach Abschrecken in Kochsalzlösung zeigt die Probe 1 fast reinen Martensit, die Probe 2 einen Martensitkranz mit Troostitkern. Bei Wiederholung des Versuchs erhielt man bald reinen Martensit, bald dieselbe Erscheinung wie bei Probe 2. Es scheint also bei diesem Abschreckmittel schwer zu sein, reinen Martensit zu erzielen. In den in Wasser von 0 bis 20° abgeschreckten Proben 3 bis 6 sind nur geringe Mengen Troostit vorhanden, die in den Abbildungen dunkel erscheinen. Abschrecken in Wasser von 100° gibt Troostit auf der ganzen Fläche. Die Wirkung des Quecksilbers ist ungleichmäßig. Troostit tritt neben Martensit auf. Abschrecken in Leinöl und schmelzendem Blei liefert im wesentlichen Troostit.

Die Wirkung des Anlassens auf das Ätzbild ist in den Abb. 31 bis 33, Taf. VII gezeigt. Die erstere entspricht der Probe 3, Abb. 32 der Probe 5, Abb. 33 der Probe 7 nach dem Anlassen, Nachpolieren und Ätzen mit alkoholischer Salzsäure. Der ursprünglich helle Martensit ist jetzt dunkelgefärbt, also in Troostit umgewandelt. Die ursprünglich vorhandenen Troostitflecken in den Abb. 31, 32, 33 erscheinen nach dem Anlassen dunkler als die Umgebung.

Die Proben wurden ferner vor und nach dem Anlassen auf Ritzhärte geprüft. Die Ergebnisse finden sich in Tabelle VIII.

Tabelle VIII.

Abschreckmittel	Ritzbreite (Verhältniszahlen) an den Stellen, die vor dem Anlassen erschienen:				Gewichtsabnahme in verdünnter 1 proz. Schwefelsäure (Verhältniszahlen) nach 72 Stunden[2]	
	hell		dunkel			
	vor Anlassen	nach Anlassen	vor Anlassen	nach Anlassen	vor Anlassen	nach Anlassen
Kochsalzlösung	100	146	154	—	170	420
Wasser 0°	100	149	154	154	154	496
Wasser 20°	100[1]	146	154	—	100[2]	443
Quecksilber 22°	100	146	154	154	146	455
Wasser 100°	nicht da	nicht da	152	154	250	277
Leinöl 20°	„	„	153	153	273	254
Schmelzendes Blei . . .	„	„	154	154	370	312

Die Troostitstellen im unangelassenen Schliff haben ungefähr die relative Ritzbreite 154, wenn die Ritzbreite der martensitischen Stellen in den mit Wasser von 20° abgeschreckten Proben gleich 100 gesetzt wird. Sie sind also weicher als der Martensit. Ihre Ritzbreite und somit auch ihre Härte wird durch Anlassen nicht wesentlich geändert. Die Ritzbreite der in den unangelassenen Proben vorhandenen martensitischen Stellen wird dagegen infolge der Anlaßwirkung von rund 100 auf etwa 146 gesteigert. Darnach sind die martensitischen Stellen nach dem Anlassen bei 300 bis 320° immer noch härter als die ursprünglichen troostitischen Stellen im unangelassenen Stahl. Dies bedeutet, daß die Abkühlung der troostitischen Stellen in den abgeschreckten und nicht angelassenen Stahlproben so langsam war, daß die damit verbundene Anlaßwirkung weiter ging, als durch nachfolgendes Anlassen des Martensits bei 300 bis 320° erreichbar ist. Der gleiche Schluß ergibt sich aus den Ätzproben, Abb. 31 bis 33, Taf. VII. Der ursprüngliche Troostit ist nach dem Anlassen dunkler gefärbt, als der aus dem Martensit durch Anlassen entstandene Troostit.

Mit den Proben sind auch Löslichkeitsversuche in 1 prozent. Schwefelsäure (23) ausgeführt worden, und zwar vor und nach dem Anlassen. Die Ergebnisse sind in Tabelle VIII mit enthalten. Hierbei ist die Gewichtsabnahme der in Wasser von 20° abgeschreckten und nicht angelassenen Proben gleich 100 gesetzt; alle übrigen Gewichtsabnahmen sind darauf bezogen. Da bei einzelnen Proben neben Martensit im Schliff auch Troostit auftrat, erhält man nur die durchschnittliche Löslichkeit beider Stoffe, die auch noch beeinflußt wird durch galvanische Wirkungen. Man muß daher

---

[1]) Die Ritzbreite der in Wasser von 20° abgeschreckten, nicht angelassenen Proben an den martensitischen Stellen gleich 100 gesetzt; darauf alle übrigen Werte bezogen.

[2]) Die Gewichtsabnahme der in Wasser von 20° abgeschreckten Probe gleich 100 gesetzt; darauf alle übrigen Gewichtsabnahmen bezogen.

vorsichtig mit den zu ziehenden Schlüssen sein. Mit Sicherheit kann man aber aus der Tabelle entnehmen, daß die durchschnittliche Löslichkeit der in Wasser von 20^0 und 0^0, in Chlornatriumlösung von 18,5^0 und in Quecksilber abgeschreckten Proben infolge des darauffolgenden Anlassens kräftig zunimmt, während die Löslichkeit der bereits vor dem Anlassen völlig im troostitischen Zustand befindlichen, in kochendem Wasser, Leinöl oder schmelzendem Blei abgeschreckten Proben durch das Anlassen nicht wesentlich beeinflußt wird. Die Ergebnisse der Löslichkeitsversuche stehen somit im Einklang mit den Ergebnissen der Ritzhärteversuche. Da in den erstgenannten Proben vor dem Anlassen die Hauptmenge des Stahles aus Martensit gebildet war, mußte dessen Löslichkeit und damit die der ganzen Probe durch das Anlassen gesteigert werden. Bei den in kochendem Wasser, Leinöl und schmelzendem Blei abgeschreckten Proben hingegen war bereits vor der Abschreckung ein Anlaß-Zustand erzielt, der weitergehend war, als der durch die nachfolgende Anlaßhitze von 300 bis 320^0 erreichbare. Es war somit zu erwarten, daß Löslichkeitsänderung nicht eintrat.

δ) Anlassen von innen.

43. In der Praxis wird vielfach noch nach dem Schema *D* (Abb. 53) Härtung und Anlaßwirkung erzielt. Taucht man ein Stahlstück bei der Abschrecktemperatur *b* plötzlich in die Abschreckflüssigkeit (z. B. Wasser), so wird sich die Außenschicht schneller abkühlen, als der innere Teil. Nach einer bestimmten Zeit *z* wird z. B. die erstere die niedrige Temperatur t_a, die letztere die höhere Temperatur t_i angenommen haben. Die mittlere Temperatur des Stahlstückes, d. h. diejenige Temperatur, die es annehmen würde, wenn alle seine Teile die gleiche Temperatur besäßen, sei in dem gegebenen Augenblick t_m. Wird nun das Stahlstück nach der Zeit *z* aus der Abschreckflüssigkeit herausgenommen und der Abkühlung an der Luft überlassen, so wird ein Temperaturausgleich angestrebt werden. t_a steigt auf t_a' und t_i sinkt auf t_i'. Auf der Oberfläche des Stahlstücks wird diejenige Anlaßfarbe erscheinen, die der Temperatur t_a' entspricht; alsdann kühlt man das Stahlstück plötzlich in Wasser ab. Diese letztere Abkühlung hat nicht mehr den Zweck Härtung herbeizuführen, sondern sie soll lediglich dem Fortschreiten der Anlaßwirkung bei t_a' Einhalt gebieten.

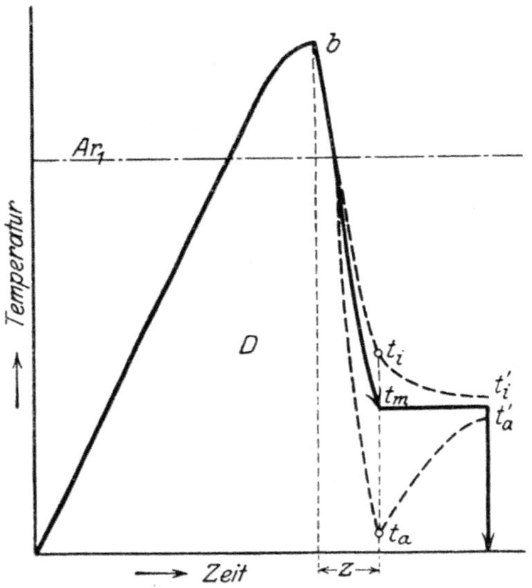

Abb. 53.

Selbstverständlich ist das Ergebnis der Behandlung in den Außenschichten des Stahlstücks verschieden von dem in den Innenschichten; denn dort ist für die Wirkung des Abschreckens und Anlassens der Verlauf der Linie $b t_i t_i'$ maßgebend, die zu einer höheren Anlaßwirkung führt, als die Behandlung nach der Kurve $b t_a t_a'$ in der Außenschicht.

Es erfordert große Geschicklichkeit, die Zeit *z* so zu wählen, daß eine der gewünschten Anlaßwirkung entsprechende Temperatur t_a' auf der Oberfläche des Stahles erzielt wird. Wird die Zeit *z* überschritten, so ist die Anlaßwirkung zu groß.

b) Über- und untereutektische Eisenkohlenstoff-Legierungen.

α) Gefüge nach dem Abschrecken bei verschiedenen Temperaturen.

44. Bei der bisher besprochenen eutektischen Legierung liegen die Verhältnisse beim Abschrecken von einer Temperatur oberhalb A_1 einfach. Oberhalb dieser Umwandlungstemperatur besteht die Legierung aus der festen Lösung von Karbid in γ-Eisen. Bei der langsamen Abkühlung findet bei Ar_1 die Umwandlung dieser Lösung in den Perlit, ein Gemenge von Ferrit und Zementit, statt. Schreckt man aber von einer oberhalb A_1 gelegenen Temperatur aus die Legierung plötzlich ab, so wird diese Umwandlung unterdrückt und man erhält Martensit, wenn die Abschreckung genügend schroff vor sich ging. Ist die Abschreckung nicht genügend schroff, so kann Anlaßwirkung eintreten; es bilden sich dann die Gefügebestandteile des angelassenen Stahls, die entweder allein oder in Gesellschaft mit Martensit das Gefüge ausmachen.

Etwas verwickelter liegen die Verhältnisse bei den unter- und übereutektischen Legierungen. Hier können nach der Abschreckung außer dem Martensit und den aus ihm durch Anlaßwirkung hervorgegangenen Gefügebestandteilen noch Ferrit, bzw. Zementit hinzukommen, und zwar in verschiedenen Mengenverhältnissen je nach der Abschrecktemperatur und nach dem Kohlenstoffgehalt der Legierung.

45. Wir wollen die Verhältnisse zunächst an einer untereutektischen Legierung mit 0,17 % Kohlenstoff und 0,02 % Mangan untersuchen und zwar an Hand des c, t-Bildes Abb. 54. Die Legierung wird dargestellt durch die Kennlinie $K_{0,17}$, d. i. die Senkrechte im Abstand $c = 0,17$ von der Ordi-

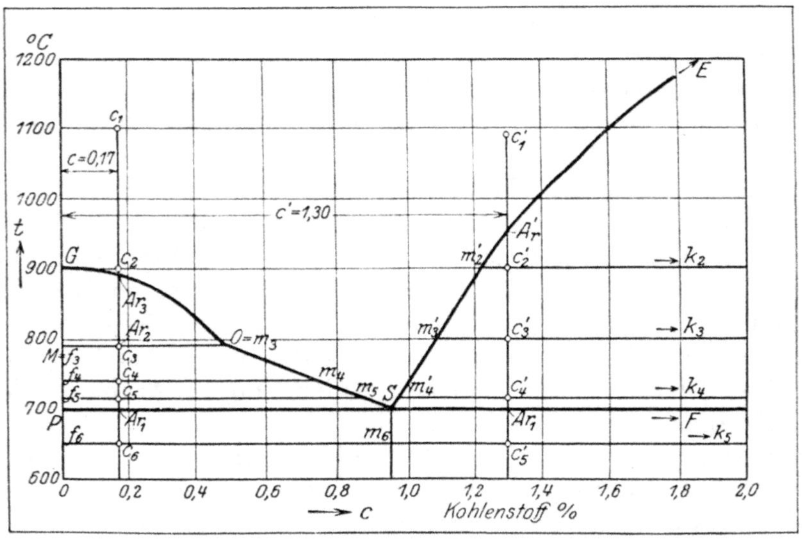

Abb. 54. Teil des c, t-Bildes der Eisenkohlenstoff-Legierungen.

natenachse (IIA, 11). Die Abschreckung geschah bei den unten angegebenen Temperaturen t_a in Wasser von Zimmerwärme. Zwei Probestücke jedes von den Abmessungen $6 \times 9 \times 5$ mm waren miteinander durch Platindraht zusammengebunden. Zwischen beide wurde die Warmlötstelle des Thermoelementes geklemmt. Vor der Abschreckung wurden die Proben auf die Temperatur t_e langsam erhitzt, alsdann erfolgte langsame Abkühlung von t_e auf die Abschrecktemperatur t_a (E. Heyn, L. 8).

Die Legierung sei erhitzt auf $t_e = 1100^0$. Ihr Zustand ist dann dargestellt durch den Kennpunkt c_1 in Abb. 54. Dieser liegt oberhalb *GOSE*, also in dem Bereich der homogenen festen γ-Lösungen. Könnten wir die Legierung von $t_e = t_a = 1100^0$ so rasch abschrecken, daß die Umwandlungen zwischen Ar_3 und Ar_1 (890 und 700^0) völlig unterdrückt würden, so wäre nach dem Abschrecken ein einziger Bestandteil, nämlich Martensit zu erwarten, der ja bei der Abschreckung aus der festen Lösung entsteht. Es ist aber von vornherein einleuchtend, daß es schwer sein wird, den Durchgang durch das ganze Temperaturbereich 890 bis 700^0 so schnell zu bewirken, daß tatsächlich keine teilweise Entmischung der oberhalb Ar_3 homogenen γ-Lösung stattfindet[1]). Bei langsamer Abkühlung würde sich auf dem Wege zwischen Ar_3 und Ar_1 Ferrit aus der festen Lösung abscheiden, wobei die letztere entsprechend kohlenstoffreicher wird. Wir werden uns daher darauf gefaßt machen müssen, daß nach der Abschreckung die γ-Lösung nicht ganz unverändert erhalten bleibt, sondern daß sie ein Gemenge darstellen wird, in dem zwar nicht reiner Ferrit, wohl aber ein kohlenstoffärmerer, dem Ferrit nahestehender Körper neben einem kohlenstoffreicheren Bestandteil ausgeschieden wird. (E. Heyn, L. 27.) Wir wollen trotz dieser Entmischung das Gemenge als Martensit bezeichnen, weil es die äußerlichen Merkmale desselben, nämlich den nadligen Aufbau besitzt. In Abb. 34, Taf. VIII ist der so erhaltene Martensit in 123facher Vergrößerung dargestellt. Dunklere und hellere Stellen wechseln miteinander ab. Bei starker Vergrößerung (900fach, s. Abb. 35, Taf. VIII) erkennt man deutlich den nadligen für den Martensit kennzeichnenden Aufbau. In den dunkleren Stellen ist das nadlige Gefüge deutlich, während in den helleren Stellen ein ferritähnlicher Bestandteil überwiegt. Beide Bilder sind den mit alkoholischer Salzsäure geätzten Schliffen entnommen.

Erhitzt man die Legierung auf $t_e = 1100^0$ und kühlt langsam auf $t_a = 900^0$ ab, so wird ihr Zustand durch den Kennpunkt c_2 angedeutet. Auch dieser liegt noch oberhalb *GOSE*, also in dem Gebiet der homogenen festen γ-Lösungen. Auch hier werden wir den Zerfall dieser Lösung durch Abschrecken nicht vermeiden können; er wird sogar noch etwas weiter gehen als in dem vorigen Beispiel, da ja wegen der Nähe der Punkte c_2 und Ar_3 die Umwandlungstemperatur Ar_3 langsamer durchschritten wird, als wenn man von einem höher gelegenen Punkte, z. B. c_1, abschreckt (38). Nach 15 Minuten langer Ätzung mit alkoholischer Salzsäure ergibt sich das in Abb. 36, Taf. VIII in 123facher Vergrößerung ersichtliche Gefügebild. Helle und dunkle Stellen wechseln wieder miteinander ab. Bei 900facher Vergrößerung (s. Abb. 37, Taf. VIII) erkennt man den nadelförmigen Aufbau. Wir nennen das Ganze Martensit.

Die Legierung sei auf $t_e = 1000^0$ erhitzt und auf $t_a = 790^0$ langsam abgekühlt. Der Kennpunkt c_3 liegt jetzt innerhalb der Fläche *GOSP*, d. h. in dem Feld, in welchem die Legierung homogen nicht mehr bestehen kann, sondern zerfallen ist in Ferrit[2]), dargestellt durch den Punkt f_3 (nahezu kohlenstofffrei, daher Abszisse gleich Null) und eine kohlenstoffreichere feste γ-Lösung dargestellt durch den Punkt m_3 mit etwa 0,5 % Kohlenstoff entsprechend der Abszisse von m_3. Die Mengenverhältnisse (dem Gewicht nach)

---

[1]) Die Reibung r wächst mit dem Kohlenstoffgehalt. Ist dieser gering, so ist r zu klein, um genügendes Abbremsen der Kolben bei der Abschreckung zu bewirken (20).

[2]) Die Umwandlung bei $Ar_2 = 790^0$ vollzieht sich innerhalb des Ferrits ohne sichtbare Veränderung im Gefüge; sie kann deswegen bei den folgenden Betrachtungen außer Betracht gelassen werden.

zwischen dem Ferrit f_3 und der festen Lösung m_3 ergeben sich nach dem Hebelgesetz (II A, 37) wie folgt:

$$\frac{\text{Ferrit}}{\text{feste Lösung}} = \frac{\overline{c_3 m_3}}{\overline{c_3 f_3}} = \frac{\overline{m_3 f_3} - \overline{c_3 f_3}}{\overline{c_3 f_3}} = \frac{0{,}5 - 0{,}17}{0{,}17} = \frac{0{,}33}{0{,}17}.$$

Sieht man von dem geringen Unterschied im spezifischen Gewicht der festen Lösung und des Ferrits ab, so kann man auch das Volumen der beiden Bestandteile gleich $\frac{0{,}33}{0{,}17}$ setzen. Die Summe beider muß das ganze Volumen, also $100\,^0/_0$ ausmachen; wir erhalten somit

$$\text{Menge des Ferrits in } ^0/_0 \ldots 100 \cdot \frac{0{,}33}{0{,}33 + 0{,}17} = 66\,^0/_0;$$

$$\text{Menge der festen Lösung in } ^0/_0 \; 100 \cdot \frac{0{,}17}{0{,}33 + 0{,}17} = 34\,^0/_0.$$

Schrecken wir nun bei $t_a = 790^0$ ab, so werden die $66\,^0/_0$ Ferrit äußerlich unverändert bleiben; jedenfalls wird an der Menge des Ferrits nichts geändert. Die $34\,^0/_0$ fester γ-Lösung werden infolge Abschreckens in martensitischer Form beibehalten werden, wofern nicht infolge ungenügender Abschreckgeschwindigkeit ein Teil des Martensits in Troostit übergeht. Das Gefüge der Probe ist nach dem Reliefpolieren (II A, 233) in Abb. 38, Taf. VIII in 123 facher Vergrößerung dargestellt. Härtere Inseln liegen in einer etwas weicheren Grundmasse. Nach 6 Minuten langer Ätzung mit alkoholischer Salzsäure ergab sich in etwas stärkerer Vergrößerung (365 fach) das Bild 39, Taf. VIII. Die harten Inseln sind von einem dunklen Troostitsaum umgeben. Bei noch weiterer Vergrößerung (900 fach) erkennt man in Abb. 40, Taf. IX eine von den härteren Inseln mit ihrem Saum von Troostit. Sie zeigt Andeutungen des nadligen Aufbaus, ist also Martensit. Die weiche Grundmasse, in der die Martensitinseln liegen, ist an ihren Ätzfiguren als Ferrit zu erkennen. Durch planimetrische Ausmessung wurde der Flächenanteil der harten Inseln zu $48\,^0/_0$ festgestellt, statt $34\,^0/_0$ nach der Berechnung. Angesichts des Umstandes, daß der Flächenanteil der harten Inseln nur innerhalb eines verhältnismäßig kleinen Gesichtsfeldes gemessen wurde, ist die Übereinstimmung zwischen Rechnung und Beobachtung leidlich.

Eine Probe derselben Legierung wurde auf $t_e = 1020^0$ erhitzt und langsam auf $t_a = 740^0$ abgekühlt. Der Kennpunkt für den Zustand der Legierung bei 740^0 ist c_4. Auch er liegt innerhalb des Feldes, in dem die Legierung nicht homogen sein kann, sondern zerfallen ist in Ferrit f_4 und in eine feste Lösung m_4, deren Kohlenstoffgehalt durch die Abszisse von m_4 zu $0{,}74\,^0/_0$ gegeben ist. Die in analoger Weise wie oben durchgeführte Rechnung ergibt:

$$\frac{\text{Ferrit}}{\text{feste Lösung}} = \frac{c_4 m_4}{c_4 f_4} = \frac{0{,}58}{0{,}14},$$

mithin berechneten Flächenanteil des Ferrits $77\,^0/_0$ und Flächenanteil der festen Lösung $23\,^0/_0$. Das Gefüge der bei $t_a = 740^0$ abgeschreckten Probe ist nach dem Reliefpolieren in 123 facher Vergrößerung in Abb. 41, Taf. IX wiedergegeben. Es besteht aus harten Inseln innerhalb einer weichen Grundmasse von Ferrit. Der Flächenanteil der harten Inseln wurde durch Messung zu $23\,^0/_0$ ermittelt, was in guter Übereinstimmung mit der Berechnung steht. Nach Ätzung mit alkoholischer Salzsäure wird ein großer Teil der harten

Inseln dunkel gefärbt; sie bestehen also im wesentlichen aus Troostit und nur zum geringen Teil aus Martensit, wie Abb. 42, Taf. IX in 900facher Vergrößerung lehrt.

Daß der Anteil der harten Inseln an Troostit größer geworden ist, als in der bei 790° abgeschreckten Probe, ist nach dem früher Gesagten verständlich. Wir hatten beim eutektischen Stahl gesehen, daß die Anlaßwirkung während des Abschreckens unter sonst gleichen Umständen um so größer ist, je mehr sich die Abschrecktemperatur dem Wert $700^0 = Ar_1$ nähert, weil die Abkühlungskurve dann zunächst nur langsam sinkt und gerade während des Durchgangs durch Ar_1 das geringste Gefälle hat. Die Folge davon ist reichlichere Troostitbildung (38). Die angewendete Abschrecktemperatur von 740° liegt auch hier dem Umwandlungspunkt sehr nahe; es ist also zu erwarten, daß sich der größere Teil des Martensits in Troostit umgewandelt hat.

In noch höherem Maße muß dies bei der folgenden Probe der Fall sein, die bei 715° abgeschreckt wurde. Sie war zunächst auf $t_e = 1000^0$ erhitzt und dann langsam auf $t_a = 715^0$ abgekühlt. Der Kennpunkt für den Zustand der Probe bei 715° ist c_5. Er liegt ebenfalls innerhalb $GOSP$; die Legierung ist also zerfallen in Ferrit f_5 und feste Lösung m_5 mit 0,86 % Kohlenstoff entsprechend der Abszisse von m_5. Durch das Abschrecken bei 715° bleibt der Ferrit ungeändert; die feste Lösung liefert Martensit und Troostit und zwar fast ausschließlich den letzteren. Abb. 43, Taf. IX läßt das Gefüge der abgeschreckten Legierung nach dem Reliefpolieren bei 123facher Vergrößerung erkennen. Die erhabenen Inseln werden durch alkoholische Salzsäure fast vollständig dunkel gefärbt; nur an ganz wenigen Stellen ist innerhalb des Troostits noch etwas Martensitrest festzustellen. Der gemessene Anteil des Troostits einschließlich des Martensits beträgt 21 %. Die Rechnung ergibt

$$\frac{\text{Ferrit}}{\text{feste Lösung}} = \frac{c_5 m_5}{c_5 f_5} = \frac{0{,}69}{0{,}17},$$

mithin Flächenanteil des Ferrits 80 % und Flächenanteil der harten Inseln 20 %. Rechnung und Beobachtung stimmen also gut überein.

Schließlich ist noch der Fall zu erörtern, daß die Legierung auf $t_e = 1000^0$ erhitzt, langsam auf $t_a = 650^0$ abgekühlt und dann bei dieser Temperatur abgeschreckt wird, die unterhalb der Umwandlungstemperatur $Ar_1 = 700^0$ liegt. Nach früherem kann Martensit bzw. Troostit nur gebildet werden, wenn die Abschreckung oberhalb Ar_1 vorgenommen wird. Läßt man langsam durch Ar_1 abkühlen, so bildet sich beim Durchgang durch diese Temperatur Perlit, der durch das nachfolgende Abschrecken nicht mehr beeinflußt wird. Nach Ätzung des so behandelten Materials mit alkoholischer Salzsäure erscheinen, wie Abb. 44, Taf. X in 123facher Vergrößerung erkennnen läßt, dunkle Inseln in der hellen Grundmasse von Ferrit. Bei stärkerer Vergrößerung (900fach) in Abb. 45, Taf. X zeigen die dunklen Inseln den kennzeichnenden Lamellenaufbau, sie sind also Perlit. Die Legierung bei 650° wird dargestellt durch den Kennpunkt c_6. Dieser liegt unterhalb PSF, also in dem Bereich, in dem die Legierung bereits aus Ferrit f_6 und Perlit m_6 mit 0,95 % Kohlenstoff zerfallen ist. Die Mengenverhältnisse der beiden Bestandteile ergeben sich wie folgt:

$$\frac{\text{Ferrit}}{\text{Perlit}} = \frac{c_6 m_6}{c_6 f_6} = \frac{0{,}78}{0{,}17},$$

also Ferrit 82% und Perlit 18%. Planimetrisch wurden gefunden 19% Perlit, was mit der Berechnung gut übereinstimmt.

46. Auf Grund der in den vorhergegangenen Beispielen gezeigten Rechnung können wir für jede untereutektische Legierung und für jede Abschrecktemperatur die ungefähre Menge von Ferrit und Martensit (einschließlich Troostit) ermitteln. Wir finden dann allgemein:

Abschrecktemperatur oberhalb *GOS*: Gefüge ausschließlich Martensit bzw. Troostit.

Abschrecktemperatur zwischen *GOS* und *PS*: Ferrit neben Martensit (bzw. Troostit).

Die Martensitmenge nimmt zu mit steigender Abschrecktemperatur einerseits und mit steigendem Kohlenstoffgehalt andererseits.

Der Kohlenstoffgehalt des Martensits ist wechselnd und zwar abhängig von der Abschrecktemperatur und dem Kohlenstoffgehalt der Legierung. In einer und derselben Legierung nähert sich der Kohlenstoffgehalt des Martensits um so mehr dem Wert 0,95%, je näher die Abschrecktemperatur bei $Ar = 700^0$ liegt.

Die Gelegenheit zur Umwandlung des Martensits in Troostit ist um so günstiger, je mehr sich die Abschrecktemperatur der eutektischen Temperatur $Ar_1 = 700^0$ nähert.

Abschrecktemperatur unterhalb *PF*: Gefüge wie bei langsamer Abkühlung, Ferrit neben Perlit, wobei die Perlitmenge mit dem Kohlenstoffgehalt der Legierung steigt.

Georens und Meyer (L. 73) suchten die Lage der Linie *GOS* mittels des Abschreckverfahrens (II A, 207, 208) zu erhalten, da sie die Grenze bildet zwischen den abgeschreckten Legierungen, die aus reinem Martensit, und denen die aus Martensit und Ferrit bestehen. Sie schreckten bei verschiedenen Temperaturen t_a ab und suchten die Temperatur t_a zu bestimmen, bei der eben die ersten Spuren von Ferrit im Martensit auftraten. Nach ihren Versuchen würde die Linie *GOS* einen anderen Verlauf haben, als in Abb. 54. Ich habe die thermisch ermittelte Lage in Abb. 54 beibehalten (14), weil sie mit meinen eigenen Abschreckversuchen besser übereinstimmt. Außerdem ist das sonst sehr brauchbare Abschreckverfahren gerade im vorliegenden Falle sehr unscharf, da es außerordentlich schwer hält, bei kohlenstoffarmen, in der Nähe der Linie *GO*, oder darüber abgeschreckten Eisensorten zu entscheiden, ob das Gefüge reiner Martensit oder bereits ein Gemenge von Martensit und Ferrit ist. Vgl. die Abb. 34 bis 37, Taf. VIII.

47. Der Troostit kann sich als Saum um die harten Inseln des Martensits legen, oder er verdrängt den Martensit in den harten Inseln ganz, ist aber innerhalb der abgeschreckten Probe gleichmäßig verteilt. (Vgl. die oben beschriebenen Beispiele.) Bei den Legierungen mit mehr als 0,4% Kohlenstoff reichert sich aber der Troostit vielfach in den inneren Teilen der abgeschreckten Probe an, während er in den Außenschichten mehr zurücktritt. Wir haben hier also eine ganz ähnliche Erscheinung wie beim eutektischen Stahl. Die Erklärung ist auch dieselbe. Die Abschreckwirkung ist in den inneren Teilen weniger schroff als in den Oberflächenschichten, die unmittelbar mit dem Abschreckmittel in Berührung kommen. Als Beispiel hierfür dient Abb. 55. Es stellt ein kleines Stahlplättchen mit 0,5% Kohlenstoff in etwa doppelter Vergrößerung dar, das bei 710° in Wasser abgeschreckt wurde. Der Schliff ist mit alkoholischer Salzsäure geätzt. Die troostitreichen Stellen bilden ein dunkles Kreuz im Innern; die hellen Ecken sind troostitärmer und martensitreicher. Bei Legierungen mit weniger als 0,4% Kohlen-

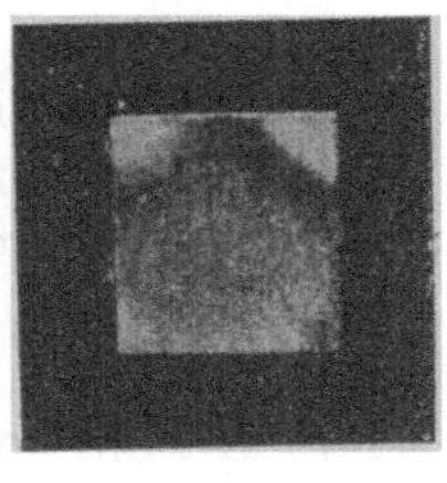

Abb. 55. Stahlplättchen mit 0,5% C, bei 710° C abgeschreckt (mit alkoholischer Salzsäure geätzt).

stoff habe ich eine solche Erscheinung noch nicht beobachten können. Aber der Unterschied in der Abschreckwirkung außen und innen macht sich bei ihnen dadurch bemerkbar, daß in den äußeren Schichten die harten Inseln etwas mehr Martensit und weniger Troostit, in den inneren umgekehrt etwas weniger Martensit und mehr Troostit enthalten.

48. Beachtenswert ist, daß Mangan unter sonst gleichen Umständen die Troostitbildung verringert, d. h. also, daß es die Anlaßwirkung beim Abschrecken verkleinert. Ein Mangangehalt von $0{,}2\,^0/_0$ macht sich in einer Legierung mit $0{,}14\,^0/_0$ Kohlenstoff bereits deutlich im oben genannten Sinne bemerkbar (E. Heyn, L. 8 S. 380). Mangan erhöht sonach die Reibung r (20) beträchtlich.

49. Die Verhältnisse bei übereutektischen Legierungen lassen sich in ähnlicher Weise darlegen wie bei den untereutektischen. Als Beispiel werde eine Legierung mit $1{,}3\,^0/_0$ Kohlenstoff gewählt. Die zur Abschreckung gelangenden Proben (L. 8) bestanden aus je zwei Würfeln von 5 mm Seitenlänge, die mit Platindraht verbunden waren und zwischen sich die Warmlötstelle des Thermoelementes klemmten. Jedes Würfelpaar wurde auf die unten näher verzeichnete Temperatur t_e erhitzt, dann langsam auf die Temperatur t_a abgekühlt und bei dieser in Wasser von Zimmerwärme abgeschreckt. Angeschliffen wurde eine der mit der Warmlötstelle in Berührung gewesenen Flächen der Würfel.

In Abb. 54 wird die Legierung dargestellt durch die Kennlinie ($K_{1,30}$ im Abstand $c' = 1{,}3$ von der Ordinatenachse. Der Zustand der Legierung bei 1090^0 ist gegeben durch den Kennpunkt c_1'. Dieser liegt im Gebiet der homogenen γ-Lösungen oberhalb *GOSE*. Schreckt man bei $t_a = 1090^0$ ab, so muß an Stelle der festen Lösung der Gefügebestandteil Martensit (bzw. Troostit usw.) erscheinen, wie dies Abb. 46, Taf. X in 365facher Vergrößerung erkennen läßt. Der Schliff ist mit alkoholischer Salzsäure geätzt. Der für Martensit kennzeichnende nadlige Aufbau tritt deutlich hervor. Da auch hier nicht zu erwarten ist, daß die Abschreckung ausreicht, um die Vorgänge, die sich in dem langen Temperaturbereich zwischen Ar' und Ar_1 (850 bis 700^0) vollziehen möchten, ganz zu unterdrücken, so wird der Martensit bereits zerfallen sein in einen kohlenstoffreicheren, sich dem Zementit nähernden, und einen kohlenstoffärmeren Bestandteil. Das ist in Abb. 47, Taf. X deutlich zu erkennen; härtere Nadeln liegen in vertiefter weicherer Grundmasse (II A, 233). Noch besser wird dies sichtbar, wenn man den Schliff in schwacher wäßriger Salzsäure als Anode einer Platinkathode gegenüber einhängt und einen schwachen Strom durchschickt (II A, 236). Die vorher erhabenen Nadeln bleiben hierbei ungefärbt, während der weichere Bestandteil dunklere Färbung angenommen hat.

Läßt man die Legierung von $t_e = 1000^0$ langsam auf $t_a = 900^0$ abkühlen, so ist ihr Zustand durch den Kennpunkt c_2' gegeben, der bereits im Feld *SEF* liegt. In diesem sind die Legierungen zerfallen in Karbid k_2 und in feste Lösung m_2', letztere vom Kohlenstoffgehalt $1{,}22\,^0/_0$. Die Abszisse des Punktes k_2 würde $6{,}67\,^0/_0$ sein, da ja das Karbid diesen Kohlenstoffgehalt besitzt. Das Schaubild Abb. 54 ist nicht soweit gezeichnet. Die Mengenverhältnisse zwischen Karbid und fester Lösung m_2' würden sich mit Hilfe des Hebelgesetzes berechnen lassen. Die Lage der Linie *SE* ist aber noch ziemlich unsicher, so daß von dieser Rechnung abgesehen ist. Nach Abschrecken bei 900^0 C muß die Legierung aus Martensit (entsprechend den Mischkristallen m_2') und Zementit bestehen. Tatsächlich läßt Abb. 47, Taf. X in 365facher Vergrößerung nach Ätzung mit alkoholischer Salzsäure erkennen: kleine Zementitinselchen eingebettet in der etwas dunkler erscheinenden nadeligen Martensitgrundmasse.

Die Legierung werde von $t_e = 1012$ auf $t_a = 800^0$ langsam abgekühlt. Entsprechend der Lage des Kennpunktes c_3' ist die Legierung zerfallen in Karbid k_3 und in feste Lösung m_3', letztere vom Kohlenstoffgehat 1,08 $^0/_0$. Nach dem Abschrecken bei $t_a = 800^0$ muß an Stelle der festen Lösung m_3' Martensit auftreten, in dem das frei ausgeschiedene Karbid k_3 eingebettet ist. Planimetrisch wurden in der abgeschreckten Probe 15 $^0/_0$ Zementit und 85 $^0/_0$ Martensit gefunden.

Abschreckung der Legierung bei 715^0 ($t_e = 1007$, $t_a = 715^0$) müßte entsprechend dem Kennpunkt c_4' Zementit k_4 neben Martensit (Troostit) von einem der Abszisse von m_4' entsprechenden Kohlenstoffgehalt ergeben. Die Zementitmenge muß größer sein als im vorausgehenden Beispiel; sie wurde in Übereinstimmung hiermit zu 19 $^0/_0$ festgestellt. Das Gefüge ist in Abb. 48, Taf. X in 365facher Vergrößerung nach Ätzung mit alkoholischer Salzsäure dargestellt. Die Zementitinseln liegen eingebettet in deutlich nadeligem Martensit; sie sind von einem dünnen Troostitsaum umgeben. Einzelne Zementitinseln werden durch dünne Troostitfäden verbunden.

Abschrecken der Legierung nach langsamer Abkühlung auf 650^0 ergibt entsprechend der Lage des Kennpunktes c_5' unterhalb der eutektischen Linie *PF* keinen Martensit (Troostit), sondern Perlit neben Zementit, wie Abb 49, Taf. X nach Ätzung mit alkoholischer Salzsäure in 900facher Vergrößerung erkennen läßt. Der Zementit ist hier gut kristallisiert. Der Perlit zeigt deutlichen Lamellenaufbau. Der Flächenanteil des Zementits beträgt auf Grund der Messung 22 $^0/_0$.

Troostit war in der bei 715^0 abgeschreckten Probe trotz der Nähe der Abschreckhitze an der Umwandlungstemperatur Ar_1 nur in geringer Menge vorhanden. Dies ist nicht auffällig, da die Abmessungen der abgeschreckten Proben sehr klein sind ($5 \times 5 \times 5$ mm), so daß die Abschreckung an allen Teilen gleichmäßig und sehr schroff ist. Troostit tritt in den übereutektischen Legierungen unter denselben Bedingungen auf wie in den eutektischen und untereutektischen. Zum Beweis diene folgendes: Eine Legierung mit 2,08 $^0/_0$ Kohlenstoff, 0,05 $^0/_0$ Silizium und 0,12 $^0/_0$ Mangan wurde bei 750^0 in Wasser von Zimmerwärme abgeschreckt. Die abgeschreckte Probe bestand aus zwei mit Platindraht verbundenen Teilen von je $9 \times 6 \times 5$ mm. Der Platindraht berührte die Probe an den in Abb. 56 mit *a* und *b* bezeichneten Stellen; die Abschreckung ging an diesen Stellen infolgedessen etwas langsamer vor sich als an den übrigen Teilen. Das Gefüge an den dunklen Stellen *a* und *b* ist in 225facher Vergrößerung nach Ätzung mit alkoholischer Salzsäure in Abb. 50, Taf. XI, dasjenige an den hellen Stellen in Abb. 51, Taf. XI in gleicher Vergrößerung und nach gleicher Vorbehandlung dargestellt. Man erkennt Zementitadern *Z* in einer Grundmasse *M* von Martensit; im Martensit liegen dunkle Troostitflecke, die an den Stellen *a* und *b* in größerer Menge auftreten als an den helleren Stellen des Schliffes.

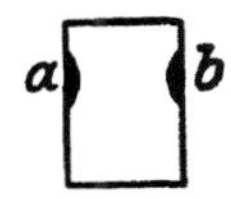

Abb. 56.

50. Für die übereutektischen Legierungen gilt folgende allgemeine Übersicht:

Abschrecktemperatur oberhalb *SE*: Nur Martensit (bzw. Troostit).

Abschrecktemperatur zwischen *SE* und *SF*: Zementit neben Martensit (Troostit). Die Menge des Zementits nimmt zu mit sinkender Abschrecktemperatur und mit steigendem Kohlenstoffgehalt.

Abschrecktemperatur unterhalb *SF*: Zementit und Perlit. Die Menge des Zementits wächst mit dem Kohlenstoffgehalt.

c) Die Härte der Eisenkohlenstoff-Legierungen vor und nach dem Abschrecken.

51. Abb. 57 gibt für verschiedene Eisenkohlenstoff-Legierungen die Kugeldruckhärte in Abhängigkeit vom Kohlenstoffgehalt 1. im Zustand der Naturhärte nach Erhitzung oberhalb Ar_1 und langsamer Abkühlung: Kurve *a* (geglüht); 2. im geschmiedeten Zustand: Kurve *b*; 3. im Zustand der Härtung

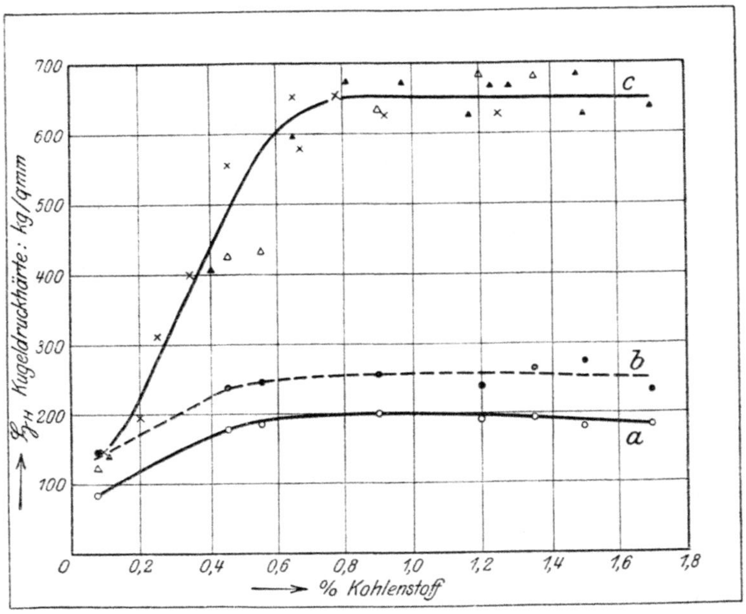

Abb. 57. Kugeldruckhärte von Eisenkohlenstoff Legierungen. *a* im geglühten Zustand, *b* im geschmiedeten Zustand, *c* nach dem Abschrecken oberhalb A_1 (nach Brinell ×, Benedicks △ und Mars ▲).

nach Abschreckung von einer oberhalb A_1 gelegenen Temperatur in Wasser. Das Schaubild ist gezeichnet auf Grund von Untersuchungen von Brinell (L. 30), von Benedicks (II A, L. 8. 31) und von Mars (II A, L. 8. 32).

Die einzelnen Legierungen hatten die Zusammensetzung, wie aus Tab. IX, S. 95 ersichtlich ist.

Die von den drei verschiedenen Forschern erhaltenen Härtezahlen $\mathfrak{H}$ (Druck auf die Flächeneinheit der Eindruckkalotte) sind miteinander vergleichbar (II A, 350). Brinell und Mars verwendeten Stahlkugeln von 10 mm Durchmesser und Drücke von 3000 kg. Benedicks arbeitete mit 5-mm-Kugeln unter Drücken kleiner als 500 kg. Er hat durch einige Vergleichsversuche gezeigt, daß die so erhaltenen Härtezahlen ungefähr übereinstimmen mit denen, die der Versuch mit 10-mm-Kugeln unter 3000 kg Druck liefert.

Aus Abb. 57 folgt:

Die Härte des geglühten Stahls steigt mit wachsendem Kohlenstoffgehalt an bis zu einem Höchstwert, der in der Nähe von 1% Kohlenstoff, also in der Nähe der eutektischen Zusammensetzung erreicht wird. Jenseits dieses Höchstwertes findet wieder schwaches Abfallen der Härte statt.

Dies ist in Übereinstimmung mit dem Verlauf der Zerreißfestigkeit, die auch bei der eutektischen Zusammensetznng einen Höchstwert besitzt (II A, 322). Die Härte der geschmiedeten Legierungen liegt über der Naturhärte. Ob und in welchem Maße dies der Fall ist, hängt vor allem von der Temperatur ab.

Tabelle IX.

	Chemische Zusammensetzung					Abschreckhitze
	C	Si	Mn	P	S	°C
Brinell . . .	0,10	0,007	0,10	0,026 bis 0,028	0,010 bis 0,020	Nicht angegeben
	0,20	0,018	0,40			
	0,25	0,30	0,41			
	0,35	0,26	0,49			
	0,45	0,27	0,45			
	0,65	0,27	0,49			
	0,66	0,33	0,18			
	0,78	0,37	0,20			
	0,92	0,28	0,25			
	1,25	0,60	0,20			
Benedicks .	0,08	0,03	0,13	0,009 bis 0,015	0,005 bis 0,03	Nicht angegeben
	0,45	0,65	0,35			
	0,55	0,86	0,44			
	0,90	0,28	0,41			
	1,20	0,30	0,44			
	1,35	0,26	0,54			
	1,50	0,12	0,29			
	1,70	0,08	0,29			
Mars	0,11	0,02	0,16	Nicht angegeben		880
	0,40	0,10	0,30			860
	0,65	0,15	0,12			850
	0,81	0,08	0,20			820
	0,97	0,20	0,15			810
	1,17	0,18	0,23			780
	1,23	0,17	0,33			780
	1,28	0,18	0,25			765
	1,48	0,20	0,22			755
	1,50	0,12	0,30			750
	1,70	0,12	0,65			740

bei der das Schmieden (oder Walzen) beendet wird. Wird das Schmieden bei sehr niederen Temperaturen beendet, so treten bereits die Wirkungen des Kaltreckens ein, die die Härte steigern (II A, 314).

Die Härte der abgeschreckten Legierungen steigt anfänglich mit wachsendem Kohlenstoffgehalt sehr rasch. Von einem Kohlenstoffgehalt von etwa 0,8 % ab findet keine weitere Steigerung mehr statt. Der Angriff mit der Feile ist bei den abgeschreckten Legierungen von einem Kohlenstoffgehalt von etwa 0,5 % aufwärts nicht mehr möglich. Wenn wir sonach die alte Begriffsfeststellung für die Härtbarkeit (5) festhalten wollten, so würde Härtbarkeit erst von Kohlenstoffgehalten von etwa 0,5 % ab wahrnehmbar sein. Wie willkürlich diese Abgrenzung ist, lehrt ein Blick auf die Kurve *c* in Abb. 57. Erhöhung der Härte infolge des Abschreckens tritt bereits bei sehr niedrigen Kohlenstoffgehalten ein; sie beträgt bei 0,1 % Kohlenstoff bereits 67 % der Naturhärte. Die Härtesteigerung durch das Abschrecken nimmt dann rasch zu, erreicht bei etwa 0,7 % Kohlenstoff bereits das Höchstmaß von etwa 225 % und bleibt dann bei weiterer Steigerung des Kohlenstoffgehaltes unverändert.

In jedem Falle, in dem durch Abschrecken Härtesteigerung herbeigeführt ist, finden wir als Gefügebestandteil Martensit, der somit als Träger der Härte des abgeschreckten Stahles anzusehen ist. Bei nicht genügend schroffer Abschreckung wird nur eine verminderte Steigerung der Härte erzielt. Alsdann treten die Übergangsbestandteile zwischen Martensit und Perlit, insbesondere der **Troostit** als kennzeichnende Gefügeelemente auf.

d) Die magnetischen Eigenschaften der Eisenkohlenstoff-Legierungen vor und nach dem Abschrecken.

52. Früher (18, 22, II A, 390) haben wir festgestellt, daß das Eisen oberhalb $Ar_2 = 780^0$ C paramagnetisch ist, und daß der Ferromagnetismus bei der Abkühlung erst als Folge der bei Ar_2 beginnenden und sich bis A_0 fortsetzenden magnetischen Umwandlung eintrat. Bei den Eisenkohlenstoff-Legierungen beginnt die Umwandlung längs der Linie MOS (Abb. 12) und setzt sich von dieser aus nach unten bis zu einer Temperatur A_0 fort, die wahrscheinlich unterhalb der eutektischen Linie PS liegt.

Die feste γ-Lösung ist in jedem Falle paramagnetisch. Der Martensit ist dagegen erfahrungsgemäß kräftig ferromagnetisch (II A, 397).

Wir können daher den Martensit nicht ohne weiteres als die im metastabilen Zustand bei gewöhnlicher Temperatur erhalten gebliebene, unveränderte feste γ-Lösung betrachten, deren Abkühlung in Abb. 25 (Absatz 22b) etwa nach $b\,Au$ vor sich gehen würde. Es wird wegen des Eintritts des Ferromagnetismus vielmehr eine mehr nach links abweichende Linie etwa nach bM durchlaufen, d. h. es wird mehr Energie bei der Abkühlung in Form von Wärme abgegeben als der bloßen Abkühlung der festen γ-Lösung nach $b\,Au$ entspricht; es findet bereits teilweise Umwandlung statt.

Aus diesem Grunde hatten wir früher den martensitischen Zustand III als Pseudozustand II bezeichnet (20).

Wahrscheinlich tritt ein teilweiser Zerfall der festen γ-Lösung während der Abschreckung ein, der sich, wie bereits in 45 und 49 hervorgehoben, wenigstens in einigen Fällen im Gefüge zu erkennen gibt.

Wir können uns diesen Zerfall etwa wie folgt vorstellen:

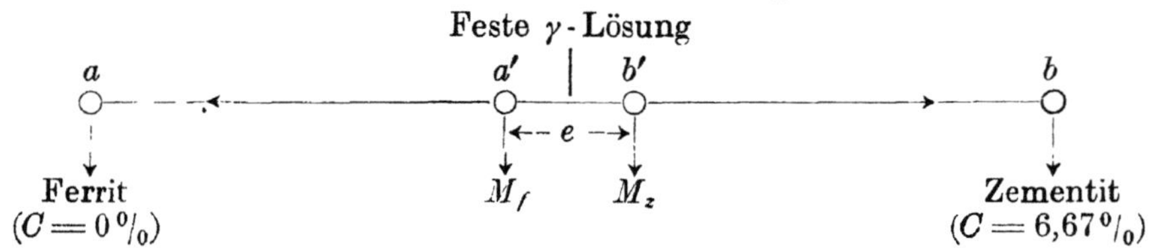

Bei langsamer Abkühlung zerlegt sich die feste γ-Lösung nach obigem Schema in die beiden Endglieder Ferrit und Zementit (Punkte a und b). Bei der Abschreckung kann es vorkommen, daß der Zerfall nicht Zeit hat bis zu den Endpunkten a und b vorzuschreiten, sondern daß er bei den Punkten a' und b' haltmacht, von denen a' Mischkristalle M_f mit geringem, b' Mischkristalle M_z mit größerem Gehalt an Kohlenstoff darstellt als in der ursprünglichen festen γ-Lösung enthalten ist. Je nach der Abschreckungsgeschwindigkeit könnte sich möglicherweise der Abstand e im Kohlenstoffgehalt der beiden Mischkristallarten M_f und M_z ändern. Die Mischkristalle M_f und M_z müßten natürlich metastabil sein. Sie könnten durch ihre innige Vermengung den nadligen Aufbau des Martensites bedingen (Heyn, L. 8). In Abb. 25 würde dann der Punkt M dem durchnittlichen Energiegehalt der beiden Mischkristallarten M_f und M_z entsprechen.

Wegen der kräftigen Magnetisierbarkeit des Martensites ist zu erwarten, daß sowohl M_f wie M_z ferromagnetisch ist.

Je größer der Abstand der Linien $GOSE$ und PSF in Abb. 12 und 54 ist, der während der Abschreckung durchlaufen werden muß, um so mehr

Gelegenheit wird gegeben sein, daß sich während der Abschreckung der Zerfall in M_f und M_z vollzieht Ebenso wird das Maß des Zerfalles von der Geschwindigkeit abhängen, mit der das Temperaturintervall dicht unterhalb Ar_1 (etwa 700 bis 600° C) durchlaufen wird (36).

Die Erfahrung hat gelehrt (II A, 397), daß große Werte von zurückbleibendem Magnetismus und magnetischer Rückhaltskraft bei Eisenkohlenstoff-Legierungen an den Gefügebestandteil Martensit gebunden sind, daß also große Abschreckhärte, großer zurückbleibender Magnetismus, sowie große Rückhaltskraft miteinander parallel gehende Eigenschaften sind. In dem Maße, wie der Martensit durch die Anlaßbestandteile (Troostit usw.) ersetzt wird, werden alle die genannten Eigenschaften verringert.

In Abb. 479, Bd. II A, ist die Stärke der Magnetisierung $\mathfrak{J}$ in Abhängigkeit vom Kohlenstoffgehalt auf Grund der Untersuchungen von Benedicks (II A, L. 8. 31) eingezeichnet. Die chemische Zusammensetzung der Legierungen ist in Tabelle IX angegeben; die übrigen für die Beurteilung nötigen Angaben sind unter dem Schaubild gemacht. Die Abb. 479, Bd. II A enthält ferner noch die Werte für die Rückhaltskraft $\mathfrak{H}_c$. Die Stärke der Magnetisierung $\mathfrak{J}$ nimmt sowohl in den geglühten als auch in den abgeschreckten Legierungen mit steigendem Kohlenstoffgehalte ab, was erklärlich ist, da mit steigendem Kohlenstoffgehalt die Menge des am stärksten ferromagnetischen Anteils, nämlich des Eisens abnimmt. Die Stärke der Magnetisierung ist in den abgeschreckten Proben geringer als in den geglühten. Die Rückhaltskraft hingegen ist in den abgeschreckten Legierungen wegen ihres Martensitgehaltes größer als in den geglühten.

In Abb. 481, Bd. II A sind Ergebnisse der Untersuchungen von Sklodowska Curie (II A, L. 8. 33) mitgeteilt; sie beziehen sich auf den zurückbleibenden Magnetismus und die Rückhaltskraft von abgeschreckten Eisenkohlenstoff-Legierungen. Beide Kurven zeigen einen Höchstwert in der Nähe von 1 % Kohlenstoff, also in der Nähe der eutektischen Legierung. Dies stimmt auch mit anderen Beobachtungsergebnissen überein (Mars, II A, L. 8. 32).

e) Der Austenit.

53. Wir hatten uns früher zur Veranschaulichung der Vorgänge bei den Umwandlungen in Eisenkohlenstoff-Legierungen einer schematischen Vorrichtung bedient, die aus zwei Kolben mit dazwischen liegender Feder besteht (20). Da der Martensit (Zustand III), wie oben auseinandergesetzt, in wichtigen Eigenschaften von dem Zustand II (feste Lösung des Karbids im γ-Eisen) abweicht, so würde folgen, daß die Reibung r während der Abschreckung doch nicht ausreicht, um die Kolben unverändert in der dem Zustand II entsprechenden Stellung festzuhalten und sie zu verhindern, sich um einen gewissen Betrag zu nähern. Der Martensit ist also weiter nichts als eine Zwischenstufe zwischen den Endgliedern γ-Lösung und Perlit, von denen die erstere bei gewöhnlicher Temperatur den geringsten, der letztere den größten Grad der Stabilität besitzt.

Würde es uns gelingen, die γ-Lösung durch starke Abschreckung auch bei gewöhnlicher Temperatur festzuhalten, also die Martensitbildung zu verhindern, so würde die Abkühlung etwa nach der Linie $b\,Au$ in dem Q, t-Bild Abb. 25 verlaufen müssen. Der Zustand der unverändert bis zur gewöhnlichen Temperatur erhaltenen γ-Lösung würde dann durch den Punkt Au angedeutet, der rechts von M liegen muß, weil ja infolge der unterdrückten Umwandlung der festen Lösung in Martensit (M) der dem Punkte Au entsprechende Zustand den geringsten Grad der Stabilität, also den höchsten Energiegehalt, mithin auch die größte Abszisse besitzen muß.

Wir könnten dann erwarten, daß die so behandelte Legierung ebenso wie die γ-Lösung nicht oder wenigstens nur schwach ferromagnetisierbar ist. Wir würden also einen Gefügebestandteil bekommen, der sich wesentlich vom Martensit unterscheidet. Wir hatten gesehen, daß die Reibung r dadurch bedingt wird, daß die Teilchen des γ-Eisens bei ihrem Bestreben sich in dem ganzen von der Legierung eingenommenen Raum zu verteilen oder umgekehrt aus dieser Verteilung wieder an bestimmten Stellen zu konzentrieren zwischen den Karbidteilchen hindurch müssen und dabei Widerstand finden. Wächst die Menge der Karbidteilchen, so muß auch die Reibung r wachsen, und zwar nicht nur die Reibung r_{T_r} in der Nähe der Umwandlungstemperatur, sondern gleichzeitig damit die Reibung r_0 nach der Abkühlung auf gewöhnliche Temperatur. Bei genügend hohem Kohlenstoffgehalt könnten wir also nach sehr schroffer Abschreckung einen Gefügebestandteil erwarten, der der γ-Lösung nahe steht. Ein solcher Bestandteil ist tatsächlich von Osmond entdeckt worden. Er nannte ihn zu Ehren von Roberts-Austen: Austenit. Um ihn durch schroffe Abschreckung erhalten zu können, muß der Kohlenstoffgehalt mindestens 1,1 $^0/_0$ betragen; bei höherem Gehalt bis zu 1,8 $^0/_0$ zeigt er sich noch deutlicher. Bei noch weiter gesteigertem Kohlenstoffgehalt dagegen tritt er wieder zurück, weil bei diesen hohen Gehalten sich die Zementitausscheidung längs der Linie SE (Abb. 12) selbst durch schroffes Abschrecken nicht mehr unterdrücken läßt und sich so ein Teil des Kohlenstoffs, der zur Erhöhung der Reibung in der Lösung gebraucht wird, unwirksam als Zementit abscheidet. Die Reibung r wird dadurch geringer, als zur Erzielung des Austenits erforderlich ist. Die Abschrecktemperatur muß über der Linie $GOSE$ in Abb. 12 liegen, damit sämtlicher Kohlenstoff im Augenblick der Abschreckung gelöst ist. Die letztere erfolgt am besten bei einer Temperatur von 1050° in Eiswasser.

Aber selbst unter diesen günstigen Umständen ist es nicht möglich, reinen Austenit zu erhalten; er ist immer gemengt mit einem zweiten Bestandteil, der sich in Form von zackigen Spießen in den Austenit einlagert. Im Höchstfalle hat Osmond bei Eisenkohlenstoff-Legierungen, die frei waren von größeren Mengen fremder Stoffe, 70 $^0/_0$ Austenit neben 30 $^0/_0$ des spießigen Bestandteiles erhalten. Die beiden Bestandteile unterscheiden sich wesentlich durch ihre Härte. Während der Austenit durch eine Nähnadel, ja sogar schon durch Apatit geritzt werden kann, wird der spießige Begleitbestandteil durch die Nadel nicht angegriffen. Entgegen dem, was man auf Grund der geringen Ritzhärte erwarten sollte, zeichnet sich der Austenit beim Reliefpolieren schlecht von dem härteren Gefügebestandteil ab, namentlich dann nicht, wenn er der Menge nach vorwiegt. Er stellt der Abnutzung großen Widerstand entgegen. Verdünnte Salzsäure (z. B. 10prozentig) färbt den harten Bestandteil, den Austenit aber nicht. Regelmäßigere Ätzung erhält man, wenn man den Schliff als positiven Pol an ein galvanisches Element angehängt in die Salzsäure taucht. In Abb. 52, Taf. XI ist ein in dieser Weise geätzter Schliff bei 365facher Vergrößerung sichtbar. Die Grundmasse A ist Austenit; darin liegen die dunkleren Spieße.

Eine kennzeichnende von Osmond entdeckte Eigenschaft des Austenits ist die, daß er sich bei sehr niedrigen Temperaturen unter Volumvermehrung umwandelt. Es genügt, einen austenithaltigen Schliff, der völlig glatt poliert ist, in flüssige Luft zu tauchen, um sofortige Gefügebildung zu erhalten. Die Schliffoberfläche bläht sich auf und liefert ein Relief; vgl. Abb. 53, Taf. XI in

350facher Vergrößerung. Nach dieser Behandlung zeigt der Schliff die Kennzeichen des Martensits: nadligen Aufbau, große Härte (wird nicht mehr von der Nadel geritzt). Während die Probe vor dem Eintauchen in flüssige Luft geringe magnetische Durchlässigkeit, geringen zurückbleibenden Magnetismus und eine Dichte von 7,798[1]) besaß, hat sie nach der Behandlung mit flüssiger Luft außer der hohen Härte wesentlich höhere magnetische Durchlässigkeit und den 3- bis 4fachen Betrag an zurückbleibendem Magnetismus erlangt, sowie die wesentlich geringere Dichte von 7,692 angenommen. (Im geglühten Stahl betrug das spezifische Gewicht 7,808.) (Osmond, II A, L. 8. 43 und 44.)

Aus den magnetischen Eigenschaften des Austenits geht hervor, daß er der γ-Lösung näher steht als der Martensit. Der mit dem Austenit zusammen auftretende harte Bestandteil stimmt mit dem Martensit in der Härte überein. Je mehr der Schliff von diesem harten Bestandteil enthält, um so mehr nähert er sich in seinen Eigenschaften, namentlich den magnetischen, dem Martensit, so daß die Osmondsche Anschauung, daß der mit dem Austenit zusammen vorkommende spießige Bestandteil Martensit sei, berechtigt erscheint.

54. Da der Austenit sich unter bedeutender Volumvermehrung in Martensit umwandelt, so ist zu erwarten, daß gesteigerter Druck während der Abschreckung der teilweisen Umwandlung des Austenits in Martensit entgegenwirken muß. Diesen Schluß zog Benedicks (L. 29). Er beobachtete, daß sich der Austenit nicht längs der Oberfläche abgeschreckter Proben vorfindet, sondern immer in größerer Entfernung davon nach der Mitte zu. Dies ist verständlich, da ja während der Abschreckung (63) die inneren Teile der Probe unter Druck stehen, weil sie der Zusammenziehung der sich zuerst abkühlenden äußeren Oberflächenschicht Widerstand entgegensetzen. Dadurch, daß Benedicks einen Stahl mit 1,64 % Kohlenstoff mit einer etwa $^1/_2$ mm dicken Schicht von weißem Roheisen umgab und mit dieser von hoher Temperatur in kaltem Wasser abschreckte, erhielt er einen höheren Anteil von Austenit neben verhältnismäßig wenig Martensit; in diesem Falle reichte der Austenit bis dicht unter die Schicht von weißem Roheisen, weil dieses infolge seiner starken Schwindung auf den darunter befindlichen Stahl einen starken Druck ausübte.

Abb. 46, Taf. X entsprach einem Stahl mit 1,3 % Kohlenstoff, der von 1090° abgeschreckt worden war (49). In einer solchen Probe wäre nach obigem Austenit zu erwarten. Bei oberflächlicher Beobachtung könnte man das Gefüge für austenitisch halten. In Wirklichkeit ist aber kein Austenit darin. Keiner der beiden Bestandteile wird durch die Nähnadel geritzt. Durch wäßrige Salzsäure wird nicht der härtere der beiden Bestandteile dunkel gefärbt, wie es bei einem Austenit-Martensitgemisch zu erwarten ist, sondern der weichere der beiden Gemengteile nimmt die dunkle Färbung an. Der Grund dafür, daß kein Austenit entstand, liegt darin, daß die Probe auf einer der Flächen angeschliffen wurde, die beim Abschrecken mit dem Wasser unmittelbar in Berührung kam. Längs der Oberfläche tritt aber der Austenit nicht auf.

55. Die Reibung r wird nicht allein durch Steigerung des Kohlenstoffgehaltes vergrößert, sondern auch durch größere Gehalte an Mangan oder Nickel. Das äußere Kennzeichen für die Vermehrung dieser Reibung r_{Ar} in der Nähe der Umwandlungspunkte muß nach früherem das Auseinanderrücken der Umwandlungstemperatur bei der Abkühlung A_r und derjenigen bei der Erhitzung A_c sein (20). Ist die Reibung r_{Ar} sehr groß, so kann der

[1]) Stahl mit 1,4 bis 1,6 % Kohlenstoff, bei 1050° in Eiswasser abgeschreckt.

Umwandlungspunkt A_r bis zu Zimmerwärme und noch tiefer herabgedrückt, der entsprechende Punkt A_c dagegen auf verhältnismäßig hohe Temperatur hinaufgerückt werden. Gelingt es, die Zusätze und damit die Lage von A_r so zu regeln, daß A_r in die Nähe der Zimmerwärme zu liegen kommt, so bedarf es gar keiner plötzlichen Abschreckung der Legierung, um den Zustand III zu erhalten, der bei den Eisenkohlenstoff-Legierungen dem martensitischen Zustand entspricht. Ein solcher Stahl würde bei gewöhnlicher Abkühlung dieselben Eigenschaften zeigen müssen wie gewöhnliche Eisenkohlenstoff-Legierungen nach dem Abschrecken oberhalb Ar_1; er müßte also hohe Härte aufweisen und hohen zurückbleibenden Magnetismus und große Rückhaltskraft besitzen, da dies Eigenschaften sind, die dem Martensit eigen sind. Durch Zusatz von Mangan oder Nickel (z. B. 7 $^0/_0$ Mangan oder 15 $^0/_0$ Nickel zu einem Eisen mit 0,5 $^0/_0$ Kohlenstoff) kann man das angegebene Ziel erreichen. Man kann aber noch weiter gehen. Wenn man noch mehr Mangan oder Nickel zusetzt und dadurch die Reibung $r_{A\,r}$ noch weiter steigert. so gelingt es, die Umwandlungstemperatur A_r tief unter Zimmerwärme herabzudrücken. Kühlt man einen solchen Stahl in der gewöhnlichen Weise auf Zimmerwärme ab, so ist die Umwandlung des γ-Eisens noch gar nicht eingetreten, da sie sich ja erst unterhalb Zimmerwärme vollziehen kann. Der Stahl befindet sich dann im Zustand II, also im Zustand der γ-Lösung. d. h. er muß aus Austenit bestehen und die kennzeichnenden Eigenschaften desselben, nämlich geringe Ritzhärte, ziemlichen Widerstand gegen Abnutzung. geringen oder gar keinen Ferromagnetismus besitzen. Durch sehr starke Abkühlung, z. B. durch Eintauchen in flüssige Luft kann man dann den unterhalb der Zimmerwärme liegenden Umwandlungspunkt erreichen. Die Umwandlung der festen γ-Lösung kann dann noch bis zu dem Grade herbeigeführt werden, den die bei so niederen Temperaturen sehr große Reibung r zuläßt. Die Legierung muß magnetisch werden und der Magnetismus bleibt beim Erhitzen bestehen bis die Umwandlungstemperatur A_c erreicht ist, bei der sich dann aufs neue die feste γ-Lösung bildet. Bei der Besprechung der Nickelstähle werden wir uns mit diesen Erscheinungen noch näher zu befassen haben.

56. Wir hatten früher für die Bestandteile des angelassenen Stahls die Stufenfolge

Martensit, Troostit, Osmondit, Sorbit, Perlit

aufgestellt, wobei Martensit dem Anlaßgrad 0, Perlit dem Anlaßgrad 1 entsprach. Bei den durch Abschrecken ganz oder teilweise austenitisch erhaltenen Legierungen erhalten wir die Stufenfolge

Austenit, Martensit, Troostit, Osmondit, Sorbit, Perlit.

In der Reihe steht der bei gewöhnlicher Temperatur am wenigsten stabile Körper links, die stabilere Erscheinungsform rechts. Bei den gewöhnlichen Kohlenstoffstählen ist die Neigung des Austenits, sich in die nächst stabilere Stufe Martensit umzuwandeln, derart groß, daß es trotz schroffster Abschreckung nicht möglich ist, reinen Austenit zu erhalten. Das Ergebnis ist im höchsten Falle ein Gemenge von Austenit und Martensit, z. B. bei den sehr schroff abgeschreckten Legierungen mit 1,1 bis 1,8 $^0/_0$ Kohlenstoff. Wird aber durch Zusatz von Mangan oder Nickel die Reibung $r_{A\,r}$ erhöht, so gelingt es auch, die am wenigsten stabile Stufe, den Austenit, durch Abschrecken in labilem Zustande zu erhalten, und zwar frei von Martensit. Dieser Bedingung entspricht z. B. ein von Maurer verwendeter Stahl mit 1,94 $^0/_0$ Kohlenstoff und 2,20 $^0/_0$ Mangan. Nach dem Abschrecken von 1050^0

besteht das Gefüge, wie Abb. 54, Taf. XII erkennen läßt, aus einzelnen Kristallkörnern von Austenit. Das Bild ist der Arbeit von Maurer entlehnt (L. 24.)

57. Eine Eisenkohlenstoff-Legierung mit genügend großer innerer Reibung r_t sei durch sehr schroffe Abschreckung in den austenitischen Zustand versetzt worden, der im Q, t-Bild Abb. 25 bei gewöhnlicher Temperatur durch den Punkt Au dargestellt werde. Man könnte nun durch Abkühlung auf tiefe Temperaturen (Linie Au 12) und Wiedererwärmen auf gewöhnliche Temperatur (12 M) zu dem Punkte M gelangen, d. h. der austenitische Zustand kann durch Abkühlung in den martensitischen übergeführt werden, und zwar unter Abgabe von Energie, da ja M eine kleinere Abszisse hat als Au.

Eine ganz ähnliche Wirkung könnten wir aber auch erzielen, wenn wir die im austenitischen Zustand befindlichen Legierungen durch Erwärmen etwa nach der Linie Au 11 anlassen. Bei der Abkühlung nach Linie 11 M könnten wir dann auch wieder zum martensitischen Zustand M gelangen.

Hieraus folgt, daß schwaches Anlassen in austenitischen Stählen unter Umständen dieselbe Wirkung hervorbringen kann, wie starke Abkühlung auf tiefe Temperaturen.

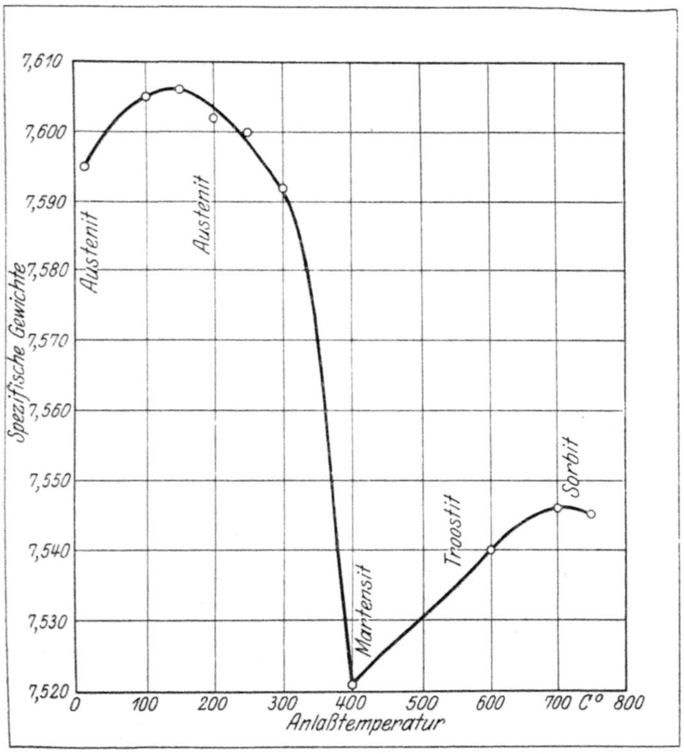

Abb. 58. Änderung des spezifischen Gewichts von Austenit durch Anlassen (nach Maurer). Stahl mit 1,94 % C, 2,20 % Mn, bei 1050° abgeschreckt.

Wird die Anlaßwirkung weiter getrieben, als durch die Linie Au 11 angedeutet ist, so kann man über den Martensit zum Troostit, Osmondit, Sorbit usw. gelangen. Ist die Reibung r_t infolge besonderer Zusätze zur Legierung (z. B. größere Gehalte an Mangan oder Nickel) bei den Anlaßtemperaturen noch sehr bedeutend, so wird man auf höhere Anlaßtemperaturen anlassen müssen, um eine bestimmte Anlaßwirkung zu erzielen, als wenn die Reibung geringer ist. Da z. B. in einem manganarmen Stahl B mit 1,66 % Kohlenstoff diese Reibung geringer ist als in dem Stahl A mit 1,94 % Kohlenstoff und 2,20 % Mangan, so wird bei Stahl B die Martensitstufe bereits bei niedrigeren Anlaßtemperaturen erzielt, als bei Stahl A. Diese Schlußfolgerung wird durch Abb. 58 bis 60 tatsächlich bestätigt.

58. Auf Grund der bereits erwähnten Eigenschaften der einzelnen Anlaßzustände zwischen Austenit und Perlit sind beim Anlassen der obigen Stähle A und B folgende Änderungen der Eigenschaften beim Übergang vom Austenit zum Martensit zu erwarten: Verminderung des spezifischen Gewichts (Vermehrung des Volums); Erhöhung der Härte, Erhöhung des zurückbleibenden Magnetismus. Dies wird durch die Abb. 58 bis 60 belegt, die nach den Versuchsergebnissen Maurers (L. 24) zusammengestellt sind. Die Abbildungen beziehen sich auf die drei folgenden Stähle:

A: 1,94% C und 2,20% Mn mit größter Reibung *r*, bei 1050° abgeschreckt, aus reinem Austenit bestehend.

B: 1,66% C, wenig Mn mit mittlerer Reibung *r*, bei 1050° abgeschreckt, zu $^2/_3$ aus Austenit und $^1/_3$ aus Martensit bestehend.

C: 0,83% C, wenig Mn mit geringster Reibung *r*, bei 800° abgeschreckt, aus reinem Martensit bestehend.

Abb. 58 bezieht sich auf Stahl *A*. Das spezifische Gewicht steigt mit der Anlaßtemperatur zunächst etwas, was wohl auf die Auslösung von Spannungen in der Probe zurückzuführen sein wird (65). Von der Anlaß-

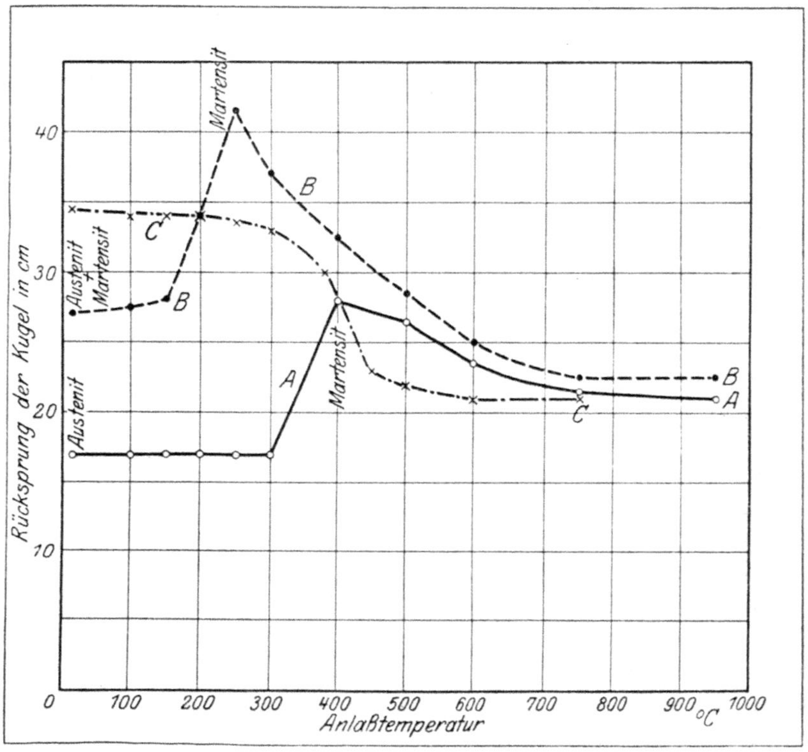

Abb. 59. Änderung der Härte von 3 verschiedenen, abgeschreckten Stählen infolge Anlassens (nach Maurer). *A* = Stahl mit 1,94% C, 2,20% Mn bei 1050° abgeschreckt. *B* = Stahl mit 1,66% C bei 1050° abgeschreckt. *C* = Stahl mit 0,83% C bei 800° abgeschreckt.

temperatur 300° ab sinkt das spezifische Gewicht rasch und erreicht bei 400° nach der Umwandlung in Martensit den Mindestwert. Alsdann steigt es wieder entsprechend den früheren Beobachtungen (33) während des Übergangs von Troostit nach Osmondit, um nach Überschreiten dieses Zustandes nach dem Sorbit zu wieder abzufallen. Weitere Anlaßwirkung nach dem Perlit zu tritt wegen der großen Reibung *r* nicht ein, das Gefüge bleibt sorbitisch.

Die Verminderung des spezifischen Gewichtes vom Austenit zum Martensit infolge Anlassens beträgt 1,1%; wird der Stahl im austenischen Zustand in flüssiger Luft abgekühlt, so beträgt die Abnahme des spezifischen Gewichtes etwa 1,5% (53, 57).

In Abb. 59 ist zum Vergleich die Härteänderung der drei abgeschreckten Stähle *A*, *B*, *C* infolge Anlassens dargestellt. Zur Feststellung der Härte benutzte Maurer das Shoresche Verfahren, bei dem eine Stahlkugel aus einer bestimmten Höhe (50 cm) auf das Probestück fällt. Die Höhe des Rücksprungs der Kugel gilt als Maßstab für die Härte (II A, 352). Die entsprechenden Werte für den Rücksprung der Kugel sind als Ordinaten zu den Anlaßtemperaturen als Abszissen eingetragen. Da die mit dem Shoreschen Verfahren gewonnenen Zahlen für die Härte nicht ohne weiteres vergleichbar sind mit den Härtezahlen, die nach dem Kugeldruck- oder Ritzverfahren gefunden sind, so ist die Härteänderung des Stahles C in der Abb. 59 zum Zweck des Vergleichs mit zur Darstellung gebracht. Auf diese Weise kann man Anschluß gewinnen an die früher für den eutektischen Stahl gefundenen Härtezahlen (21 u. Abb. 23). Die beiden Stähle A und B erreichen das Höchstmaß der Härte nach der Umwandlung in Martensit. Wegen der

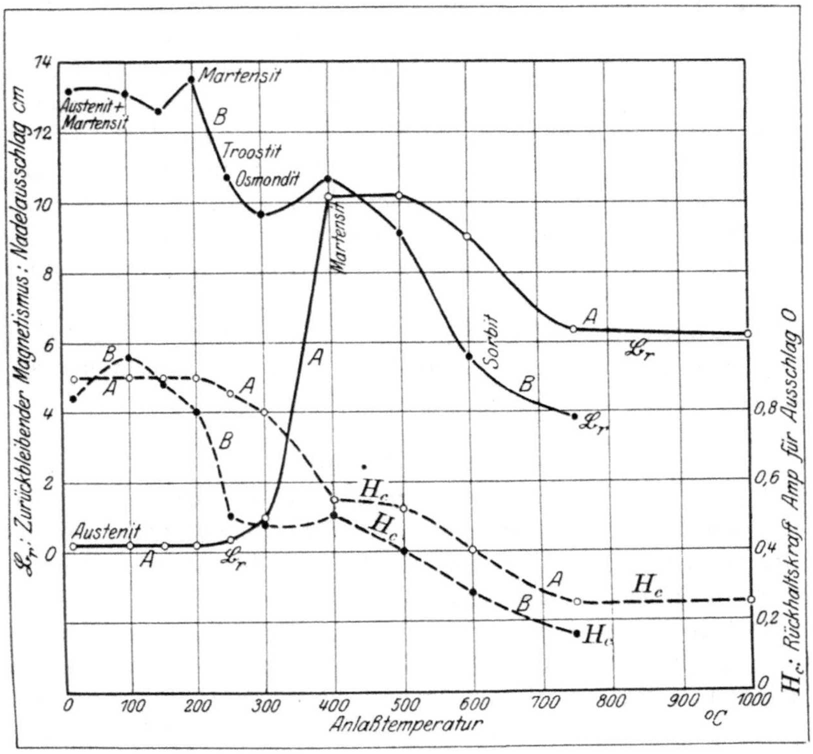

Abb. 60. Änderung des zurückbleibenden Magnetismus und der Rückhaltskraft zweier Stähle A und B durch Anlassen. Nach Maurer. A = Stahl mit 1,94% C, 2,20% Mn bei 1050° abgeschreckt. B = Stahl mit 1,66% C bei 1050° abgeschreckt.

großen Reibung des Stahles A ist diese Umwandlung erst bei einer Anlaßtemperatur von 400° vollendet, während der Stahl B mit der geringeren Reibung die Martensitstufe bereits bei 250° erreicht hat. Von da ab geht in beiden Stählen A und B die Härteabnahme mit wachsender Anlaßhitze unter Umwandlung des Martensits in Troostit, Osmondit und Sorbit in bekannter Weise weiter.

Auch hier hat Abkühlung des abgeschreckten Stahls in flüssiger Luft den Übergang des Austenits zum Martensit zur Folge. Für den Stahl A wird durch diese Behandlung der Rücksprung von ursprünglich 17 cm auf 29 cm gesteigert, also nahezu auf denselben Wert wie durch Anlassen auf 400°. Im Stahl B ändert die Behandlung mit flüssiger Luft den Rücksprung von 27 auf 38 cm, gibt also ähnliche Wirkung, wie Anlassen auf 250°. Im

Stahl C kann die Behandlung in flüssiger Luft keine Änderung herbeiführen. da er nach dem Abschrecken bereits martensitisch ist (57).

Abb. 60 bringt die Änderungen des zurückbleibenden Magnetismus und der Rückhaltskraft der beiden Stähle A und B durch Anlassen. Für beide Größen hat Maurer willkürliche Maßstäbe angegeben. Das Maß $\mathfrak{B}_r$ gibt bei einer bestimmten Entfernung des Stahlstabes von der Nadel des Magnetometers den Ausschlag der letzteren in cm an. Als Maß für die Rückhaltskraft ist diejenige Stromstärke in Ampere angegeben, die durch die magnetisierende Spule geschickt werden muß, um den zurückbleibenden Magnetismus des Stabes zu beseitigen und den Wert des Magnetismus auf Null zurückzuführen. Die Werte in der Abb. 60 sind vergleichbar mit denen in Abb. 40 für den Stahl mit 0,83 % C. Wir sehen, daß der Martensit und mit ihm das höchste Maß des zurückbleibenden Magnetismus beim Stahl A bei etwa 400° erreicht wird, beim Stahl B bei 200° Anlaßtemperatur. Von da ab zeigt Stahl B wieder den kennzeichnenden Verlauf der Kurve, wie er bereits in Abb. 40 für den Stahl C dargestellt wurde; d. h. die Linie für den zurückbleibenden Magnetismus zeigt bis 400° C die durch die Osmonditbildung bedingte Störung mit einem Mindestwert bei 300° C, um jenseits 400° C regelmäßig über den Sorbit nach dem Perlit zu wieder abzufallen. In der Kurve für Stahl A ist die dem Osmondit entsprechende Störung im Verlauf der Linie $\mathfrak{B}_r$ nicht deutlich ausgeprägt. Ähnliches gilt für die Linie $\mathfrak{H}_c$.

Eintauchen des austenitischen Stahls A in flüssige Luft hat ähnliches Ergebnis wie Anlassen bis 400° Dadurch wird die Remanenz $\mathfrak{B}_r$ von 0,8 auf 8,2 gesteigert (57).

f) Sorbit an Stelle von Perlit.

59. In 31 hatten wir gesehen, daß z. B. für die eutektische Eisenkohlenstoff-Legierung der Übergang vom Martensit zum Osmondit und etwas darüber hinaus unter Volumverminderung der weitere Übergang über Sorbit zum Perlit unter Volumvermehrung vor sich zu gehen scheint. Die Glieder der Sorbitreihe würden also ein geringeres Volumen haben, als der Perlit. In der Regel werden solche Vorgänge, die sich unter Volumverminderung vollziehen, durch erhöhten Druck begünstigt. Läßt man also eine Eisenkohlenstoff-Legierung unter Druck abkühlen, die unter gewöhnlichen Verhältnissen Perlit liefern würde, so könnte man erwarten, daß sie dem sorbitischen Zustand zustrebt. Tatsächlich zeigen Eisenkohlenstoff-Legierungen, die bis zu verhältnismäßig niedrigen Temperaturen herab geschmiedet oder gewalzt wurden, statt des reinen Perlits einen Perlit mit mehr sorbitischem Charakter. Die Legierung zeigt dann auch die später zu besprechenden kennzeichnenden mechanischen Eigenschaften des Sorbits.

60. Aus Abb. 13 ergab sich, daß die Linie, die den Flächenanteil des Perlits in geschmiedeten Legierungen in Abhängigkeit vom Kohlenstoffgehalt angibt, bis zu etwa 0,5 % Kohlenstoff der Geraden $F_e = 100\,c$ folgt (16), worin F_e der Flächenanteil des Perlits in Prozenten, c der Kohlenstoffgehalt ist. Bei Kohlenstoffgehalten über 0,5 % weicht jedoch die Kurve von dieser Geraden nach oben ab. Man findet dann also mehr Perlit, als die Rechnung erwarten läßt. Der Gehalt von 0,5 % Kohlenstoff entspricht ungefähr dem Gehalt, bei dem die Umwandlungen Ar_3 und Ar_2 zusammenfallen (Punkt O in Abb. 12). Von diesem Kohlenstoffgehalt an bietet es auch Schwierigkeiten, durch Abkühlungskurven die Punkte der Linie OS theoretisch zu ermitteln, da die Wärmetönungen nur schwach und unsicher auftreten. Daraus ist zu folgern, daß die Ausscheidung des Ferrits längs OS nicht immer genügend schnell vor sich geht, so daß weniger Ferrit entsteht, als theoretisch zu erwarten ist. Der Rest des Eisens ist dann vermutlich noch in Form einer metastabilen festen Lösung in den Bestandteilen des Perlits enthalten; dadurch nähert sich dieser in seinem Verhalten dem Sorbit. Die Legierung kann dann auch eine bestimmte Menge Kohlenstoff in der Form C_h enthalten (25). Hand in Hand mit dem Steigen der Perlitkurve in Abb. 13 über die Gerade geht auch das plötzliche Ansteigen der Schaulinie für die Zerreißfestigkeit σ_B, das ebenfalls bei 0,5% Kohlenstoff einsetzt (II A, 322a). Da Sorbit die Festigkeit des Eisens gegenüber dem perlitischen Zustand steigert, so ist der ähnliche Verlauf der Schaulinien für die Festigkeit und für den Flächenanteil des Perlits in Abb. 13 erklärlich.

g) Übersicht über die Gefügebestandteile der schnell abgekühlten und abgeschreckten Eisenkohlenstoff-Legierungen und ihre Vergesellschaftung.

61. α) Kennzeichen.

1. Austenit: Meist mit Martensit vergesellschaftet. Tritt nur in Legierungen mit 1,1 bis 1,8% Kohlenstoff nach sehr schroffem Abschrecken bei Temperaturen von 1050° oder mehr auf.

Ätzpoliert: Unterscheidet sich vom Martensit nur wenig. Läßt sich mit Nähnadel ritzen, während Martensit nicht geritzt wird.

Ätzen mit wäßriger Salzsäure (mit oder ohne Zuhilfenahme des elektrischen Stroms): Bleibt hell, während Martensit sich dunkel färbt.

Abkühlen in flüssiger Luft: Austenitische Stähle zeigen im polierten Schliff nach dieser Behandlung nadliges Gefüge infolge Martensitbildung.

2. Martensit: Relief- oder ätzpoliert: Nadliger Aufbau. Nadeln sind vielfach parallel den drei Seiten eines Dreiecks. Härte je nach Kohlenstoffgehalt verschieden; stets härter als Ferrit und weicher als Zementit.

Ätzen mit alkoholischer Salzsäure: Wird sehr langsam angegriffen. Nadliger Aufbau. Ungefärbt; schwach gelblich gefärbt, wenn bereits Übergang nach Troostit vorhanden. Bei sehr kohlenstoffarmen Legierungen, die oberhalb A_3 abgeschreckt sind, bereits aus zwei Unterbestandteilen bestehend. In diesen Legierungen ist der Martensit meist schon in der Richtung auf den Troostit zu umgewandelt; daher gelblich bis bräunlich gefärbt. Auch bei den übereutektischen Legierungen besteht der Martensit aus zwei Unterbestandteilen.

Ätzen mit wäßriger Salzsäure siehe 1.

3. Troostit, Osmondit, Sorbit: Übergangsbestandteile zwischen Martensit und Perlit.

Ätzpoliert: Verschiedene Anlauffarben. Sorbit gelblich; zuweilen kleine rundliche Zementiteinschlüsse zeigend (körniger Perlit).

Ätzen mit alkoholischer Salzsäure: Gefärbt. Am dunkelsten Osmondit, weniger dunkel Troostit, am wenigsten Sorbit. Im letzteren zuweilen rundliche Zementiteinschlüsse.

4. Ferrit, 5. Zementit siehe früher Tabelle III.

β) Vorkommen und Vergesellschaftung.

1. Austenit allein: In reinen Eisenkohlenstoff-Legierungen nie; nur in solchen, die außer hohem Kohlenstoffgehalt noch Mangan- oder Nickelgehalt besitzen, wenn sie bei Temperaturen von 1050° und mehr sehr schroff abgeschreckt sind.

2. **Austenit + Martensit:** In den bei hohen Temperaturen (1050° und mehr) abgeschreckten Legierungen mit 1,1 bis 1,8% Kohlenstoff.

3. **Martensit allein:** In den oberhalb *GOSE* in Abb. 12 abgeschreckten Legierungen, soweit nicht die Bedingungen zur Bildung von Austenit gegeben sind.

4. **Martensit + Ferrit:** In den untereutektischen Legierungen, die zwischen *GOS* und *PS* abgeschreckt sind. Die Menge des Martensits ist um so größer, je höher die Abschrecktemperatur und je größer der Kohlenstoffgehalt der Legierung ist.

5. **Martensit + Zementit:** In den übereutektischen Legierungen, die zwischen *SE* und *SF* abgeschreckt sind. Die Menge des Martensits ist um so größer, je höher die Abschrecktemperatur und je niedriger der Kohlenstoffgehalt ist.

6. **Martensit + Perlit:** Können nur ausnahmsweise nebeneinander auftreten, wenn die Legierung abgeschreckt wird, ehe sich bei der vorausgegangenen Erhitzung der Perlit vollständig in γ-Lösung umgewandelt hat.

7. **Troostit, Osmondit, Sorbit:** Können zu den unter 3 bis 6 genannten Vergesellschaftungen als Ersatz des Martensits hinzutreten, wenn die Abschreckung nicht schroff genug erfolgte. Bei abgeschreckten Proben größerer Abmessungen ist die Abschreckung in den mittleren Teilen weniger schroff; infolgedessen kann sich dort Troostit (bzw. Osmondit oder Sorbit) anreichern. In dem Maße wie die Abschreckgeschwindigkeit sinkt (z. B. durch Abschrecken in Öl oder flüssigen Metallen) nähert sich der den Martensit ersetzende Übergangsbestandteil dem Sorbit. Bei genügend langsamer Abkühlung entsteht sogar Perlit.

Durch Anlassen abgeschreckter Legierungen geht der Martensit in Troostit, Osmondit, Sorbit über, und zwar erfolgt der Übergang um so weiter nach der Seite des Sorbits, je höher die Anlaßtemperatur. Bei Überschreiten der Temperatur Ac_1 beim Anlassen entsteht Perlit.

h) Spannungen infolge des Härtens von Stahl. Härterisse. Nachwirkungen.

α) Die Entstehung von Spannungen und Härterissen.

62. Die folgenden Betrachtungen beziehen sich im wesentlichen auf Werkzeugstähle mit Kohlenstoffgehalten, die nicht allzuweit von dem eutektischen entfernt sind.

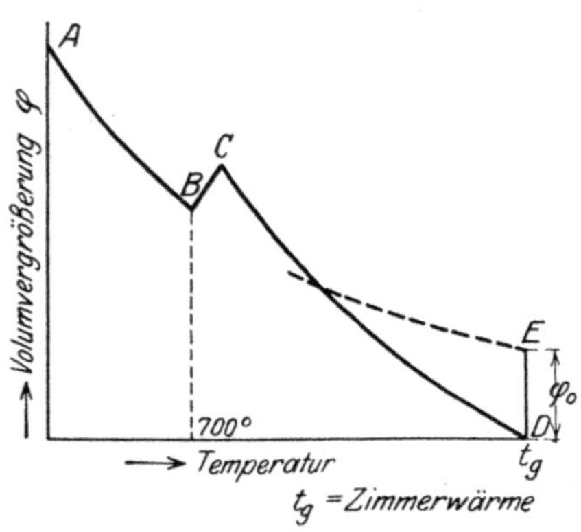

Abb. 61.

Während der langsamen Abkühlung geht die Änderung des Volumens des Stahles nach der Linie *ABCD* in Abb. 61 vor sich (17). Wie früher auseinandergesetzt, findet während der Abkühlung bei Ar_1 (etwa 700°) entsprechend dem Kurvenstück *BC* eine plötzliche Volumvermehrung statt, die mit der Umwandlung der γ-Lösung in Perlit zusammenhängt. Bei weiterer Abkühlung ändert sich das Volum nach *CD* entsprechend dem Wärmeausdehnungskoeffizienten des Stahles unterhalb 700°. Wird der Stahl oberhalb 700° plötzlich abgeschreckt, so wandelt sich die γ-Lösung in Martensit um. Welche Volumveränderung hierbei der Stahl durchmacht, weiß man nicht sicher, so daß man für diesen Fall die Linie der Volumveränderung in Abhängigkeit von der Temperatur nicht auftragen kann. Man weiß nur aus der Erfahrung, daß diese in Abb. 61 gestrichelte Linie oberhalb D enden muß, weil der abgeschreckte Stahl stets größeres Volum hat als der langsam abgekühlte (vgl. Abb. 42). Der Punkt E, der das Volum des abgeschreckten Stahles bei Zimmerwärme darstellt, muß also über D liegen.

Durch die Untersuchungen C. Frommes (L. 31) ist nachgewiesen, daß die mit der Abschreckung verknüpfte Volumvergrößerung des Stahles um so stärker ist, je kleineren Querschnitt der abgeschreckte Stahlstab hat, also mit anderen Worten, je schroffer die Abschreckung erfolgte. Wird das Volumen des rohgeschmiedeten Stahles gleich 1 gesetzt, so ist nach Fromme:

Stabdurchmesser mm	7	4,2	2,65	2,55
Volumen nach Abschrecken (glashart)	1,00772	1,01000	1,01285	1,01210

In Abb. 61 muß sonach der Punkt E um so höher über D liegen, je größer die Abschreckgeschwindigkeit ist.

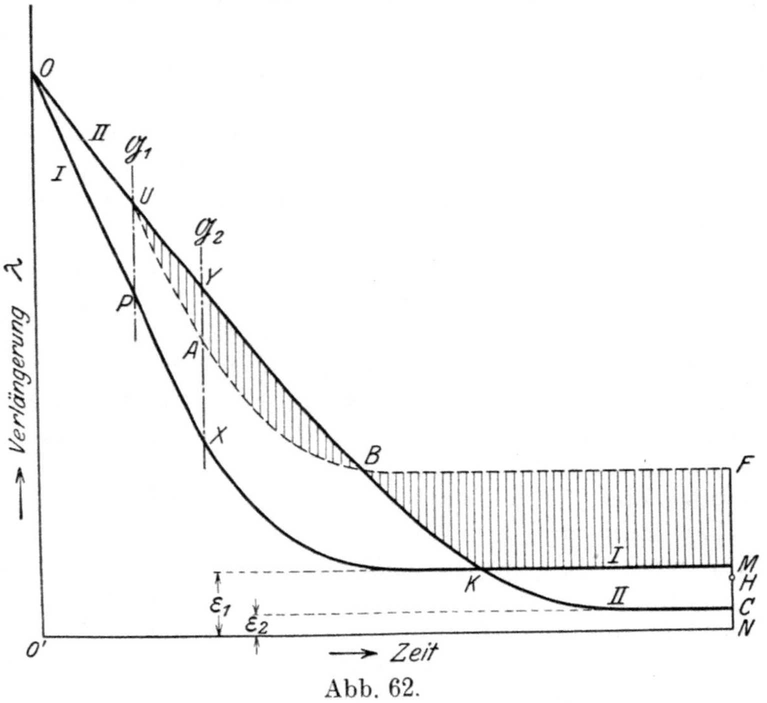

Abb. 62.

63. Es fragt sich nun, was entsteht, wenn die Teile eines Stahlstabes während der Abschreckung nicht alle zu gleicher Zeit die gleiche Temperatur annehmen. Zur Beantwortung dieser Frage wollen wir folgende Betrachtung vornehmen. Irgendeine Abmessung des Stahlstabes von der ursprünglichen Länge l bei Zimmerwärme habe beim Erhitzen auf die Abschrecktemperatur sich um den Betrag $\lambda = 0\,0'$ (Abb. 62) ausgedehnt. Bei langsamer Abkühlung würden alle Teile des Stahlstabes bei Zimmerwärme die Verlängerung $\lambda = 0$ besitzen, die Kurve der Verlängerung während der Abkühlung würde für alle Stabteile die gleiche sein; sie würde sich asymptotisch der Abszissenachse (Abszisse = Zeit) nähern. Wird dagegen der Stahlstab abgeschreckt, so werden seine äußeren Teile I, die unmittelbar mit dem kalten Wasser von Zimmerwärme in Berührung kommen, schneller abgeschreckt, als die inneren Teile II. Wenn wir uns die äußeren und inneren Teile frei beweglich, also

den gemeinschaftlichen Zusammenhang gelöst denken, so würden beide entsprechend ihrer verschieden schnellen Abschreckung zwei verschiedenen Verlängerungs- (Verkürzungs-) kurven I und II in Abb. 62 folgen. Da nach obigem die bleibende Volumzunahme des abgeschreckten Stahls mit der Abschreckgeschwindigkeit wächst, so muß auch hier der schneller abgeschreckte Teil I eine größere Verlängerung ε_1 beibehalten, als der langsamer abgeschreckte Teil II, dessen bleibende Verlängerung ε_2 betragen möge. Die Kurven I und II werden sich also asymptotisch den Parallelen zur Abszissenachse im Abstand ε_1 bzw. ε_2 von dieser nähern, wie in Abb. 62 angedeutet. $\mathfrak{G}_1$ sei diejenige Grenze, bei der der Stabteil I aus dem Bereich der vorwiegend plastischen Formveränderungen in das der vorwiegend elastischen Formveränderungen übergeht. $\mathfrak{G}_2$ sei die gleiche Grenze für den Stabteil II (vgl. II A, 331). Zwischen O und $\mathfrak{G}_1$ liegen beide Stabteile noch in der plastischen Zone. I möchte eine kleinere Länge annehmen, II eine größere Länge behalten. Da die beiden Teile miteinander verkuppelt sind, so wird infolgedessen I auf II einen Druck ausüben. Da nun Teil I längs der ganzen Oberfläche des Stahlstabes liegt, so sind die Teile II völlig von den Teilen I eingeschlossen; der plastische Kern II kann unter dem allseitigen Druck nach keiner Seite ausweichen; es bleibt also nichts weiter übrig, als daß sich die noch plastische Schale I entsprechend ausdehnt. Die Änderung der Abmessung l des Teiles I erfolgt sonach statt nach OP nach OU. Nach der gleichen Linie geschieht die Änderung der Abmessung l des Teiles II. Die bleibende Verlängerung des Teiles I bei der Grenze $\mathfrak{G}_1$ entspricht der Größe der Strecke PU.

Zwischen den beiden Grenzen $\mathfrak{G}_1$ und $\mathfrak{G}_2$ ist der Stabteil II noch in der plastischen Zone, der Teil I dagegen bereits in der Zone der vorwiegend elastischen Formveränderungen. Würden beide Stabteile nach Überschreiten der Grenze $\mathfrak{G}_1$ aus ihrem gegenseitigen Zusammenhang gelöst, so würde sich I nach UA, II nach UY verkürzen. UA hat von PX überall gleichen senkrechten Abstand (vgl. II A, 331). Sind beide Stabteile fest miteinander verkuppelt, so übt der Stabteil I infolge seines Bestrebens, sich nach UA zu verkürzen, wieder einen Druck auf den inneren Kern II aus, der nach keiner Seite ausweichen kann und als nicht zusammendrückbar gedacht werden muß. Der Stabteil I muß infolgedessen elastisch verlängert werden, so daß seine Verkürzung nicht nach UA, sondern nach UY vor sich geht. Die in I hierbei erzeugten Spannungen sind proportional den in der Abb. 62 angegebenen senkrechten Schraffurlinien, an der Grenze $\mathfrak{G}_2$ also proportional der Strecke AY. Wird die Zugspannung in I so groß, daß die Bruchfestigkeit des Materials bei der betreffenden Temperatur überschritten wird, so reißt die äußere Schale auf, es entstehen „Härterisse“.

Bei weiterer Abkühlung wird auch die Grenze $\mathfrak{G}_2$ überschritten, so daß beide Stabteile in die Zone elastischer Formänderungen eingetreten sind. Bei Lösung des Zusammenhangs zwischen I und II würde die Längenänderung von I nach ABF (Linie, die überall von XKM den gleichen Abstand AX hat), die von II nach YBC erfolgen. Im verkuppelten Zustand wird deswegen zwischen $\mathfrak{G}_2$ und B II unter Druck, I unter Zug stehen. Da der Kern II nirgends ausweichen kann, so wird sich die ganze elastische Formänderung auf den Teil I beschränken, der unter Zugbeanspruchung steht, deren Größe proportional ist den senkrechten Schraffurlinien. Bei B schneiden sich die beiden Linien YBC und ABF. Dort ist die Zugbeanspruchung in I und die Druckbeanspruchung in Teil II gleich Null. Bei der dem Punkte B entsprechenden Temperatur ist das System somit spannungslos. Bei weiterer

Abkühlung treten entsprechend den Abständen der beiden Linien BC und BF aufs neue Spannungen auf, deren Größe wieder durch die senkrechten Schraffurlinien angedeutet wird. Das Vorzeichen der Spannungen ist aber jetzt umgedreht. Die früher auf Zug beanspruchte Schale I erhält jetzt Druckspannung, weil sie entsprechend der Kurve BF größere Verlängerungen annehmen möchte, als die Verbindung mit dem Teil II zuläßt, der seine Länge nach BKC ändern möchte. Da jetzt die äußere Schale unter Druck steht, so kann sie ausweichen; die Teile der Schale I und der innere Kern II werden sich auf eine mittlere Länge einigen, die beispielsweise dem Punkt H entspricht. Über seine Lage wissen wir nur, daß er zwischen F und C liegt. Die Zugspannung der inneren Teile II würde dann der elastischen Verlängerung um CH, die Druckspannung der äußeren Teile I der elastischen Längenverminderung HF entsprechen. Die Lage des Punktes H ist abhängig von der Dicke der Teile I und II. Ist z. B. I nur eine dünne Schale und der Kern II entsprechend dick, so wird sich die Längeneinheit von I wegen des kleineren Querschnittes mehr verkürzen müssen, als sich die Längeneinheit von II streckt, damit sich die aus den elastischen Formänderungen ergebenden Kräfte einander das Gleichgewicht halten. Der Punkt H wird demnach dem Punkte C näher liegen als dem Punkte F. Diese Annäherung wird um so größer sein, je dünner die äußere Schale I im Verhältnis zur Dicke des Kerns ist. Dies wird aber in um so höherem Maße eintreten, je dicker der Querschnitt des ganzen abgeschreckten Stabes überhaupt ist. Von einem bestimmten Stabquerschnitt ab kommt H unterhalb von M zu liegen; d. h. die bleibende Verlängerung des ganzen Stabes nach der Abschreckung ist kleiner als $MN = \varepsilon_1$, die einem sehr dünnen Stabe zukommen würde; sie beträgt $NH < \varepsilon_1$. Sie ist aber größer als ε_2, d. i. größer als die bleibende Verlängerung eines Stabes, der durchschnittlich so langsam abgeschreckt worden ist, wie Stabteil II. Je dicker der Stahlstab ist, um so geringer wird im allgemeinen die Abschreckgeschwindigkeit sowohl der Schale als auch des Kernes sein; dadurch werden ε_1 und ε_2, mithin auch NH kleiner.

Es ist nicht unter allen Umständen nötig, daß H tiefer als M liegt. Wenn der Querschnitt der Außenschale verhältnismäßig groß ist gegenüber dem des Kerns, so kommt H über M zu liegen, und dann ist die Gesamtverlängerung größer als ε_1, also größer als diejenige eines sehr dünnen Stabes, der allein abgeschreckt wird. Damit würde sich auch das Volumen entsprechend vermehren. Hierdurch erklärt sich vielleicht der Gang der Frommeschen Zahlen in 62. Danach wächst das Volumen zunächst mit abnehmender Stabdicke von 7 auf 2,65 mm, um dann wieder abzunehmen bei der Dicke 2,55 mm (vgl. S. 107). Bei weiterer Dickenabnahme wäre möglicherweise nochmaliges Anwachsen des Volumens zu erwarten. Hierüber liegen keine weiteren Untersuchungen vor. Sichere Schlüsse kann man nicht ziehen, da die Unterschiede in den Frommeschen Zahlen für die Dicken 2,65 und 2,55 mm nur gering sind und auch darauf zurückgeführt werden können, daß die Abschreckungen nicht in allen Fällen unter gleichen Verhältnissen geschahen.

64. Sind bei einem prismatischen Stab die Abschreckgeschwindigkeiten auf zwei gegenübergelegenen Prismenflächen verschieden groß, so wird die langsamer abkühlende Seite als II und die schneller abkühlende als I in Abb. 62 zu betrachten sein. Die beiden Teile können hier trotz fester gegenseitiger Verbindung bis zu einem gewissen Grade diejenigen Längen annehmen, die sie nach Abb. 62 ohne gegenseitige Verbindung annehmen würden, und zwar können sie dies durch Krümmung des Stabes ermöglichen. Der Teil II wird sich konkav, der Teil I konvex einstellen. Dadurch werden nach früherem die Spannungen vermindert (II A, 326). Der Stab „wirft" sich infolge des Abschreckens.

65. Daß tatsächlich, wie oben abgeleitet, nach der Abkühlung auf Zimmerwärme in der äußeren Schale Druck, im Kern Zugspannungen auftreten, läßt sich auf folgende Weise zeigen: Ein gehärteter Stahlstab wird der Länge nach aufgeschnitten; jede der beiden Hälften krümmt sich dann im Sinne der Abb. 63[1]. Da der Kern unter Zugbeanspruchung steht, also bestrebt ist, eine geringere Länge anzunehmen, so wird er diesem Bestreben nach Durchschneiden längs der Linie AB dadurch nachkommen können, daß er sich nach ACB und $AC'B$ konkav krümmt. Dadurch wird ein Teil der Spannungen ausgeglichen (Howe, L. 32).

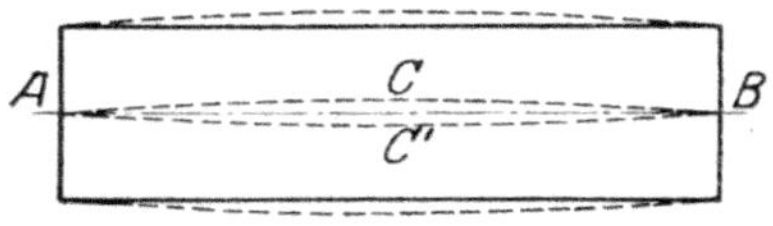

Abb. 63.

Lehrreich ist folgender Versuch von Barus und Strouhal (L. 33). Von einem gehärteten Rundstab aus Stahl von 3 cm Durchmesser, dessen spezifisches Gewicht nach dem Abschrecken 7,7744 war, wurde Schicht für Schicht der äußeren Oberfläche entfernt. Hierbei stieg das spezifische Gewicht des zurückbleibenden Kerns regelmäßig mit der Dicke der abgenommenen Schicht. Da der Kern im unverletzten Stab unter Zugbeanspruchung stand, so kann er nach Aufhebung der in der Oberfläche vorhandenen Kräfte, die sich seiner Verkürzung widersetzten, allmählich seine Länge und damit sein Volumen verkleinern, also sein spezifisches Gewicht vermehren. Nachdem soviel Material von der Oberfläche weggenommen war, daß nur noch ein Kern von 1,38 cm Durchmesser übrig blieb, war das spezifische Gewicht dieses Kerns auf 7,8009 gestiegen. Vor dem Härten war das spezifische Gewicht des Stahls 7,8337.

66. Betrachten wir einen Stab von quadratischem Querschnitt während der Zeit, die der Grenze $\mathfrak{G}_2$ in Abb. 62 entspricht, wo also die äußere Schale unter der größten Zugbeanspruchung, der Kern unter der größten Druckbeanspruchung steht, ohne daß er irgendwie ausweichen könnte. Ein solcher von allen Seiten gedrückter Kern wird das Bestreben haben, sich der Kugelgestalt zu nähern. Der Kern und die mit ihm verbundene Schale werden die in Abb. 64 angedeutete Querschnittsform anzunehmen suchen. Da während der zwischen $\mathfrak{G}_1$ und $\mathfrak{G}_2$ gelegenen Periode noch plastische Formänderungsfähigkeit des Kerns vorhanden ist, so wird er die in Abb. 64 angedeutete Form bleibend annehmen und sie bis zur Zimmerwärme beibehalten.

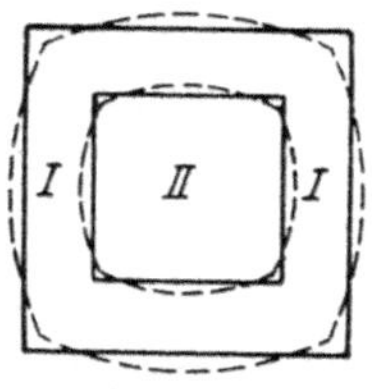

Abb. 64.

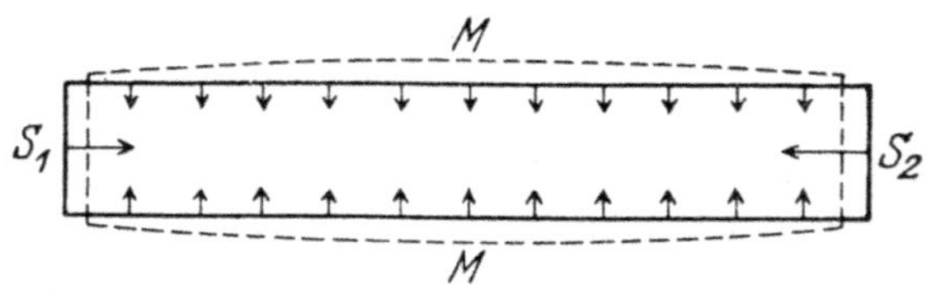

Abb. 65.

Noch ein anderer Fall ist zu besprechen. Ein Stab von kreisförmigem Querschnitt werde in Wasser abgeschreckt. Im Verlauf der Zeit UAB in Abb. 62 übt die dünne äußere Schicht von allen Seiten einen Druck auf den inneren Kern aus. Da in der Nähe der beiden Stirnflächen S_1 und S_2 in Abb. 65 die Abschreckung wegen der großen Oberfläche im Verhältnis zur Masse schroffer vor sich gehen wird als an den Mantelflächen MM, so wird auch der Druck der Schale auf den inneren Kern an den Flächen S_1 und S_2 ent-

[1] In dieser, wie in den folgenden Abbildungen sind die Formänderungen zur Erhöhung der Deutlichkeit übertrieben gezeichnet.

sprechend der Größe der eingezeichneten Pfeile größer sein als längs der Mantelflächen. Infolgedessen kann sich die Schale an den Mantelflächen unter dem Einfluß des noch plastischen Kerns ausbauchen, so wie es die punktierte Linie zeigt. Damit ist aber die Länge des Stabes um einen bestimmten Betrag bleibend verkürzt; der Stab ist bleibend zusammengedrückt. Das würde in Abb. 62 bedeuten, daß für die Länge l des Stabes die Linie UYB um den Betrag der bleibenden Zusammendrückung nach der Abszissenachse zu verrückt wird. Dadurch kann für die Längsabmessung des Stabes der Punkt C und bei genügender Zusammendrückung auch der Punkt H unterhalb N zu liegen kommen, d. h. die Länge des Stabes nach der Abschreckung kann kürzer werden als die ursprüngliche Länge, die er vor der Abschreckung besaß. Trotzdem muß aber das Volumen des abgeschreckten Stabes auf jeden Fall größer sein, als das des nicht abgeschreckten; denn der Einfluß der Verkürzung in der Längenrichtung auf die Größe des Volumens wird durch die Ausbauchung längs der Mantelfläche mehr wie ausgeglichen. Vgl. auch Howe (L. 34).

67. Ein Ring von der Form wie in Abb. 66 kann folgende beiden Formänderungen durch das Abschrecken erleiden (Storey, L. 35). Entsteht die Form a) (Abb. 67), so ist die Abschreckung auf der Mantelfläche am schroffsten gewesen; es hat infolgedessen ein starker Druck in der Richtung der eingezeichneten Pfeile geherrscht. Dadurch ist das Metall seitlich nach den Stirnflächen zu ausgebaucht worden. Hat dagegen der Ring nach dem Abschrecken die Form b) (Abb. 67) erhalten, so war die Abschreckung am schroffsten längs der Kreisflächen des Ringes und die Folge davon war, daß das Metall sich auf den Mantelflächen ausbaucht. Storey gibt an, daß er die Form a) erhielt, wenn der Ring auf der Mantelfläche auf einer schiefen Ebene in das Abschreckwasser rollte; dagegen die Form b), wenn der Ring mit einer Stirnfläche nach unten ins Wasser eingetaucht und dann auf- und niederbewegt wurde.

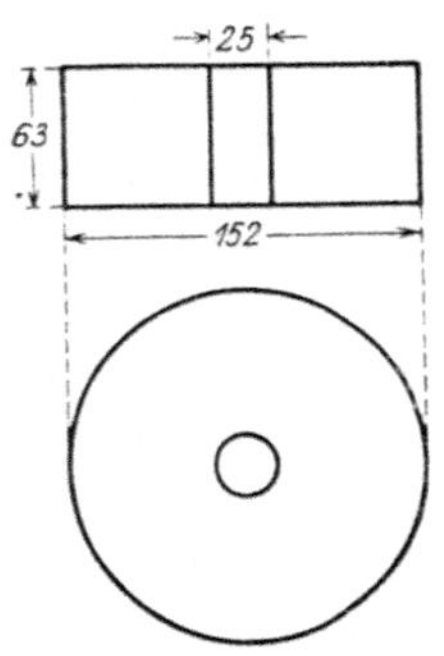

Abb. 66.

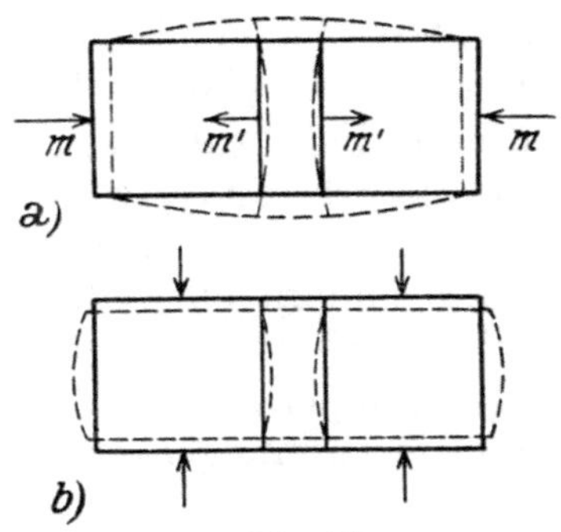

Abb. 67.

Trotzdem daß bei der Form a) eine Verkürzung des äußeren Durchmessers um 0,159$^0/_0$ eingetreten ist, hat das Volumen durch das Abschrecken um 0,055$^0/_0$ zugenommen. Nach dem Anlassen (bei welcher Temperatur ist in der Quelle nicht angegeben) ist das Volumen nur noch um 0,054$^0/_0$ größer als vor dem Abschrecken; das Anlassen hat somit Volumverminderung bewirkt (31).

Infolge des Abschreckens findet stets eine Verengung der Bohrung eines Ringes statt. Der Grund hierfür ist, daß bei m (Abb. 67a) die Abschreckung wegen der im Verhältnis zur Masse größeren Oberfläche schneller erfolgt als in der engen Bohrung längs m', wo die Oberfläche gegenüber der Masse des benachbarten Metalls klein ist. Deswegen wird in dem Zeitraum zwischen $\mathfrak{G}_1$ und $\mathfrak{G}_2$ in Abb. 62 der Druck in der Pfeilrichtung m größer sein als in der Richtung m'. Unter der Einwirkung des Drucküberschusses von außen nach innen wird die Bohrung verengt. Eine ähnliche Betrachtung ergibt dasselbe für die Form b).

68. Die durch das Abschrecken herbeigeführten bleibenden Formveränderungen können durch nachfolgendes Erhitzen nicht wieder beseitigt werden. Beseitigt können bei genügend hoher Erhitzung nur die elastischen Formveränderungen und Spannungen werden. Wird deswegen die Abschreckung, die zu bleibender Formveränderung führt, mehrmals wiederholt, so wird diese bleibende Formveränderung mit der Häufigkeit der Abschreckungen vervielfacht, solange bis Reißen eintritt. Auf diese Weise kann man ganz erhebliche Formänderungen erzielen. Man kann z. B. einen Stab erheblich verkürzen; er nimmt hierbei immer mehr Tonnenform an. Ein quadratischer Stabquerschnitt nähert sich dabei immer mehr dem Kreisquerschnitt (Abb. 64). Ein würfelförmiger Probekörper nähert sich der Kugelgestalt. Vgl. auch L. 74.

β) Nachwirkung und künstliches Altern.

69. Das Gleichgewicht zwischen den einzelnen Teilen eines abgeschreckten Stahlstücks, die gegenseitig Spannungen aufeinander ausüben, stellt sich nicht augenblicklich ein, sondern nähert sich dem endgültigen Gleichgewichtszustand anfangs schnell, später asymptotisch. Der Punkt *H* in Abb. 62 nimmt also nicht sofort nach der Abschreckung seine endgültige Lage ein. sondern nähert sich dieser nach der Abschreckung bis auf einen kleinen Betrag, der erst nach längerer Zeit allmählich verschwindet. Wenn innerhalb dieser Zeit zufällige ungleichmäßige Erwärmungen oder Abkühlungen im Stahlstück eintreten, so ändert sich das Gleichgewicht zwischen den die Spannungen erzeugenden Kräften und der Punkt *H* kann infolgedessen seine Lage ändern entweder in der Richtung auf die endgültige Gleichgewichtslage, oder auch vorübergehend im umgekehrten Sinne, je nachdem ob die durch die Temperaturverschiedenheiten innerhalb des Stahlstücks herbeigeführten Zusatzspannungen in dem gleichen oder im entgegengesetzten Sinne wirken wie die bereits vorher vorhandenen.

Wenn bereits unmittelbar nach dem Abschrecken die Spannungen in dem Stahlstück stellenweise nahe der Bruchgrenze lagen, so kann die allmähliche Annäherung der Spannungen an den endgültigen Gleichgewichtszustand in der Zeit nach dem Abschrecken oder die zusätzliche Beanspruchung infolge ungleichmäßiger Erwärmung oder Abkühlung nach dem Abschrecken zum Reißen des Stahles führen. Das kann z. B. bei Fräsern vorkommen, die scheinbar rißfrei gehärtet sind, aber einige Zeit nach dem Abschrecken plötzlich reißen.

70. Mit der Änderung der Lage des Punktes *H* in Abb. 62 ist eine Änderung der Längenabmessungen des Stahlstücks verbunden. Dies macht sich besonders unangenehm bemerkbar bei Meßwerkzeugen (Meßlehren) aus gehärtetem Stahl, an deren Genauigkeit hohe Anforderungen gestellt werden sollen. Die Härtung ist hierbei notwendig, damit das Meßwerkzeug durch Abnutzung des Metalls nicht zu schnell unbrauchbar wird. Solche Meßwerkzeuge darf man deshalb, wenn nicht die unten näher beschriebenen Maßregeln ergriffen werden, nicht sofort zur Anwendung bringen, sondern sie müssen längere Zeit der Ruhe bei gleichmäßiger Temperatur überlassen werden, bis Gleichgewicht in den inneren Kräften eingetreten ist. Man nennt dies das Altern des Stahles. Zu beachten ist auch, daß, sobald Metall von einem solchen gehärteten Meßwerkzeug entfernt wird, z. B. durch Schleifen, infolge der Wegnahme von Schichten, die die Träger von inneren Kräften waren, das Gleichgewicht aufs neue gestört wird, und daß dann wieder eine bestimmte Zeit vergeht bis der neue Gleichgewichtszustand erreicht ist.

Die folgenden Beispiele für die Änderung der Abmessungen infolge des Alterns stammen von Storey (L. 36). Aus einer und derselben Tiegelstahlstange wurden drei Stäbe (Nr. 1 bis 3) von 152,5 mm Länge und 50,9 mm Durchmesser durch Drehen hergestellt. Um die durch das Abdrehen entstandenen Spannungen zu beseitigen, wurden die Stäbe nach dem Abschruppen auf der Drehbank geglüht. Danach wurden sie geschlichtet und an den Stirnflächen auf Maß geschliffen. Nach der Feststellung der Länge wurden die Proben Nr. 2 und 3 zu gleicher Zeit in gleicher Weise gehärtet. Unmittelbar darauf erfolgte Messung der Länge. Stab Nr. 1 blieb ungehärtet. Innerhalb eines Zeitraumes von 63 Tagen wurden nun die Längenänderungen Δl der Stäbe in bestimmten Zwischenräumen festgestellt. Diese Längenänderungen sind in Abhängigkeit von der Zeit nach dem Abschrecken in Abb. 68 als Ordinaten eingetragen. Der nicht gehärtete Stab 1 zeigte nur verhältnismäßig geringe Längenänderungen, die entweder auf teilweise Abnutzung der

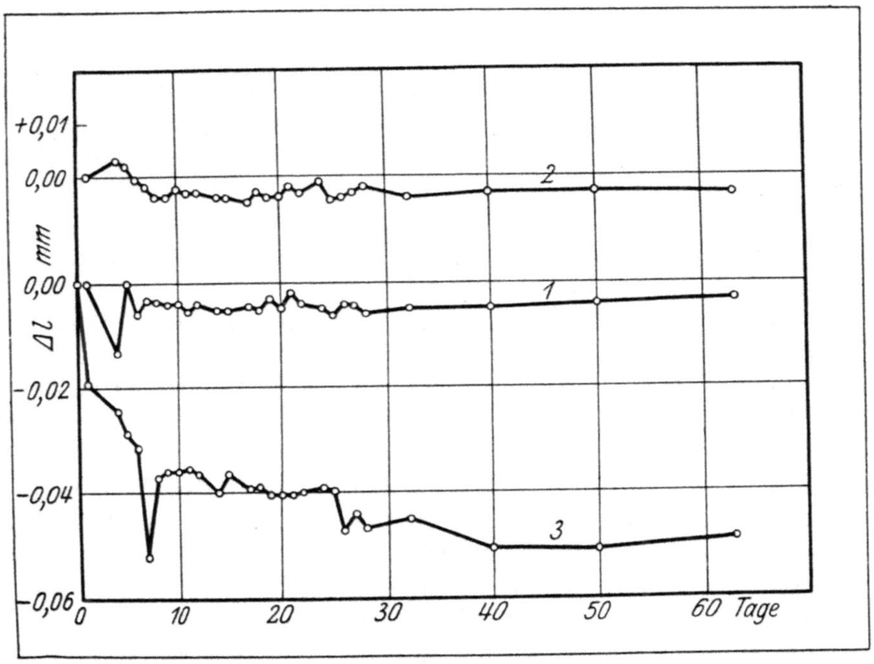

Abb. 68. Längenänderungen eines geglühten (1), eines abgeschreckten (3) und eines künstlich gealterten (2) Maßstabes nach Storey.

Meßpunkte zurückzuführen sind oder möglicherweise auch auf wirkliche Längenänderungen des Stabes, da trotz des Glühens nach dem Schruppen möglicherweise noch kleine Restspannungen zurückgeblieben sein können, die sich erst allmählich ins Gleichgewicht setzen. Die abgeschreckte Probe Nr. 3 zeigt beträchtliche Verkürzung der Länge infolge Alterns. In 63 Tagen hat sich der Stab um 0,5 mm verkürzt gegenüber der Länge, die er unmittelbar nach der Abschreckung besaß. Stab Nr. 2 wurde künstlich gealtert, d. h. nach dem Abschrecken 1 Stunde lang in Öl von 190° erhitzt. Dabei wurde der Stab in das kalte Öl gebracht und mit diesem langsam auf 190° erhitzt. Der Stab und das Öl wurden 1 Stunde lang bei dieser Temperatur erhalten; alsdann wurden beide der langsamen Abkühlung überlassen. Dies künstliche Altern des Stabes Nr. 2 bewirkt, daß die zeitlichen Längenänderungen aufgehoben werden; wenigstens sind die Längenänderungen des abgeschreckten und künstlich gealterten Stabes 2 nicht größer als die des nicht abgeschreckten

Stabes 1. Mit Hilfe des künstlichen Alterungsverfahrens hat man es also in der Hand, den schädlichen Längenänderungen eines Meßwerkzeuges entgegenzuwirken. Die langsame Erhitzung bis 190° und das darauffolgende langsame Abkühlen sind notwendig, damit nicht aufs neue Spannungen entstehen, die sich erst allmählich wieder ins Gleichgewicht setzen müssen.

Das künstliche Altern bei 190° hat natürlich gleichzeitig die Wirkung des Anlassens; es vermindert deswegen auch die Härte um einen kleinen Betrag. Wollte man das Altern bei höheren Temperaturen vornehmen, so würde die Härteverminderung durch die Anlaßwirkung zu weit gehen, das Meßwerkzeug würde sich im Gebrauch zu schnell abnutzen. Wollte man niedrige Temperaturen für das künstliche Altern anwenden, so würde die Wirkung unvollkommener werden und erst nach längerer Zeit zu erreichen sein. Man wählt somit einen Mittelwert, der bei etwa 200° liegt.

γ) Umstände, die auf die Entstehung von Härterissen von Einfluß sind.

71. Härterisse können auftreten:

a) im Bereich der höheren Temperaturen, wenn die in der äußeren Schale entstehenden, durch die Strecke AY in Abb. 62 dargestellten Zugspannungen die Bruchgrenze des Materials bei der betreffenden Temperatur erreichen;

b) im Bereich niederer Wärmegrade, wenn die durch die Strecke FC angedeuteten Spannungen die Bruchgrenze des Materials bei den entsprechenden Temperaturen erreichen.

72. $\alpha\alpha$) Einfluß der Abschrecktemperatur. Die äußere Schale der abgeschreckten Probe muß sehr bald die Temperatur des abschreckenden Mittels annehmen, also sehr rasch erkalten. Der innere Kern dagegen hat einen um so höheren Wärmeinhalt und gibt diesen um so langsamer ab, je höher die Abschrecktemperatur liegt. Bei höherer Abschrecktemperatur wird die Linie II in Abb. 62 somit flacher verlaufen, als in der Abb. 62 gezeichnet. Dadurch wird im allgemeinen der senkrechte Abstand der beiden Linien I und II zwischen den Grenzen $\mathfrak{G}_1$ und $\mathfrak{G}_2$ vergrößert. In Abhängigkeit davon wächst AY und damit die Spannung, die für die Härterißbildung bei höheren Temperaturen in Betracht kommt. Aber auch die Strecke $UP = AX = MF$ wächst, während ε_2 um so kleiner wird, je langsamer Linie II abfällt. Sonach wächst $FC = FM + \varepsilon_1 - \varepsilon_2$, also werden auch die Bedingungen günstiger für die Entstehung von Härterissen bei niedrigen Wärmegraden. Wir kommen so zu dem durch die Erfahrung bestätigten Gesetz, daß mit steigender Abschrecktemperatur die Neigung zur Bildung von Härterissen steigt.

Wird vorausgesetzt, daß der Unterschied $\varepsilon_1 - \varepsilon_2$ mit steigender Abschrecktemperatur bei Abschrecken eines und desselben Stabes sich weniger verändert als die Strecke FM, so wird mit steigender Abschrecktemperatur, die ja die Größe FM vermehrt, auch der Punkt H in die Höhe rücken; d. h. der abgeschreckte Stahl hat um so größeres Volumen, je höher die Abschrecktemperatur ist. Dies ist nach Metcalf und Langley (L. 37) tatsächlich der Fall, wie die Abb. 69 zeigt. Hierin sind die Kohlenstoffgehalte der Stähle als Abszissen eingezeichnet und als Ordinaten die Volumzunahmen in Prozenten, die der Stahl gegenüber dem Volumen des gewalzten Stahls durch das Abschrecken von verschiedenen Temperaturen aus erleidet. Man erkennt, daß fast durchweg die Schaulinie für Gelbhitze über der für Hellrotglut und diese wieder über der für Rotglut liegt.

Hat das Werkstück vor dem Abschrecken an verschiedenen Stellen verschiedene Temperaturen, so erfolgt auch an verschiedenen Stellen das Abschrecken von verschiedenen Abschreckhitzen aus. Die Folge davon ist das Bestreben der verschiedenen Teile des Werkstücks verschiedene Volumina anzunehmen; dies führt entweder zu Spannungen, oder wenn diese sich durch Biegung zum Teil ausgleichen können, zum Werfen des Werkstücks.

Hieraus ergibt sich auch, daß man geschmiedete Stähle nicht ohne weiteres von der Schmiedehitze aus abschrecken darf, wenn man nicht die Gefahr der Härterißbildung erhöhen will. Ein geschmiedeter Vierkantstahl ist z. B. in seinen Ecken infolge der Abkühlung während des Schmiedens kälter als im Inneren. Dies muß beim Abschrecken die Spannungen verstärken und kann zur Rißbildung führen. Als Regel gilt deswegen, daß man ein abzuschreckendes Schmiedestück nach dem Schmieden erst erkalten läßt; dann erst wird es zum Zweck des Abschreckens aufs neue erhitzt. Die Schmiedehitze soll nicht zugleich Abschreckhitze sein (Reiser, L. 26).

73. $\beta\beta$) Einfluß der Abschreckgeschwindigkeit. Nach 63 wächst im allgemeinen die Gelegenheit zur Bildung von Spannungen mit der Geschwindigkeit der Abkühlung eines Werkstückes. Je schneller die Abschreckung vor sich geht, um so weiter können sich dann die Schaulinien I und II in Abb. 62 voneinander entfernen, um so größer ist dann die Gelegenheit zur Bildung von Spannungen und Härterissen. Das ist eine längst bekannte Tatsache. Abschrekkung in Wasser führt z. B. leichter zur Härterißbildung als Abschrecken in langsamer wirkenden Flüssigkeiten, wie Öl.

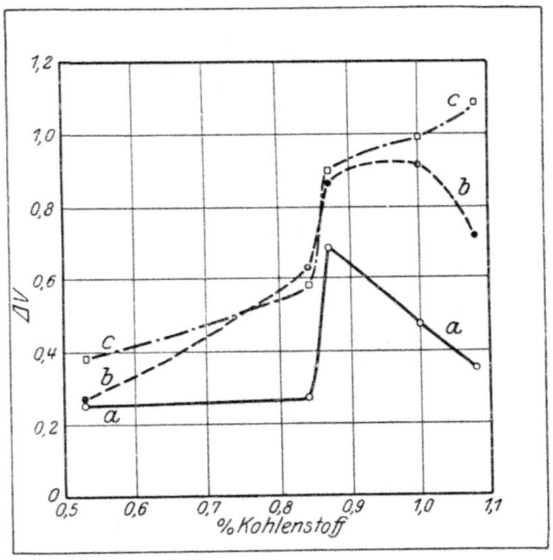

Abb. 69. Volumenzunahme von Stählen mit verschiedenem Kohlenstoffgehalt, die bei verschiedenen Temperaturen (a = Rotglut, b = Hellrotglut, c = Gelbglut) abgeschreckt wurden, nach Metcalf u. Langley. (ΔV = Volumenzunahme in $^0/_0$ des Volumens des gewalzten Materials).

74. $\gamma\gamma$) Einfluß der Gestalt des abzuschreckenden Werkstückes. Hat das Werkstück eine Gestalt, die Verschiedenheiten in der Schnelligkeit der Wärmeentziehung an verschiedenen Stellen begünstigt, z. B. Massenanhäufungen neben dünnen Querschnitten, so wird auch hierdurch wieder der Abstand der Linien I und II vergrößert und die Gelegenheit zur Bildung von Härterissen vermehrt (vgl. 63).

75. $\delta\delta$) Einfluß des Kohlenstoffgehaltes. Wie die Abb. 69 deutlich zeigt, steigt die Volumzunahme infolge des Abschreckens bei dem Kohlenstoffgehalt 0,85 $^0/_0$ plötzlich sehr rasch an, erreicht dann einen Höchstwert bei etwa 0,9 bis 1 $^0/_0$ Kohlenstoff, um dann wieder abzunehmen. Dies ist zu erwarten, da der Träger der Volumänderung beim Abschrecken im wesentlichen der Martensit ist. Nach 61 erhalten wir den Höchstwert von Martensit bei mittlerer Abschrecktemperatur im eutektischen Stahl mit etwa 1 $^0/_0$ Kohlenstoff. Bei steigendem Kohlenstoffgehalt wird ein Teil des Martensits verdrängt durch Zementit, bei niedrigerem Kohlenstoffgehalt durch Ferrit, solange man mit der Abschrecktemperatur nicht den obersten Umwandlungspunkt

(Linie *GOSE* in Abb. 12) überschritten hat. Der größten Volumänderung entspricht nun im allgemeinen auch der höchste Wert des Abstandes *FC* in Abb. 62, mithin der größte Betrag der Spannung nach Abkühlung auf Zimmerwärme. Es ist somit auch zu erwarten, daß die Gefahr des Auftretens von Härterissen beim eutektischen Stahl mit 0,9 bis $1^0/_0$ Kohlenstoff am größten ist.

Daß dies tatsächlich der Fall ist, zeigt folgende von mir ausgeführte Versuchsreihe (L. 8). Proben von $6 \times 9 \times 5$ mm wurden aus den einzelnen Stählen, deren Kohlenstoffgehalt in Abb. 70 als Abszisse eingezeichnet ist, ausgeschnitten. Die Stähle lagen sämtlich im gegossenen Zustand vor; nur der Stahl mit $1{,}3^0/_0$ Kohlenstoff war ein Zementstahl aus schwedischem Herdfrischeisen. Als Ordinaten sind diejenigen Abschrecktemperaturen dargestellt, bei denen die Proben Härterisse zu zeigen begannen. Die Probe mit $1{,}3^0/_0$ Kohlenstoff paßt nicht ganz in die Reihe; indessen hat der Zustand eines Zementstahls wegen der Überhitzung eine gewisse Ähnlichkeit mit dem eines gegossenen Stahles. Die Gehalte an übrigen Stoffen außer Kohlenstoff waren sehr gering (Si 0,04 bis 0,06; Mn 0,04 bis 0,06; P Spuren; S 0,02). Nach der Abb. 70 zeigt der Stahl mit $0{,}95^0/_0$ Kohlenstoff die größte Neigung zur Härterißbildung; nach niedrigeren und nach höheren Kohlenstoffgehalten hin nimmt diese Neigung ab, so daß man die Abschrecktemperatur steigern kann, ehe Rißbildung eintritt.

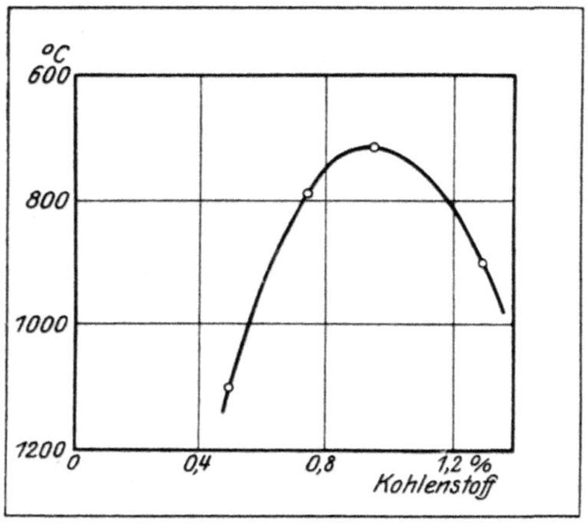

Abb. 70. Neigung zur Bildung von Härterissen in Kohlenstoffstählen. Abschrecktemperatur, bei der zuerst Härterisse auftreten.

Man macht hiervon praktisch Gebrauch, indem man Werkzeuge von verwickelter Form, wie z. B. Fräser, die beim Härten Schwierigkeiten bereiten. aus kohlenstoffreicherem Stahl, z. B. mit 1,4 bis $1{,}6^0/_0$ Kohlenstoff herstellt. Man wählt diese Gehalte nicht, um die Härte zu steigern, denn von $1^0/_0$ ab bis $1{,}6^0/_0$ Kohlenstoff findet, soweit das Verfahren der Kugeldruckhärte Aufschluß gibt, keine wesentliche Steigerung der Härte des glasharten Stahles statt (51). Die Wahl dieser hochgekohlten Stähle ist vielmehr begründet durch die geringere Neigung zur Rißbildung beim Härten. Gleichzeitig hat man in dem hohen Kohlenstoffgehalt gewissermaßen noch einen Kohlenstoffvorrat, so daß der Stahl trotz wiederholter Erhitzung bei mehrfach wiederholter Abschreckung und der damit verbundenen Entkohlung an den Kanten noch nicht wesentlich an Härte verliert (51).

76. $\varepsilon\varepsilon$) Einfluß der Erwärmung vor der Abschreckung. Diese kann insofern von Einfluß sein, als bei der Erwärmung eines Stahlstücks, das sich bereits im Zustand der Spannung befindet, gegebenenfalls die Spannungen derart vergrößern können, daß Aufreißen stattfindet (II A, 324—338). Erfolgt dies im Inneren des Werkstücks, so ist die Zerstörung dem Auge nicht sichtbar. Treten dann die Spannungen infolge des Abschreckens noch hinzu, so kann der im Innern gebildete Riß erweitert werden, das Stück kann aufreißen.

3. Die Vorgänge bei der Erstarrung und weiteren Abkühlung der Eisenkohlenstoff-Legierungen.

77. Die Eisenkohlenstoff-Legierungen in ihren mannigfachen Formen dürfen zu den verwickeltsten Stoffen gerechnet werden, deren sich der Mensch für seine Zwecke bedient. Je mehr man sich in das Wesen dieser Stoffe vertieft, um so erstaunlicher erscheinen die Leistungen auf dem Gebiet der Eisenerzeugung und -verarbeitung, um so mehr bewundert man das Geschick, mit dem man der unendlichen Schwierigkeiten Herr wurde, die sich aus der verwickelten Natur dieser Legierungen ergeben mußten, und die alle zu überwinden waren, ohne daß die Wissenschaft hilfreich zur Seite stand. Die Wissenschaft kam, wie in so vielen Fällen, erst hinterdrein; sie mußte erst durch die Bedürfnisse der Praxis ins Leben gerufen und vorwärts getrieben werden. Die Entwickelung der Wissenschaft von den Eisenkohlenstoff-Legierungen ist auch heute noch wesentlich hinter den Anforderungen des praktischen Eisenhüttenwesens zurück, trotz der gewaltigen Arbeit, die namentlich in den letzten 39 bis 40 Jahren getan worden ist.

a) Allgemeines über die Graphitausscheidung.

78. Wie bereits in Abs. 3 bemerkt, tritt in den erstarrten Eisenkohlenstoff-Legierungen mit höheren Kohlenstoffgehalten (Roheisen) teils Graphit, also elementar ausgeschiedener Kohlenstoff, auf, teils ist der Kohlenstoff in nichtgraphitischer Form, als sogenannter gebundener Kohlenstoff im Eisen vorhanden.

Das Eisen steht mit seiner Fähigkeit, Kohlenstoff zu lösen und unter gewissen Umständen als Graphit wieder abzuscheiden, nicht allein da. Dieselbe Eigenschaft zeigt nach Moissan (L. 38) Kupfer, das bei seinem Siedepunkte (2100° C) Kohlenstoff auflöst und bei der Abkühlung in Form von Graphit wieder abgibt. Natürlich scheidet sich bei langsamer Abkühlung der Graphit aus dem flüssigen Metall an der Oberfläche ab, so daß das darunter erstarrende Kupfer kohlenstofffrei ausfällt. Wenn man aber, wie Moissan es tat, siedendes Kupfer plötzlich in kaltem Wasser abschreckt, so enthält es in seinen Hohlräumen Graphit. Moissan fand davon bis zu 1,6 %. Ähnliche Verhältnisse fand Moissan bei Gold. Auch die Platinmetalle (Osmium, Ruthenium, Platin, Palladium, Iridium, Rhodium) scheiden Graphit ab, wenn sie bei hohen Temperaturen Gelegenheit hatten Kohlenstoff aufzulösen. Vom Nickel ist diese Eigenschaft schon länger bekannt.

Bei den höher gekohlten Eisenlegierungen kann zu den bereits früher genannten Gefügebestandteilen Ferrit, Perlit und Zementit als neuer Gefügebestandteil der Graphit hinzutreten. Ein Beispiel hierfür bietet die Abb. 55, Taf. XII, das in 117 facher Vergrößerung das Gefüge von ungeätzten Gußeisenschliffen darstellt. Die dunklen Graphitblätter liegen in einer weißen Grundmasse, deren Gefüge nicht zum Vorschein kommt, weil die Ätzung im Interesse der Deutlichkeit unterblieb. Der Graphit ist vielfach (nicht immer) in Form von Blättchen eingelagert, deren Größe je nach Umständen wechseln kann.

Die Verteilung des Graphits in den technischen Roheisensorten läßt darauf schließen, daß er sich in der Regel nicht aus der flüssigen Legierung unmittelbar ausscheidet; denn sonst müßte der Graphit wegen seines geringen, nur 2,25 betragenden spezifischen Gewichtes (H. Le Chatelier und Wologdin, L. 39) in der wesentlich schwereren flüssigen Eisenlegierung schnell nach oben schwimmen und sich an der Oberfläche anreichern. Erscheinungen, die darauf hindeuten, beobachtet man aber nur bei sehr hochgekohlten Eisenlegierungen (Kohlenstoff über 4,3 % bei Abwesenheit wesentlicher Mengen fremder Legierungsbestandteile), die technisch verhältnismäßig selten vorkommen, und über die später berichtet wird (93). Bei technischen Eisensorten bemerkt man in der Regel gleichmäßige, von der Wirkung der Schwerkraft unabhängige Verteilung des Graphits. Die Graphitausscheidung wird sich sonach in diesen Eisensorten zu einer Zeit vollziehen, wo die Eisenlegierung bereits soweit erstarrt ist, daß sie die Graphitausscheidungen am Aufsteigen verhindert.

Ob sich aus der Eisenkohlenstoff-Legierung Graphit ausscheidet, und in welchen Mengen, hängt nach alten eisenhüttenmännischen Erfahrungen wesentlich ab:

1. von der Abkühlungsgeschwindigkeit der erstarrten oder erstarrenden Legierung;
2. von ihrer chemischen Zusammensetzung.

Langsame Abkühlung begünstigt im allgemeinen die Graphitausscheidung, schnellere Abkühlung wirkt ihr entgegen (Ledebur, L. 40). Wesentlich in Betracht kommt hierbei, wie wir später sehen werden. die Schnelligkeit, mit der das Temperaturbereich unmittelbar unterhalb des Endes der Erstarrung durchlaufen wird, obwohl auch die Geschwindigkeit der Abkühlung durch tiefere Temperaturen hindurch noch Einfluß ausüben kann.

Es darf heute als feststehende Tatsache betrachtet werden, daß man jede Eisenkohlenstoff-Legierung, gleichgültig wie groß ihr Kohlenstoffgehalt ist, durch genügend schroffe Abkühlung graphitfrei auf gewöhnliche Temperatur herunter abkühlen kann.

Daß dies bei nicht zu kohlenstoffreichen Eisensorten möglich ist, war längst bekannt. Gewisse kohlenstoffreichere Legierungen (Roheisensorten) gehen bei einigermaßen schneller Abkühlung aus dem flüssigen Zustand in graphitfreies weißes Roheisen über, während sie bei langsamerer Abkühlung Graphit ausscheiden und graues Roheisen ergeben. Auf dieser Erscheinung beruht z. B. die Erzeugung von Hartguß.

Andere Roheisensorten, namentlich die sehr kohlenstoffreichen, haben große Neigung, zu grauem Roheisen abzukühlen. Es ist aber auch bei diesen möglich, die Graphitausscheidung durch genügend schnelle Abkühlung zu hintertreiben. So zeigte z. B. erst kürzlich Hanemann (L. 41), daß selbst Legierungen mit 6 % Kohlenstoff, die bei gewöhnlicher Abkühlung aus dem flüssigen Zustand mit Sicherheit tiefgraues Roheisen liefern, durch Guß in sehr dünner Schicht in eisernen Formen (Schreckguß) vollständig graphitfrei erhalten werden können.

Wenn man einerseits jede Eisenkohlenstoff-Legierung graphitfrei zur Erstarrung bringen kann, so ist es andererseits nicht bei jeder Eisenkohlenstoff-Legierung ohne weiteres möglich, Graphitausscheidung herbeizuführen. Damit diese Möglichkeit gegeben sei, ist vor allen Dingen nötig, daß der Kohlenstoffgehalt der Legierung eine bestimmte untere Grenze überschreitet. Bei welchem Kohlenstoffgehalt diese Grenze liegt, läßt sich allgemein nicht sagen; ihre Lage hängt wesentlich von dem Gehalt an fremden Stoffen ab, die zur Legierung hinzutreten, insbesondere von der Gegenwart von Silizium, Mangan, Aluminium usw. Jedenfalls nimmt mit sinkendem Kohlenstoffgehalt die Neigung der Legierung, Graphit abzuscheiden, ab, und steigt mit wachsendem Kohlenstoffgehalt kräftig an.

Man war früher der Meinung, daß die Möglichkeit, aus einer Eisenkohlenstoff-Legierung Kohlenstoff abzuscheiden, an die Gegenwart einer gewissen Menge Silizium in der Legierung gebunden sei. Man schloß dies aus der Tatsache, daß Gegenwart von Silizium die Graphitausscheidung begünstigt. Wenn nun auch diese Tatsache unbestreitbar ist, so hat sich doch dieser Schluß als unberechtigt herausgestellt. Wüst (L. 42), Charpy (L. 43) und Sauveur (L. 44) haben gezeigt, daß, wenn der Kohlenstoffgehalt der Legierung eine bestimmte Grenze überschritten hat (nach Charpy etwa 2%), auch bei Abwesenheit von Silizium Graphitausscheidung möglich ist, und daß die Ausscheidung um so leichter vor sich geht, je höher der Kohlenstoffgehalt steigt.

Der Graphitausscheidung entgegen wirkt Mangan. Es kann aber selbst bei hohen Gehalten die Ausscheidung nicht unmöglich machen. Osann (L. 45) hat kürzlich gezeigt, daß selbst Legierungen mit 12% Mangan starke Graphitausscheidung liefern, wenn nur die Abkühlung genügend langsam durchgeführt wird.

Er schmolz Spiegeleisen (Legierung mit 10 bis 12% Mangan neben etwa 5% Kohlenstoff) in 50-kg-Tiegeln ein und überließ die Schmelze im geschlossenen Ofen der langsamen Abkühlung. Die erstarrte und abgekühlte Masse zeigte unter der Schlackendecke auf der Oberfläche der Legierung starke Zwischenlagerung von grobblättrigem Graphit (Gaarschaum); auch im oberen Teil der erstarrten Eisenmasse lagen sehr grobe Graphitblättchen eingebettet, während ihre Menge nach den unteren Teilen des Gusses zu abnahm.

Die Abb. 56 und 57, Taf. XII zeigen bei 117- und 350facher Vergrößerung eine Stelle aus einer der obengenannten Legierungen, die mir von Osann freundlichst überlassen wurde. Abb. 56, Taf. XII zeigt in der Mitte ein dickes Graphitblatt, von dem ein Teil in Abb. 57, Taf. XII in stärkerer Vergrößerung dargestellt ist. Der Graphit ist von einer dünnen Zementithülle eingeschlossen. Die Legierung hatte Gesamtkohlenstoff 5,19%, davon Graphit 1,80%, Silizium 0,88% und Mangan 9,61%.

79. Es ist nicht nur möglich, Graphit unter gewissen Umständen bei der Abkühlung flüssiger Eisenlegierungen abzuscheiden; die Absonderung gelingt in bestimmten Fällen auch bei der Erhitzung bereits abgekühlter Schmelzen. Erhitzt man z. B. weißes, graphitfreies Roheisen mit genügend hohem Kohlenstoffgehalt auf Temperaturen unterhalb 1130° C (dem Beginn des Schmelzens), so ist es bei genügend lange fortgesetzter Glühdauer möglich, Graphitabscheidung hervorzurufen. Hierbei sind die Graphitabsonderungen vielfach nicht blättchenförmig, wie in Abb. 55, Taf. XII, sondern sie sind in Form kleiner Pünktchen in der Grundmasse verteilt. Ledebur hat den in dieser Form ausgeschiedenen Graphit als Temperkohle bezeichnet, weil er glaubte, daß er eine vom Graphit abweichende Kohlenstofform sei. Beim Auflösen der Legierung in Säuren verhält sich die Temperkohle genau wie Graphit. Ledebur schloß trotz dieses gleichen Verhaltens auf eine Verschiedenheit, weil bei der Erhitzung der Eisenkohlenstoff-Legierungen in oxydierender Umgebung (Luft, Eisenoxyd usw.), dem „Tempern“, die Temperkohle leichter verbrennlich ist, als der Graphit. Neuere Untersuchungen, insbesondere von H. Le Chatelier und Wologdin (L. 46) und Charpy (L. 47), haben gezeigt, daß die aus Eisenkohlenstoff-Legierungen durch Erhitzen unterhalb des Beginns der Schmelzung bis herunter zu 700° C erhaltene Temperkohle als Graphit zu betrachten ist, da sie gegenüber chloroxydierenden Gemischen in gleicher Weise wie Graphit in Graphitsäure umgewandelt wird. Es fällt sonach wohl der Grund weg, zwischen Temperkohle und Graphit zu unterscheiden. Ich will den Ausdruck Temperkohle aber beibehalten, um anzudeuten, daß der graphitische Kohlenstoff bei der Erhitzung ausgesondert ist.

Abb. 58, Taf. XIII zeigt in 29facher Vergrößerung im ungeätzten Schliff Temperkohle in einem Werkzeugstahl. Die Probe wurde von Ledebur längere Zeit in Holzkohle geglüht. Sie besaß nach dieser Behandlung einen Gesamtkohlenstoffgehalt von 1,64 %, wovon 0,72 % in Temperkohle umgewandelt waren. Vor der Behandlung war die Probe graphitfrei. Abb. 59, Taf. XIII ist von demselben Schliff wie Abb. 58, Taf. XIII, aber nach der Ätzung mit alkoholischer Salzsäure bei 123facher Vergrößerung aufgenommen. In der Grundmasse von Perlit (gebundener Kohlenstoff 1,64 — 0,72 = 0,92), dessen Gefüge bei der schwachen Vergrößerung noch nicht sichtbar ist, liegen die dunklen Adern von Temperkohle eingebettet.

Abb. 60, Taf. XIII zeigt in 275facher Vergrößerung dunkle Temperkohleflecke in einem Temperguß (weißes Roheisen, das durch Erhitzen in einer Packung von Eisenoxyd teilweise entkohlt war. Die Flecke liegen im Perlit, dessen Aufbau deutlich erkennbar ist.

Die Ausscheidung der Temperkohle bei der Erhitzung folgt ganz ähnlichen Gesetzen, wie die des Graphits bei der Abkühlung. Sie erfolgt um so leichter, je höher der Kohlenstoffgehalt der Legierung ist; sie wird auch durch Gegenwart von Silizium begünstigt. Die Abhängigkeit der Temperkohlenausscheidung von der Temperatur und von der Zeitdauer des Glühens, sowie von dem in der Legierung vorhandenen Siliziumgehalt ergibt sich aus folgenden Versuchen von Charpy und Grenet (L. 48), wobei folgende Legierungen verwendet wurden:

Nr.	C	Si	Mn	P	S
1	3,60	0,07	0,03	Sp	0,01
2	3,40	0,27	Sp	0,02	0,02
3	3,25	0,80	Sp	0,03	0,02
4	3,20	1,25	0,12	0,01	0,01
5	3,30	2,10	0,12	0,01	0,02

Sie wurden flüssig in Wasser eingegossen, um sie graphitfrei zur Erstarrung zu bringen. Trotzdem waren bei der Legierung 5 bereits 0,20 % Graphit des hohen Siliziumgehaltes wegen entstanden. Proben von diesen Eisensorten wurden dann auf bestimmte Temperaturen t erhitzt, bei diesen Temperaturen z Stunden lang erhalten. Alsdann wurde die Glühwirkung durch Abschrecken der Proben in Wasser unterbrochen, damit die Versuchsergebnisse nicht durch Graphitbildung während der Abkühlung beeinträchtigt werden. Charpy und Grenet ziehen aus ihren Versuchen folgende Schlüsse:

a) Die Graphitabscheidung beginnt bei einer um so niederen Temperatur, je höher der Siliziumgehalt ist. Bei den Proben 1 und 2 war trotz anhaltenden Glühens unterhalb 1100° C Graphitbildung nicht herbeizuführen; erst von dieser Temperatur ab gelang die Ausscheidung, die sich bis zu dem etwa bei 1140° C liegenden Beginn der Schmelzung fortsetzt. Bei der Legierung 3 war bereits bei 800° C deutliche Graphitausscheidung feststellbar, bei Legierung 4 sogar schon bei 650° C.

b) Hat die Ausscheidung des Graphits einmal begonnen, so setzt sie sich bei niederen Temperaturen als der Einleitungstemperatur fort. So besaß z. B. ein Stück der Legierung 1 nach Erhitzen auf 1170° C und Abschrecken 0,50 % Graphit. Wurde eine gleiche Probe in der gleichen Weise auf 1170° C erhitzt, nun aber langsam auf 700° C abgekühlt und erst bei dieser Temperatur abgeschreckt, so war der Graphitgehalt 1,87 %. Der Unterschied von 1,37 % Graphit muß sich sonach während der Abkühlung von 1170 auf 700° C gebildet haben (vgl. Abs. 94).

c) Bei unverändert erhaltener Temperatur t erfolgt die Graphitausscheidung um so langsamer, je niedriger die Temperatur und je geringer der Siliziumgehalt ist. Dies wird durch die Abb. 71 belegt, die sich auf die Legierungen Nr. 3 bis 5 bezieht. Die Glühdauer z in Stunden ist als Abszisse, die nach dieser Glühdauer bei den verschiedenen beigeschriebenen Temperaturen t ausgeschiedenen Graphitmengen in Prozenten sind als Ordinaten verwendet.

80. Das Kleingefüge des weißen und grauen Roheisens. Das graphitfreie weiße Roheisen besteht nach Abkühlung auf gewöhnliche Temperatur aus Zementit und Perlit, ist also aus denselben Gefügebestandteilen aufgebaut wie die übereutektischen schmiedbaren Eisenkohlenstoff-Legierungen.

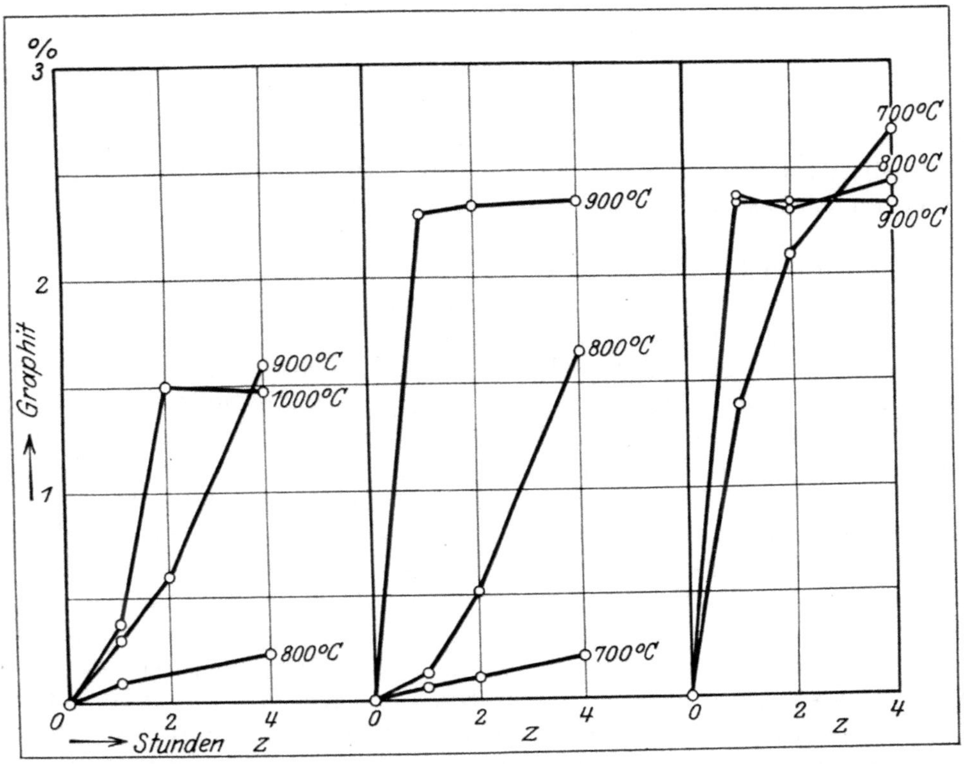

Legierung 3 mit 0,8 % Si. Legierung 4 mit 1,25 % Si. (vgl. Abs. 79.) Legierung 5 mit 2,10 % Si.

Abb. 71. Ausscheidung von Graphit beim Glühen weißen Roheisens (z = Glühdauer in Stunden).

Bei Kohlenstoffgehalten über etwa 1,7 % liegen im Zementit kleine Perlitinselchen zerstreut, wie in Abb. 61, Taf. XIV in 275facher und noch deutlicher in Abb. 62, Taf. XIV in 1250facher Vergrößerung zu erkennen ist. Die Bilder sind von einem schwedischen weißen Roheisen mit 3,91 % Gesamtkohlenstoff und frei von Graphit entnommen, das außerdem noch enthielt: 0,29 % Silizium, 0,80 % Mangan, 0,017 % Phosphor und 0,011 % Schwefel. In Abb. 61, Taf. XIV erscheint der Perlit dunkler neben dem hellen Zementit. In Abb. 62, Taf. XIV ist dagegen der Perlit in seine Bestandteile Ferrit und Zementit aufgelöst. Man erkennt auch, daß die kleinen im Zementit eingestreuten Inselchen Perlit sind. Das Gemenge von Zementit mit den feineingesprengten Perlitinselchen hat das Aussehen eines eutektischen Gemenges (56), und ist auch tatsächlich ein solches, wie sich später (85) ergeben wird. Um eine kurze Bezeichnung für dieses Gemenge zu haben (zum Unterschied von dem eutektischen Gemenge Perlit), möchte ich es einem Vorschlage Wüsts folgend zu Ehren des um die Entwicklung der eisenhüttenmännischen Wissenschaft so hoch verdienten Eisenhüttenmanns Ledebur als Ledeburit bezeichnen.

Im Gefüge des graphithaltigen, grauen Roheisens tritt neben dem Graphit Perlit und Ledeburit auf, oder Perlit allein, oder Perlit und Ferrit, oder schließlich Ferrit allein. Die Abb. 63 und 64, Taf. XIV zeigen das Gefüge eines grauen Roheisens, und zwar ersteres in 123facher Vergrößerung nach dem Reliefpolieren, letzteres in 900facher Vergrößerung nach dem Ätzpolieren. Dunkle Graphitblätter sind eingebettet im Perlit *P*. In größerer Entfernung vom Graphit liegt der Ledeburit *L*.

Abb. 65, Taf. XV entspricht einem weißen Roheisen, wie es für den Thomasbetrieb verwendet wird, mit 2,49 % Gesamtkohlenstoff. Das Gefüge ist nach dem Ätzpolieren in 365facher Vergrößerung dargestellt. *C* ist Ledeburit, *P* Perlit. Ledebur glühte das Eisen 108 Stunden lang in Holzkohle (L. 49). Nach dieser Behandlung enthielt es noch 2,16 % Gesamtkohle, wovon der größte Teil als Graphit ausgeschieden war. In Abb. 66, Taf. XV (365fache Vergrößerung) liegt rechts der schwarze Graphit in hellem und vertieftem Ferrit *F*. In größerer Entfernung davon befindet sich der wohlausgebildete Perlit *P* und schließlich der Zementit *C*.

Abb. 67, Taf. XV zeigt in 350facher Vergrößerung das Gefüge eines grauen Roheisens, das durch langsame Abkühlung einer Legierung mit 4,25 % Kohlenstoff (0,34 % Si, 0,29 % Mn, 0,022 % P, 0,004 % S und 0,014 % Cu) erhalten wurde. Der Graphitgehalt betrug im Durchschnitt 4,16 %. Perlit ist im Gefüge kaum mehr bemerkbar. Es besteht im wesentlichen nur aus Graphit (dunkel) und Ferrit (hell).

81. Aus dem Verhalten der hochgekohlten Eisenkohlenstoff-Legierungen bei der Abkühlung vom flüssigen Zustand aus und ebenso bei der Erhitzung unterhalb des Beginnes der Schmelzung (Abs. 78 und 79) ergibt sich, daß man den Zustand des graphitfreien, weißen Roheisens nur als Übergangszustand, nicht aber als endgültigen Gleichgewichtszustand des Systems Eisen-Kohlenstoff zu betrachten hat. Das graphitfreie, weiße Roheisen verhält sich wie ein System im metastabilen Gleichgewichtszustand. Es sucht unter Abgabe von Energie in einen Zustand größerer Stabilität überzugehen, wie er durch das graphithaltige graue Roheisen dargestellt wird. (II A, 127 bis 129).

Diese Anschauung ist unter den Eisenhüttenleuten seit langem verbreitet, wenn sie auch nicht in der angegebenen, dem neueren Sprachgebrauch angepaßten Form zum Ausdruck gelangte. Jedenfalls hat sich aus dieser Anschauung heraus die Erzeugung des Hartgusses und des Tempergusses entwickelt, ebenso hat sie das Gießereiwesen in der mannigfaltigsten Weise beeinflußt. Diese Anschauung klar und mit dem Bewußtsein der sich daraus ergebenden wissenschaftlichen Folgerungen zum Ausdruck gebracht zu haben, ist das Verdienst von H. Le Chatelier (L. 50) und von Charpy (L. 48).

b) Das c, t-Bild der Eisenkohlenstoff-Legierungen und seine Deutung.

82. Der älteste Versuch zu einem c, t-Bild in dem Bereich der Erstarrung der Eisenkohlenstoff-Legierungen zu gelangen, stammt von Roberts-Austen 1899 (L. 51). Das Ergebnis seiner Versuche ist in Abb. 72 wiedergegeben. Die eingetragenen Dreiecke, Kreuze und Punkte geben diejenigen Versuchswerte an, auf Grund deren die einzelnen Linien des c, t-Bildes gezeichnet wurden. Angegeben sind nur die Versuchswerte, die sich auf Legierungen mit mehr als 1 % Kohlenstoff beziehen.

Die Erstarrung der Legierungen war unterhalb der Linie *LBC* beendet; oberhalb *ABD* waren sämtliche Legierungen flüssig. Innerhalb der Felder *ABL* und *BDC* bestanden die Legierungen aus einer festen und einer flüssigen Phase. Der Verlauf der Linien *ABD* und *LBC* läßt sofort erkennen, daß die Erstarrung nach Art $Aa2\gamma$ (II A, Abb. 21, Abs. 51 bis 59) vor sich geht. *B* ist der eutektische Punkt, *LBC* die eutektische Linie. Die eutektische Temperatur liegt nach den Versuchen in der Nähe von 1130° C. Aus dem Umstand, daß sich die eutektische Linie über den Punkt *L* hinaus nach links nicht weiter feststellen ließ, schloß Roberts-Austen, daß das Eisen mit Kohlenstoff Mischkristalle zu bilden vermag, deren Kohlenstoff-

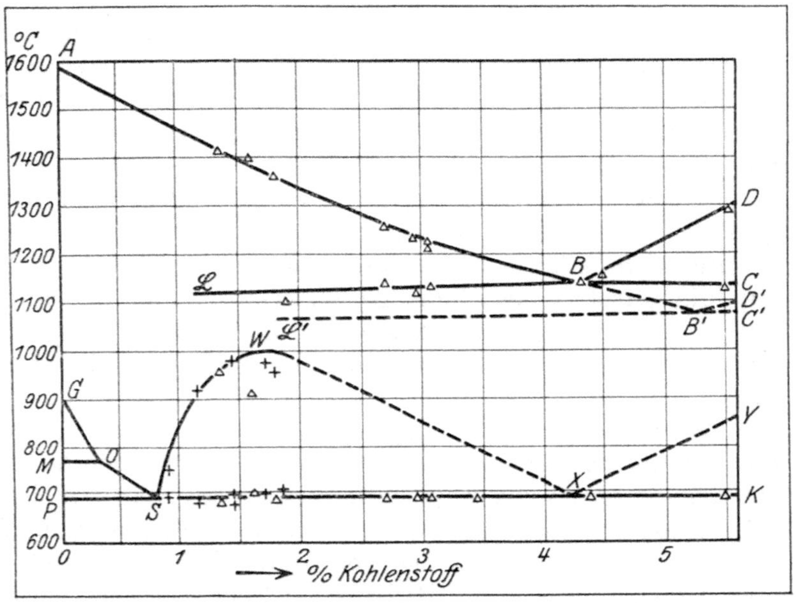

Abb. 72. *c*, *t*-Bild der Eisenkohlenstoff-Legierungen nach Roberts-Austen 1899. *AB* = Ausscheidung der festen Lösung von Kohlenstoff in Eisen: Mi. *BD* = Ausscheidung von Graphit. *LC* = Ausscheidung des eutektischen Gemisches Mi + Graphit. *BB'* = mögliche Fortsetzung von *AB* in Weißeisen. *B'D'* = mögliche Ausscheidung von Zementit. *L'C'* = mögliche Ausscheidung eines eutektischen Gemisches von Mischkristallen und Zementit. *SWX* = Abscheidung von Zementit. *XY* = Abscheidung von Ferrit. *PK* = Abscheidung des Perlit-Eutektikums. Legierungen flüssig oberhalb *ABD*. Legierungen fest unterhalb *LC*.

gehalt im Höchstfalle 1,2 % entsprechend der Abszisse des Punktes *L* erreicht.

Früher (II A, 51—59) haben wir die bei der Erstarrung der untereutektischen Legierungen (Kohlenstoffgehalt kleiner als Abszisse von *B*) ausgeschiedenen Mischkristalle als α-Kristalle, die bei der Erstarrung der übereutektischen Legierungen (Kohlenstoffgehalt größer als Abszisse von *B*) abgeschiedenen Mischkristalle als β-Kristalle bezeichnet. Wir wissen zunächst von früher her (13, 14), daß von den drei Allotropien des Eisens nur das γ-Eisen mit Kohlenstoff Mischkristalle zu bilden imstande ist, und wir haben deshalb diese Kristalle γ-Mischkristalle oder feste γ-Lösung genannt. An Stelle des Ausdruckes α-Mischkristalle in den Absätzen 51 bis 59 (II A) würde also hier der Ausdruck γ-Mischkristalle zu treten haben. Die Ausscheidung dieser γ-Mischkristalle erfolgt längs der Linie *AB* (Abb. 72), so daß die Legierungen innerhalb des Feldes *ABL* aus flüssiger Phase und γ-Mischkristallen bestehen. Über diesen Punkt besteht kein Zweifel. Es fragt sich nun aber, welches bei den Eisenkohlenstoff-Legierungen der Stoff ist, der den in den Abs. 51 bis 59 (II A) als β-Mischkristalle bezeichneten Kristallen entspricht, mit anderen Worten, welche feste Phase sich innerhalb des Feldes BDC mit der flüssigen Phase im Gleichgewicht befindet. Roberts-Austen hat angenommen, daß diese Phase Graphit (Gr) sei. Damit würde auch der Aufbau des Eutektikums gegeben sein; es würde ein Gemenge aus Graphit und γ-Mischkristallen darstellen. Roberts-Austen ist jedenfalls zu dieser Annahme gelangt, weil die von ihm zur Untersuchung verwendeten Legierungen nach der Erstarrung und Abkühlung graphithaltig waren; es erschien ihm somit selbstverständlich, daß der Graphit sich während der Erstarrung gebildet habe.

Hier erwächst zunächst eine Schwierigkeit, auf die ich im Jahre 1900 hindeutete (L. 52). Man müßte durch Abschrecken bei Temperaturen dicht unterhalb LBC in Wasser die bei sinkender Temperatur eintretenden Veränderungen innerhalb der Legierungen verhindern, und in der abgeschreckten Legierung unter dem Mikroskop ein eutektisches Gemenge von γ-Mischkristallen (in der Form von Martensit oder Austenit) und Graphit beobachten können. Es gibt nun zwar Roheisensorten, die Anordnung des Graphits in Nestern zeigen, und man könnte diese Graphitnester, die sich in der Grundmasse einlagern, als eutektisches Gemenge auffassen. Es gibt aber mindestens ebenso viele Proben, die diese Nesteranordnung nicht zeigen, sondern den Graphit in gleichmäßiger Verteilung enthalten wie in Abb. 55, Taf. XII und 67, Taf. XV.

Ferner gibt es Eisenkohlenstoff-Legierungen mit Gehalten über 1,2% Kohlenstoff, die bei der Erstarrung in gewöhnlicher Weise überhaupt keinen Graphit ausscheiden, sondern als weißes Roheisen erstarren, wie in Abb. 61 und 62, Taf. XIV. Andere wieder zeigen zwar Graphitausscheidung, daneben aber noch Ledeburit, das eutektische Gemenge von γ-Mischkristallen und Zementit bei höherer Temperatur, oder von Perlit und Zementit bei gewöhnlichen Wärmegraden. Vgl. Abb. 63 und 64, Taf. XIV. Roberts-Austen hat deswegen auch das Bedürfnis empfunden, die von H. Le Chatelier angedeutete hypothetische Lage einer zweiten eutektischen Linie $L'B'C'$ unterhalb LBC mit in sein c, t-Bild einzuzeichnen, bei der sich im weißen Eisen ein eutektisches Gemenge der γ-Mischkristalle mit dem Zementit (später Ledeburit genannt) ausscheiden soll. Nähere Angaben über die Bedeutung dieser in Abb. 72 punktierten Linie hat Roberts-Austen (L. 51) nicht gemacht; die von ihm gegebenen Erläuterungen sind am Fuß der Abb. 72 angegeben. Wahrscheinlich hat er geglaubt, daß bei genügend langsamer Abkühlung die Erstarrung nach $ABDLC$ (Erstarrung eines Systems γ-Mischkristalle und Graphit), bei schneller Abkühlung nach $AB'D'L'C'$ (Erstarrung eines Systems γ-Mischkristalle und Karbid) erfolgt. Die Lage der Linie $L'B'C'$ würde hypothetisch sein und sich wegen der raschen Abkühlung durch das thermische Verfahren (mittels Aufnahme der z, t- oder $\Delta z, t$-Linie) nicht feststellen lassen.

Es scheint Roberts-Austen bereits der Gedanke vorgeschwebt zu haben, daß es zwei verschiedene Systeme gibt: Das System γ-Mischkristalle und Graphit, das als stabil zu betrachten wäre, da es bei genügend langsamer Abkühlung zu verwirklichen ist, und das weniger stabile System γ-Mischkristalle und Karbid, das bei verhältnismäßig rascher Abkühlung zutage tritt. Da die Thermodynamik die Regel an die Hand gibt, daß die stabilere Erscheinungsform höhere Schmelztemperatur besitzt, als die weniger stabile, so hat er vermutlich dem Vorschlage Le Chateliers entsprechend das Ende der Erstarrung des weniger stabilen Systems (Mischkristalle und Karbid) tiefer gelegt (nach $L'B'C'$) als das Ende der Erstarrung des stabileren Systems (Mischkristalle und Graphit) bei LBC. Klar zum Ausdruck ist aber diese Anschauung damals durch Roberts-Austen nicht gelangt.

Die Linien WX (Karbidausscheidung) und XY (Ferritausscheidung), die Roberts-Austen einem Vorschlage Stansfields entsprechend mit in sein c,t-Bild aufnahm, haben ebenfalls hypothetischen Charakter. Ihre Punkte sind nicht durch Versuche ermittelt. Ihre Lage wird darauf gestützt, daß in grauen Roheisensorten oberhalb 1,8 % Kohlenstoff mit weiter steigendem Kohlenstoffgehalt die Menge des Karbids abnimmt und schließlich bei noch weiter gesteigertem Kohlenstoffgehalt über den Punkt X hinaus an Stelle des Karbids wieder Ferrit auftreten kann.

Die Linien WX und XY lassen sich nicht mit der Phasenlehre in Einklang bringen. Ihre Einzeichnung beruht wohl auf einer irrtümlichen Auffassung der Bedeutung des c,t-Bildes. Vgl. E. Heyn (L. 52) und Roozeboom (L. 53). Jedenfalls zeigt die Hinzufügung der Linie WXY, daß man sich der Widersprüche zwischen den aus dem c,t-Bild (Abb. 72) abgeleiteten Schlüssen auf das Kleingefüge der abgekühlten Legierungen und dem tatsächlich beobachteten Gefüge bereits bewußt war.

Es wurde bereits 1900 von Le Chatelier (L. 50) und auch von mir (L. 52) darauf aufmerksam gemacht, daß die mögliche Fortsetzung der Linie SW in Abb. 72 gegeben sei durch die Linie $L'B'C'$. Dies ist durch spätere Versuche tatsächlich erwiesen worden.

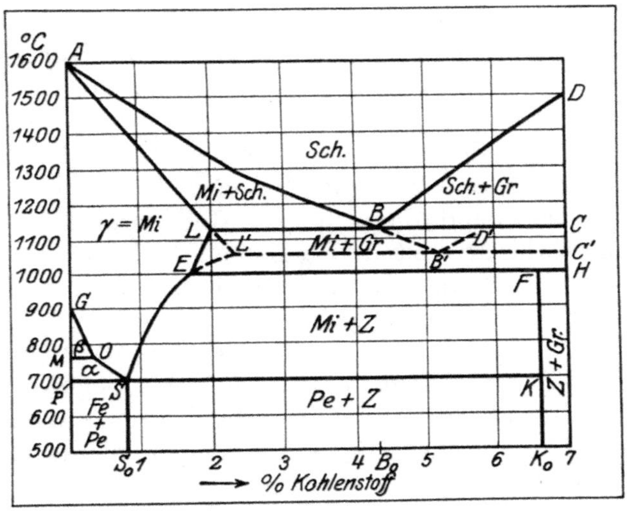

Abb. 73. c, t-Bild der Eisenkohlenstoff-Legierungen nach B. Roozeboom 1900. Mi = Mischkristalle von Eisen und Kohlenstoff. Sch = Schmelze. Gr = Graphit. Z = Zementit. Fe = Ferrit. Pe = Perlit.

83. Im Jahre 1900 stellte Bakhuis Roozeboom (L. 53) in einer Arbeit, die außerordentlich viel zur Klärung der Verhältnisse bei der Erstarrung der Eisenkohlenstoff-Legierungen beigetragen hat, das in Abb. 73 wiedergegebene c,t-Bild auf. Er stützte sich hierbei auf die Versuche Roberts-Austens (82), und infolgedessen auch auf die von diesem gemachte Annahme, daß die Punkte der Linie LBC der Ausscheidung eines Eutektikums von Mischkristallen und Graphit entsprechen. Um nun die Tatsache, daß in erstarrten Eisenkohlenstoff-Legierungen bei niederen Temperaturen Zementit auftreten kann, mit dem c,t-Bild Roberts-Austens in Einklang zu bringen, mußte er logischerweise die Annahme machen, daß der Graphit, der sich bei der Erstarrung nach $ABDLC$ abgeschieden haben sollte, nur innerhalb eines bestimmten Temperaturbereichs unterhalb LBC stabil sei, und daß bei weiter sinkender Temperatur ein Temperaturbereich auftreten müsse, in dem das Karbid die stabilere Erscheinungsform wäre. Während in dem Stabilitätsbereich des Graphits dieser nach dem c,t-Bild Roberts-Austens mit den γ-Mischkristallen Mi im Gleichgewicht stehen konnte, mußte in dem Stabilitätsbereich des Karbides dieses letztere im Gleichgewicht mit den Mischkirstallen *Mi* auftreten können. Es mußte sich sonach bei abnehmender Temperatur beim Übergang aus dem Stabilitätsbereich des Graphits in das des Karbides folgender Vorgang abspielen:

$$\text{Mischkristalle } (Mi) + \text{Graphit } (Gr) \rightarrow \text{Karbid } (Z)$$

und zwar unter Wärmeentwicklung. Bei steigender Temperatur mußte dagegen derselbe Vorgang im umgekehrten Sinne (von rechts nach links) unter Wärmebindung vor sich gehen.

Der Vorgang spielt zwischen drei festen Phasen in einem Zweistoffsystem ($n = 2$; Stoffe: Eisen und Kohlenstoff) ab, und kann infolgedessen nach Abs. 34, II A, wenn der Druck $p = 1$ als unveränderlich betrachtet wird, nur einem Gleichgewicht vom Freiheitsgrad null entsprechen. Mit anderen Worten heißt dies, daß der Vorgang nur bei einer einzigen Temperatur t_u und zwar zwischen drei Phasen von genau bestimmter Zusammensetzung möglich ist. Da die Zusammensetzung des Graphits und des Karbides der Natur der Sache nach unveränderlich ist, so bedeutet dies, daß der Gehalt der Mischkristalle *Mi* an Kohlenstoff nur ein ganz bestimmter sein kann. und zwar gleichgültig, wie groß der Kohlenstoffgehalt der Legierung ist.

Roozeboom nahm mangels vorliegender Versuchswerte vorläufig an, daß die Temperatur $t_u = 1000^0$ C sei, und daß die Abszisse des Punktes E den Gehalt der Mischkristalle *Mi* an Kohlenstoff wiedergebe. Die drei bei dem obigen Vorgang bei der Temperatur t_u im Gleichgewicht befindlichen Phasen sind dann im c, t-Bild dargestellt durch die Kennpunkte E (Mischkristalle *Mi* mit 1,8 $^0/_0$ Kohlenstoff), F (Karbid mit 6,67 $^0/_0$ Kohlenstoff) und H' (ein Punkt, der auf der Fortsetzung der Linie EH liegt und dem Graphit mit der Abszisse gleich 100 entspricht).

Das Feld, in dem der Graphit unterhalb des Endes der Erstarrung stabil angenommen ist, ist dann gegeben durch $LBCHFE$; das Feld der Stabilität des Karbids würde begrenzt durch die Linie EFH, die Linie S_0SE und die Linie FK_0. Nach den niederen Temperaturen zu hat es keine Grenze.

In einer Legierung mit beispielsweise 3 $^0/_0$ Kohlenstoff (gekennzeichnet durch die Kennlinie mit der Abszisse 3) würde sich, wenn das c, t-Bild in Abb. 73 die Verhältnisse richtig wiedergäbe, bei der Abkühlung folgendes abspielen: Oberhalb 1230^0 C ist die Legierung flüssig. Bei etwa 1230^0 C (Schnittpunkt der Kennlinie 3 mit AB) beginnt die Ausscheidung von γ-Mischkristallen aus der flüssigen Legierung. Diese setzt sich bei weiterer Abkühlung fort, bis bei 1130^0 C (Schnittpunkt der Kennlinie mit LB) die Erstarrung des Graphiteutektikums ($Mi + Gr$) erfolgt, und die Legierung völlig erstarrt. Die Legierung würde bei 1130^0 C bestehen aus γ-Mischkristallen L (Kohlenstoffgehalt etwa 2 $^0/_0$) und Graphiteutektikum, deren Mengenverhältnisse mit Hilfe des Hebelgesetzes ermittelt werden können (II A, 37). Bei weiter sinkender Temperatur ändert sich die Zusammensetzung der Mischkristalle, sowohl der frei ausgeschiedenen, als auch der im Graphiteutektikum entsprechend dem Verlauf der Linie LE, d. h. die Mischkristalle werden kohlenstoffärmer, und sie scheiden Graphit ab, um mit den letzteren beiden im Gleichgewicht bleiben zu können. Bei $t_u = 1000^0$ C ist der Kohlenstoffgehalt der Mischkristalle auf 1,8 $^0/_0$ entsprechend dem Punkte E gesunken. Bei dieser Temperatur (Schnittpunkt der Kennlinie mit EH) tritt nun bei unveränderlicher Temperatur die Umwandlung

$$\text{Mischkristalle} + \text{Graphit} \rightarrow \text{Karbid},$$

ein, die man auch darstellen kann durch die Gleichung

$$E + H' \rightarrow E + F,$$

worin die Buchstaben den Phasenpunkten in Abb. 73 entsprechen. Die Umwandlung setzt sich bei unveränderlicher Temperatur bis zum Aufbrauch des Graphits fort. Nach der Umwandlung sind nur noch vorhanden die Phasen E und F (Mischkristalle mit 1,8 $^0/_0$ und Karbid mit 6,67 $^0/_0$ Kohlenstoff).

Sinkt die Temperatur weiter, so ändert sich entsprechend dem Verlauf der Linie SE die Zusammensetzung der Mischkristalle, die mit dem Karbid im Gleichgewicht stehen, und zwar so, daß ihr Gehalt an Kohlenstoff unter Karbidausscheidung geringer wird. Dies geht so weiter, bis bei $Ar_1 = 700^0$ C (der perlit-eutektischen Temperatur) die Mischkristalle nur noch 0,95% Kohlenstoff (entsprechend dem Punkte S) haben, und bei unveränderter Temperatur in das Perlit-Eutektikum (Ferrit und Zementit) zerfallen. Unterhalb 700^0 C tritt dann keine weitere Veränderung ein. Die Legierung besteht aus Perliteutektikum und frei ausgeschiedenen Karbidkristallen. Die Legierung wäre somit zu weißem Roheisen geworden, nachdem sie vorübergehend oberhalb t_u graues Eisen war.

Bei der Erhitzung der Legierung würden sich die Vorgänge im umgekehrten Sinne vollziehen. Bei 700^0 C wandelt sich das Perliteutektikum in Mischkristalle S um. Bei weiterer Temperatursteigerung werden die Mischkristalle kohlenstoffreicher. Bei $t_u = 1000^0$ C haben die Mischkristalle die Zusammensetzung E. Bei unveränderlicher Temperatur geht der Vorgang

$$E + F \rightarrow E + H'$$

vor sich, d. h. die Mischkristalle E setzen sich mit dem Karbid F unter Aufbrauch des letzteren zu Graphit H' um. Alsdann bewirkt weitere Temperatursteigerung Anreicherung der Mischkristalle E bis auf den dem Punkte L entsprechenden Kohlenstoffgehalt. Bei 1130^0 C verflüssigt sich ein Teil der Legieruug unter Aufbrauch von Mischkristallen und Graphit und nimmt die dem Punkte B entsprechende eutektische Zusammensetzung an, während ein Teil der Mischkristalle noch fest bleibt. Bei weiterer Erwärmung vermindert sich die Menge der Mischkristalle, während sich der flüssige Teil der Legierung vermehrt, und schließlich ist beim Schnittpunkt der Kennlinie 3 mit AB die ganze Legierung verflüssigt.

Es fragt sich nun, wie sich das Roozeboomsche c, t-Bild in Abb. 73 zu den bekannten Erfahrungstatsachen stellt.

Den Umstand, daß bei schneller Abkühlung die Entstehung weißen Roheisens begünstigt wird, erklärt Roozeboom damit, daß nach der Le Chatelierschen Andeutung bei schneller Abkühlung die Graphitausscheidung nach den Linien $ABDLC$ unterbleiben kann, daß sich die Legierung also unterkühlt, und daß alsdann die Erstarrung nach $AB'D'L'C'$ unter Bildung eines Eutektikums aus Mischkristallen L' und Karbid vor sich geht. Wenn sich nun auch dieses Eutektikum (Mischkristalle + Karbid) innerhalb des Bereichs der Stabilität des Graphits ($LCHE$) bildet, so könnte doch bei genügend schnellem Durchgang durch dieses Bereich die Graphitbildung ausbleiben und das System unter die Linie EFH unterkühlt werden, wo das Karbid stabil ist. Dieser Erklärung der Entstehung des weißen Roheisens würden Bedenken nicht entgegenstehen.

Anders steht es aber mit der Erklärung der Entstehung des grauen Roheisens.

Es ist nicht erforderlich, daß die Umwandlung t_u sich gerade bei 1000^0 C vollzieht. Die Temperatur 1000^0 C ist von Roozeboom nur vorläufig willkürlich gewählt; sie kann aber ebensogut höher oder tiefer liegen. Notwendig ist nur, daß sie zwischen der Temperatur 1130 (LC) und der Temperatur Ar_1 (PK) liegt.

Es ist fernerhin nicht erforderlich, daß sich die Umwandlung bei t_u mit großer Geschwindigkeit vollzieht; es ist ja eine häufige Erscheinung, daß Umwandlungen in festen Systemen nur träge vonstatten gehen. Es könnten also auch bei dieser Umwandlung starke Verzögerungen eintreten. Die Temperatur könnte infolgedessen bei der Abkühlung unter t_u sinken (bzw. bei der Erhitzung über t_u steigen) noch ehe die Umwandlung zu Ende geführt ist. So könnte z. B. bei der Abkühlung sehr wohl noch Graphit unterhalb t_u in der Legierung vorhanden sein, wenn t_u einigermaßen schnell durchlaufen wird; es könnten dann Graphitreste noch bis zu gewöhnlichen Wärmegraden erhalten bleiben, da ja die Geschwindigkeit der Umwandlung mit sinkender Temperatur immer mehr vermindert wird, und so das, was bei höherer Temperatur nicht erzielt wird, bei niederer Temperatur erst recht nicht eintritt. Dadurch würde sich die Entstehung grauen Roheisens, das neben Graphit auch noch Karbid enthält, nach Roozeboom erklären. In analoger Weise könnte bei der Erhitzung t_u schneller durchlaufen werden, als zur Vollendung der Umwandlung erforderlich ist, so daß auch oberhalb t_u noch Karbid übrig bliebe, das der Umwandlung entgangen ist.

Wenn man nun auch diesen trägen Verlauf der Umwandlung bei t_u zugrunde legt, so kann doch die Probe auf die Richtigkeit des Roozeboomschen c, t-Bildes in folgender Weise gemacht werden. Man kühlt eine Legierung, beispielsweise mit nahezu eutektischem Gehalt (4,3 % Kohlenstoff) äußerst langsam ab. Da man die Abkühlungsgeschwindigkeit beliebig klein gestalten kann, so muß man erwarten, daß der Vorgang der Karbidbildung bei t_u zum mindesten teilweise vor sich geht, und jedenfalls um so vollkommener wird. je langsamer die Abkühlung geleitet wird. Infolgedessen müßte auch der Betrag des bei t_u in Karbid umgewandelten Graphits um so größer werden, je mehr man die Abkühlung verlangsamt. Das Eisen müßte also um so graphitärmer, weißer ausfallen, je langsamer die Abkühlung durch t_u hindurch geschieht.

Diese Folgerung aus dem c, t-Bild steht nun aber in Widerspruch mit der Erfahrung, die genau das Gegenteil lehrt, nämlich, daß unter sonst gleichen Umständen das Eisen um so graphithaltiger, um so grauer wird, je langsamer die Abkühlung vor sich geht.

Weiterhin läßt sich auch das Gefüge der langsam abgekühlten Legierung mit 4,25 % Kohlenstoff, die in Abb. 67, Taf. XV dargestellt ist, und die bei gewöhnlicher Temperatur fast ausschließlich aus Ferrit und Graphit besteht, durch das Roozeboomsche c, t-Bild nicht erklären. Nach langsamer Abkühlung müßte die Legierung darnach bei gewöhnlicher Temperatur aus Perlit und Zementit bestehen; und zwar würden sich nach dem Hebelgesetz die Anteile wie folgt ergeben:

$$\frac{\text{Perlit } (S_0)}{\text{Karbid } (K_0)} = \frac{B_0 K_0}{B_0 S_0} = \frac{6{,}67 - 4{,}25}{4{,}25 - 0{,}95} = \frac{2{,}42}{3{,}30} = \frac{42{,}5}{57{,}5}.$$

Es müßten also 42,5 % der Gesamtfläche aus Perlit, 57,5 % aus Zementit bestehen. Nimmt man an, daß die Umwandlung bei t_u nicht vollständig war, so würde statt eines Teiles des Karbides noch Graphit vorhanden sein; der Rest des Gefüges außerhalb des Graphits müßte aber unbedingt aus Perlit und Zementit bestehen. Für das Auftreten von Ferrit besteht keine Erklärungsmöglichkeit. Hier steht somit wiederum der Schluß aus dem Roozeboomschen c, t-Bild mit den Tatsachen in Widerspruch.

Solche Widersprüche lassen sich noch mehr feststellen; die angegebenen genügen aber, um die Notwendigkeit einer Änderung des c, t-Bildes zu belegen.

84. H. Le Chatelier (L. 50) hielt es im Jahre 1900 für unrichtig, daß die Linie LE, die dem Gleichgewicht zwischen dem stabilen Graphit und den Mischkristallen entspricht, die Linie SE schneidet, die das Gleichgewicht zwischen dem metastabilen Karbid und den Mischkristallen darstellt. Er schlug die in Abb. 74 wiedergegebene Gestalt des c, t-Bildes vor, in der für die flüssige Phase (Sch = Schmelze) und für die γ-Mischkristalle (γ-Mi) je eine besondere Figur gezeichnet ist. Zur Erläuterung habe ich die den Abb. 72 und 73 entsprechenden Buchstaben in die Abb. 74 eingeschrieben. Die Linie BD entspricht dem Gleichgewicht zwischen den flüssigen Schmelzen und dem stabilen Graphit, die Linie $B'D'$ dem zwischen den flüssigen Schmelzen

und dem metastabilen Karbid; ebenso stellt die Linie LQ das Gleichgewicht zwischen den γ-Mischkristallen und dem stabilen Graphit, die Linie SL' das Gleichgewicht zwischen den Mischkristallen und dem metastabilen Karbid dar. Der Zweig SL' stellt mit Kohlenstoff übersättigte Mischkristalle dar; er muß vollständig unterhalb LQ liegen.

Wie sich Le Chatelier das gesamte c, t-Bild für die Eisenkohlenstoff-Legierungen vorstellte, ergibt sich aus seinen Darlegungen nicht; es ist wohl anzunehmen, daß er sich dieses ähnlich dachte wie das von Roozeboom, denn er sagt: „Die Studie von Roozeboom kann als endgültig betrachtet werden. Man wird sicherlich die Zahlenwerte der Koordinaten der verschiedenen Punkte ändern, die alle nicht mit genügender Schärfe bestimmt sind; man wird die Linien ergänzen müssen, indem man neue Kurvenzweige hinzufügt, die neuen Phasen entsprechen, die noch entdeckt werden. Ich werde weiter unten solche Ergänzungen angeben; aber es wird keine Auslassung, keine wesentliche Änderung erforderlich sein, um die neuen Tatsachen einzuordnen, die noch festgestellt werden.“

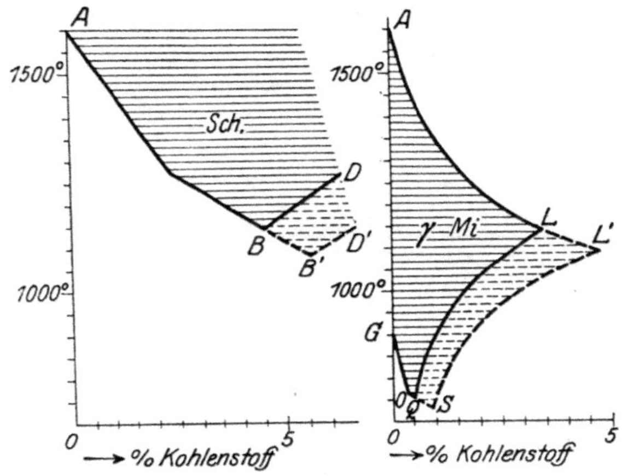

Abb. 74. c, t-Bild der Eisenkohlenstoff-Legierungen nach H. Le Chatelier 1901.

85. Roozeboom konnte nicht gut zu einem anderen c, t-Bild gelangen, wie in Abb. 73, wenn er an der Angabe Roberts-Austens festhielt, daß die Linien $ABDLC$ die Erstarrung des Systems Eisenkohlenstoff zu Mischkristallen und Graphit darstellt. Um diese Annahme mit der Tatsache zu vereinigen, daß bei gewöhnlicher Temperatur in Roheisensorten Karbid allein oder neben Graphit auftreten kann, war er gezwungen, die Umwandlung bei t_u anzunehmen.

Ganz andere Wege eröffnen sich, wenn man die Annahme Roberts-Austens fallen läßt und die in Abb. 72 mit LBC bezeichnete Linie als die eutektische Linie für die Ausscheidung eines Eutektikums aus γ-Mischkristallen und Karbid (später Ledeburit genannt) betrachtet. Mangels genügender Versuchsunterlagen konnte ich 1904 (L. 27) es nur als wahrscheinlich hinstellen, daß Roberts-Austen die Linie LBC falsch gedeutet habe; daß sie nicht der Ausscheidung des Graphiteutektiums (γ-Mischkristalle + Graphit), sondern der des Karbideutektikums (γ-Mischkristalle + Karbid) entspreche, und daß Roberts-Austen die Linie der Ausscheidung des Graphiteutektikums gar nicht beobachten konnte. Inzwischen ist durch zahlreiche Versuche erwiesen, daß das, was ich damals als warscheinlich hinstellte, Tatsache ist. Es muß dann in Abb. 72 die Linie $L'B'C'$, die nur als hypothetisch angedeutet war, in die Lage LBC rücken, während nun die eutektische Linie für das Graphiteutektikum hypothetisch wird und oberhalb der Linie LBC zu liegen kommt. Das letztere ist nötig, weil die stabilere Erscheinungsform immer die höhere Schmelztemperatur hat; es muß also notwendigerweise der Schmelzpunkt des Graphiteutektikums höher liegen als der des Karbideutektikums. Wie groß der Abstand der beiden Schmelzpunkte und somit der der entsprechenden eutektischen Linien ist, kann man ohne weiteres nicht wissen; er könnte unter Umständen sehr klein sein.

Das Wesentliche bei der von mir angegebenen Änderung ist, daß die Erstarrung des metastabilen Systems (Mischkristalle + Karbid) tatsächlich durch den Versuch beobachtbar ist und sich in den Linien $ABLC$

ausdrückt, während die Erstarrung des **stabilen** Systems (Mischkristalle und Graphit) sich der unmittelbaren Beobachtung durch das thermische Verfahren (II A, 146—161) infolge Neigung zur Unterkühlung (II A, 130—133) entzieht.

Weiterhin (L. 27) stellte ich ein c, t-Bild auf, Abb. 75, bei dem zum erstenmal der Versuch gemacht wurde, die Vorgänge bei der Erstarrung und Abkühung des stabilen Systems Eisen + Graphit von denen bei der Erstarrung und Abkühlung des metastabilen Systems Eisen + Karbid vollständig zu trennen, wodurch zum Ausdruck gelangte, daß das letztere bei **allen** im c, t-Bild in Betracht kommenden Temperaturen das weniger stabile sei, daß also ein Bereich für die Stabilität des Karbids wie im Roozeboomschen c, t-Bild nicht besteht. Die Vorgänge, die sich auf das stabile System beziehen, sind in Abb. 75 durch ausgezogene Linien. diejenigen, die die Vorgänge für das metastabile System darstellen, sind gestrichelt gekennzeichnet. Man hätte für jedes dieser beiden Systeme eigentlich ein besonderes c, t-Bild aufstellen müssen; die Abb. 75 ist so aufzufassen, als ob die getrennten c, t-Bilder für die beiden Systeme übereinandergedeckt wären. Eine solche Art des c, t-Bildes soll als **doppeltes** c, t**-Bild** oder als **Doppeldiagramm** bezeichnet werden

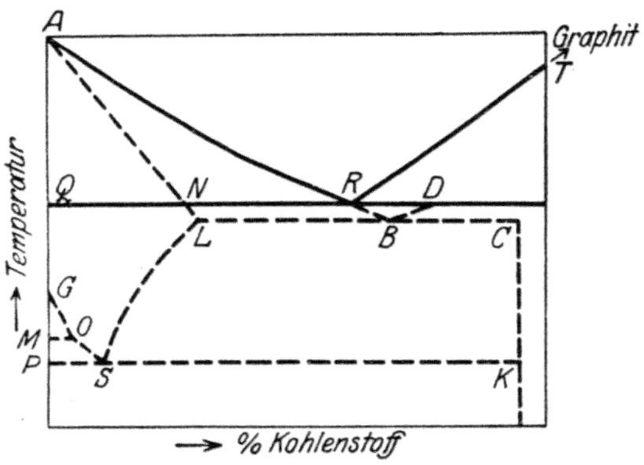

Abb. 75. c, t-Bild der Eisenkohlenstoff-Legierungen nach Heyn 1904.
—— = stabile Gleichgewichte, System Eisen + Graphit.
- - - = metastabile Gleichgewichte, System Eisen + Karbid.

Das c, t-Bild Abb. 75 wurde von mir seinerzeit gewissermaßen nur als Muster aufgestellt, nach dem die genaueren Festlegungen der einzelnen Linien durch den Versuch zu geschehen haben. Das Bild sollte das Wesen der Sache nur qualitativ, nicht quantitativ wiedergeben; infolgedessen erlaubte ich mir damals auch eine Vereinfachung dadurch, daß ich das c, t-Bild des stabilen Systems Eisen + Graphit (ausgezogene Linien in Abb. 75) nach der einfachsten Erstarrungsart $A\,a\,2\,\gamma'$ annahm, so daß die Linie RN wagerecht bis Q durch gezogen wurde. Dies bedeutet, daß ich den Kohlenstoffgehalt der mit dem Graphit im Gleichgewicht befindlichen Mischkristalle für alle Temperaturen gleich null setzte. Diese Vereinfachung hat sich später als nicht zulässig herausgestellt; die Linie NQ kann nicht wagerecht verlaufen, sondern muß von N nach unten gehen, wie in Abb. 76.

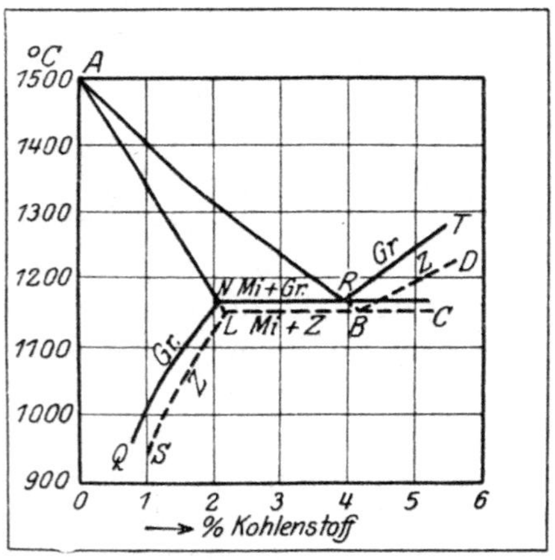

Abb. 76. c, t-Bild der Eisenkohlenstofflegierungen nach Charpy 1905,
—— bei langsamer Abkühlung
---- bei schneller „

Das durch gestrichelte Linien angedeutete metastabile System Eisen und Karbid ist gegeben durch den Zweig AB, der mit dem Zweig AR des stabilen Systems teilweise zusammenfällt, durch den Zweig BD, und die eutektische Linie LBC. Die letztere schließt ohne weiteres an die Linie SE des c, t-Bildes in Abb. 12 an, so daß die Linie SL entsteht, die den perliteutektischen

Punkt S mit L verbindet. Ebenso ist die Linie PSK (Abb. 75) die verlängerte Linie PSF in Abb. 12. Das c, t-Bild des metastabilen Systems ist von derselben Art, wie das in Abb. 48 (II A, 84) dargestellte; nur ist die Bezeichnung in Abb. 48, II A, wie folgt zu ändern: Für Stoff A ist zu setzen Eisen, für den Stoff B Karbid; an Stelle der Linie AC, in Abb. 48, II A tritt AB in Abb. 75; ferner ist zu setzen statt CB: BD statt $D''CE$: LBC, statt $D''O''$: LS, statt J_1H'': GC, statt $H''O''$: OS, statt J_2H'': MO und schließlich statt $NO''R$: PSK. An Stelle der Kristalle α'' in Abb. 48, II A, sind zu setzen die γ-Mischkristalle, an Stelle der Kristallart A' sind zu setzen: Kristalle des β-Eisens, und an Stelle der Kristallart A Kristalle des α-Eisens. Alle bei der Besprechung von Abb. 48, II A, gemachten Feststellungen (II A, 83—85) gelten nach Änderung der Bezeichnungsweise wie oben angegeben ohne weiteres für den metastabilen Teil des c, t-Bildes Abb. 75.

86. Dem doppelten c, t-Bild Abb. 75 liegt folgender Gedanke zugrunde! Der stabile Graphit neigt stark zur Unterkühlung. Es ist als sicher anzunehmen, daß das Graphitmolekül verhältnismäßig verwickelten Aufbau aus mehreren Atomen besitzt. Daraufhin deutet die Formel der Graphitsäure, die durch stark oxydierende Gemische (Kaliumchlorat und starke Salpetersäure) aus dem Graphit in Form gelber Blättchen erhalten wird. Nach van't Hoff leiden aber gerade die Stoffe, deren Molekül aus vielen Atomen aufgebaut ist, unter der Eigentümlichkeit der Unterkühlung (II A, 131). Das weniger stabile Karbid zeigt dagegen bei der Kristallisation aus den flüssigen Legierungen keine Neigung zur Unterkühlung. Es muß also bei der Erstarrungstemperatur oder dicht darunter eine große Zahl von Kristallkernen und große Kristallisationsgeschwindigkeit besitzen (II A 132 und 133). Wir haben also zwei Kristallarten, die sich aus den flüssigen Lösungen abscheiden können; der stabilere Graphit entspricht der Kristallart I (gegen Ende des Absatzes 133 II A), das metastabile Karbid entspricht der Kristallart II. Die letzteren haben die größere Kernzahl und die größere Kristallisationsgeschwindigkeit unterhalb ihrer Erstarrungstemperatur E_m (s. Abb. 88, II A); die Kristalle I haben dagegen unterhalb der Erstarrungstemperatur E_s sehr kleine Kernzahl und sehr geringe Kristallisationsgeschwindigkeit. Die Kernzahl erreicht erst bei t_{m1} verhältnismäßig tief unterhalb der Erstarrungstemperatur E_s ihren Höchstwert, also bei einer Temperatur, bei der die Kristallisationsgeschwindigkeit bereits gering ist. Bei der Abkühlung bilden sich nun zuerst die Kristalle II (Karbid), und wenn die Geschwindigkeit der weiteren Abkühlung nicht zu klein ist, so wird wegen der mit der Abkühlung verringerten Kristallisationsgeschwindigkeit der Kristalle I bei der niedrigen Temperatur t_{m1} trotz der vorhandenen großen Kernzahl die Bildung der Kristallart I unterbleiben; es entsteht also weißes Roheisen.

Geht aber die Abkühlung genügend langsam vor sich, so können sich die bei t_{m2} gebildeteten Kristalle II (Karbid) bei t_{m1} innerhalb des Gebietes der großen Kernzahl der Kristallart I in diese letzteren umwandeln. Es findet also nachträglich noch in der bereits erstarrten oder wenigstens innerhalb der noch in der Erstarrung begriffenen Legierung Graphitbildung statt. Wir werden später sehen, daß dies in Wirklichkeit für die untereutektischen Legierungen zutrifft (92).

In der Legierung findet dann bei Gegenwart von Mischkristallen Mi ein Übergang, keine Umwandlung, statt:

$$Fe_3C \rightarrow \text{Graphit} + Mi.$$

Dieser Vorgang ist nicht mehr wie der früher in Abs. 83 besprochene umkehrbar zu denken, kann also nicht sowohl von links nach rechts (Graphitbildung), als auch von rechts nach links (Karbidbildung) gelesen werden; er kann sich nur in dem einen Sinne von links nach rechts abspielen. Er ist auch nicht an eine einzige Temperatur t_u gebunden, weil er nicht den Übergang aus dem Stabilitätsbereich des Karbids in das des Graphits darstellt, wie in Abs. 83, sondern den Übergang aus einem metastabilen Zustand (Karbid) in einen stabilen. Ein Bereich, in dem Karbid stabil ist, gibt es nach der dem doppelten c, t-Bild zugrunde liegenden Anschauung unterhalb LBC überhaupt nicht; sobald die flüssige Legierung Karbid ausscheidet, ist dieses metastabil, nicht stabil.

Der durch die obige Gleichung ausgedrückte Vorgang entspricht sonach keinem Gleichgewicht zwischen den drei in Betracht kommenden Phasen, sondern dem Übergang aus einem metastabilen Zustand in einen stabilen Gleichgewichtszustand. Solange Karbidkristalle neben Mischkristallen oder solange alle drei Phasen nebeneinander auftreten, besteht kein stabiles Gleichgewicht. Dies tritt erst ein, wenn die Phase Karbid aufgebraucht ist, also das System zweiphasig geworden ist. Je nach der Kernzahl im Temperaturgebiet $t_{m\,1\,2}$ der daselbst herrschenden Kristallisationsgeschwindigkeit und der Abkühlungsgeschwindigkeit durch die Temperatur $t_{m\,1}$ wird das metastabile Gleichgewicht (Karbid ... weißes Roheisen) mehr oder weniger weit in das stabile Gleichgewicht unter Verminderung des Karbides übergehen; es wird sich also mehr oder weniger graphithaltiges graues Roheisen bilden.

Je größer die Kernzahl ist, um so größer ist nach Tammann die Neigung zur freiwilligen Kristallisation (II A, 132). Es ist nun einleuchtend, daß mit steigendem Kohlenstoffgehalt in der Legierung auch die Kernzahl für Graphit (Kristallart I) gesteigert, dadurch die Neigung desselben zur freiwilligen Kristallisation vermehrt und die Neigung zur Unterkühlung vermindert wird. Dies würde in Übereinstimmung stehen mit der Tatsache, daß die Graphitbildung um so leichter vor sich geht, je höher der Kohlenstoffgehalt der Legierung ist (78). Bei den kohlenstoffarmen Legierungen, insbesondere bei den schmiedbaren Eisensorten ist die Zahl der vorhandenen Kristallkerne so gering, daß Graphitausscheidung in der Regel überhaupt nicht eintritt. Diese Legierungen befinden sich daher zwar im metastabilen Gleichgewicht; die Neigung zum Übergang in den stabilen Zustand unter Abscheidung von Graphit ist aber wegen der verschwindenden Kernzahl so gering, daß sie wie stabil erscheinen. Auf ihren metastabilen Charakter kann man nicht aus ihrem eigenen Verhalten, sondern nur aus dem Verhalten der kohlenstoffreicheren Legierungen schließen.

Die Gegenwart fremder Stoffe kann nach Tammann die Kernzahl einer Kristallart steigern oder vermindern. Im ersteren Falle würde durch die Gegenwart des fremden Stoffes die Neigung zur freiwilligen Kristallisation des Graphits, also die Graphitausscheidung begünstigt werden, im anderen Falle würde das Gegenteil eintreten. Zur ersten Art der fremden Stoffe, die die Graphitausscheidung begünstigen, gehört das Silizium; zur zweiten Art, die ihr entgegenwirken, nach früherem das Mangan.

Die Wirkung dieser Stoffe würde eine gewisse Ähnlichkeit mit der von Katalysatoren haben. Ein Katalysator ist ein solcher Stoff, der irgendeinen Vorgang zwischen anderen Stoffen beschleunigt oder verzögert, ohne daß dabei seine Masse nach Beendigung des Vorgangs verändert erscheint. Damit ein Katalysator in Wirksamkeit trete, muß ein bestimmtes Mindestmaß von ihm zugegen sein.

Ganz Ähnliches zeigt sich bei der Wirkung des Siliziums auf den Vorgang der Graphitabscheidung, soweit sich bis jetzt an Hand des spärlichen und wenig planmäßigen Versuchsmaterials übersehen läßt. Abb. 77 ist auf

Grund von Versuchszahlen **Hatfields** (L. 55) zusammenstellt. Eine Reihe von Eisenkohlenstoff-Legierungen mit nahezu gleichem Gehalt an Gesamtkohlenstoff (ΣC) und steigendem Gehalt an Silizium, der in der Abbildung als Abszisse gewählt ist, wurde nach der Abkühlung auf Graphitgehalt untersucht. Die Abmessungen der verwendeten Probegüsse und die Abkühlungsverhältnisse sind leider in der Quelle nicht vermerkt; da aber die Festigkeitseigenschaften der verschiedenen Legierungen miteinander verglichen wurden, so ist wohl zu erwarten, daß die Abmessungen der Güsse und die übrigen die Abkühlungsverhältnisse beeinflussenden Umstände gleich gehalten wurden. Der Mangangehalt der Legierungen war geringer als 0,20%, der Schwefel- und Phosphorgehalt kleiner als 0,05%. Die Schaulinie *Gr*, die den Gehalt der einzelnen Legierungen an Graphit angibt, verläuft bis zu 1,1% Silizium längs der Abzsissenachse; d. h. ein Gehalt bis zu 1,1% Si vermag unter den angewendeten Verhältnissen die freiwillige Kristallisation des Graphits noch nicht zu veranlassen. Sobald der Siliziumgehalt aber die genannte Grenze überschritten hat, bewirkt er kräftigen Anreiz zur Graphitbildung. Die Linie *Gr* steigt plötzlich fast senkrecht in die Höhe. Überschreitung des Siliziumgehaltes von 1,7% hat keine besonders ausgeprägte Wirkung mehr, wenigstens läßt sich der geringe Anstieg der Linie *Gr* auch erklären durch die Zunahme des Gehaltes an Gesamtkohlenstoff der betr. Legierungen.

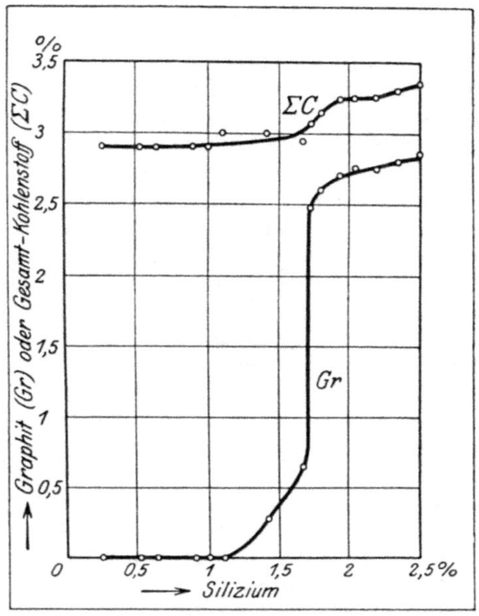

Abb. 77. Einfluß des Siliziumgehaltes auf die Graphitausscheidung. (Nach **Hatfield**.)

Wie später dargelegt wird, kommt zu der soeben geschilderten Wirkung des Siliziums noch eine andere hinzu.

Hat man eine Eisenkohlenstoff-Legierung wegen Fehlens des Anreizes zur Graphitbildung metastabil zur Abkühlung gebracht, also weißes Eisen (System Eisen + Karbid) erzeugt, so muß man nach dem am Schluß des Absatzes 133, II A, gemachten Auseinandersetzungen erwarten, daß sich bei **Erhitzung** der Legierung unter bestimmten Bedingungen die ausgebliebene Graphitausscheidung noch nachholen läßt, daß sich also nachträglich noch Grahphit (Kristallart I) ausscheidet. Das ist namentlich dann nötig, wenn man bei der Erhitzung in die Nähe der Temperatur t_{m1} kommt, bei der die Kernzahl für die Kristallart I ihren hohen Wert annimmt. Hierauf beruht die Abscheidung der Temperkohle bei der Erhitzung des weißen Roheisens. Wir werden später sehen (89 und 90), wie genau sich alle Verhältnisse bei der Temperkohlenausscheidung der dem doppelten c, t-Bild Abb. 75 zugrunde liegenden Idee anpassen.

Es ist aber zur Erklärung aller Erscheinungen erforderlich, daß die Linie NQ den in Abb. 76 angegebenen Verlauf bekommt, d. h. mit anderen Worten, daß die von mir der Einfachheit halber gewählte Unlöslichkeit des Graphits im festen Eisen, die durch den wagerechten Verlauf von NQ (Abb. 75) ausgedrückt wird, nicht zutrifft. Der Graphit kann mit dem Eisen Mischkristalle bilden, deren Gehalt an Kohlenstoff mit steigender Temperatur entsprechend dem Verlauf der Linie QN in Abb. 76 wächst. Das doppelte c, t-Bild (Abb. 76) mit der oben angegebenen Verbesserung ist unabhängig von meinen früheren Veröffentlichungen ein Jahr später, 1905, von Charpy mitgeteilt worden (L. 43). Beiden c, t-Bildern (Abb. 75 und 76) liegt derselbe Gedanke, der oben besprochen wurde, zugrunde. Ich will deshalb das doppelte c, t-Bild (Abb. 75) mit der von Charpy angebrachten Verbesserung der Linie NQ (Abb. 76) der Kürze halber im folgenden als das Heyn-Charpysche Doppelbild bezeichnen.

87. In der Literatur finden sich noch andere Anschauungen über die Vorgänge bei der Erstarrung und Abkühlung der Eisenkohlenstoff-Legierungen vertreten. Sie beruhen zum Teil auf weitergehenden Hypothesen, als die bisher besprochenen, Hypothesen, die zur Erklärung der bis heute im Laboratorium und in der Praxis beobachteten Tatsachen überflüssig sind. Ein anderer Teil dieser Theorien ist weiter nichts als die Frucht eines ungenügenden Verständnisses der Phasenlehre und der bisher erörterten Theorien. Da diese Art von Theorien in der Literatur meist in je nach den derzeitigen Bedürfnissen wechselnder und auch sonst unscharf umrissener Gestalt auftauchen, so ist es unmöglich, hier näher darauf einzugehen. Einige der Verfechter dieser Theorien haben vor allen Dingen das Bestreben, die dem stabilen System entsprechenden Linien (in Abb. 78 punktiert) aus der Abbildung zum Verschwinden zu bringen, indem sie diese „praktisch" mit den Linien für das metastabile System (in Abb. 78 ausgezogen) zusammenfallen lassen möchten. Es ist in der Literatur wiederholt schon darauf hingewiesen worden, daß der Abstand der beiden Arten von Linien beliebig klein sein kann, daß aber Zusammenfallen aus theoretischen Gründen unmöglich ist. Eine wissenschaftliche Unmöglichkeit kann doch wohl kein „praktisches" Interesse beanspruchen. Ein anderer macht als besondere, neue Theorie geltend, daß nur der frei ausgeschiedene Zementit zur Graphitbildung Veranlassung geben könnte. Daß der freie Zementit Graphit abscheiden kann, ist bereits in der dem Heyn-Charpyschen Doppelbild zugrunde liegenden Idee mit enthalten, also nichts Neues (86). Es besteht aber auch die Möglichkeit, daß sich der Graphit, zum Teil wenigstens, unmittelbar aus der flüssigen Legierung ausscheidet, wenn eben die Kernzahl genügend groß ist (91, 93); außerdem ist es unter Umständen auch möglich, daß sich die Mischkristalle an der Graphitausscheidung beteiligen. Die Behauptung, daß ausschließlich der freie Zementit zur Graphitbildung Veranlassung geben kann, ist einseitig; ein bündiger Beweis für diese Behauptung ist bisher nicht gebracht worden.

88. Das oben genannte doppelte c, t-Bild nach Heyn-Charpy ist der Ausgangspunkt einer Reihe von Experimentaluntersuchungen geworden, die auf die genauere Festlegung der einzelnen Linien der Abbildung hinzielten. In Abb. 78 ist es unter Benützung derjenigen Untersuchungsergebnisse gezeichnet, die mir zur Zeit als die bestbegründeten erscheinen. In Abb. 78 ist abweichend von den Abb. 75 und 76 das metastabile System (Eisen + Karbid) durch ausgezogene Linien, das stabile System (Eisen + Graphit) durch gestrichelte Linien dargestellt.

Die einzelnen Punkte der Linien AB, LBC und SK sind von Roberts-Austen (L. 51), Carpenter und Keeling (L. 56) und Gutowsky (L. 57) auf dem gewöhnlichen thermischen Wege erhalten. Die von den verschiedenen Forschern stammenden Punkte sind durch verschiedene Zeichen dargestellt, deren Erläuterung sich am Fuße der Abb. 78 befinden. Der Erstarrungspunkt des Eisens bei A ist auf Grund der Untersuchungen Carpenters (L. 58) und Saklatwallas (L. 59) bei 1505^0 C gezeichnet. Ersterer fand den Erstarrungspunkt reinen Eisens zwischen 1505 und 1519^0, letzterer bei 1510^0 C.

Die einzelnen Punkte für die Aufstellung der Linien GOS, MO, PS sind in Abb. 78 nicht mit eingezeichnet, da sie bereits in der Abb. 12 gegeben sind.

Die Linie SL ist die verlängerte Linie SE in Abb. 12. Ihre Lage ist meines Erachtens noch nicht sicher; sie ist gezogen auf Grund der Versuche von Roberts-Austen (L. 51), von Gutowsky (L. 57) und Heyn (L. 8).

Die Punkte von Roberts-Austen, ebenso wie der von mir ermittelte sind mit dem thermischen Verfahren erhalten. Gutowsky bediente sich des Zementierverfahrens, um den Verlauf der Linie festzustellen.

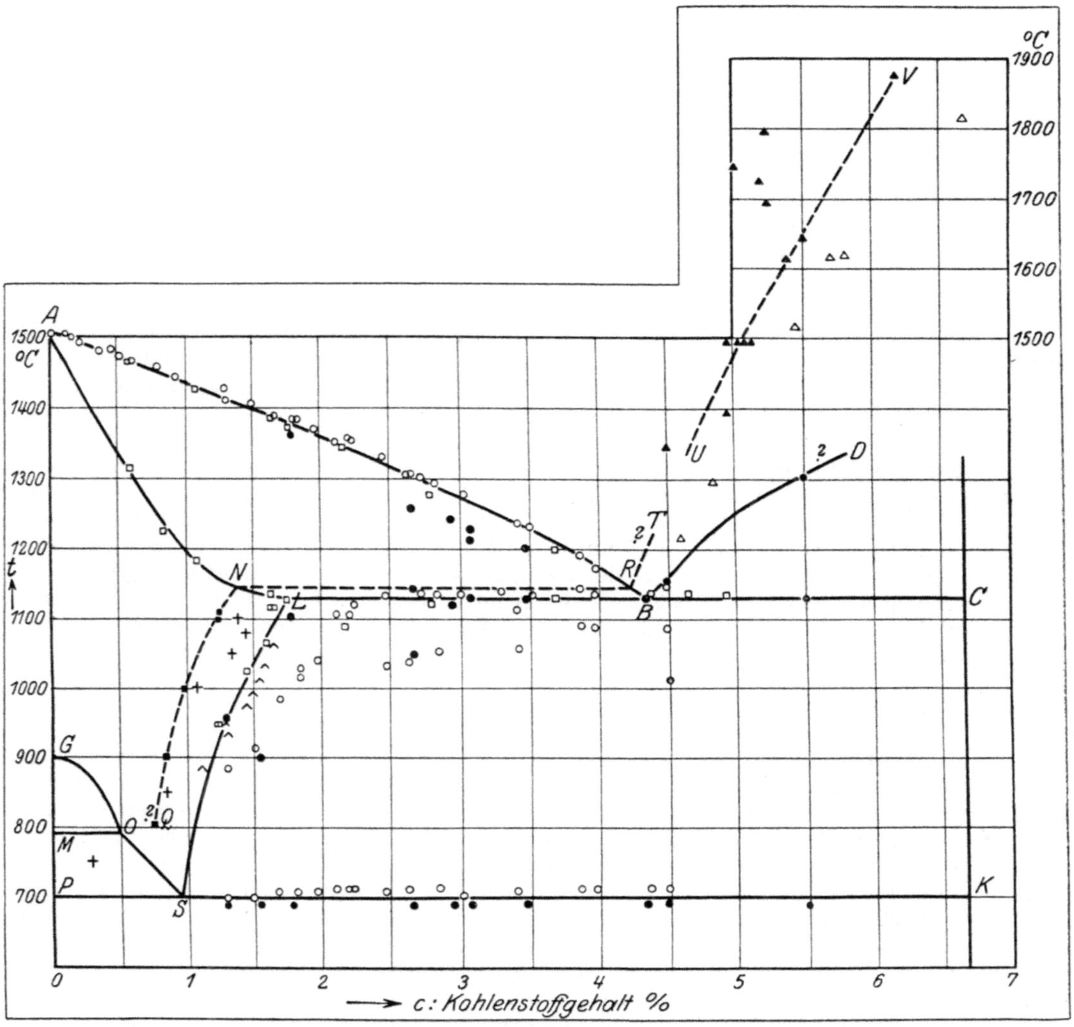

Abb. 78. Das Doppel-c, t-Bild der Eisenkohlenstoff-Legierungen nach Heyn-Charpy.

● Punkte von Roberts-Austen.
o „ „ Carpenter und Keeling.
× „ „ Heyn.
□ „ „ Gutowsky.
▲ „ „ Hanemann.
△ Punkte von Ruff und Goecke.
∧ „ „ Wark.
Für die NQ-Linie:
+ Punkte von Charpy.
▪ „ „ Ruer und Iljin.

Er ging von einem sehr kohlenstoffarmen Eisen (Kohlenstoff 0,04 $^0/_0$) aus, das er in Form von kleinen Zylindern von 8 mm Höhe und 20 mm Durchmesser in einem Gemisch von 60 $^0/_0$ Zuckerkohle und 40 $^0/_0$ Bariumkarkonat bei verschiedenen Temperaturen t während verschiedener Zeitdauern z erhitzte. Hierbei wird vom Eisen Kohlenstoff aufgenommen, und diese Kohlenstoffaufnahme nennt man das „Zementieren". Aus der Menge des nach verschieden langer Glühdauer bei t^0 C aufgenommenen Kohlenstoffgehaltes schloß er auf die Größe der Abszissen der einzelnen Punkte der Linie SL bei den verschiedenen Temperaturen. Damit während der Abkühlung des zementierten Eisens keine Änderung eintrat, wurde es nach beendeter Zementation von der Temperatur t aus in Wasser abgeschreckt. Gutowsky fand die in der Tabelle S. 136 verzeichneten Zahlenwerte.

Die gefundenen Zahlenwerte für den Gesamtkohlenstoff betrachtete er als die Grenzwerte (Sättigungswerte), die das Eisen bei den angegebenen Temperaturen t aufnehmen kann. Wie wir später bei der Besprechung der Zementierung sehen werden, ist dieser

Temperatur t °C	Versuchs-dauer z Std.	Nach der Zementation Gesamt-kohlenstoff %	Graphit %
1115—20	1	1,63	0
1115—20	3	1,66	0
1110—20	5	1,66	0
1020—30	15	1,45	0
1060—70	15	1,60	0
940—50	3	1,21	0
940—50	8	1,26	0
940—50	13	1,26	0

Schluß nicht ohne weiteres zulässig. Bei der Zementation kann außer der auf Sättigung des Eisens mit Kohlenstoff hinzielenden zementierenden noch die entgegengesetzte, oxydierende Wirkung auftreten, die auf Verminderung des Kohlenstoffgehaltes hinwirkt, so daß schließlich der endgültige Kohlenstoffgehalt des Eisens das Ergebnis eines Vergleiches zwischen den beiden Wirkungen ist. Außerdem erstreckt sich die Wirkung der Zementation nicht gleichmäßig über den ganzen Querschnitt des zu zementierenden Eisens, sondern erzeugt in den verschiedenen Teilen des Querschnittes verschiedene Kohlenstoffgehalte. Gutowsky hat sich keine Sicherheit darüber verschafft, wie der Kohlenstoff in seinen Proben verteilt war; die Analyse gibt nur einen Durchschnittswert. Schließlich ist noch zu berücksichtigen, daß der Sättigungsgehalt der Mischkristalle nicht gleichzeitig der Sättigungsgehalt der Legierung an Kohlenstoff zu sein braucht. Es wäre unter bestimmten Umständen denkbar, daß durch Zementation bei der Temperatur t neben den mit Kohlenstoff gesättigten Mischkristallen (entsprechend der Abszisse der Linie SL bei Temperatur t) auch noch Zementit gebildet wird, so daß der Gehalt der Legierung an gebundenem Kohlenstoff viel größer werden kann, als der der gesättigten Mischkristalle.

Aus allen diesen Gründen betrachte ich die Lage der Linie SL nur als vorläufige, die der Nachprüfung bedarf. Die Feststellung der Punkte dieser Linie auf dem thermischen Wege bereitet Schwierigkeiten, da die Ausscheidung des Karbids aus den γ-Mischkristallen mit verhältnismäßig wenig Wärmeentwicklung verbunden ist. Das ergibt sich auch schon aus der sehr steilen Lage der Linie (II A, 159). Außerdem scheint das Karbid nach meinen Beobachtungen auch noch Verzögerungen bei der Ausscheidung zu erleiden. Am besten würde man zum Ziel gelangen, wenn man verschiedene Legierungen mit verschiedenen Kohlenstoffgehalten c auf Temperaturen t_1 erhitzt, die mit Sicherheit oberhalb der Linie SL liegen. Man läßt dann die einzelnen Legierungen auf verschiedene Temperaturen t_2 langsam abkühlen und schreckt sie dann in Wasser ab. Die Gefügeuntersuchung ergibt dann, ob in der abgeschreckten Probe außer Martensit bzw. Austenit bereits freier Zementit ausgeschieden ist oder nicht. Im ersteren Falle liegt t_2 bereits unterhalb der Linie SL, im letzteren dagegen oberhalb SL. Durch geeignete Wahl der Temperatur t_2 für verschiedene Legierungen kann man so die Lage von SL innerhalb enger Grenzen festlegen. Der in der Abb. 78 mit einem Kreuz bezeichnete Punkt der Linie SL ist thermisch ermittelt, aber mittels des eben angegebenen Verfahrens nachgeprüft worden.

Die Lage der Linie ANL, deren Ordinaten das Ende der Erstarrung der kohlenstoffärmeren Legierungen und deren Abszissen den Sättigungsgrad der Eisenkohlenstoff-Mischkristalle gegenüber Kohlenstoff bei den verschiedenen Temperaturen angeben, ist thermisch aus den früher angegebenen Gründen nicht mit Sicherheit zu ermitteln (II A, 135 bis 138, 153 und 154). In Abb. 78 ist die Linie nach Punkten gezogen, die von Gutowsky (L. 57) auf folgende Weise gefunden wurden:

Er erhitzte erstarrte Eisenkohlenstoff-Legierungen mit verschiedenen Gehalten an Kohlenstoff auf verschiedene Temperaturen t_3 und schreckte sie dann ab. Fand er in der abgeschreckten Probe im Gefüge die Kennzeichen bereits eingetretener Schmelzung (z. B. rundliche Kügelchen usw.), so war dies ein Zeichen, daß die angewendete Temperatur t_3 bereits innerhalb des Feldes $ABLN$ lag, in dem ja die Legierungen aus einem Gemenge von fester Phase (γ-Mischkristallen) und flüssiger Legierung bestehen. War in der abgeschreckten Probe kein Anzeichen eingetretener Schmelzung zu beobachten, so lag die Temperatur t_3 unterhalb $ABLN$. Man kann so durch mehrere Versuche mit einer und derselben Legierung die einem Punkte der Linie ALN entsprechende wirkliche Temperatur t_3 innerhalb enger Grenzen festlegen.

89. Die Linie NQ gibt den Kohlenstoffgehalt der in Berührung mit Graphit im Gleichgewicht befindlichen gesättigten Eisenkohlenstoff-Mischkristalle M_g an, während die Linie SL die Sättigungsgrenze der Eisenkohlenstoff-Mischkristalle M_c in Berührung mit Karbid darstellt. Die Mischkristalle M_c, die der Linie SL entsprechen, sind kohlenstoffreicher, als die durch Linie NQ dargestellten Mischkristalle M_g; sie sind als mit Kohlenstoff übersättigte Mischkristalle zu betrachten und können nur metastabil bestehen.

Bei vollständig erreichtem stabilen Gleichgewicht müßte eine Legierung mit der Kennlinie 𝔎 in Abb. 79 (Abszisse von 𝔎 gleich dem Gesamtkohlenstoffgehalt ΣC der Legierung) bei der Temperatur t ausschließlich aus Mischkristallen M_g und Graphit aufgebaut sein; in Abb. 79 sind diese beiden beigeordneten Phasen dargestellt durch die Punkte m'' und g.

Ist kein Graphit in der Legierung vorhanden, besteht also ausschließlich metastabiles Gleichgewicht, so würde die Legierung aus Mischkristallen M_c und Karbid gebildet sein, also aus Phasen, die durch die Punkte m' und z in Abb. 79 angedeutet sind.

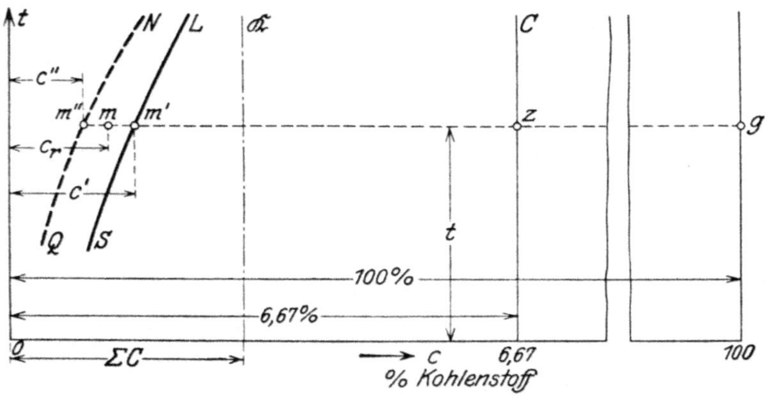

Abb. 79.

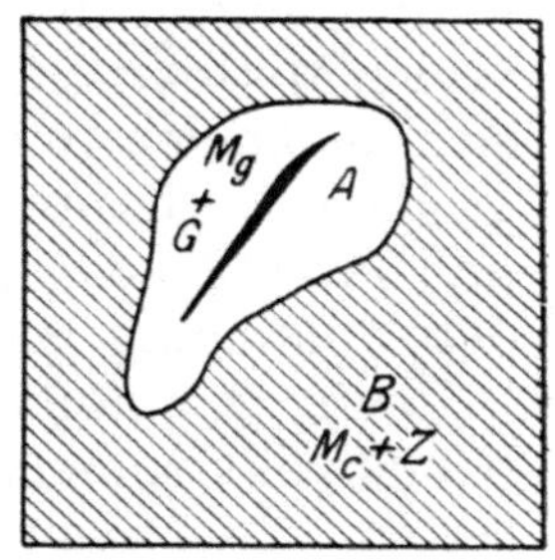

Abb. 80.

Es kommt sehr häufig vor, daß der Gleichgewichtszustand an verschiedenen Stellen innerhalb einer und derselben graphithaltigen Legierung verschieden ist. Sie besteht z. B. bei der Temperatur t, wie in Abb. 80 schematisch angedeutet, aus stabilen Teilen A (Mischkristalle M_g + Graphit) und aus metastabilen Teilen B (Mischkristalle M_c und Karbid). Die Verteilung von A und B in der Legierung ist zumeist nur unter dem Mikroskop zu bemerken, wenn auch Fälle vorkommen, wo bereits das bloße Auge die Teilung erkennen läßt. Es soll für die folgende Betrachtung als belanglos unberücksichtigt bleiben, daß sich Mischkristalle M_c und Karbid Z teilweise zum Ledeburit-Eutektikum gruppieren; es sollen nur die einzelnen Phasen ins Auge gefaßt werden, und diese sind:

Mischkristalle M_g, dargestellt durch Punkte der Linie NQ, bei t^0 C durch den Punkt m'' in Abb. 79;

Graphit, dargestellt durch den Punkt g bei t^0 C;

Mischkristalle M_c, dargestellt durch Punkte der Linie SL, bei t^0 C durch den Punkt m';

Karbid Z, dargestellt bei t^0 C durch den Punkt z.

Gleichgewicht besteht natürlich nicht zwischen diesen vier Phasen; das System ist im unvollkommenen Gleichgewicht, es sucht sich dem Gleichgewichtszustand zu nähern.

Die Abb. 69, Taf. XVI (Vergrößerung 100fach) und 70, Taf. XVI (Vergrößerung 300fach) lassen die besprochene Erscheinung deutlich erkennen. Sie entstammen einem Schliff aus einer bei 1102° C abgeschreckten Legierung der später zu besprechenden Versuchsreihe I (Abb. 83, Abs. 92) mit 2,75 % Gesamtkohlenstoff und 3,99 % Silizium. Sie besteht aus Ledeburit L (eutektische Mischung von Mischkristallen M_c und Karbid), der dem metastabilen Teil B bei der Temperatur t entspricht; ferner besteht sie aus Graphitnestern G in einer Grundmasse von Martensit M, die zusammen das stabile System A ausmachen. Die Mischkristalle M_c und M_g haben sich bei der Abschreckung in Martensit umgewandelt. Die dunklen Säume, die den Ledeburit umfassen, sind Troostit und nicht mit Graphit zu verwechseln. Eine Stelle aus einem der stabilen Teile A ist in Abb. 70, Taf. XVI in stärkerer Vergrößerung sichtbar. Die dunklen Graphitblättchen G, die zu Nestern zusammengeschart sind, liegen, wie bereits erwähnt, im Martensit; der letztere entspricht in unmittelbarer Nähe des Graphits den bei t^0 C vorhandenen Mischkristallen M_g, in größerer Entfernung vom Graphit den kohlenstoffreicheren Mischkristallen M_c, was sich natürlich im Bild nicht unterscheiden läßt, da der Martensit trotz verschiedenen Kohlenstoffgehaltes sein Aussehen nicht wesentlich ändert.

Auch die Abb. 66, Taf. XV zeigt zwei Stellen A und B. Die erstere wird gebildet durch Graphitausscheidung, die ursprünglich von kohlenstoffarmen Mischkristallen M_g umgeben war. Bei der langsamen Abkühlung haben sich die kohlenstoffarmen Mischkristalle in Ferrit F und Perlit P verwandelt. In größerer Entfernung vom Graphit liegt eine Stelle B, gebildet aus Zementit C und Perlit P, die sich aus den kohlenstoffreicheren Mischkristallen M_c während der Abkühlung gebildet haben (80).

90. An Stelle der Mischkristalle M_g und M_c in Abb. 79 und 80, die bei unvollkommenem Gleichgewicht bei der Temperatur t nebeneinander auftreten, kann man sich Mischkristalle M vorstellen, deren Menge gleich der Summe der Mengen der beiden Mischkristalle M_g und M_c, und dessen Kohlengehalt c_r gleich dem Durchschnittskohlenstoffgehalt der beiden Kristallarten ist. Diese Durchschnittsmischkristalle werden in Abb. 79 dargestellt durch den Punkt m mit der Abszisse c_r. Die Legierung kann man sich danach bei t bestehend denken aus den Kristallen M, dem Karbid Z und dem Graphit G. Der Punkt m muß zwischen den beiden Linien NQ und SL liegen.

Fällt m bei der Temperatur t zusammen mit m'', so fehlt in der Legierung der metastabile Teil B, sie besteht nur aus stabilem Teil A. Umgekehrt bedeutet der Zusammenfall von m mit m', daß das ganze System metastabil ist und der stabile Teil A mit der Graphitausscheidung in der Legierung fehlt. Je mehr sich m dem Punkte m'' nähert, um so größer ist der stabile Anteil A der Legierung, und je näher m an m' rückt, um so mehr überwiegt der metastabile Teil B.

Wäre man sicher, daß die Legierung bei t^0 durchweg aus stabilen Teilen A besteht, daß also m mit m'' zusammenfällt, so würde sich die Abszisse c'' des Punktes m'' nach Abschrecken der Legierung bei t^0 aus dem Gehalt an gebundenem Kohlenstoff $\Sigma C - Gr = C_b$ ergeben, worin ΣC den Gesamtkohlenstoffgehalt der Legierung und Gr ihr Graphitgehalt ist, die beide unmittelbar analytisch bestimmbar sind. Die Abschreckung der Legierung ist erforderlich, damit man sicher ist, daß nicht während der Abkühlung der

Punkt m'' längs der Linie NQ abwärts läuft und die Mischkristalle M_g unter Ausscheidung von Graphit kohlenstoffärmer werden.

Wenn jedoch das vollkommene stabile Gleichgewicht in der Legierung noch nicht erreicht ist und neben stabilen Teilen A auch noch metastabile Teile B vorhanden sind, so gibt der Unterschied $\Sigma C - Gr = C_b$ nicht mehr die Abszisse von m'', ebensowenig die von m' oder m, denn der Gehalt an gebundenem Kohlenstoff verteilt sich jetzt auf die Mischkristalle und den Zementit. Feststellung der Werte c'', c' oder c_r ist dann durch den Versuch nicht möglich.

Es ist nun im allgemeinen schwierig, die Abkühlung so zu leiten, daß bei jeder Temperatur t die Legierung nur aus stabilen Teilen A besteht. In der Regel bewegt sich deswegen der Punkt m bei der Abkühlung nicht auf der Linie NQ, sondern zwischen den Linien NQ und SL abwärts. Wenn die Graphitausscheidung unterhalb einer bestimmten Grenztemperatur aufhört, so vermag die Bahn des Punktes m bei einer bestimmten Temperatur t' die Linie SL zu schneiden. Der Unterschied zwischen den Mischkristallen M_g und M_c hat dann aufgehört, weil wegen des Aufhörens der Graphitausscheidung der Kohlenstoffgehalt der Kristalle M_g sich nicht verändert hat, die Abszisse c'' also trotz der Temperaturänderung unveränderlich geblieben ist. Dagegen wird der Kohlenstoffgehalt der Kristalle M_c bei der Abkühlung infolge des Ablaufes des Punktes m' längs der Linie SL vermindert, so daß schließlich bei t' die beiden Kristallarten M_g und M_c gleichen Kohlenstoffgehalt aufweisen. Bei noch weiterer Abkühlung folgen dann die Mischkristalle lediglich der Linie SL und scheiden, da ihr Kohlenstoffgehalt infolgedessen abnimmt, Zementit aus.

Nach Ruer und Iljin (L. 60) gelingt es aber bei der Erhitzung abgekühlter graphithaltiger Eisenkohlenstoff-Legierungen leichter, den metastabilen Teil B zu entfernen und die Legierung ganz in den stabilen Zustand überzuführen. Bei einer niedrigen Temperatur t_1 (Abb. 81) bestehe die Legierung aus stabilem Teil A mit Mischkristallen M_g entsprechend dem Punkte m_1'' und aus metastabilem Teil B mit Mischkristallen M_c entsprechend m_1'. Der Kohlenstoffgehalt der Durchschnittskristalle M werde durch die Abszisse des Punktes m_1 angegeben.

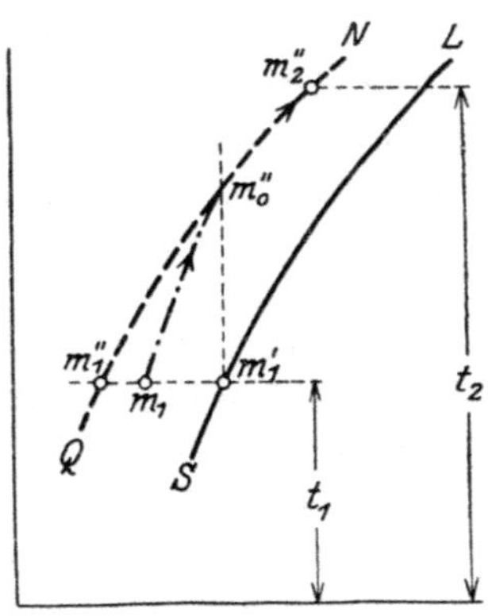

Abb. 81.

Erhitzt man dieses im unvollkommenen Gleichgewicht befindliche System auf eine höhere Temperatur t_2, so gelingt es bei genügend langsamer Erhitzung und bei Gegenwart von genügend vielen Graphitkernen in der Legierung, die Verhältnisse so zu gestalten, daß der die Durchschnittskristalle M darstellende Punkt m_1 auf seiner Bahn $m_1 m_2''$ die Linie NQ der Mischkristalle M_g schneidet (bei m_0''), daß also bei der diesem Schnittpunkt entsprechenden und bei höher gelegenen Temperaturen, also z. B. auch bei t_2, das stabile Gleichgewicht vollkommen erreicht ist.

Bedingung ist hierbei, daß die Abszisse von m_2'' größer ist als die von m_1'.

Schreckt man dann die Legierung bei t_2 ab, so kann man aus dem ermittelten Gehalt an gebundenem Kohlenstoff die Abszisse von m_2'' finden. Da die Temperatur t_2 auch bekannt ist, ist der Punkt m_2'' der Linie NQ bestimmt. Man hat dann das Verfahren mit verschiedenen Temperaturen t_2 zu wiederholen, und findet auf diese Weise verschiedene Punkte der Linie NQ und somit diese selbst.

Mit Hilfe dieses Verfahrens haben Ruer und Iljin die in Abb. 78 gezeichnete Linie NQ erhalten. Sie benutzen als Temperatur t_1 die Zimmerwärme; sie erhitzten tiefgraue Eisenkohlenstoff-Legierungen von der unten angegebenen Zusammensetzung auf verschiedene Temperaturen t_2 und schreckten dann ab. Die Erhitzung geschah im geschlossenen Quarzrohr zur Vermeidung von Oxydation und dauerte 6 Stunden. Die Verfasser gelangten zu den in der folgenden Tabelle X angegebenen Zahlenwerten.

Tabelle X.

Nr.	Vor der Erhitzung auf t_2			Nach der Erhitzung auf t_2														
				$t_2 = 1120^0$ C			$t_2 = 1100^0$ C			$t_2 = 1000^0$ C			$t_2 = 900^0$ C			$t_2 = 800^0$ C		
	ΣC	Gr	C_b	ΣC	Gr	C_b	ΣC	Gr	C_b	ΣC	Gr	C_b	ΣC	Gr	C_b	ΣC	Gr	C_b
1	3,62	3,20	0,42				3,58	2,35	1,23	3,60	2,59	1,01	3,58	2,69	0,89	3,61	2,80	0,81
2	3,60	3,32	0,28	3,51	2,29	1,22	3,52	2,33	1,19	3,49	2,58	0,91	3,62	2,77	0,85	3,56	2,82	0,74
3	3,82	3,47	0,35					2,56	1,26		2,75	1,07		3,03	0,79		3,11	0,71
4	4,37	4,10	0,27				4,35	3,05	1,30	4,38	3,43	0,95	4,34	3,48	0,86	4,32	3,55	0,77
5	3,80	3,32	0,48	3,70	2,41	1,29	3,69	2,48	1,21	3,73	2,71	1,02	3,78	2,95	0,83	3,70	2,99	0,71
	Im Mittel					**1,25**			**1,24**			**1,00**			**0,84**			0,75

Die in Abb. 78 mit + angezeichneten Punkte sind von Charpy bestimmt (L. 61); sie sind vom Verfasser nur als wahrscheinlich hingestellt. Sie liegen zwischen der Linie NQ nach Ruer und Iljin und der Linie SL. Charpy hat wohl bei seinen Versuchen das vollkommene stabile Gleichgewicht noch nicht erreicht.

Die Linie NR, die der eutektischen Linie des stabilen Systems Eisen und Graphit entspricht, ist nach Ruer und Iljin eingezeichnet. Ihre Lage ist abgeleitet aus dem Schnittpunkt N der Linie NQ mit AL; durch den Schnittpunkt ist eine Wagerechte gelegt. Sie müßte über R hinaus nach rechts verlängert werden, was ich in Abb. 78 unterlassen habe. Die Punkte der Linie NR lassen sich, soweit bis jetzt bekannt, durch den Versuch nicht unmittelbar feststellen, da eben der Graphit wegen der geringen Kristallisationsgeschwindigkeit und der geringen Kernzahl bei der eutektischen Temperatur nicht freiwillig kristallisiert und bei der Abkühlung die Kristallisation des Karbids längs der eutektischen Linie LBC einsetzt.

91. Von den Linien BV und BD für die übereutektischen Legierungen stützt sich die Linie BD für die Ausscheidung der Karbidkristalle aus den flüssigen Lösungen auf einen Versuch von Roberts-Austen (L. 51) mit einer Legierung von etwa $5^0/_0$ Kohlenstoff. Von mir und O. Bauer wurden folgende Legierungen auf die der Linie BD entsprechenden Haltepunkte untersucht:

Durch Schmelzen von Stahlwürfeln mit $2^0/_0$ Kohlenstoff unter Ferro- und Ferrizyankalium und Holzkohlenpulver wurde zunächst ein Ausgangsmaterial mit etwa $4{,}2^0/_0$ Kohlenstoff hergestellt. Davon wurden je 300 g zusammen mit 100 g Ferrozyankalium und 10 g pulverisierter Holzkohle im Graphittiegel unter Holzkohlendecke geschmolzen, wobei die höchste Temperatur von etwa 1500^0 C erreicht wurde. Während der Abkühlung wurden die $t, \Delta Z$-Linien aufgenommen. Es ergab sich folgendes wie die Tabelle auf Seite 141 zeigt.

Der Siliziumgehalt der Legierungen betrug 0,34, der Mangangehalt $0{,}29^0/_0$.

Nach der Zusammenstellung ist das Auftreten eines Haltepunktes, der der Linie BD entsprechen könnte, nur im Falle der Legierung 4 beobachtet worden. Ich bin deshalb im Zweifel, ob sich die Punkte der dem meta-

Nr.	Zusammensetzung nach der langsamen Abkühlung		Haltepunkte		
	ΣC	*Gr*	1.	2.	3.
1	4,61	4,21	Schwache Andeutung bei 1229° C	1131° C	Nicht beob.
2	4,73	4,07	Kein Punkt	1128° C	Nicht beob.
3	—	—	Kein Punkt	1128° C	700° C
4	—	—	Beginn eines deutlichen Haltepunktes bei 1180° C	1130° C	700° C

stabilen System angehörigen Linie *BD* auf thermischem Wege überhaupt sicher auffinden lassen.

Für die Linie *RV* habe ich die Versuchswerte von Hanemann (L. 41) benutzt.

Dieser schmolz in kleinen Kohlenstofftiegeln 30 g eines sehr reinen Eisens (3,58% C, 0,005% Si, Spur Mangan und Phosphor, 0,005% S) unter einer dicken Schicht von Holzkohle ein und hielt die Schmelzen unter stetiger Rührung in Berührung mit der Kohle bei bestimmten Temperaturen *t*. Alsdann schreckte er bei diesen Temperaturen die Schmelzen durch Eingießen in eine enge Metallkokille ab. Hierbei gelang es, wenigstens einige der Legierungen vollständig graphitfrei zur Abkühlung zu bringen. In den gegossenen dünnen Proben wurde der Gesamtkohlenstoffgehalt ΣC analytisch ermittelt.

Die Eisenlegierungen sättigen sich bei der Versuchstemperatur *t* mit Kohlenstoff, und der Sättigungswert des Eisens gegenüber Kohlenstoff bei den betreffenden Temperaturen ergibt sich ohne weiteres aus der Analyse. Die Linie *UV* ist erhalten, indem die Temperaturen *t* als Ordinaten, die zugehörigen Sättigungswerte für Kohlenstoff als Abszissen eingetragen wurden.

Es entsteht nun noch die Frage, gibt die Linie *UV* die Sättigungsgrenze des flüssigen Eisens für Graphit oder für Karbid an? Maßgebend für die Entscheidung ist, ob sich längs *UV* bei langsamer Abkühlung Graphit oder Karbid ausscheidet. Hanemann gibt in seiner Arbeit an, „daß die flüssigen, mit Kohlenstoff gesättigten Schmelzen bei seinen Versuchen bis etwa 1500° C nur selten Garschaumbildung zeigten, falls die Schmelze nicht abkühlte". Garschaum ist derjenige Graphit, der sich bei übereutektischen Eisenkohlenstoff-Legierungen aus der flüssigen Schmelze erstlich abscheidet. „Zwischen 1500 und 1900° C trat Garschaumbildung um so leichter ein, je höher die Temperatur war, aber sie trat nicht immer ein; nur bei noch höherer Temperatur trat die Bildung des Graphits bei jeder Schmelze auf." Daraus ist zu schließen, daß längs der Linie *UV* bei langsamer Abkühlung Graphit (Garschaum) erstlich ausgeschieden wird, und daß somit diese Linie die Löslichkeitsgrenze des Eisens gegenüber Graphit angibt. Ich habe deswegen die Linie *UV* als die voraussichtliche Fortsetzung der Linie *RT* gezeichnet, die die Erstarrung des übereutektischen stabilen Systems Eisen und Graphit andeutet.

Nach Angabe Roozebooms (L. 53) soll Moissan die Löslichkeit des Kohlenstoffs im Eisen bei 3500° C zu etwa 40% festgestellt haben. Danach müßte die Linie *UV* bei höheren Kohlenstoffgehalten schnell nach rechts abbiegen; die Löslichkeit des Eisens gegenüber Kohlenstoff müßte also bei Temperaturen oberhalb 1900° C sehr rasch ansteigen. Die Linie *UV* müßte schließlich bis zum Schmelzpunkt des Kohlenstoffs gehen. Die Linie *BD* müßte dagegen im Schmelzpunkt des Karbids enden, falls es überhaupt möglich sein sollte, das Karbid ohne Zerfall zu schmelzen.

92. Um ein Bild davon zu geben, wie sich die Graphitbildung in den Eisenkohlenstoff-Legierungen während der Abkühlung vollzieht, sollen hier

die nachfolgenden Versuchsergebnisse von E. Heyn und O. Bauer aus dem Jahre 1907 wiedergegeben werden (L. 62). In derselben Richtung sind später auch von Goerens und Gutowsky (L. 63) Versuche nach gleichem Verfahren angestellt worden, die unsere Versuchsergebnisse bestätigen und neue Gesichtspunkte nicht zutage gefördert haben.

Abb. 82 bezieht sich auf eine Versuchsreihe II mit Legierungen, deren Siliziumgehalt in den Grenzen 1,2 bis 1,72 % schwankte. Der Mangangehalt betrug etwa 0,2 % und der Phosphorgehalt 0,09 %. Der Schwefelgehalt war, weil von kalt erblasenem weißen Eisen ausgegangen wurde, verhältnismäßig hoch und in der Nähe von 0,3 %. Die Gehalte der Legierungen an Gesamtkohlenstoff sind in der Abb. 82 den einzelnen Punkten beigeschrieben; sie liegen in der Nähe von 3,25 %.

Von den Legierungen wurden je etwa 400 g in Graphittiegeln unter Holzkohlenbedeckung in einem Gasgebläseofen eingeschmolzen. Die Schmelzen wurden langsam im Ofen bis zu einer Temperatur t abgekühlt und dann bei dieser Temperatur in Wasser abgeschreckt. Die Abkühlungsdauer von 1450° C bis zu 970° C betrug etwa 1/2 Stunde, von 1450 bis 770° C etwa 1 Stunde, von 1450 bis 520° C 2 Stunden, von 1450 bis 370° C 3 Stunden, und schließlich von 1450 bis 60° C 8 1/2 Stunden. In den abgeschreckten Legierungen wurde der Gehalt an Gesamtkohlenstoff ΣC und an Graphit ermittelt.

Der Gehalt an Graphit ist in den Abb. 82 bis 84 als Abszissen, die Temperaturen, bis zu welchen langsam abgekühlt und bei welchen abgeschreckt wurde, sind als Ordinaten gezeichnet. Diejenigen Legierungen, die bei der Temperatur t noch flüssig waren, sind durch schwarz ausgefüllte Kreise, die bei t teilweise flüssigen und teilweise festen Legierungen durch halb ausgefüllte Kreise, und schließlich die bei t bereits vollständig erstarrten Legierungen durch nicht ausgefüllte Kreise angemerkt.

Die Legierungen der Versuchsreihe II, auf die sich Abb. 82 bezieht, erstarrten innerhalb der Grenzen 1205° C (Beginn der Erstarrung = Beginn der Ausscheidung von γ-Mischkristallen) und 1115° C (Ende der Erstarrung, Ausscheidung des Ledeburit-Eutektikums). Reine siliziumfreie Eisenkohlenstoff-Legierungen würden bei 3,25 % Kohlenstoff innerhalb der Grenzen 1250 und 1130° C erstarren (Abb. 78). Die ausgezogene Linie in Abb. 82 läßt erkennen, daß bis zu Temperaturen $t = 1115$° C wesentliche Graphitmengen in der Legierung nicht gebildet werden. Auch die bei 1160° C abgeschreckte Legierung, die im Augenblick des Abschreckens teils flüssig, teils fest war, zeigte nur geringe Graphitmengen. Erst unterhalb der Erstarrung zwischen 1105 und 1080° C tritt plötzlich starke Graphitabscheidung ein, die sich bis auf 1,5 % steigert. Bis 900° C nimmt die Graphitmenge noch zu und erreicht den Wert 2 %; von da ab bis zur Abkühlung auf gewöhnliche Zimmerwärme ist kein wesentliches Ansteigen der Graphitmenge mehr bemerkbar. Im Sinne der in 86 gegebenen Darlegungen würde somit das Temperaturbereich, in dem die Zahl der Graphitkerne ihren Höchstwert erreicht (t_{m1}), zwischen 1105 und 1080° C liegen, während das Temperaturbereich der größten Kernzahl für Karbid zwischen 1200 und 1115° C liegt.

In Abb. 83 ist eine ähnliche Versuchsreihe I mit größerem Siliziumgehalt dargestellt. Der Siliziumgehalt liegt in den Grenzen 2,90 bis 4,27 %; der Gesamtkohlenstoffgehalt, der den einzelnen Punkten beigeschrieben ist, lag zwischen 2,7 und 3,14 %. Die Legierungen haben nur einen Haltepunkt bei 1143° C; durch die Gegenwart des Siliziums wird der eutektische Kohlenstoffgehalt von 4,3 auf 3 % erniedrigt. Die verwendeten Legierungen sind also nahezu eutektisch. Auch Abb. 83 läßt erkennen, daß die Graphitabscheidung sich insbesondere innerhalb des Temperaturbereiches 1135 bis 1080° C, also vorwiegend unterhalb der Erstarrung vollzieht. Bemerkens-

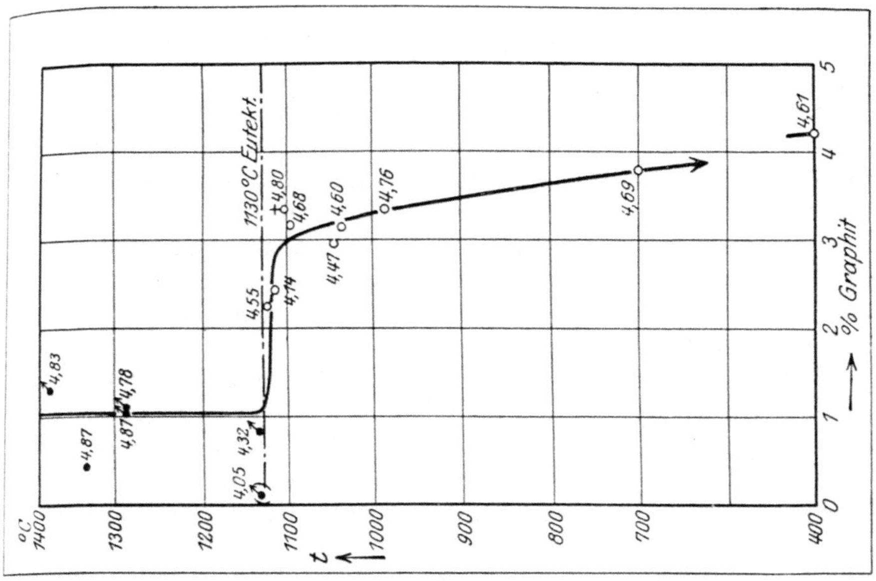

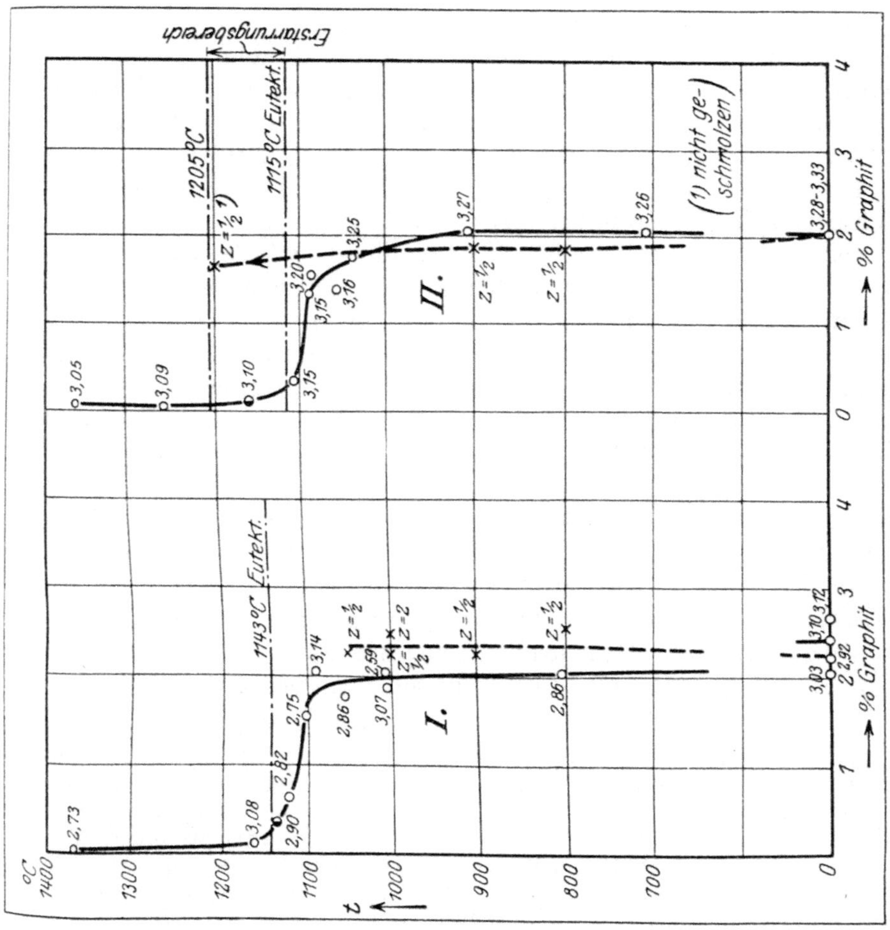

Der Vorgang der Graphitabscheidung in grauem Roheisen. (Nach Heyn und Bauer.)

● Im Augenblick des Abschreckens: flüssig ⎫ Langsam abgekühlt auf t °C, dann bei t °C abgeschreckt in
◐ „ „ „ : teils flüssig, teils fest ⎬ Wasser; die beigeschriebenen Zahlen geben den Gesamt-
○ „ „ „ : völlig erstarrt ⎭ kohlenstoffgehalt der Probe an.

O X Erhitzt auf t °C; Dauer der Erhitzung bei t ist z in Stunden, dann abgeschreckt. Erstliche Graphitausscheidung deutlich bemerkbar. ♁ Vor dem Abschrecken 3 Std. bei t^0 gehalten.

I: Si = 2,90—4,27 %, Mn = etwa 0,22 „, P = „ 0,09 „, S = „ 0,3 „
II: Si = 1,2—1,72 %, Mn = etwa 0,22 „, P = „ 0,09 „, S = „ 0,3 „
III: (Abb. 84) Si = 0,34 %, Mn = 0,29 „, P = 0,022 „, S = 0,004 „, Cu = 0,018 „

wert ist, daß die Graphitausscheidung sich noch bis zu recht tiefen Temperaturen fortsetzt, wie der Verlauf der ausgezogenen Linie erkennen läßt. Zwischen 800° C und Zimmerwärme haben sich noch etwa 0,45 % Graphit nachgebildet.

Ein Teil der bereits abgekühlten Legierungen wurde aufs neue erhitzt bis auf die in den Abb. 82 und 83 durch die gestrichelten Linien angedeuteten

Temperaturen t. Sie wurden bei t während der Zeit z in Stunden erhalten, die den einzelnen durch $\times$ angedeuteten Punkten beigeschrieben ist, und alsdann bei t in Wasser abgeschreckt.

In Abb. 83 liegt die gestrichelte Linie rechts von der ausgezogenen. Durch die nachträgliche Erhitzung kann man sonach die Graphitmenge noch etwas steigern. In Abb. 82 liegt die gestrichelte Linie über dem größten Teil ihres Verlaufes etwas links von der ausgezogenen. Der Unterschied ist klein; er kann wohl dadurch bedingt sein, daß für die Erhitzungsversuche zufällig Legierungen mit niedrigerem Graphitgehalt zur Verwendung gelangten. Beachtenswert ist aber, daß die gestrichelte Linie bei etwa 1000^0 C die ausgezogene schneidet; wenn auch der Graphitgehalt bei der Erhitzung fortgesetzt um geringe Beträge abnimmt, so bleibt er doch oberhalb 1000^0 C wesentlich oberhalb der Graphitgehalte, die sich bei der Abkühlung gebildet hatten. Die Legierungen für die Erhitzung lagen in Stäbchenform vor; das Stäbchen zeigte selbst bei 1200^0 C äußerlich noch keine Anzeichen von Schmelzung. Dies erklärt sich dadurch, daß die Auflösung des Graphits sich verzögerte. Bei 1200^0 C enthält die Legierung immer noch 1,55 $^0/_0$ Graphit; dies gibt bei einem Gesamtkohlenstoffgehalt von 3,3 $^0/_0$ einen Gehalt von 1,75 $^0/_0$ gebundener Kohle. Die Legierung ist somit bei 1200^0 C trotz der langsamen Erhitzung noch nicht im Gleichgewichtszustand; denn dieser verlangt, daß der Graphit bereits ganz oder wenigstens nahezu vollständig aufgelöst ist. Statt dessen verhalten sich die Legierungen bei 1200^0 C wie eine Legierung von 1,75 $^0/_0$ Kohlenstoff, gemischt mit einer Graphitmenge von 1,55 $^0/_0$. Das Ende der Schmelzung liegt aber für ein solches Gemenge entsprechend dem Schnittpunkt der Linie für 1,75 $^0/_0$ Kohlenstoff mit der Linie AB sehr hoch. Bei weiterer Erhitzung über 1200^0 C hinaus würde voraussichtlich der Graphit verhältnismäßig rasch vollends aufgelöst worden sein, und die Legierung würde zum vollständigen Schmelzen gelangen. Der Vorgang bestätigt die in der Praxis bekannte Erscheinung, daß graue graphitreiche Roheisensorten erst bei höherer Temperatur schmelzen als weiße.

Aus den Abb. 82 und 83 ging hervor, daß **untereutektische und eutektische Eisenkohlenstoff-Legierungen selbst bei hohen Siliziumgehalten zunächst als weißes Roheisen erstarren und erst nach der Erstarrung in graues Roheisen übergehen. Wesentlich für die Graphitausscheidung kommt das Temperaturbereich unmittelbar unterhalb des Endes der Erstarrung in Betracht. Je nachdem ob dieses Gebiet schneller oder langsamer durchlaufen wird, scheidet sich weniger oder mehr Graphit aus.**

Dies steht in Einklang mit den in 86 auseinandergesetzten Anschauungen, die dem Heyn-Charpyschen Doppelbild zugrunde liegen.

Es ist wohl möglich, daß bei starkem Anreiz zur Graphitkernbildung unter Umständen auch während der Erstarrung, z. B. bei der eutektischen Temperatur, die Graphitbildung beginnt. Dies bedeutet nur, daß in solchen Eisensorten die Temperatur t_{m1}, bei der die Zahl der Graphitkerne den Höchstwert erreicht, höher liegt als bei den in Abb. 82 und 83 zur Darstellung gebrachten Legierungen. Die dem Doppelbild zugrunde liegende Anschauung läßt zu, daß sich t_{m1} bis zur Linie NR heben kann, wenn in den Legierungen Einflüsse zur Geltung kommen, die Hebung von t_{m1} bewirken. Ich betone dies ausdrücklich, weil man in Verkennung dieses Umstandes und der „alten" Theorien sogenannte „neue" Theorien aufgebaut hat.

Ich bemerke ferner, daß es unzulässig ist, aus der Lage des raschen Anstieges der ausgezogenen Linien für die Graphitbildung in den Abb. 82 und 83 etwa Schlüsse auf die Lage der Linie NR in Abb. 78 zu ziehen. Die Linie NR gibt nur die oberste Grenze an, bis zu der beim stärksten Anreiz zur freiwilligen Kristallisation der Beginn der Graphitausscheidung hinaufrücken kann, gleichgültig, ob es überhaupt Mittel gibt, diesen Beginn tatsächlich soweit zu heben. Je nach Umständen kann der Beginn der Graphitausscheidung beliebig tief unter *NR* rücken. Es kommt eben darauf an, bei welcher Temperatur unterhalb *NR* die Unterkühlung ganz oder teilweise aufgehoben wird. Ich lenke die Aufmerksamkeit besonders auf diesen Punkt, weil der soeben genannte unzulässige Schluß tatsächlich gemacht worden ist und ebenfalls als Grundlage einer „neuen" Theorie herhalten mußte. Der Schluß ist ebenso unberechtigt, als wenn man diejenige Temperatur, bei der man eine unterkühlte Lösung von Natriumthiosulfat durch Einwerfen eines Kristalles zur Kristallisation bringen kann, als die Erstarrungstemperatur der betreffenden Lösung ansehen wollte. Die eigentliche Erstarrungstemperatur ist vielmehr diejenige höchste Temperatur, bei der durch Einwerfen eines Kristalles (Impfung) soeben die Kristallisation eingeleitet werden kann.

93. Abb. 84 stellt eine Versuchsreihe III dar, die in ähnlicher Weise, wie die Versuche in 92, aber mit sehr kohlenstoffreichen übereutektischen Legierungen durchgeführt wurde. Die Versuche sind von O. Bauer und mir ausgeführt; sie stammen aus dem Jahre 1907 und sind bisher nicht veröffentlicht worden. Die Analyse der verwendeten Legierungen ist in der Abbildung angegeben; die Gesamtkohlenstoffgehalte sind den einzelnen, die verschiedenen Versuche darstellenden Punkten beigeschrieben. Sie bewegen sich innerhalb der Grenzen 4,14 und 4,83 %. Der Siliziumgehalt ist gering, etwa 0,34 %. Die Legierungen wurden durch Schmelzen bereits hochgekohlter Legierungen mit Ferrozyankalium und Holzkohle bei Temperaturen in der Nähe von 1500° C auf hohen Kohlenstoffgehalt gebracht. Sie zeigten, wie bereits in 91 erwähnt, in der Mehrzahl der Fälle nur einen Haltepunkt, und zwar bei 1130° C; sie waren oberhalb dieser Temperatur vollständig flüssig.

Zum Unterschied von den in 92 beschriebenen Versuchen tritt in den Legierungen der Versuchsreihe III bereits in den oberhalb 1130° C abgeschreckten Proben Graphit auf. (Die Schmelze mit 4,05 % Gesamtkohlenstoff scheidet aus der Reihe aus, weil sie nicht übereutektisch ist.) Beim Eingießen der flüssigen Legierungen in Wasser erfolgt Granulation. Die Granalien waren auf der Oberfläche mit Graphitblättchen bedeckt, die in der Legierung festhafteten. Besonders ausgeprägt war dies bei der Legierung mit 4,78 % Gesamtkohlenstoff, die bei 1284° C abgeschreckt wurde. Ihre Oberfläche war vollständig von Graphitblättchen überzogen, während im Innern der Granalien der Graphit in Punktform ausgeschieden war, wie in Abb. 68, Taf. XV in 117facher Vergrößerung zu erkennen ist.

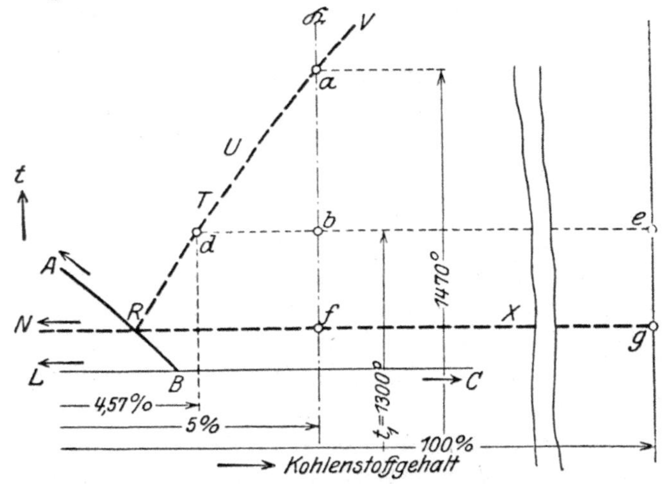

Abb. 85. Teilbild von Abb. 78.

Um dem Einwand zu begegnen, daß der Graphit in den oberhalb 1130° C abgeschreckten Proben nicht bereits in der flüssigen Legierung vorhanden gewesen sei, sondern sich erst während der Abschreckung gebildet habe, da diese wegen der zu großen Massen des abgeschreckten Materials zu wenig schroff gewesen sei, wurde die Legierung mit 4,87 % Kohlenstoff in ein großes Gefäß mit Wasser eingegossen, das durch einen Besen in beständiger Bewegung erhalten wurde. Das Ergebnis waren kleine Granalien von 1 bis 3 mm Durchmesser. Die kleinsten davon wurden zur Kohlenstoff- und Graphitbestimmung ausgewählt; sie ergaben 0,41 % Graphit.

Dieser Graphitgehalt muß tatsächlich in der flüssigen Schmelze bereits enthalten gewesen sein; es ist erstlich ausgeschiedener Graphit (Garschaum).

Um die Sachlage besser zu übersehen, wollen wir an der Hand der Abb. 78 und der daraus ausgezogenen Abb. 85 verfolgen, was infolge dieser Graphitbildung bei der Abkühlung eintreten kann.

Der aus der flüssigen Legierung ausgeschiedene Graphit (Garschaum) kann sich ganz oder zum Teil an der Oberfläche der Legierung absondern, so daß der zurückbleibende Legierungsrest kohlenstoffärmer wird. $\mathfrak{K}$ in Abb. 85 sei z. B. die Kennlinie der ursprünglichen Legierung, deren Kohlenstoffgehalt zu 5 % angenommen ist. Sie schneidet bei *a* die Linie *RV* der Graphitausscheidung bei etwa 1470° C (Abb. 78 und 85). Nach langsamer Abkühlung auf $t_1 = 1300^0$ C (Kennpunkt *b*) besteht die Legierung aus dem durch den Phasenpunkt *d* dargestellten flüssigen Teil mit 4,57 % Kohlenstoff und aus festem Graphit (Phasenpunkt *e*). Die Menge des Graphits ergibt sich nach dem Hebelgesetz wie folgt:

$$\frac{\text{Graphit}}{\text{flüssige Phase } d} = \frac{db}{be} = \frac{5 - 4{,}57}{100 - 5} = \frac{0{,}43}{95} = \frac{0{,}45}{99{,}55}.$$

Mithin Graphit 0,45 % und flüssige Legierung 99,55 %.

Obwohl der Kennpunkt *b* bereits innerhalb des Bereiches der teilweise flüssigen, teilweise festen Legierungen *VRX* liegt, so erscheint doch die Legierung vollkommen flüssig, da nur 0,45 % Graphit als fester Stoff in ihr schweben und sich schließlich bei genügender Zeitdauer und genügendem Anreiz zur Kristallisation aus ihr abscheiden.

Der Vorgang der Graphitausscheidung wird sich weiter vollziehen können, bis zu der dem Punkt *R* entsprechenden Temperatur des Graphiteutektikums. Hierbei besteht die Legierung nach dem Hebelgesetz auf folgenden Teilen:

$$\frac{\text{Graphit}}{\text{flüssige Phase } R} = \frac{Rf}{fg} = \frac{5 - 4{,}24}{100 - 5} = \frac{0{,}76}{95} = \frac{0{,}8}{99{,}2},$$

also aus 0,8 % Graphit und aus 99,2 % flüssigem Rest. Bei weiterer Abkühlung tritt der letztere in das Gebiet *ABL* ein, d. h. verhält sich in bezug auf den Punkt *B* (also in bezug auf das metastabile System) wie eine untereutektische Legierung, deren Erstarrung und Abkühlung ganz so wie bei einer gewöhnlichen untereutektischen Legierung vor sich geht, nur mit dem Unterschied, daß in ihr wegen der Garschaumausscheidung bereits zahlreiche Graphitkerne vorhanden sind und deshalb die Graphitausscheidung unterhalb der eutektischen Linie *LBC* sehr rasch erfolgen muß.

Dies wird durch den Verlauf der ausgezogenen Linie in Abb. 84 bestätigt.

Aus der obigen Überlegung ergibt sich, daß bei genügend langsamer Abkühlung von Legierungen, deren Kennpunkt rechts von *R* liegt, erstlich ausgeschiedener Zementit nicht auftreten kann, also die Punkte der Linie *BD* für die Zementitausscheidung kaum verwirklicht werden können. Anders ist es dagegen bei sehr rascher Abkühlung. Diese kann unter Umständen genügen, um die Ausscheidung des Garschaums zu unterdrücken; der gesamte Kohlenstoff bleibt in der flüssigen Legierung gelöst, bis diese in das Gebiet *DBC* übertritt, in dem sich Karbid ausscheidet, und zwar längs der Linie *BD* erstliche Karbidkristalle und schließlich längs *BC* Karbid im Ledeburiteutektikum. Da man aber beim thermischen Verfahren nicht mit der für den letzteren Fall erforderlichen Geschwindigkeit die Abkühlung leiten darf, so wird es thermisch unmöglich sein, die Linie *BD* und damit den Schmelzpunkt des Karbides festzulegen.

Als Gesamtergebnis der Versuchsreihe III folgt: Legierungen mit übereutektischen Kohlenstoffgehalten können bereits während der Abkühlung im flüssigen Zustand Graphit in Form von Garschaum abscheiden, der teils an die Oberfläche wandert, teils in der Legierung eingeschlossen bleibt.

Während der Abkühlung solcher übereutektischer Legierungen, deren Kennlinien rechts von *R* liegen, kann sich unter Abscheidung von Garschaum die Zusammensetzung der flüssigen Legierung längs der Linie *VUR* bis zum eutektischen Punkt *R* ändern. Dadurch gelangt die Legierung in das Bereich der in bezug auf den eutektischen Punkt *B* untereutektischen Schmelzen; die Legierung kann dann bei ihrer Erstarrung Mischkristalle *Mi* neben Ledeburiteutektikum *L* liefern, wie dies in Abb. 68, Taf. XV zu sehen ist. Die Mischkristalle, deren Bildung durch Abschrecken nicht verhindert werden kann, haben sich an die vorhandenen Graphitkerne angesetzt. Die Grundmasse wird gebildet durch das abgeschreckte Ledeburiteutetikum.

Unterhalb der eutektischen Linie *LBC* verhalten sich die übereutektischen Legierungen bezüglich der Graphitausscheidung wie die früher in Versuchsreihe II und I besprochenen untereutektischen Legierungen.

Es ist möglich, und mir scheint es wahrscheinlich, daß der Punkt *R* in der Abb. 78 tatsächlich weiter nach links liegt, als gezeichnet. Hierüber müßten weitere Untersuchungen Aufklärung geben. Der Weg, auf dem man zum Ziel kommen kann, ist ja in obiger Überlegung angedeutet.

94. Daß man es bei der Graphitausscheidung tatsächlich mit der Aufhebung der Unterkühlung zu tun hat, geht in sehr lehrreicher Weise aus den Versuchen von Ruer und Iljin (L. 60) hervor, deren Ergebnisse übersichtlich in Abb. 86 zusammengestellt sind. Als Ausgangspunkt diente ein

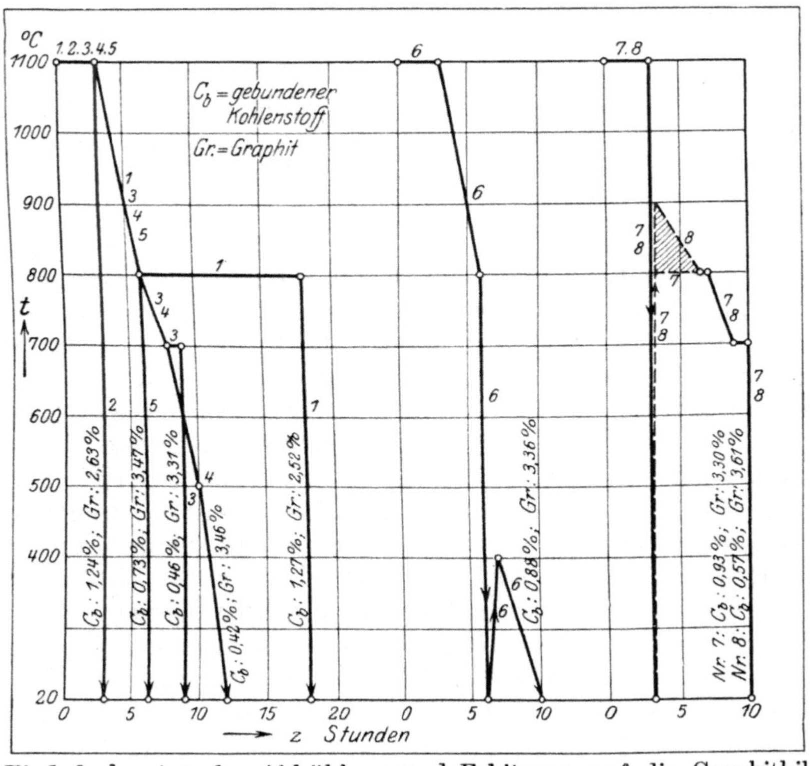

Abb. 86. Einfluß der Art der Abkühlung und Erhitzung auf die Graphitbildung (nach Ruer und Iljin). Ursprüngliche Legierung Cb = 0,36 %, Gr = 3,48 %, ΣC = 3,84 %.

graues Roheisen mit 3,84 % Gesamtkohlenstoff, davon 3,48 % als Graphit und 0,36 % gebunden. Von diesem Roheisen wurden Proben in zugeschmolzenen Quarzröhren auf 1100° C erhitzt und in verschiedener Weise abgekühlt. In der Abbildung sind die Zeiten z in Stunden als Abszissen angegeben, die zur Abkühlung verwendet wurden, während als Ordinaten die Temperaturen der Proben verzeichnet sind. Eine wagerechte Linie bei der Temperatur t bedeutet, daß die Probe eine der Länge der Wagerechten entsprechende Zahl von Stunden bei der Temperatur t erhalten wurde. Eine senkrechte Linie bedeutet, daß die Probe von der dem Beginn der Senkrechten entsprechenden Höchsttemperatur t plötzlich durch Abschrecken in Wasser auf Zimmerwärme gebracht wurde. Zeit der Abkühlung $z = 0$. Geneigte Grade bedeuten, daß die Probe von einer Anfangstemperatur t_a in der Zeit z bis auf eine Endtemperatur t_e abgekühlt oder erhitzt wurde. Die Zeit z ergibt sich aus dem Unterschied der Abszissen des Anfangs- und Endpunktes der Geraden.

Erhitzt man eine Probe tiefgrauen Gußeisens auf höhere Temperaturen t, so muß sich bei jeder Temperatur t ein Gleichgewicht zwischen den Mischkristallen und dem Graphit einstellen (89). Dieses Gleichgewicht wird angegeben durch die Linie QN in Abb. 78, die ja den Kohlenstoffgehalt der Mischkristalle angibt, die bei den verschiedenen Temperaturen t mit Graphit im Gleichgewicht stehen können. Der Kohlenstoffgehalt der Mischkristalle ist gleich dem Gehalt der Legierung an gebundenem Kohlenstoff, wenn stabiles Gleichgewicht besteht, also als Zementit ausgeschiedenes Karbid nicht vorhanden ist. Bei Einstellung des stabilen Gleichgewichtes während der Erhitzung muß also der Gehalt der Legierung an gebundenem Kohlenstoff mit steigender Temperatur entsprechend dem Verlauf der Linie QN zunehmen. Bei 1100° C muß der Gehalt an gebundenem Kohlenstoff den Wert 1,24 % erreicht haben (Abb. 78). Dies ist nur dadurch möglich, daß die Mischkristalle Graphit auflösen, dessen Menge dadurch vermindert werden muß. Durch Abschrecken bei 1100° C erhält man die Menge gebundenen Kohlenstoffs und Graphits, die bei 1100° C vorhanden war, auch bei gewöhnlicher Temperatur unverändert und man kann durch Analyse das Verhältnis bestimmen. Der in der angegebenen Weise ausgeführte Versuch 2 ergab:

Ursprüngliche Legierung		Legierung 3 Stunden bei 1100° erhitzt und dann abgeschreckt	
C_b	Gr	C_b	Gr
0,36	3,48	1,24	2,63 %

Läßt man die Legierung von 1100° C aus langsam abkühlen auf 800° C und erhält sie bei dieser Temperatur längere Zeit, wie bei Versuch 1 in Abb. 86, so wäre bei Eintritt des Gleichgewichts zu erwarten, daß der Gehalt der Legierung an gebundenem Kohlenstoff, der bei 1100° C 1,24 % betrug, entsprechend dem Verlauf von NQ bis Q und entsprechend der Abszisse des Punktes Q (Abb. 78) auf den Wert 0,75 % gesunken sei, und daß sich der Gehalt an Graphit um den entsprechenden Betrag vermehrt hätte. Wir hatten aber bereits in 89 gesehen, daß diese Graphitausscheidung wegen der sehr geringen Kristallisationsgeschwindigkeit des Graphits nicht ohne weiteres eintritt. Das Ergebnis des Versuchs 1 zeigt denn auch, daß nach dieser Behandlung der Gehalt der bei 800° C abgeschreckten Legierung an gebundenem Kohlenstoff immer noch 1,27 % beträgt, sich also gegenüber dem bei 1100° C vorhandenen Betrag von 1,24 % nicht geändert hat.

Versuch 5 unterscheidet sich von 1 dadurch, daß die Probe nach dreistündiger Erhitzung bei 1100° C und nach Abkühlung auf 800° C in 3 Stunden, nicht wie bei Versuch 1 12 Stunden bei dieser Temperatur erhalten und dann abgeschreckt, sondern unmittelbar nach Erreichen der Temperatur 800° innerhalb einer halben Stunde auf Zimmerwärme abgekühlt wurde. Beachtenswert ist, daß die lange Behandlung der Probe bei 800° mit nachfolgender Abschreckung den Gehalt an gebundenem Kohlenstoff nicht auf den dem Punkt Q zukommenden Betrag zu vermindern vermochte, daß aber die langsame Abkühlung von 800° C bei Versuch 5 den Gehalt an gebundener Kohle nahezu auf den durch die Linie QN verlangten Gehalt von 0,75 brachte. Die so behandelte Probe enthielt tatsächlich 0,73% C_b. Es muß also während der Abkühlung von 800° C auf Zimmerwärme Graphitabscheidung eingetreten sein, die die lange Glühbehandlung bei Versuch 1 nicht hervorzubringen imstande war.

Daß der Abkühlung von 800° tatsächlich die Graphitausscheidung zuzuschreiben ist, ergibt sich auch aus den Versuchen 3 und 4. Bei ersterem wurde die Abkühlung von 800 auf 700 in 2 Stunden bewirkt, alsdann wurde noch eine Stunde bei 700° C erhitzt, worauf Abschreckung in Wasser erfolgte. Der Gehalt an gebundenem Kohlenstoff ist hierbei auf 0,46% gesunken. Bei langsamer Abkühlung von 800° C aus entsprechend der Linie 4 ist der Gehalt an gebundenem Kohlenstoff auf 0,42% unter gleichzeitiger Vermehrung des Graphitgehaltes herabgedrückt worden.

Aus obigem geht hervor, daß die Graphitbildung durch die Art der Abkühlung wesentlich beeinflußt wird. Es scheint, als ob die längere Erhitzung bei den höheren Temperaturen wohl Graphitkerne zu liefern vermag, daß diese aber während der darauffolgenden schnellen Abkühlung sich nicht zu größeren Graphitkristallen auszuwachsen vermögen. Wird dagegen nach dieser längeren Behandlung bei den hohen Temperaturen und der dabei stattgehabten Bildung von Graphitkernen die Abkühlung langsam vorgenommen, so vermögen die Kerne zu Kristallen auszuwachsen; der Gehalt an Graphit vermehrt sich, der an gebundenem Kohlenstoff nimmt ab.

Daß die Ausscheidung des Graphits sich noch bei sehr niederen Temperaturen fortsetzt, wenn vorher bei der Erhitzung in höheren Temperaturen genügend Graphitkerne erzeugt sind, ergibt sich aus Versuch 6. Hier wurde in ähnlicher Weise verfahren wie bei Versuch 5; nur wurde die Abkühlung von 800° C aus nicht langsam wie bei 5, sondern durch Abschrecken besorgt. Durch diese Behandlung dürfte der Gehalt an gebundenem Kohlenstoff etwa den Wert 1,2% angenommen haben. Hierauf wurde die Probe in der in der Abb. 86 gezeichneten Weise wieder auf 400° C langsam erhitzt und darauf langsam abgekühlt. Der Gehalt an gebundenem Kohlenstoff war dadurch auf 0,88% gesunken. Die Nachbehandlung bei der niederen Temperatur bis 400° C hat also noch etwa 0,3% Graphit zur Abscheidung gebracht.

Wenn nun auch zwischen 1100 und 800° C merkliche Steigerung des Graphitgehaltes beim vorliegenden Eisen und bei der angewendeten Versuchsausführung nicht bemerkbar war, so zeigen doch die Versuche 7 und 8, daß es für die Graphitabscheidung bei niedrigen Temperaturen nicht gleichgültig ist, wie lange das Material vorher in dem Temperaturbereich oberhalb 800° C verweilt hatte. Bei den Versuchen 7 und 8 wurden Proben zunächst 3 Stunden bei 1100° C erhitzt, alsdann in Wasser abgeschreckt und schließlich wiedererhitzt. Die Versuchsausführung bei 7 und 8 unterschied sich dadurch, daß bei 8 die Erhitzung auf 900, diejenige bei 7 nur auf 800° C getrieben wurde. Nachdem die Probe 8 wieder auf 800° C abgekühlt war, wurden beide Proben in gleicher Weise nach Maßgabe der Linie 7 und 8 in Abb. 86 auf 700° C abgekühlt und dann in Wasser abgeschreckt.

Das längere Verweilen der Probe 8 bei höherer Temperatur (s. schraffierte Fläche in Abb. 86) hat bewirkt, daß bei der nachfolgenden Abkühlung sich mehr Graphit ausgeschieden hat als bei der Probe 7. Die der schraffierten Fläche entsprechende Behandlung der Probe 8 muß also die Zahl der Graphitkerne vermehrt haben.

Die oben geschilderten Versuchsergebnisse vermögen in sehr eindringlicher Weise die dem Heyn-Charpyschen Doppelbild zugrunde liegende Anschauung zu stützen, daß die Graphitausscheidung als die Beseitigung einer Unterkühlung zu betrachten ist. Auf andere Weise ließen sich die obigen Versuchsergebnisse nicht deuten.

Die Versuche von Ruer und Iljin bestätigen auch die Beobachtung Charpys (79b), daß, wenn die Graphitabscheidung bei der Erstarrung weißen Eisens einmal eingeleitet ist, sie sich auch bei niederen Temperaturen fortsetzen kann.

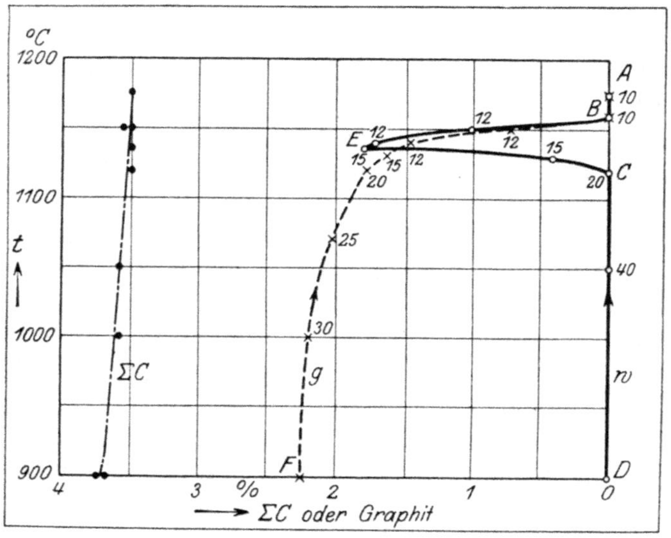

Abb. 87. Vorgänge beim Erhitzen grauen und weißen Roheisens (nach Versuchen von Gutowsky zusammengestellt).

g = graues Roheisen, w = weißes „ : $\Sigma C = 3{,}67$—$3{,}75\,\%$, $Si = 0{,}03-0{,}06\,\%$, $Mn = 0{,}18\,\%$, $P = 0{,}024\,\%$, $S = 0{,}008\,\%$.

95. In Abb. 87 sind verschiedene Zustände in Eisenkohlenstoff-Legierungen mit etwa $3{,}7\,\%$ Kohlenstoff und sehr geringen Gehalten an fremden Körpern dargestellt. Die Abbildung ist auf Grund von Versuchen Gutowskys (L. 57) zusammengestellt. Ein Teil der Legierungen w wurde rasch abgekühlt, so daß die Graphitbildung unterblieb und weißes Roheisen mit $0\,\%$ Graphit entstand. Ein anderer Teil g der Legierung wurde langsam abgekühlt, so daß sich über $2\,\%$ Graphit ausschieden. Die verschiedenen Legierungen, sowohl die weißen w als auch die grauen g. wurden nun schnell in wenigen Sekunden auf die als Ordinaten angegebenen Temperaturen t erhitzt, bei diesen Temperaturen während der den einzelnen Punkten beigeschriebenen Zeiten in Minuten erhalten und dann in Wasser abgeschreckt. Die ermittelten Graphitgehalte sind als Abszissen der Linien w und g verwendet. Gleichzeitig gibt noch die Linie ΣC den Gehalt an Gesamtkohlenstoff nach der Erwärmung auf die verschiedenen Temperaturen an.

Man erkennt, daß die verwendeten weißen Roheisen w erst von $1120°$ C ab bei der Erhitzung in der angegebenen Weise Graphit abscheiden. Erst bei $1120°$ C scheint die Legierung in das Bereich t_{m1} der höchsten Kernzahl einzutreten. Bei weitersteigender Erhitzung steigt der Graphitgehalt beträchtlich, entsprechend dem Verlauf der Linie CE, und erreicht schließlich bei E den Wert $2{,}3\,\%$[1]) bei $1135°$ C, also beim Beginn der Schmelzung. Der Graphit wird nun durch den flüssigen Anteil der Legierung rasch aufgelöst, so daß er bei $1160°$ C rasch verschwunden ist. Die grauen Legierungen g zeigen, daß mit steigender Erhitzung der Graphitgehalt etwas geringer wird. Dies kommt daher, daß in den Stellen A (89) die Mischkristalle M_g Graphit auf-

[1]) Hier scheint ein Versehen vorzuliegen; in Abb. 87 ist der Graphitgehalt des Punktes E gleich $1{,}8\,\%$ gezeichnet. Der Herausgeber.

lösen. Beim beginnenden Schmelzen löst sich auch hier der Graphit in dem flüssigen Teile der Legierung schnell auf, so daß auch bei den grauen Legierungen g der Graphit bei 1160^0 C verschwunden ist.

Die Abb. 87 zeigt, daß das weiße Roheisen bei der Abkühlung und Wiedererhitzung einen Kreislauf durchmacht. Bei rascher Abkühlung durchläuft der den Graphitgehalt kennzeichnende Punkt die Bahn $ABCD$, bei Wiedererhitzung dagegen den Weg $DCEBA$. Der Vorgang ist also bei der Abkühlung und Erhitzung verschieden; er ist nicht umkehrhar.

Die Änderung des Graphitgehaltes der grauen Legierungen g bei der Abkühlung ist nicht bekannt gegeben, sondern nur die bei der Erhitzung. Die Bahnen bei Abkühlung und Erhitzung würden nur zusammenfallen, der Vorgang würde also nur dann vollständig umkehrbar sein, wenn in jedem Zeitteilchen der Abkühlung und der Erhitzung das vollständige stabile Gleichgewicht erzielt worden wäre. Anders ist es aber, wenn, wie in der Regel, während der Abkühlung der Legierung nur Annäherung an den stabilen Zustand M_g + Graphit (89) stattfindet. Man kann sich dann die Legierung zusammengebaut denken aus dem stabilen Teil A (grau) und dem metastabilen Teil B (weiß). Der Teil B kann dann bei der Erhitzung dieselben Veränderungen erleiden, wie sie durch die Linie w in Abb. 87 angezeigt werden; d. h. der Teil B macht bei der Abkühlung und Erwärmung einen nicht umkehrbaren, der Teil A einen umkehrbaren Vorgang durch.

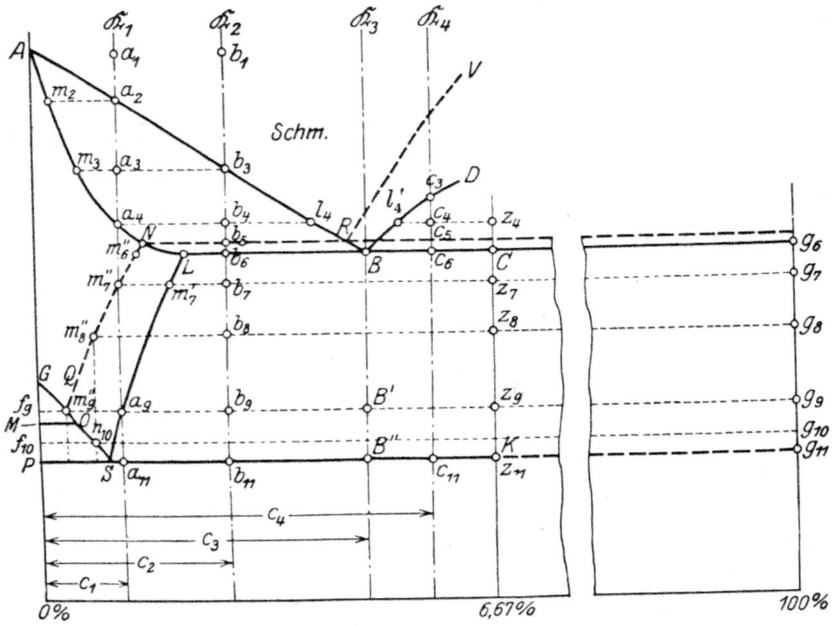

Abb. 88. Doppel-c, t-Bild der Eisen-Kohlenstoff-Legierungen (Teilbild der Abb. 78).

96. An der Hand der Abb. 88 sollen nochmals zusammenfassend die Vorgänge bei der Abkühlung und Erhitzung einzelner Legierungen der Eisenkohlenstoffreihe betrachtet werden. Abb. 88 entspricht der Abb. 78.

a) Legierung 1 mit $c_1\,{}^0/_0$ Kohlenstoff; Kennlinie $\mathfrak{K}_1$. Der Kohlenstoffgehalt liegt unter $2\,{}^0/_0$; die Legierung gehört also zu denjenigen, die, wenn nicht gerade größere Mengen Silizium anwesend sind oder ganz besondere Verhältnisse vorliegen, wegen ihres geringen Kohlenstoffgehaltes graphitfrei bleiben. Liegt der Kennpunkt der Legierung, z. B. a_1, oberhalb AB, so ist die Legierung homogen und flüssig. Sobald die der Ordinate von a_2 entsprechende Temperatur t_2 erreicht ist, die Kennlinie also die Linie AB schneidet, beginnt die Ausscheidung von γ-Mischkristallen, deren Kohlenstoffgehalt durch die Abszisse des Phasenpunktes m_2 gegeben ist. Nach der Abkühlung auf die Temperatur t_3 (Kennpunkt a_3) besteht die Legierung aus den Mischkristallen m_3 und der flüssigen Phase b_3, deren Kohlenstoffgehalte durch die Abszissen der angegebenen Punkte gemessen werden. Die Mengenverhältnisse der beiden Phasen ergeben sich aus dem Hebelgesetz. Bei der Temperatur t_4 (Kennpunkt a_4) tritt die Kennlinie aus dem Feld ABL der teilweise flüssigen, teilweise festen Legierungen heraus und in das Feld der zu γ-Mischkristallen erstarrten Legierungen ein. Die Mischkristalle behalten bei weiterer Abkühlung den durch die Abszisse von a_4 gegebenen Kohlenstoffgehalt zunächst unverändert bei.

Da Graphitausscheidung laut Voraussetzung in dieser Legierung nicht auftritt, so wird die Linie NQ ohne Änderung durchlaufen. Die Mischkristalle bleiben in ihrer Zusammensetzung unverändert bis zur Temperatur t_9, wo die Kennlinie die Linie LS in a_9 schneidet und in das Feld $LSKC$ eintritt, in dem die Legierung aus Mischkristallen M_c und aus Karbid Z besteht. Bei der Temperatur t_9 stehen die Mischkristalle a_9 mit dem Zementit (Phasenpunkt z_9) im Gleichgewicht. Die Menge der Phase a_9 ist vorläufig noch null. Bei Abkühlung bis auf t_{11} dicht oberhalb der perliteutektischen Temperatur Ar_1 besteht die Legierung aus den Mischkristallen S und dem frei ausgeschiedenen Zementit z_{11}. Das Mengenverhältnis ist nach dem Hebelgesetz

$$\frac{\text{Mischkristalle } S}{\text{Zementit } z_{11}} = \frac{a_{11}\,z_{11}}{a_{11}\,S}.$$

Bei der perliteutektischen Temperatur t_{11} zerfallen die Mischkristalle S in der früher besprochenen Weise in das eutektische Gemenge Eisen + Karbid = Perlit, während der ausgeschiedene Zementit unverändert bleibt. Die Mengenverhältnisse sind jetzt

$$\frac{\text{Perlit } S}{\text{Zementit } z_{11}} = \frac{a_{11}\,z_{11}}{a_{11}\,S}.$$

Bei weiterer Abkühlung tritt keine Veränderung mehr ein.

Die Legierung 1 ist also oberhalb a_2 flüssig, zwischen a_2 und a_4 teils flüssig, teils fest; zwischen a_4 und a_9 besteht sie aus homogenen Mischkristallen, zerfällt bei a_9 in Mischkristalle und Zementit und wandelt sich schließlich bei a_{11} um in ein Gemenge von Perlit und Zementit. Ihr Gefüge gleicht dem eines übereutektischen Stahles (mit mehr als 0,95 $^0/_0$ Kohsenstoff).

Schneidet die Kennlinie links von S, so sind die Vorgänge bis herab zum Schnittpunkt der Kennlinie mit der Linie GOS gleich denen bei der Legierung 1 bis zur Temperatur t_9. Unterhalb dieses Schnittpunktes treten die früher besprochenen Vorgänge (14) ein: Ausscheidung von Ferrit aus den Mischkristallen und schließlich bei t_{11} Bildung von Perlit, der aus den neben dem Ferrit im Gleichgewicht befindlichen Mischkristallen S entsteht.

Sämtliche Legierungen, deren Kennlinien links von L liegen, verhalten sich im allgemeinen ähnlich wie die Legierung 1. Sie bestehen nach Abkühlung unter $Ar_1 = 700^0$ C entweder aus Ferrit und Perlit, wenn die Legierung gegenüber dem Punkt S untereutektisch, und aus Perlit und Zementit, wenn sie in bezug auf diesen Punkt übereutektisch ist.

b) Legierung 2 mit $c_2\,^0/_0$ Kohlenstoff, dargestellt durch die Kennlinie $\mathfrak{K}_2$. Vorausgesetzt wird zunächst, daß kein Anreiz zur Graphitbildung eintritt, also die Abkühlung schneller vor sich geht als die Kristallisation unter den gegebenen Umständen. Die Legierung soll mithin weiß erstarren und abkühlen. Bei der Temperatur t_1 (Kennpunkt b_1) ist die Legierung noch flüssig, da der Kennpunkt oberhalb ABD liegt. Bei t_2 schneidet die Kennlinie die den Beginn der Ausscheidung von γ-Mischkristallen darstellende Linie AB; die flüssige Phase ist im Gleichgewicht mit den Mischkristallen m_3, deren Menge null ist. Bei der Temperatur t_4 (Kennpunkt b_4) besteht die Legierung aus Mischkristallen a_4 und flüssiger Phase l_4. Bei noch weiterer Abkühlung bis t_6 (Kennpunkt b_6) schneidet die Kennlinie die ledeburiteutektische Linie LBC. Die Legierung besteht nun aus den Grenzmischkristallen L (Mischkristalle mit dem höchsten Kohlenstoffgehalt) und aus der flüssigen eutektischen Legierung B. Bei unveränderter Temperatur t_6 erstarrt die eutektische Phase B zu dem eutektischen Gemenge Ledeburit, bestehend aus Mischkristallen L und Zementit C. Das Mischungsverhältnis im Ledeburit ist nach dem Hebelgesetz:

$$\frac{\text{Mischkristalle } L}{\text{Zementit}} = \frac{BC}{LB} = \frac{6{,}67 - 4{,}35}{4{,}35 - 1{,}75} = \frac{2{,}32}{2{,}60} = \frac{47{,}2\,\%}{52{,}8\,\%}.$$

Das Verhältnis der frei ausgeschiedenen Mischkristalle L zum Ledeburiteutektikum bei der Temperatur t_6 ist gegeben durch das Verhältnis

$$\frac{\text{Mischkristalle } L}{\text{Ledeburit } B} = \frac{b_6 B}{L b_6} = \frac{4{,}35 - c_2}{c_2 - 1{,}75}.$$

Die Menge des Ledeburits wird daher immer größer, je mehr sich der Punkt b_6 dem Punkte B nähert, und umgekehrt. Erreicht b_6 den Punkt B, so ist $b_6 B = 0$ und somit auch die Menge der Mischkristalle $L = 0$ geworden. Die Legierung besteht dann bei t_6 nur noch aus Ledeburit.

Es werde die Abkühlung der Legierung 2 (Kennlinie $\mathfrak{K}_2$) weiter verfolgt. Sie bestand bei t_6 aus einem Gemenge von frei ausgeschiedenen Mischkristallen L und aus Ledeburiteutektikum. Bei sinkender Temperatur wird entsprechend dem Verlauf der Linie LS der Kohlenstoffgehalt der Mischkristalle geringer, so daß er bei t_9 nur noch der Abszisse von a_9 entspricht; dafür hat sich Zementit aus den Kristallen abgeschieden. Es ändert sich also das Verhältnis zwischen Mischkristallen und Lebeburit. Da das Ledeburiteutektikum aus Zementit und Mischkristallen aufgebaut ist, welch letztere ebenfalls die dem Punkte a_9 entsprechende Zusammensetzung annehmen, so ändert sich auch das Verhältnis von Mischkristallen und Zementit im Ledeburiteutektikum. Das Mischungsverhältnis der Mischkristalle a_9 und des Zementits z_9 im Ledeburit ergibt sich bei der Temperatur t_9 wie folgt:

$$\frac{\text{Mischkristalle } a_9}{\text{Zementit}} = \frac{B' z_9}{a_9 B'} = \frac{6{,}67 - 4{,}35}{4{,}35 - c_{a9}} = \frac{2{,}32}{4{,}35 - c_{a9}},$$

wenn c_{a9} die Abszisse des Phasenpunktes a_9 ist.

Da $4{,}35 - c_{a9}$ größer ist als 2,6, so ist das Verhältnis Mischkristalle zu: Zementit bei t_9 im Ledeburit kleiner als $47{,}2\,\% : 52{,}8\,\%$; die Menge der Mischkristalle hat abgenommen, zugunsten des Zementits, der sich mehr gebildet hat.

Dicht oberhalb t_{11} (Kennpunkt b_{11}) besteht die Legierung aus Mischkristallen S und Zementit K. Ein Teil des Zementits bildet mit den Mischkristallen das Ledeburiteutektikum, das sich wie folgt zusammensetzt:

$$\frac{\text{Mischkristalle } S}{\text{Zementit}} = \frac{B''K}{B''S} = \frac{6{,}67 - 4{,}35}{4{,}35 - 0{,}95} = \frac{2{,}32}{3{,}40} = \frac{40{,}5\,\%}{59{,}5\,\%}.$$

Die Zusammensetzung des Ledeburits hat sich also während der Abkühlung von t_6 auf t_{11} so verändert, daß sein Zementitanteil angewachsen, der Anteil der Mischkristalle unter gleichzeitiger Abnahme ihres Kohlenstoffgehaltes geringer geworden ist.

Das Verhältnis der frei ausgeschiedenen Mischkristalle S bei der Temperatur t_{11} zum Ledeburiteutektikum ist folgendes:

$$\frac{\text{Mischkristalle } S}{\text{Ledeburit } B''} = \frac{b_{11}B''}{Sb_{11}} = \frac{4{,}35 - c_2}{c_2 - 0{,}95}.$$

Auch dieses Verhältnis hat sich während des Temperaturfalls von t_6 auf t_{11} so verschoben, daß die Menge des Ledeburits gewachsen ist, die Menge der kohlenstoffärmer gewordenen Mischkristalle dagegen abgenommen hat. Bei t_{11} verwandeln sich nun, ohne Änderung der Temperatur bis zur völligen Umwandlung, die Mischkristalle S in das Perliteutektikum mit 0,95 % Kohlenstoff. Unterhalb t_{11} besteht sonach die Legierung aus

$$\frac{\text{Perlit}}{\text{Ledeburit}} = \frac{4{,}35 - c_2}{c_2 - 0{,}95}.$$

Die im Ledeburit enthalten gewesenen Mischkristalle S sind ebenfalls mit in Perlit umgewandelt, so daß der Ledeburit nun aus 40,5 % Perlit und 59,5 % Zementit gemengt ist.

In Abb. 61, Taf. XIV ist ein weißes Roheisen mit 3,91 % Kohlenstoff abgebildet. Setzt man in die obigen Gleichungen für $c_2 = 3{,}91$, so ergeben sich folgende Anteile der einzelnen Gefügebildner: Perlit außerhalb des Ledeburits 13 %, Ledeburit 87 %. Im letzteren sind wiederum gemengt Perlit und Zementit im Verhältnis 40,5 : 59,5.

Die mit Rücksicht auf den Punkt B eutektische Legierung mit der Kennlinie $\mathfrak{K}_3$ ist oberhalb des Punktes B flüssig. Bei B erfolgt Erstarrung zum Ledeburiteutektikum mit 47 % Mischkristallen L und 53 % Zementit. Bei der Abkühlung von t_6 bis auf t_{11} ändert sich das Verhältnis von Mischkristallen und Zementit im Ledeburit, schließlich gehen die Mischkristalle bei t_{11} über in den Perlit; die ganze Legierung besteht dann ausschließlich aus Ledeburit mit 40,5 % Perlit und 59,5 % Zementit.

c) Legierung 4, Kennlinie $\mathfrak{K}_4$, Kohlenstoffgehalt c_4. Sie ist mit bezug auf den Punkt B übereutektisch. Es soll auch hier vorläufig angenommen werden, daß Graphitabscheidung wegen genügend rascher Abkühlung völlig unterdrückt werde. Die Kennlinie tritt dann bei c_3 in das Feld DBC, in dem die Legierungen teilweise fest, teilweise flüssig sind. Bei t_4 (Kennpunkt c_4) besteht die Legierung aus der flüssigen Phase l_4' und dem ausgeschiedenen Zementit z_4 in dem durch das Hebelgesetz angegebenen Verhältnis. Bei t_6 (Kennpunkt c_6) ist die Legierung zerfallen in die flüssige eutektische Phase B und in Zementit, dargestellt durch den Phasenpunkt C. Die flüssige Legierung erstarrt bei t_6 zum Ledeburit. Das Gefüge besteht also dicht unterhalb dieser Temperatur aus Zementit, der in Ledeburit eingelagert ist, und zwar nach folgendem Verhältnis:

$$\frac{\text{Zementit frei}^{1)}}{\text{Ledeburit}} = \frac{Bc_6}{c_6 C}.$$

Dies Verhältnis ändert sich während der Abkühlung von t_6 auf t_{11} nicht. Es ändert sich nur das Verhältnis von Mischkristallen und Zementit im Ledeburit. Bei t_{11} wandeln sich schließlich die Mischkristalle im Ledeburit

[1]) Freier Zementit ist der außerhalb des Ledeburits befindliche Zementit.

in Perlit um; das Gefüge besteht dann aus freiem Zementit und Ledeburit, der seinerseits ein Gemenge aus Perlit und Zementit darstellt.

97. Es ist noch zu erörtern, wie sich das Gefüge bei Abschreckung der in den vorausgehenden Absätzen beschriebenen Legierungen ändert. Die Vorgänge, die sich während der Erstarrung längs der Linienzüge ABD, $ALBC$ vollziehen, können wegen zu großer Kristallisationsgeschwindigkeit durch das Abschrecken nicht unterdrückt werden. Schreckt man z. B. die Legierung 1 bei t_3 ab, also zu einer Zeit, wo sie aus Mischkristallen m_3 und flüssigem Rest b_3 besteht, so werden die Mischkristalle zunächst unverändert erhalten. Die flüssige Legierung b_3 wird bei der Abschreckung rasch erstarren und zwar unter Ausscheidung des Ledeburiteutektikums, das aus Mischkristallen L und Zementit besteht. Das Gleichgewicht wird sich bei der schnellen Abkühlung des flüssigen Restes b_3 nicht vollkommen einstellen können, es werden die in Bd. IIB, Abs. 136—138 besprochenen Erscheinungen zu verzeichnen sein, und die Lage des Punktes L wesentlich beeinflussen. Die Mischkristalle L' im Ledeburit werden deshalb von L abweichende Zusammensetzung haben. Mischkristalle und Zementit im Ledeburit werden ein sehr inniges Gemisch bilden (vgl. Abb. 70, Taf. XV, Bestandteil L), das zuweilen als Gemisch gar nicht mehr deutlich erkannt werden kann.

Ähnliches würde bei der Abschreckung der Legierung 2 bei t_4 eintreten.

Die Vorgänge, die sich in der erstarrten Legierung vollziehen, und die nach den Linienzügen $GOSL$, PSK, NQ verlaufen, werden durch das Abschrecken ganz oder wenigstens zum größten Teil unterschlagen. Die Mischkristalle m_3 der Legierung 1 werden also während der Abschreckung nicht wesentlich geändert; sie erscheinen in der abgeschreckten Legierung als Martensit (bzw. als Austenit oder als Übergangsgefügebestandteile zwischen Martensit und Perlit). Dasselbe gilt von den Mischkristallen a_4 der bei t_4 abgeschreckten Legierung 2. Der gebildete Ledeburit in den abgeschreckten Legierungen wird wesentliche Veränderungen während der Abschreckung unterhalb LBC nicht erleiden; er erscheint dann bei gewöhnlicher Temperatur als Gemenge von Martensit und Zementit.

98. Läßt man nun bei den kohlenstoffreicheren Legierungen die Bedingung fallen, daß während der Abkühlung der Anreiz zur Graphitbildung ausgeschlossen sei, so wird in den langsam abgekühlten Legierungen Graphit als Gefügebildner mit auftreten. Bei Legierungen, die mit Bezug auf B eutektisch sind, spielen sich dann bei langsamer Abkühlung bis dicht unterhalb der Linie LBC dieselben Vorgänge ab, wie sie bei den graphitfreien Legierungen besprochen worden sind, da wie früher (92 und 93) gezeigt wurde, diese Legierungen weiß erstarren und die Graphitbildung erst nach erfolgter Erstarrung oder wenigstens während des Endes derselben einsetzt.

Es soll die Legierung K_2 betrachtet werden (s. Abb. 88). Bei der Temperatur t_6 besteht sie aus Mischkristallen L und dem Ledeburiteutektikum B (Gemenge von Mischkristallen L und Zementit). Die Legierung wird dargestellt durch die beiden Phasenpunkte L und C. Würde nun sofort in der ganzen Masse der Legierung das stabile Gleichgewicht A infolge sehr starken Anreizes zur Graphitbildung eintreten, so würde an Stelle des bisher bestehenden metastabilen Systems Mischkristalle L und Ledeburit B, bzw. an Stelle der beiden Phasen L und C, die beiden dem stabilen Gleichgewicht entsprechenden Phasen m_6'' (Mischkristalle M_g) und g_6 (Graphit) treten. Der Punkt m_6'' muß auf der Linie NQ liegen, die die

Mischkristalle M_g darstellt, die mit Graphit im Gleichgewicht sein können. Der Punkt g_6 hat die Abszisse 100, da er ja reinem Kohlenstoff (Graphit) entspricht. Das Verhältnis zwischen Mischkristallen und Graphit ergibt sich nach dem Hebelgesetz wie folgt:

$$\frac{\text{Mischkristalle } m_6''}{\text{Graphit}} = \frac{b_6 g_6}{b_6 m_6''}.$$

Bei weiterer Abkühlung bis auf t_7 (Kennpunkt b_7) ändern sich die Mischkristalle m_6'' um in die kohlenstoffärmeren Mischkristalle m_7'', wobei Graphit ausgeschieden wird. Bei t_9 schneidet die Linie NQ die Linie $G\dot{O}S$ im Punkte m_9''. Hier müßten die Mischkristalle m_9'' bei unveränderter Temperatur zerfallen in Ferrit f_0 und in Graphit g_9. Die Legierung würde, wenn dieser Vorgang ohne Unterkühlung eintritt, von der Temperatur t_9 abwärts nur aus Graphit und Ferrit bestehen. Der Punkt m_9'' entspricht einem eutektischen Punkt, da sich in ihm die beiden Linien Gm_9'' und Qm_9'' schneiden Bei der eutektischen Temperatur t_9 stehen drei Phasen Ferrit, Mischkristalle m_9'' und Graphit im Gleichgewicht. Unterhalb t_9 müßten die Mischkristalle m_9'' verschwunden sein.

Tatsächlich wird dieser Vorgang wegen der geringen Kristallisationsgeschwindigkeit des Graphits an sehr starken Unterkühlungen leiden, so daß man wesentlich unter t_9 herunterkühlen kann, ohne daß der Vorgang des Zerfalls von m_9'' in f_9 und g_9 eintritt. Die neben dem Graphit metastabilen Kristalle m_9'' werden sich infolgedessen so verhalten können, als ob der Graphit gar nicht zugegen wäre. Sie werden z. B. bei t_{10} genau so wie eine graphitfreie Legierung, deren Kennlinie durch m_9'' hindurchgeht, in Ferrit und die metastabilen Mischkristalle n_{10} zerlegt. Bei weiterer Abkühlung bis t_{11} ändern sich die letzteren in die Mischkristalle S um, die nun zu Perlit zerfallen. Die ganze Legierung besteht dann aus Ferrit, Perlit und Graphit.

Befindet sich unterhalb t_9 noch ein Temperaturbereich, in dem der Anreiz zur nachträglichen Graphitbildung genügend groß ist, so kann der bei t_9 unterbliebene Vorgang nachgeholt werden. Geschieht dies z. B. bei der Temperatur t_{10}, so zerfallen die Kristalle n_{10} in Ferrit f_{10} und in Graphit g_{10}; die Legierung besteht dann ausschließlich aus Ferrit und Graphit. Bei der Abkühlung geschieht keine Veränderung mehr.

Wird die nachträgliche Graphitbildung erst unterhalb t_{11}, also unterhalb der perliteutektischen Temperatur ausgelöst, so zerfällt der im Perlit enthaltene Zementit in Graphit und Ferrit. Das Endergebnis ist dann wieder eine nur aus Ferrit und Graphit bestehende Legierung, wie in Abb. 67, Taf. XV.

Ich mache hier nochmals darauf aufmerksam, daß ein Gefüge, wie in obiger Abbildung durch das Roozeboomsche c, t-Bild nicht gedeutet werden kann. Die Deutung ist nur möglich unter Zuhilfenahme des Heyn-Charpyschen Doppelbildes. Diejenigen, die die Linie NQ dieses Bildes „praktisch" zum Verschwinden bringen möchten, dadurch, daß sie sagen, die Linie NQ fällt mit SL zusammen, geraten bei der Deutung des Gefüges in Abb. 67, Taf. XV in die Klemme.

99. In Fällen, wo der Anreiz zur Graphitausscheidung unterhalb LBC nicht genügt, um ausschließlich stabiles System A = Mischkristalle M_g + Graphit herbeizuführen, denken wir uns die Legierung, wie in 89 aus zwei verschiedenen Teilen gebildet, dem stabilen Teil A ($M_g + Gr$) und dem metastabilen Teil B, der aus Mischkristallen M_c und Zementit besteht. Die Zusammensetzung der Mischkristalle M_g wird durch die Linie NQ, die der Kristalle M_c durch die Linie LS veranschaulicht.

Der stabile Teil A der Legierung verhält sich nun bei der Abkühlung so wie im vorigen Absatz beschrieben. Der metastabile Teil B andererseits verhält sich bei der Abkühlung so wie die graphitfreien Legierungen (96). Es würde dann z. B. die Möglichkeit gegeben sein, daß der Teil A bei gewöhnlicher Temperatur aus Ferrit, Perlit und Graphit, der Teil B aus Zementit und Perlit besteht, so daß die erkaltete Legierung ein Gemenge darstellt von Ferrit, Perlit, Zementit und Graphit, wie z. B. in Abb. 66, Taf. XV

In vielen Fällen erreicht auch das anfangs stabile System A den stabilen Zustand nicht ganz. So könnte z. B. bis zur Temperatur t_7 herunter die Legierung bestehen aus x Teilen von A, dargestellt durch die Phasenpunkte m_7'' und g_7, und aus $100 - x$ Teilen vom metastabilen B, dargestellt durch die Phasenpunkte m_7' und z_7. Hört infolge mangels an Graphitkernen, oder wegen zu geringer Kristallisationsgeschwindigkeit des Graphits in dem bisher stabilen Teil A die Graphitbildung auf, so ändert sich auch die Zusammensetzung der Mischkristalle M_g nicht mehr entsprechend dem Verlauf der Linie NQ, sondern die Zusammensetzung der Mischkristalle $M_g = m_7''$ bleibt beim Sinken der Temperatur unverändert; sie wird dargestellt durch die Senkrechte durch m_7'', die schließlich in a_9 die Linie SL schneidet. Die Mischkristalle M_c im metastabilen Teil B ändern sich währenddessen nach Linie LS von m_7' in a_9. Bei der Temperatur t_9 sind also die beiden Mischkristallarten M_g und M_c im Kohlenstoffgehalt gleich geworden; sie unterscheiden sich daher auch nicht mehr voneinander. Die ganze Legierung verhält sich, da laut Voraussetzung Graphitausscheidung nicht weiter eintritt, wie eine Legierung mit einer durch den Punkt a_9 hindurchgehenden Kennlinie $\mathfrak{K}_1$, die unbeeinflußt durch den neben ihr auftretenden Graphit abkühlt. Sie wird also bei t_9 Zementit auszuscheiden beginnen. Bei t_{11} besteht sie aus Mischkristallen S und Zementit. Die ersteren wandeln sich in Perlit um. Das endgültige Gefüge der Legierung besteht also außer aus Graphit aus Zementit und Perlit.

Je nachdem, bei welcher Temperatur die Graphitausscheidung aus den Kristallen M_g aufhört, je nachdem also der Punkt m_7'' weiter nach links oder nach rechts liegt, schneidet die Linie $m_7'' a_9$ die Linie PSK mehr links oder rechts von S, oder in diesem Punkte selbst. Dementsprechend ändert sich das Verhältnis von Zementit zu Perlit im Gefüge. Es sind also zwischen dem tiefgrauen Roheisen (98) und dem weißen Eisen (96) alle möglichen Übergänge denkbar.

Über die in bezug auf den eutektischen Punkt B übereutektischen Legierungen ist bereits früher das Nötige über die erstliche Graphitausscheidung gesagt worden (93).

100. Für manche, namentlich für die, denen solche theoretischen Erörterungen nicht ganz geläufig sind, mag das doppelte c, t-Bild nach Charpy-Heyn als unnötig verwickelt erscheinen. Manchem würde es lieber sein, wenn die dem stabilen System entsprechenden Linien ganz fortfallen, und durch die Anmerkung ersetzt würden, daß das metastabile System Neigung hat, unter Ausscheidung von Graphit in ein stabileres überzugehen. Man muß sich aber vor Augen halten, daß diese Deutung weiter nichts ist als die dem Heyn-Charpyschen Doppelbild zugrunde liegende Anschauung; nur daß sie in etwas verschwommener Form zum Ausdruck gelangt ist, mit der man wenig anfangen kann.

Theorien leisten dieselben Dienste wie die Werkzeuge. Es ist zwar sicher, daß ein geschickter Mensch auch mit einem unvollkommenen Werkzeuge Tüchtiges leisten kann; es ist aber ebenso sicher, daß der Geschickte mit einem vollkommeneren Werkzeug noch Besseres schafft, wenn er sich nur die Mühe nimmt, sich mit den Eigenheiten des vollkommeneren Werkzeuges richtig vertraut zu machen.

Aus diesem Grunde habe ich die Theorie der Eisenkohlenstoff-Legierungen in ihrem zur Zeit umfassendsten Ausdruck zur Darstellung gebracht und darauf verzichtet, im Interesse des leichteren Verständnisses, um die Schwierigkeiten herumzugehen.

Ich möchte noch erwähnen, daß mir bisher kein Fall aus der Praxis oder aus dem Laboratorium bekannt geworden ist, der sich der dem Doppelbild zugrunde liegenden Auffassung nicht zwanglos einfügen läßt. Das Doppelbild dürfte sonach die bisher bekannten Erscheinungen in befriedigender Weise umfassen.

Es ist selbstverständlich durchaus möglich, daß in Zukunft Erscheinungen entdeckt werden, die zu einer mehr oder weniger wesentlichen Änderung des Doppelbildes führen müssen. Bis dahin kann es als zur Zeit sicherster Ratgeber auf dem Gebiet der Eisenkohlenstoff-Legierungen Dienste tun.

Anhang.

Kaltrecken und Glühen nach dem Kaltrecken.

101. In Band II A (295) wurden die Änderungen der Festigkeitseigenschaften durch das Kaltrecken in Abhängigkeit von der Streckzahl f_0/f abbildlich dargestellt, wobei f_0 der ursprüngliche Querschnitt vor dem Kaltrecken bedeutet.

Neuerdings ist von Goerens (L. 80) an Stelle der Streckzahl ein anderer Maßstab für den Grad des Kaltreckens gewählt worden, nämlich die durch das Recken bedingte Querschnittsverminderung $\frac{f_0 - f}{f_0} \cdot 100$ in Prozenten; er stellt dementsprechend die Änderungen der Festigkeitseigenschaften in Schaubildern dar, in denen diese Querschnittsminderung als Abszissen verwendet sind.

Ein in der Natur der Sache liegender zwingender Grund, die Streckzahl f_0/f oder die Querschnittsverminderung $\frac{f_0 - f}{f_0} \cdot 100$ vorzuziehen, besteht zurzeit nicht. Goerens führt zugunsten der Verwendung der Zahl $\frac{f_0 - f}{f_0} \cdot 100$ als Abszisse ins Feld, daß dadurch die Linie, welche die Abhängigkeit der Zugfestigkeit σ_B von dem Grade des Kaltreckens darstellt, sich einer geraden Linie nähere.

Wenn dies tatsächlich, wenn auch nur angenähert, für den ganzen Verlauf des Kaltreckens zuträfe, so würde die Gorenssche Art der Darstellung eine Vereinfachung und damit einen Fortschritt bedeuten. Es würde dann genügen, die Festigkeit nach einem bestimmten Grade des Kaltreckens zu kennen, um sofort einen Überblick über die durch andere Reckgrade erzielbaren Veränderungen der Festigkeit zu gewinnen.

Leider weicht die von Goerens für die Darstellung in Vorschlag gebrachte Linie $\frac{f_0 - f}{f_0} \cdot 100$, σ_B $\left(\text{Abszisse } \frac{f_0 - f}{f_0} \cdot 100, \text{ Ordinate } \sigma_B\right)$ soweit von einer Geraden ab, daß nicht einmal eine grobe Schätzung in dem oben angedeuteten Sinne möglich ist.

Zum Belege diene folgendes: In Abb. 89 sind die Versuchsergebnisse von Rudeloff einerseits und Winter und Speer andererseits über den Einfluß des Kaltreckens auf die Zugfestigkeit von Flußeisen ($\sigma_B = 3800$ bis 4000 at vor dem Kaltrecken), die in den Abbildungen 256 und 254 des Bandes II A getrennt abbildlich dargestellt waren, zu einem einzigen Schaubild vereinigt. Für die Linie I wurden die Streckzahlen f_0/f, für die Linie II die Querschnittsverminderungen $\frac{f_0 - f}{f_0} \cdot 100$ als Abszissen verwendet. Die schwarz ausgefüllten Kreise entsprechen den Versuchen von Speer und Winter, die nicht ausgefüllten Kreise denen von Rudeloff. Die ersteren geben die Änderung von σ_B durch starkes Kaltrecken, die letzteren die Änderung durch schwache Grade des Kaltreckens an. Trotzdem daß die Versuche mit zwei verschiedenen Flußeisensorten und ganz verschiedener Art des Kaltreckens

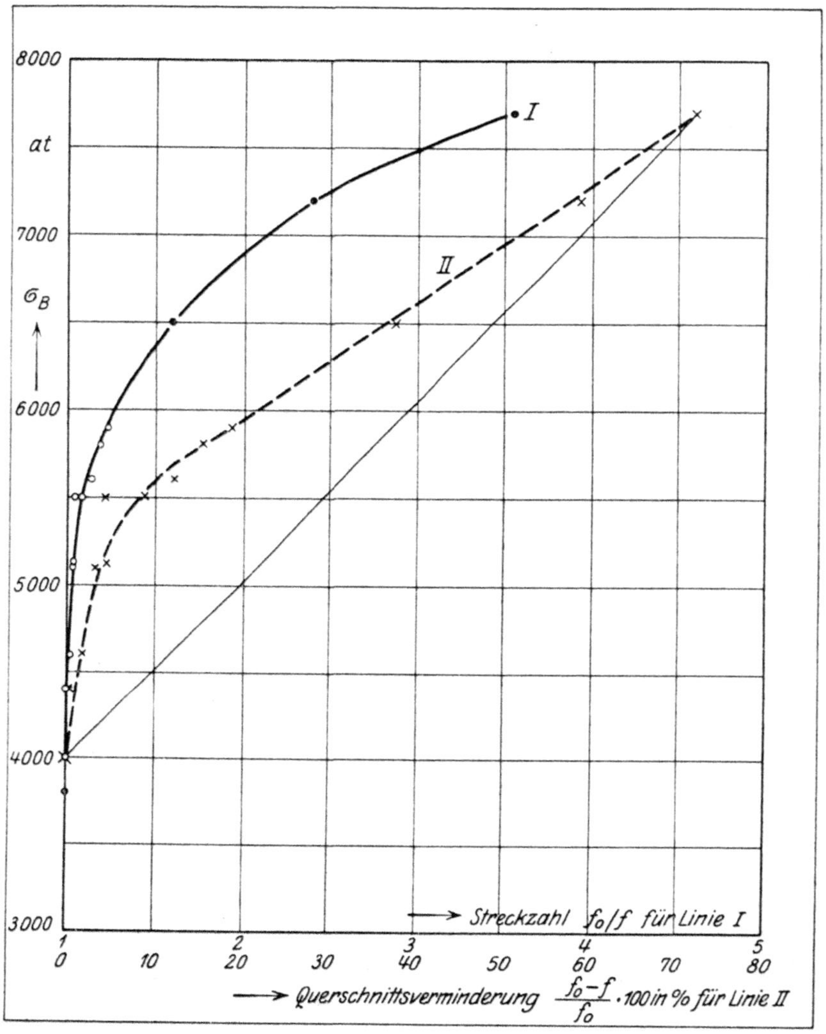

Abb. 89. Einfluß des Kaltreckens auf die Festigkeit von Fußeisen (nach Versuchen von Rudeloff (○-Werte) und Winter und Speer (●-Werte) vgl. Abb. 254 u. 256, Bd. IIA.

ausgeführt wurden, lassen sich die Ergebnisse doch mit recht guter Annäherung durch eine einzige Kurve I darstellen, die, wie früher auseinandergesetzt, anfänglich bei schwachen Graden des Kaltreckens sehr rasch ansteigt und dann allmählich bei stärkeren Reckgraden flacher verläuft.

Der Gang der Kurve II, für die dieselben Ordinaten wie für die Linie I, als Abszissen aber nach dem Goerensschen Vorschlag die Werte $\frac{f_0 - f}{f_0} \cdot 100$ verwendet worden sind, wird durch die Kreuze in Abb. 89 bestimmt. Man erkennt, daß die Schaulinie II ebensoweit von einer Geraden abweicht, wie die Schaulinie I, und daß der Ersatz der Linie II durch die dünn ausgezogene Gerade im Sinne von Goerens unzulässig ist.

Zu gleichem Ergebnis führen auch die eigenen Versuchswerte von Goerens, die in Abb. 90 schaubildlich dargestellt sind, unter Verwendung der durch das Kaltrecken herbeigeführten Querschnittsverminderung $\frac{f_0 - f}{f_0}$ als Abszisse und der Zugfestigkeit σ_B in den einzelnen Stufen des Kaltreckens als Ordinate. (Vgl. hierzu Tabelle XII und XIII; die in den Schaulinien beigeschriebenen Zahlen

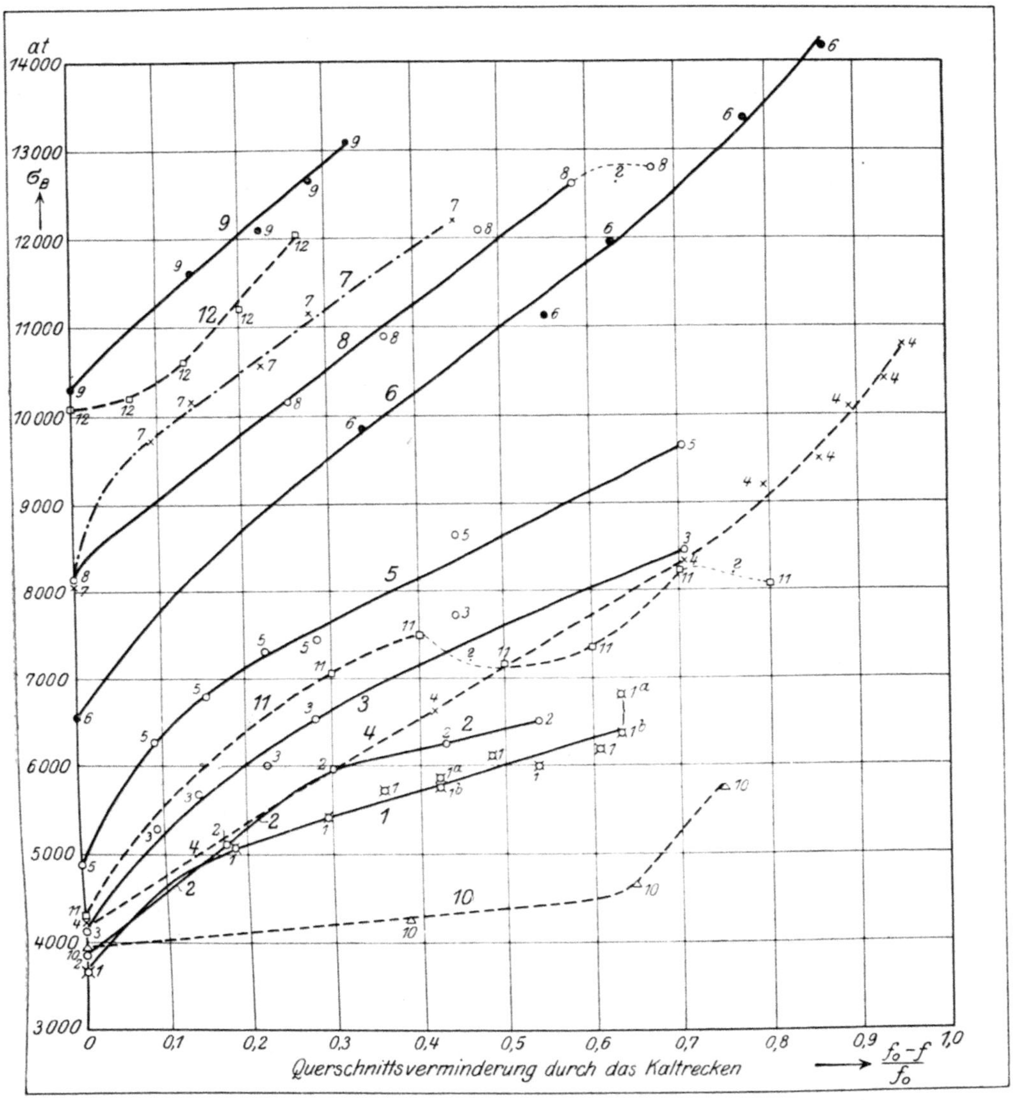

Abb. 90. Einfluß des Kaltreckens auf die Zugfestigkeit von Flußeisen und Flußstahl (nach Goerens) (siehe Tabelle XII).

geben die Nummer der Materialien in diesen Tabellen an.) Man wird aus der Abb. 90 erkennen, daß der Ersatz der Linien durch Gerade nicht einmal für annähernde Schätzungen zulässig ist.

Noch deutlicher geht dies aus den Versuchswerten von Longmuir (L. 81), die in Abb. 92 und 93 schaubildlich wiedergegeben sind, hervor. Hierbei sind für die Linien A nach dem Vorschlage von Goerens die Werte $\frac{f_0 - f}{f_0} \cdot 100$, für die Linien B dagegen wie früher die Werte f_0/f als Abszissen verwendet während die Zugfestigkeit σ_B bei beiden Linien die Ordinate bildet. Namentlich Abb. 92, die die Wirkung des Kaltziehens bis zu sehr hohen Reckgraden veranschaulicht, läßt erkennen, daß die Linie A sich bei hohen Werten von $\frac{f_0 - f}{f_0} \cdot 100$ sehr stark nach oben krümmt und fast asymptotisch zu einer Senkrechten verläuft. Welchen Irrtum würde man begehen, wenn man aus dem Anfangsverlauf der Linie A durch eine gerade Linie die Werte für sehr hohe Kaltreckung, also den Endverlauf der Linie A extrapolieren wollte?

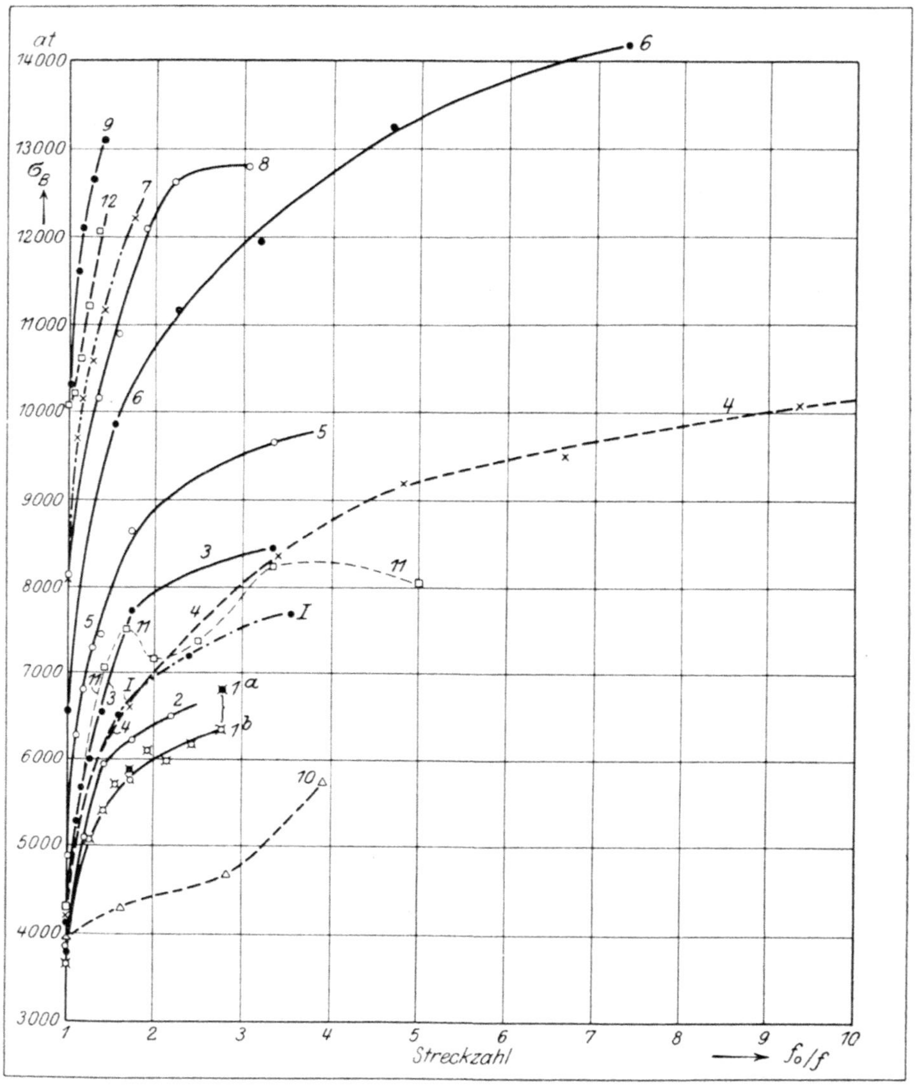

Abb. 91. Einfluß des Kaltreckens auf die Zugfestigkeit von Flußeisen und Flußstahl (nach Goerens) (siehe Tabelle XII).

Da nach obigem die Wahl des Wertes $\frac{f_0 - f}{f_0} \cdot 100$ als Abszisse keinen Vorteil bietet, höchstens zu irrtümlichen Schlußfolgerungen Veranlassung geben kann, behalte ich in der Folge für die Darstellungen die früher verwendeten Streckzahlen f_0/f als Abszissen bei.

102. Seyrich (L. 82) glaubt eine andere Beziehung zwischen Festigkeit und Grad des Kaltreckens gefunden zu haben, auf die hier hingewiesen werden soll. Er führte Versuche durch mit Kratzendraht von der chemischen Zusammensetzung C: 0,55, Si: 0,05, Mn: 1,00. Die Ergebnisse sind in Tabelle XI

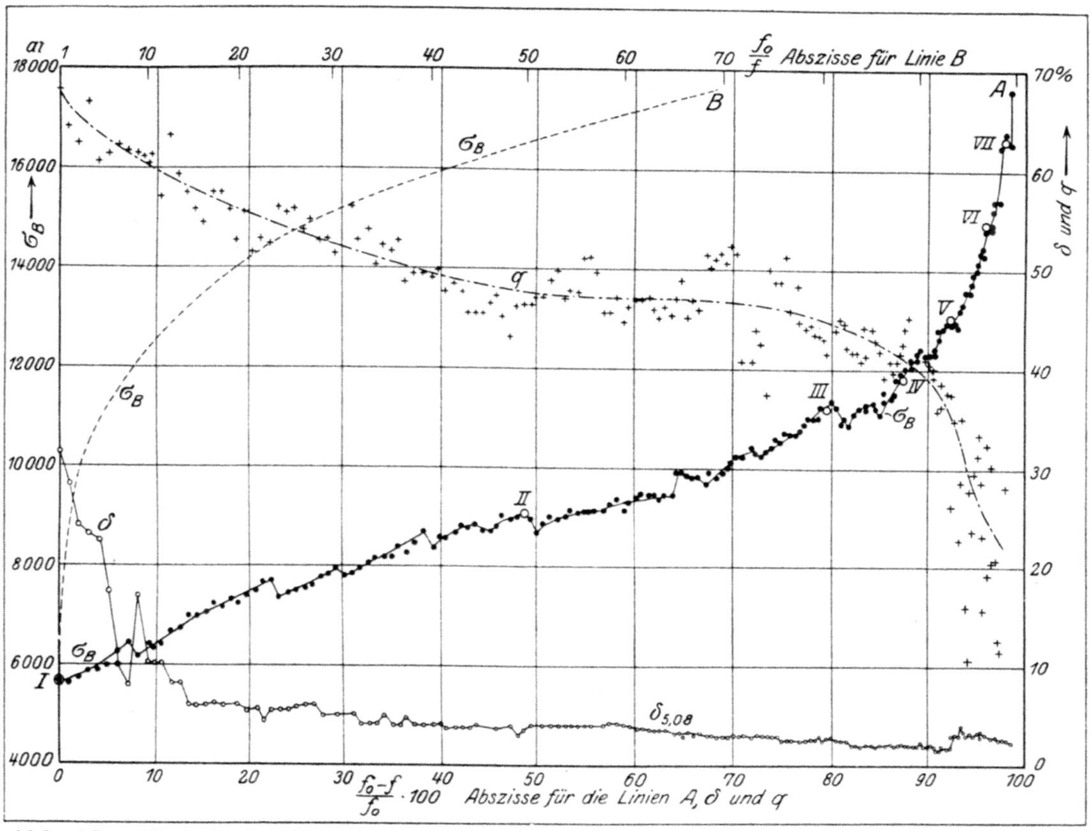

Abb. 92. Einfluß des Kaltziehens auf die Festigkeitseigenschaften von Flußeisendraht (nach Longmuir). Material 13: Flußeisen mit C = 0,10%, Si = 0,06%, Mn = 0,89%, P = 0,307%, S = 0,103%.

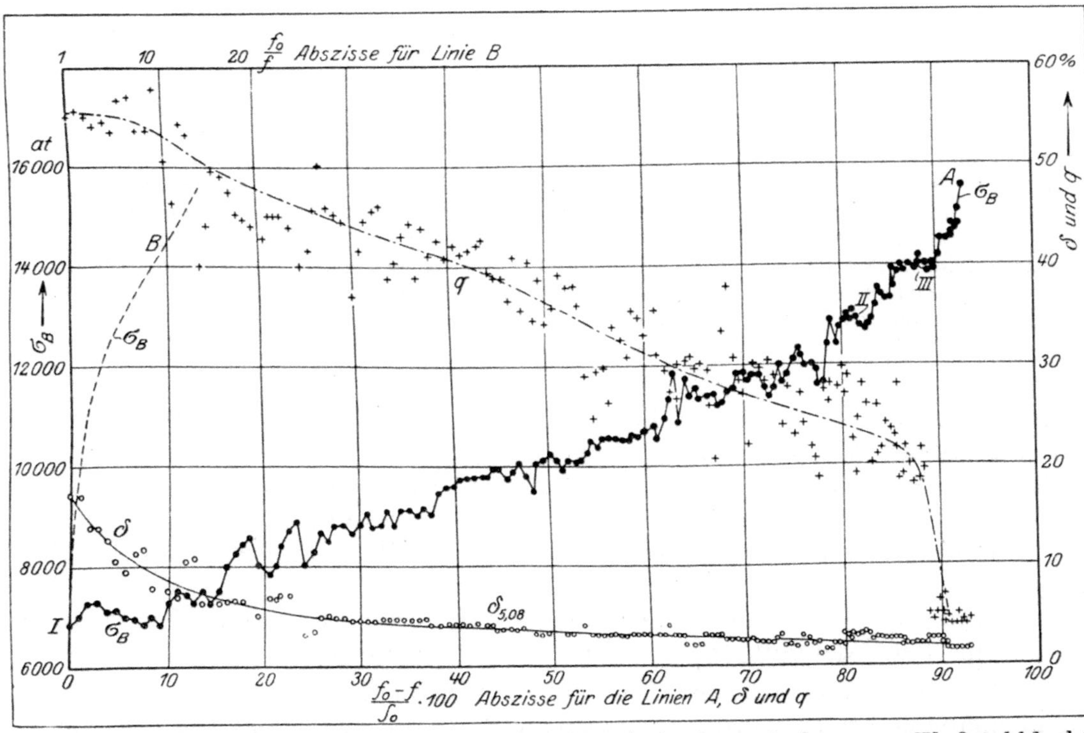

Abb. 93. Einfluß des Kaltziehens auf die Festigkeitseigenschaften von Flußstahldraht (nach Longmuir). Material 14: Flußstahl mit C = 0,48%, Si = 0,058%, Mn = 0,87%, P = 0,050%, S = 0,039%.

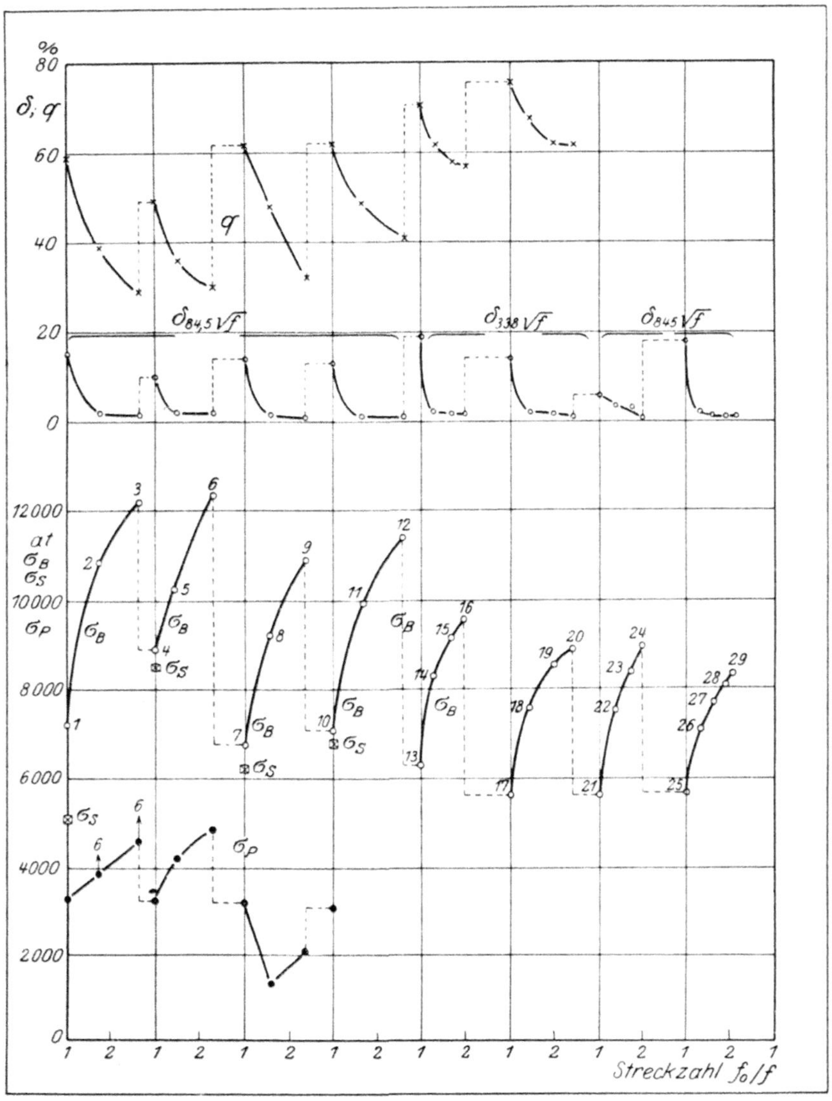

Abb. **94**. Einfluß des Kaltziehens und Glühens auf Flußstahldraht (nach Seyrich). Kratzendraht: C = 0,55 %, Si = 0,05 %, Mn = 1,00 % (zu Tabelle XI gehörig). Aus einem Walzdrahtring (Drahtdurchmesser = 5,38 mm) mit 7 zwischengeschalteten Glühungen kalt heruntergezogen auf 0,206 mm Durchmesser. Die Zwischenglühungen sind durch feingestrichelte Linien zwischen den stark ausgezogenen Linien angedeutet. Zeit zwischen Ziehen und Festigkeitsversuch unbekannt. Die Spitze der mit 6 bezeichneten Pfeile an der Linie für σ_p zeigt die Hebung der P-Grenze an, wenn der Versuch 6 Monate später wiederholt wurde.

zusammengestellt und in den Abb. 94 und 95 schaubildlich dargestellt. Die Nummern in den Abbildungen entsprechen den die einzelnen Stufen der Verarbeitung andeutenden Nummern in der Tabelle. Der Draht lag vor als Walzdraht von 5,4 mm Durchmesser, wurde in mehreren Stufen kalt gezogen, dann geglüht, darauf wieder kalt gezogen, wieder geglüht usw., wie in Tabelle XI angegeben.

Die Drähte wurden dem Zugversuch unterworfen, wobei die Zugfestigkeit σ_B, die Bruchdehnung $\delta_{n\sqrt{f}}$, und die Querschnittsverminderung an der Bruchstelle q ermittelt wurden. Die Zahl n für die Meßlänge, über die die Bruchdehnung gemessen wurde, ist $n = 84{,}5$ für die Drähte 1 bis 12, $n = 338$ für die Drähte 13 bis 20 und $n = 845$ für die Drähte 21 bis 29. Die

Tabelle XI.

Einfluß des Kaltziehens und Glühens auf die Festigkeit von Flußeisendrähten.

(Nach Seyrich, Doktorarbeit, Techn. Hochschule Dresden, 1911.)

Vgl. Abb. 94.

Nr.	Vorbehandlung	d mm	f qmm	$\frac{f_0}{f}$	$\frac{f_0 - f}{f_0}$	f_e qmm	σ_B at	$\delta_n\sqrt{f}$ %	$[\sigma_B]$ at	$\Delta[\sigma_B]$ at	tg β
1	Walzdraht, geglüht	5,378	22,711	1,00	—	20,740	7180	15,2	7860	—	—
2	kalt gezogen . . .	4,078	13,062	1,74	0,425	13,062	10780	1,8	10780	2920	6870
3	„ „ . . .	3,291	8,507	2,66	0,625	8,507	12190	1,6	12190	4330	6940
4	geglüht	3,327	8,693	1,00	—	7,975	8900	10,1	9700	—	—
5	kalt gezogen . . .	2,729	5,851	$1{,}48_5$	0,327	5,851	11260	2,2	11260	1560	4770
6	„ „ . . .	2,186	3,754	2,32	0,567	3,754	12350	2,0	12350	2650	4670
7	geglüht	2,188	3,762	1,00	—	3,487	6750	13,7	7280	—	—
8	kalt gezogen . . .	1,754	2,417	1,56	0,356	2,417	9450	1,4	9450	2170	6100
9	„ „ . . .	1,421	1,587	2,37	0,578	1,587	10920	1,1	10920	3640	6300
10	geglüht	1,439	1,627	1,00	—	1,512	7060	12,8	7600	—	—
11	kalt gezogen . . .	1,125	0,990	$1{,}64_5$	0,392	0,990	9950	1,2	9950	2350	6000
12	„ „ . . .	0,891	0,623	2,61	0,616	0,623	11400	0,9	11400	3800	6160
13	geglüht	0,924	0,671	1,00	—	0,589	6280	18,7	7160	—	—
14	kalt gezogen . . .	0,815	0,521	1,29	0,224	0,521	8310	2,0	8310	1150	5140
15	„ „ . . .	0,715	0,402	1,67	0,401	0,402	9150	1,7	9150	1990	4960
16	„ „ . . .	0,658	0,340	1,97	0,494	0,340	9580	1,3	9580	2420	4900
17	geglüht	0,653	0,335	1,00	—	0,313	5600	14,1	6050	—	—
18	kalt gezogen . . .	0,545	0,233	1,44	0,304	0,233	7550	2,0	7550	1500	4940
19	„ „ . . .	0,464	0,169	1,98	0,495	0,169	8560	1,7	8560	2510	5070
20	„ „ . . .	0,421	0,139	2,41	0,585	0,139	8880	0,9	8880	2830	4840
21	geglüht	0,422	0,140	1,00	—	0,136	5630	5,5	5800	—	—
22	kalt gezogen . . .	0,360	0,102	1,37	0,271	0,102	7520	3,3	7520	1720	6350
23	„ „ . . .	0,322	0,081	1,73	0,421	0,081	8400	2,8	8400	2600	6170
24	„ „ . . .	0,297	0,070	2,00	0,500	0,070	8970	0,5	8970	3170	6340
25	geglüht	0,298	0,070	1,00	—	0,062	5660	17,8	6390	—	—
26	kalt gezogen . . .	0,261	0,053	1,32	0,243	0,053	7080	1,9	7080	690	2840
27	„ „ . . .	0,238	0,044	1,59	0,372	0,044	7700	1,3	7700	1310	3520
28	„ „ . . .	0,216	0,037	1,89	0,471	0,037	8120	0,9	8120	1730	3670
29	„ „ . . .	0,206	0,034	2,06	0,515	0,034	8350	0,9	8350	1960	3810

In der Tabelle bedeutet d den jeweiligen Durchmesser und f den zugehörigen Querschnitt des Drahtes, f_0 ist der Querschnitt vor dem Kaltziehen.

Querschnittsverminderung q ist nicht in der Tabelle aufgenommen, wohl aber in der Darstellung der Abb. 94.

In dem Augenblick, wo der Draht beim Zugversuch einzuschnüren begann, wurde sein Querschnitt f_e (der Einschnürungsquerschnitt) festgestellt. Teilt man die Höchstlast P_B, die der Draht beim Zugversuch aushält, mit dem Querschnitt f_e, so erhält man $[\sigma_B] = \frac{P_B}{f_e}$, die „wirkliche" Bruchspannung vgl. IIA, 341). In der vorletzten Spalte der Tabelle XI ist die Zunahme $\Delta[\sigma_B]$ eingetragen, die der Wert $[\sigma_B]$ der geglühten Drähte infolge des Kaltreckens erfährt. Schließlich enthält die Tabelle in der letzten Spalte noch das Verhältnis

$$\operatorname{tg}\beta = \frac{\Delta[\sigma_B]}{\frac{f_0 - f}{f_0}},$$

zwischen der „wirklichen" Bruchspannung und der durch das Kaltrecken erzielten Querschnittsverminderung.

Dieses Verhältnis $\operatorname{tg}\beta$ soll nun nach Seyrich für ein und dasselbe Material in den verschiedenen Stufen des Kaltziehens unveränderlich sein, wenn durch das Kaltziehen der geglühte Draht auf einen gleichen oder kleineren Querschnitt heruntergebracht wird, als dem Wert f_e entspricht, den er beim Zugversuch zu Beginn der Einschnürung annehmen würde.

Nach Ausweis der Tabelle XI, die die Versuchsergebnisse von Seyrich wiedergibt, ist die Unveränderlichkeit des Wertes $\operatorname{tg}\beta$ für alle Züge, die einer und derselben Glühung folgen, bemerkenswert[1]). Dagegen wechselt der Wert von $\operatorname{tg}\beta$ für die Züge nach verschiedenen Glühungen ganz erheblich.

Übersicht gibt hierüber Abb. 95, in der die Werte $\frac{f_0 - f}{f_0}$ aus der Tabelle XI als Abszissen, die Werte $\Delta[\sigma_B]$ als Ordinaten verwendet worden sind. Die Tangente der Neigungswinkel β der einzelnen Geraden müßte

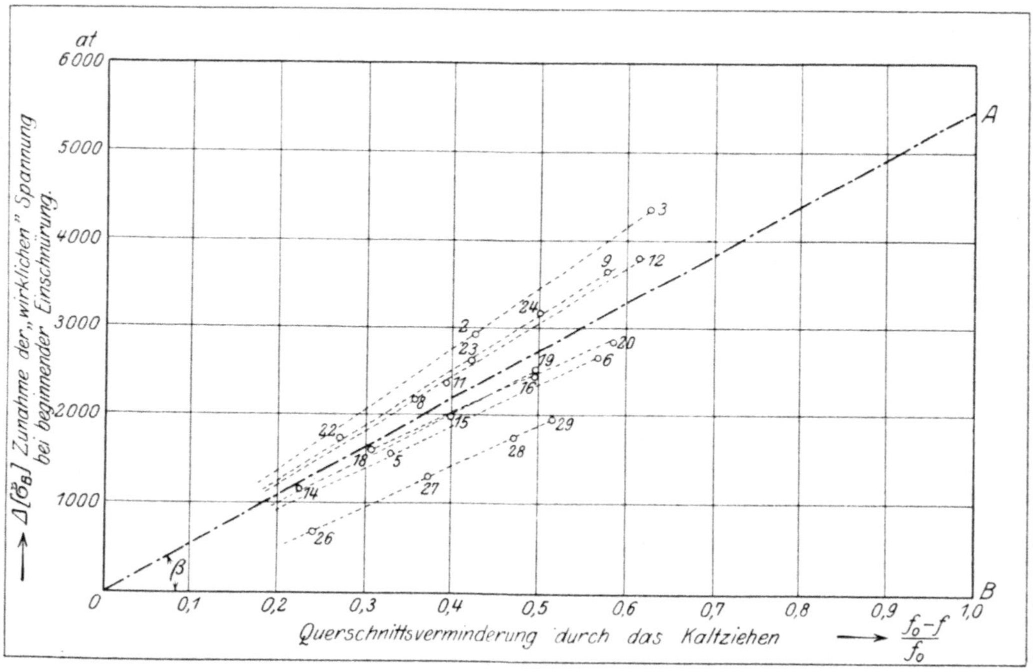

Abb. 95. Beziehung zwischen Festigkeitssteigerung und dem Grade des Kaltziehens von Flußeisendrähten (nach Seyrich) siehe Tabelle XI.

nach Seyrich unveränderlich sein, d. h. die punktierten Linien, welche die mit den Nummern der einzelnen Drähte entsprechend der Tabelle XI bezeichneten Punkte verbinden, müßten zusammenfallen mit der Geraden OA,

[1]) Ob diese Unveränderlichkeit auch für höhere Grade des Kaltreckens gilt, als sie von Seyrich angewendet wurden, ist zweifelhaft.

deren $\operatorname{tg}\beta$ dem Mittelwert 5470 der Zahlen der letzten Spalte der Tabelle XI gleich ist. Das trifft aber nicht in befriedigender Weise zu.

Selbst wenn die Seyrichsche Regel mit besserer Annäherung gälte, würde sie praktisch doch wenig Wert besitzen für die Vorausbestimmung der Festigkeit eines Materiales nach bestimmtem Grade des Kaltreckens, da ja die Werte f_e und damit auch die Werte $[\sigma_B]$ für die geglühten Drähte in der Regel nicht bekannt sind.

Nach der Seyrichschen Regel würden die Linien $\frac{f_0 - f}{f_0}$, $[\sigma_B]$ (Abszisse: die durch das Kaltrecken erzielte Querschnittsminderung, Ordinate: die „wirkliche" Bruchspannung), nach der Goerenssche Regel dagegen die Linien $\frac{f_0 - f}{f_0}$, σ_B (mit gleicher Abszisse, aber der Bruchgrenze σ_B als Ordinate) Gerade sein. Beide Regeln schließen einander gegenseitig aus, solange nicht die Werte $[\sigma_B]$ und σ_B einander gleich sind oder in unveränderlichem Verhältnis zueinander stehen. Dies ist aber, wie die Tabelle XI ausweist und wie auch ohne weiteres einleuchtend ist, nicht der Fall. Für den geglühten Draht und für schwach kaltgereckte Drähte ist nämlich σ_B wesentlich kleiner als $[\sigma_B]$, da $\sigma_B = \frac{P_B}{f}$ und $[\sigma_B] = \frac{P_B}{f_e}$, und weil $f > f_e$. Erst wenn infolge fortgesetzten Kaltreckens die Einschnürung des Materials beim Zugversuch gerade bei der Höchstlast P_B beginnt, also $f = f_e$ wird, werden die Werte σ_B und $[\sigma_B]$ einander gleich. Gilt also die Seyrichsche Regel, ist also die Linie $\frac{f_0 - f}{f_0}$, $[\sigma_B]$ eine Gerade, so kann die Linie $\frac{f_0 - f}{f_0}$, σ_B entgegen der Behauptung Goerens keine Gerade sein, sondern muß in ihrem Anfangsverlauf unterhalb der Linie $\frac{f_0 - f}{f_0}$, $[\sigma_B]$ liegen und bei höheren Graden des Kaltreckens allmählich in diese übergehen.

103. Die allgemeinen Gesetze über den Einfluß des Kaltreckens und des Glühens nach dem Kaltreckens sind bereits in Band IIA, Absatz 294 bis 313 dargelegt worden. Im folgenden sollen nur noch einige Ergänzungen bezüglich der Eisenkohlenstoff-Legierungen an der Hand des vorliegenden Versuchsmaterials gegeben werden. Sie sind in den Tabellen XI bis XVII und in den Abb. 90 bis 95 niedergelegt und beziehen sich auf 24 verschiedene Flußeißen- und Flußstahlsorten. Die nötigen Angaben sind in den Tabellen enthalten.

104. Eine Frage von Bedeutung ist die, wie weit man von einem gegebenen Anfangsquerschnitt f_0 aus unter Vermeidung von Zwischenglühungen das Kaltrecken treiben kann, ohne daß das Material hierbei örtlich, sei es im Innern, sei es an seiner Oberfläche aufreißt.

Im allgemeinen wird hierbei die chemische Zusammensetzung des Materiales eine Rolle spielen. Je höher der Kohlenstoffgehalt steigt, um so geringer wird im allgemeinen die Geschmeidigkeit, die ja die Fähigkeit des Stoffes durch Kaltrecken Formänderungen anzunehmen, bedingt (IIA, 353), Dies geht aus der Tabelle XVI hervor, die Versuchsergebnisse von Longmuir (L. 83) enthält.

Das Kaltziehen erfolgte hierbei in viel kleineren Stufen, als es sonst in der Technik des Drahtziehens üblich ist. Das kohlenstoffreiche Material Nr. 15 mit 0,89% C ließ sich nur bis zu einem Werte der Streckzahl f_0/f von 8,63 herunterziehen, während beim Material Nr. 13 mit dem niedrigen Kohlenstoffgehalt 0,10% die Streckzahl $f_0/f = 69{,}6$ erreicht werden konnte, ohne daß der Draht im Innern aufriß. Material Nr. 14 mit seinem mittleren Kohlenstoffgehalt nimmt eine entsprechende Mittelstellung ein.

Auffällig ist in Tabelle XIV und XVI und in Abb. 92, daß das Flußeisen Nr. 13 trotz seines außerordentlich hohen Phosphorgehaltes von 0,307% so weitgehendes Kaltrecken ohne inneres Aufreißen erträgt. Es geht daraus hervor,

Tabelle XII.

Einfluß des Kaltziehens auf die Festigkeitseigenschaften von Flußeisen und Flußstahl.

(Nach Goerens). Vgl. Abb. 90 und 91.

Nr.	Art des Materials	Analyse	Vorbehandlung	Durchmesser mm	Grad des Kaltreckens		Festigkeitseigenschaften[3])					Härte[5])
					$\frac{f_0}{f}$	$\frac{f_0-f}{f_0}\cdot 100$	$\sigma_{0,025}$[1]) at	σ_S at	σ_B[4]) at	$\delta_{11,3\sqrt{f}}$ %	q %	$\mathfrak{H}$ kg/qmm
1a	Siemens-Martin-Flußeisen		Walzdraht	5,0	1,00	0,0			3650			
			1. Zug auf	3,8	1,75	42,1			5860			
			2. „ „	3,0	2,78	63,0			6810			
1b			Walzdraht	5,0	1,00	0,0			3650			
			1. Zug auf	4,5	1,23	18,5			5090			
			2. „ „	4,2	1,42	29,5			5400			
		—	3. „ „	4,0	1,56	36,0	—	—	5700	—		
			4. „ „	3,8	1,73	42,1			5760			
			5. „ „	3,6	1,93	48,3			6100			
			6. „ „	3,4	2,16	53,7			5910			
			7. „ „	3,2	2,44	60,8			6150			
			8. „ „	3,0	2,78	63,0			6350			
2	Thomas-Flußeisen	C 0,09	Walzdraht	14,3	1,00	0,0	2710	2750	3850	29,2	59	
		Si Spur	1. Zug auf	13,0	1,21	17,5	3250	3920[2])	5100	9,5	54	
		Mn 0,43	2. „ „	12,0	1,42	30,0	3950		5940	6,7	46	
		P 0,077	3. „ „	10,8	1,75	43,1	4300		6220	6,0	32	
		S 0,053	4. „ „	9,7	2,17	53,8	4380		6500	4,1	23	
			5. „ „	9,0	2,52	60,4		innen rissig				
3	Elektro-Flußeisen	C 0,12	Walzdraht	15,0	1,00	0,0	2600	3060	4130	32,7	70	135
		Si 0,15	1. Zug auf	14,3	1,10	9,1	2670	4930[2])	5290	15,6	66	185
		Mn 0,56	2. „ „	13,9	1,16	14,2	3130	5530[2])	5670	13,7	66	207
		P 0,016	3. „ „	13,2	1,29	22,6	3200		6000	10,2	66	218
		S 0,017	4. „ „	12,7	1,39	28,3	3510		6560	6,7	53	233
			5. „ „	11,2	1,74	44,3	3990		7720	6,0	42	243
			6. „ „	8,2	3,34	70,4	4890		8450	6,0	30	265
4	Thomas-Flußeisen	C 0,07	Walzdraht	5,2	1,00	0,0	2650	2830	4180	30,6	73	
		Si 0,006	1. Zug auf	3,97	1,72	41,6	4450	6460[2])	6600	8,5	45	
		Mn 0,48	2. „ „	2,83	3,38	70,5	6300		8350	6,2	31	
		P 0,080	3. „ „	2,37	4,82	79,5	7000		9200	6,0	29	
		S 0,056	4. „ „	2,00	6,76	85,7	7850		9500	6,3	30	
			5. „ „	1,70	9,35	89,2	7750		10090	5,7	25	
			6. „ „	1,37	14,45	93,2	8150		10400	4,9	20	
			7. „ „	1,18	19,50	95,2	8500		10810	5,2	25	
			8. „ „	0,98	28,35	96,5	8350		(10750)		(20)	
5	Elektro-Flußeisen	C 0,27	Walzdraht	15,0	1,00	0,0	2620	3280	4870	29,9	59	130
		Si 0,17	1. Zug auf	14,3	1,10	9,1	2620	5880[2])	6280	13,2	49	165
		Mn 0,43	2. „ „	13,8	1,18	15,4	3140	6520[2])	6800	9,3	43	184
		P 0,023	3. „ „	13,2	1,29	22,6	3400		7300	4,5	39	196
		S 0,015	4. „ „	12,7	1,39	28,3	3880		7460	4,5	35	208
			5. „ „	11,2	1,74	44,3	4600		8640	2,9	25	234
			6. „ „	8,2	3,34	70,2	5540		9660	3,0	23	249
			7. „ „	7,6	3,89	74,2		rissig				249

1) Spannung, welche eine bleibende Dehnung von 0,025% erzeugt.

2) Streckgrenze undeutlich ausgeprägt.

3) Alle Materialien vor dem Zugversuch 3 Monate gelagert.

4) Bei Nr. 1a und 1b Mittel aus je 4 Einzelwerten. Bei den übrigen Nummern unbekannt, ob nur das Ergebnis eines Einzelversuchs oder ein Mittelwert vorliegt.

5) Brinellsche Härtezahl (II A, 350).

Tabelle XII (Fortsetzung).

Nr.	Art des Materials	Analyse	Vorbehandlung	Durchmesser mm	$\frac{f_0}{f}$	$\frac{f_0-f}{f_0}\cdot 100$	$\sigma_{0,025}$ at	σ_S at	σ_B at	$\delta_{11,3\sqrt{f}}$ %	q %	Härte $\mathfrak{H}$ kg/qmm
6	Siemens-Martin-Flußstahl	C 0,55	Walzdraht	5,37	1,00	0,0	2500	3690	6550	23,3	38	
		Si 0,26	1. Zug auf	4,36	1,52	34,0	5250	9400[1]	9850	6,8	19	
		Mn 0,47	2. " "	3,60	2,22	55,0	5400		11130	5,9	15	
		P 0,068	3. " "	3,00	3,20	62,6	6150		11950	6,5	14	
		S 00,36	4. " "	2,48	4,67	78,6	7450		13340	6,0	14	
			5. " "	1,98	7,35	86,5	9200		14220	6,3	13	
7	Elektrostahl	C 0,62	Walzdraht	15,0	1,00	0,0	2680	4940	8090	17,1	26	185
		Si 0,22	1. Zug auf	14,3	1,10	9,1	3000	9150[1]	9700	2,7	15	265
		Mn 0,65	2. " "	13,9	1,16	14,2	3190		10140	2,7	7	285
		P 0,045	3. " "	13,2	1,29	22,6	3900		10580	2,3	8	285
		S 0,017	4. " "	12,7	1,39	28,3	3980		11150	2,5	8	305
			5. " "	11,2	1,74	44,3	4960		12200	2,5	6	326
			6. " "	—	—	—		innen	rissig			
8	Siemens Martin-Flußstahl	C 0,78	Walzdraht	5,30	1,00	0,0	2600	5230	8120	19,2	36	
		Si 0,11	1. Zug auf	4,58	1,34	25,4	3600		10140	7,6	24	
		Mn 0,38	2. " "	4,22	1,58	36,7	4300		10900	6,9	20	
		P 0,016	3. " "	3,84	1,91	47,5	4400		12100	5,9	20	
		S 0,019	4. " "	3,43	2,21	58,5	4650		12620	6,2	17	
			5. " "	3,03	3,06	67,5	4600		12800	6,0	15	
9	Elektrostahl	C 0,98	Walzdraht	15,0	1,00	0,0	2750	5450	10300	6,7	8	285
		Si 0,16	1. Zug auf	14,3	1,10	9,1	3270		11600	0,9	3	325
		Mn 0,43	2. " "	13,9	1,16	14,2	3690		12100	0,6	3	349
		P 0,025	3. " "	13,2	1,29	22,6	3750		12650	0,7	3	352
		S 0,015	4. " "	12,7	1,39	28,3	4330		13100	0,3	2	350
			5. " "	12,3	1,49	32,8	4630		(12700)	—	—	361

Tabelle XIII.
Einfluß des Kaltwalzens auf die Festigkeitseigenschaften von Flußeisen und Flußstahl.
Nach Goerens. Vgl. Abb. 90 und 91.

Nr.	Art des Materials	Analyse	Vorbehandlung	Dicke mm	$\frac{f_0}{f}$	$\frac{f_0-f}{f_0}\cdot 100$	σ_S at	σ_B at	$\delta_{11,3\sqrt{f}}$ %	q %
10	Siemens-Martin-Flußeisen	C 0,14	Blech							
		Si 0,007	warmgewalzt auf	4,10	1,00	0,0	3140	3950	27,6	39
		Mn 0,62	1mal kaltgewalzt auf	2,52	1,63	38,5	4150	4300	5,4	20
		P 0,029	2mal " "	1,45	2,83	64,6		4680	2,7	15
		S 0,036	3mal " "	1,05	3,90	74,5		5750	2,0	3
			4mal " "	0,60	6,84	85,5	rissig			
11	Thomas-Flußeisen	C 0,11	Bandeisen 25 mm breit,							
		Si 0,003	warmgewalzt auf	2,0	1,00	0,0	2820	4300		
		Mn 0,56	1mal kaltgewalzt auf	1,4	1,43	30,0		7050		
		P 0,044	2mal " "	1,2	1,67	40,0		7500		
		S 0,044	3mal " "	1,0	2,00	50,0		7140		
			4mal " "	0,8	2,50	60,0		7350		
			5mal " "	0,6	3,34	70,0		8250		
			6mal " "	0,4	5,00	80,0		8040		
			7mal " "	0,34	5,89	83,0		—		

[1]) Streckgrenze undeutlich ausgeprägt.

Tabelle XIII (Fortsetzung).

Nr.	Art des Materials	Analyse	Vorbehandlung	Dicke mm	Grad des Kaltreckens $\frac{f_0}{f}$	Grad des Kaltreckens $\frac{f_0-f}{f_0}\cdot 100$	Festigkeitseigenschaften σ_S at	σ_B at	$\delta_{11,3\sqrt{f}}$ %	q %
12	Siemens-Martin-Flußstahl	C 0,78	Bandstahl 37 mm breit,							
		Si 0,31	warmgewalzt auf	1,5	1,00	0,0		10070		
		Mn 0,65	1 mal kaltgewalzt auf	1,4	1,07	6,7		10200		
		P 0,067	2 mal „ „	1,3	1,15	13,3		10600		
		S 0,037	3 mal „ „	1,2	1,25	20,0		11200		
			4 mal „ „	1,1	1,36	26,7		12050		

Tabelle XIV.

Versuche von Longmuir (siehe L. 81).

Material Nr. 13: Flußeisen mit hohem Phosphorgehalt.

C 0,10
Si 0,06
Mn 0,89
P 0,307
S 0,103

	Vorgang	$\frac{f_0-f}{f_0}\cdot 100$	$\frac{f_0}{f}$
	I Walzdraht von 5,1 mm ∅ bei 700 bis 720° C geglüht		
1.	I in 56 Durchgängen kaltgezogen auf 3,68 mm ∅	48,0	1,92
2.	I in 2 „ „ „ 4,47 und 3,68 mm ∅ zu Draht II II in 53 „ „ „ 2,34 mm ∅	79,0	4,75
3.	I in 4 „ „ „ 4,47, 3,68, 2,95 und 2,34 mm ∅ zu Draht III III in 20 „ „ „ 1,83 mm ∅	87,1	7,76
4.	I in 5 „ „ „ 4,47, 3,68, 2,95, 2,34, 1,83 mm ∅ zu Draht IV IV in 16 „ „ „ 1,42 mm ∅	92,7	13,1
5.	I in 6 „ „ „ 4,47, 3,68, 2,95, 2,34, 1,83, 1,42 mm ∅ zu Draht V V in 15 „ „ „ 1,04 mm ∅	95,7	24,1
6.	I in 6 „ „ „ 4,47, 2,95, 2,34, 1,83, 1,42, 1,04 mm ∅ zu Draht VI VI in 11 „ „ „ 0,76 mm ∅	97,7	44,9
7.	I in 8 „ „ „ 4,47, 3,68, 2,95, 2,34, 1,83, 1,42, 1,04, 0,76 mm ∅ zu Draht VII VII in 6 „ „ „ 0,61 mm ∅	98,5	69,6

Zwischen den einzelnen Zügen erfolgten keine Zwischenglühungen.
Die Ergebnisse der Zugversuche sind in Abb. 92 zusammengestellt.

Tabelle XV.

Versuche von Longmuir (siehe L. 81).

Material Nr. 14: Flußstahl.

C 0,48
Si 0,058
Mn 0,87
P 0,050
S 0,039

	Vorgang	$\frac{f_0-f}{f_0}\cdot 100$	$\frac{f_0}{f}$
	I Walzdraht von 5,44 mm ∅ bei 700 bis 720° C geglüht		
1.	I in 123 Durchgängen kaltgezogen auf 2,34 mm ∅	81,2	5,42
2.	I in 4 „ „ „ 4,47, 3,68, 2,95, 2,34 mm ∅ zu Draht II II in 20 „ „ „ 1,83 mm ∅	88,5	8,84
3.	I in 5 „ „ „ 4,47, 3,68, 2,95, 2,34, 1,83 mm ∅ zu Draht III III in 16 „ „ „ 1,42 mm	92,9	14,6

Zwischen den einzelnen Zügen erfolgten keine Zwischenglühungen.
Die Ergebnisse der Zugversuche sind in Abb. 93 zusammengestellt.

Tabelle XVI.

Versuche von Longmuir (siehe L. 83).

Material Nr. 13, Analyse in Tabelle XIV. C 0,10; P 0,307
" " 14, " " " XV. C 0,48
" " 15. C 0,89
Si 0,07
Mn 0,78
P 0,046
S 0,035

Nr. des Materials	Vorbehandlung	Reckgrad $\frac{f_0}{f}$	Reckgrad $\frac{f_0 - f}{f_0} \cdot 100$	σ_B at	$\delta_{5,08}$[1]) %	q %
13	Walzdraht 5,1 mm Durchmesser, geglüht	—	—	5 660	31,1	67,8
	Kaltgezogen auf 1,83 mm Durchmesser[2])	7,76	87,1	11 900	2,0	41,5
	" " 0,61 " "	69,6	98,5	17 620	2,4	—
14	Walzdraht 5,44 mm Durchmesser, geglüht	—	—	6 850	16,9	54,9
	Kaltgezogen auf 1,83 mm Durchmesser[3])	8,84	88,5	14 190	2,0	19,6
	" " 1,42 " "	14,6	92,9	15 750	1,5	4,6
15	Walzdraht 5,38 mm Durchmesser, geglüht	—	—	8 000	16,5	45,9
	Kaltgezogen auf 1,83 mm Durchmesser .	8,63	88,1	16 400	1,5	3,2

daß der Phosphorgehalt die Fähigkeit des Materials, unter langsam angreifenden, nicht stoßweise wirkenden Kräften weitgehende bleibende Formänderungen anzunehmen, nicht allzusehr beeinträchtigt, was ja auch schon aus dem Verhalten phosphorreicher Materialien bei der Zugprobe folgt. Wesentlich anders liegt aber der Fall bei stoßweiser Beanspruchung, namentlich bei Gegenwart von Kerbwirkung (II A, 339 bis 349). — So phosphorreiches Flußeisen wird für manche Zwecke in Form kaltgezogener Stangen zu Arbeiten auf Revolverdrehbänken verwendet, weil es durch den Phosphorgehalt leichter bearbeitbar wird (II A, 353 bis 355).

Zu beachten ist, daß es für die Fähigkeit des Flußeisens, weitgehende Grade der Kaltreckung auszuhalten, wesentlich darauf ankommt, ob der Phosphorgehalt gleichmäßig in der Legierung verteilt ist oder ob er in einer Kernzone (II A, 290) infolge Seigerung angereichert ist, wo dann auch noch andere Seigerungsstoffe (sulfidische und oxydische) sich zugesellen. Im letzteren Falle kann bereits bei verhältnismäßig geringen Graden des Kaltziehens Aufreißen in der seigerungsreichen Zone eintreten.

Von Einfluß auf den äußersten Reckgrad, den man ohne zwischengeschaltete Glühung durch Kaltrecken bei einem Material erreichen kann, ist auch der Anfangsquerschnitt f_0, bei dem das Kaltrecken einsetzt. Dies ergibt sich ohne weiteres aus den Betrachtungen über Reckspannungen in Band II A, Absatz 301 bis 306. Die Wirkung des Kaltreckens verteilt sich nicht gleichmäßig auf die ganze Masse des Materials, sondern ist entweder in den inneren Schichten stärker als in den äußeren (z. B. beim Kaltziehen), oder umgekehrt (beim Kaltwalzen oder -hämmern). Hierdurch erlangen die einzelnen verschieden stark gereckten Schichten das Bestreben, verschiedene Längen anzunehmen, woran sie sich gegenseitig wegen des gegenseitigen Zusammenhanges hindern. Die so auftretenden Kräfte können ein solches Maß erreichen, daß Zerstörung des Materials während, unter Umständen auch

[1]) Meßlänge 5,08 cm. [2]) Tabelle XIV; Abb. 92. [3]) Tabelle XV; Abb. 93.

nach dem Kaltrecken eintritt, und zwar bei Reckgraden, bei denen die Formveränderungsfähigkeit des Materials bei weitem noch nicht erschöpft wäre, wenn das Kaltrecken sich gleichmäßig auf alle Teile der Masse verteilte.

Es ist anzunehmen, daß bei großem Anfangsquerschnitt f_0 die Verschiedenheit des Reckgrades innerhalb der einzelnen Schichten des Materials größer ausfallen wird, als bei kleineren Anfangsquerschnitten. Dies würde zur Folge haben, daß Aufreißen des Materials unter der Reckwirkung bei größeren Querschnitten früher eintritt als bei kleineren. Aus der Praxis ist dies längst bekannt. Es ist unmöglich, durch Kaltziehen bei dicken Stangen eine so weitgehende Streckzahl f_0/f zu erzielen, wie bei dünnen Drähten.

Einen Beleg hierfür bieten die Versuchsergebnisse von Goerens in Tabelle XVII, die einen Auszug aus Tabelle XII darstellt. Es bedeutet hierin f_0 den Querschnitt der Stangen bzw. Drähte vor, f den nach dem Kaltziehen. Das letztere geschah ohne Zwischenglühung soweit, bis im Innern des Materials Anreißen eintrat.

Tabelle XVII.

(Auszug aus Tab. XII.)

Material Nr.	C %	f_0 qmm	f qmm	f_0/f	
2	0,09	160,6	63,6	2,52	Walzdraht von 14,3 mm Durchm., kalt in 5 Zügen gezogen auf 9,0 mm Durchm.
4	0,07	21,2	0,75	28,35	Walzdraht von 5,2 mm Durchm., kalt in 8 Zügen gezogen auf 0,98 mm Durchm.
7	0,62	176,7	98,5	1,74	Walzdraht von 15 mm Durchm., kalt in 5 Zügen gezogen auf 11,2 mm Durchm.
6	0,55	22,6	3,08	7,35	Walzdraht von 5,37 mm Durchm., kalt in 5 Zügen gezogen auf 1,98 mm Durchm.
9	0,98	176,7	118,8	1,49	Walzdraht von 15 mm Durchm., kalt in 5 Zügen gezogen auf 12,3 mm Durchm.
8	0,78	22,1	7,21	3,06	Walzdraht von 5,3 mm Durchm., kalt in 5 Zügen gezogen auf 3,03 mm Durchm.

Daß der Zustand des Zieheisens und auch die Art der Schmierung während des Ziehens ebenfalls von beträchtlichem Einfluß auf den Grenzwert f_0/f sein muß, der sich ohne Zwischenglühung bis zur Erschöpfung des Materials (Aufreißen) erzielen läßt, ist wohl ohne weiteres einleuchtend. Je größer z. B. beim Kaltziehen der Widerstand längs der Lochwandung infolge ungenügender Schmierung oder Rauhigkeit des Ziehloches wird, um so mehr werden die äußeren Schichten des zu ziehenden Materials beim Strecken zurückbleiben und die inneren Schichten voraneilen. Die in Abb. 286 bis 288, Band II A abgebildeten Vorgänge werden daher um so früher eintreten können und dem Weiterziehen ein Ende setzen.

105. Die durch einen bestimmten Grad des Kaltreckens, entsprechend einer bestimmten Streckzahl erzielte Festigkeit σ_B ist in erster Linie abhängig von der Anfangsfestigkeit des Materials vor dem Kaltrecken. Die Linien f_0/f, σ_B mit der Streckzahl als Abszisse und der Zugfestigkeit als Ordinate, steigen, wie Abb. 91[1]) erkennen läßt, im allgemeinen um so steiler an, je höher die Anfangsfestigkeit vor dem Kaltrecken ist, wenn auch mehrfache Abweichungen von dieser Regel in der Abbildung vorhanden sind.

[1]) In der Abb. 91 sind den einzelnen Schaulinien Zahlen beigeschrieben, die den Materialnummern in Tabelle XII und XIII entsprechen.

Besonders unregelmäßigen Verlauf zeigen die Schaulinien für die kaltgewalzten Materialien Nr. 10—12 sowohl in Abb. 90 wie auch in Abb. 91.

Zu denken geben die mit A bezeichneten Linien $\frac{f_0 - f}{f_0} \cdot 100$, σ_B in den Abb. 92 und 93, welche die Versuchsergebnisse von Longmuir darstellen. Die Linien zeigen periodisch wiederkehrende Gipfel, denen immer ein rascher Abfall und ein sich daran anschließender langsamer Anstieg folgt, was namentlich in Abb. 93 deutlich hervortritt. (In den mit B bezeichneten Linien f_0/f, σ_B ist dies nicht sichtbar, weil sie nur Ausgleichslinien darstellen. Andernfalls würde natürlich auch bei dieser Darstellungsweise die Erscheinung zum Ausdruck gelangen.)

Ich vermute, daß die Ursache des eigentümlichen Verlaufes der Linien durch die Ungleichmäßigkeit der Streckung in den äußeren und inneren Schichten der Drähte gegeben ist, die periodisch ein Höchstmaß erreichen und sich dann wieder bis zu einem gewissen Grade ausgleichen. Es bedarf aber weiterer Forschung, um hierüber Klarheit zu verschaffen.

Noch etwas anderes geht aus den Tabellen XIV und XV, sowie den Abb. 92 und 93 hervor. Der geglühte Walzdraht I von 5,1 mm Durchmesser (Tabelle XIV und Abb. 92) wurde einmal in 56 schwachen Zügen auf 3,68 mm Durchmesser, entsprechend $\frac{f_0 - f}{f_0} \cdot 100 = 48$ heruntergezogen, wobei seine Festigkeit von 5670 at auf 9000 at gesteigert wurde. Das andere Mal wurde der Walzdraht I in nur 2 starken Zügen von 5,1 mm Durchmesser auf 3,68 mm heruntergezogen, entsprechend $\frac{f_0 - f}{f_0} \cdot 100 = 48{,}7$, und erhielt dann nur noch einen schwachen Zug auf 3,66 mm. Der so erhaltene Draht (Zustand II, in Abb. 92 angedeutet durch einen nicht ausgefüllten Kreis mit der Ziffer II) hatte eine Festigkeit von 9050 at erlangt.

Die Festigkeit (9000 gegen 9050 at) ist also in beiden Zuständen I und II nahezu gleich. Der durch einen nicht ausgefüllten Kreis II in Abb. 92 angemerkte Punkt (wenige starke Züge) schmiegt sich gut dem durch schwarz ausgefüllte Kreise angegebenen Verlauf der Linie A zwischen den Punkten *I* und *II* an (viele schwache Züge). Dasselbe gilt von den Punkten *III*, *IV*, *V*, *VI*, *VII*, die ebenfalls durch nicht ausgefüllte Kreise angedeutet sind und das Ergebnis des Kaltziehens in wenigen kräftigen Stufen darstellen, wie aus der Tabelle XIV näher hervorgeht. Ganz gleich liegen die Verhältnisse in Tabelle XV und Abb. 93.

Hieraus ist zu entnehmen, daß es für die durch das Kaltziehen erreichte Bruchfestigkeit und, wie aus den Abb. 92 und 93 hervorgeht, auch für die erzielten Werte von δ und q keinen bemerkenswerten Unterschied ausmacht, ob das Kaltziehen in wenigen kräftigen oder in vielen schwachen Stufen bis auf gleichen Wert von f_0/f bzw. $\frac{f_0 - f}{f_0} \cdot 100$ vorgenommen wurde.

Dies steht im Widerspruch zur Behauptung von Goerens (L. 80): „Es ist durchaus nicht gleichgültig, ob zur Erzielung eines bestimmten Querschnittes durch Ziehen viel oder wenige Züge eingeschaltet werden.“ Er begründet diese Behauptung durch folgenden Versuch an Material Nr. 1, Tabelle XII.

Ein und derselbe Walzdraht aus Martinflußeisen wurde einmal von 5 mm auf 3,8 und 3 mm in zwei kräftigen Zügen (Versuchsreihe 1 a in Tabelle XII), das andere Mal in mehreren hintereinanderfolgenden schwachen Zügen heruntergereckt (Versuchsreihe 1b in Tabelle XII). In beiden Fällen waren die Streckzahlen f_0/f, sowie die Werte von $\frac{f_0 - f}{f_0}$ gleich. Im Falle 1a liegen die Werte für σ_B etwas höher als im Falle 1b, wie aus Abb. 91 hervorgeht, in welcher die Werte für Versuchsreihe 1a durch Punkte ■, die der Versuchsreihe 1b durch Punkte ⌑ angedeutet sind. Es ist hierbei aber zu beachten, daß die Punkte ⌑ für die Versuchsreihe 1b teilweise, wahrscheinlich aus denselben Gründen, die den zickzackartigen Verlauf der Linien A in Abb. 92 und 93 bedingen, um Beträge außerhalb der in Abb. 91 gezeichneten Ausgleichslinie liegen, die nicht viel kleiner sind, als die größten Unterschiede zwischen den Werten der Versuchsreihen 1a und 1b.

Die oben angegebene Behauptung von Goerens bedarf deshalb einer Nachprüfung, soweit sie die Änderung der Festigkeit durch die Art, wie der Endquerschnitt von einem und demselben Anfangsquerschnitt aus erreicht wurde, betrifft.

Dagegen bin ich wohl der Meinung, daß trotz der geringen oder überhaupt nicht vorhandenen Unterschiede in den Werten von σ_B in gewissen anderen Eigenschaften (wahrscheinlich die elektrische Leitfähigkeit und die magnetischen Eigenschaften) wesentliche Unterschiede bedingt werden können, je nachdem ob das Kaltrecken in wenigen kräftigen oder in vielen schwachen Stufen geschieht, wenn diese Eigenschaften beeinflußt werden durch die beim Kaltrecken hervorgebrachten Reckspannungen. Diese Reckspannungen werden aber weniger in den Werten σ_B, δ und q, als vielmehr in dem Verlaufe der Linie ε, σ und infolgedessen auch in den Werten von σ_P und σ_S zum Ausdruck gelangen.

106. Kaltrecken und Vergüten. Da für die Herstellung von Förderseilen kaltgezogene Drähte Verwendung finden, sollen im folgenden noch einige Versuchsergebnisse von Speer und Winter (L. 84) in der Tabelle XVIII zusammengestellt werden, auf die an späteren Stellen wieder zurückgekommen werden muß.

Zahl der Biegungen: Die Biegung erfolgte bei den Stahldrähten über 4 mm Durchmesser um Walzen von 20 mm, bei den Stahldrähten unter 4 mm Durchmesser und bei den Flußeisendrähten um Walzen von 10 mm Durchmesser.

Zahl der Verwindungen: Freie Länge 200 mm.

Sämmtliche in der Tabelle angegebenen Festigkeitszahlen sind die Mittel aus einer Reihe Einzelzahlen.

Zum besseren Verständnis der Tabelle XVIII sei kurz der Herstellungsgang von Flußstahlseildrähten angegeben. Der Walzdraht von in der Regel etwa 5 mm Durchmesser wird zur Entfernung des Walzzunders in verdünnter Schwefel- oder Salzsäure gebeizt, zum Abstumpfen der überschüssigen Säure in Kalkmilch getaucht (gekälkt) und schließlich bei 100 bis 120° C getrocknet. Alsdann geht er zum ersten Male durch das Zieheisen und wird dann einem Vergütungsverfahren unterworfen, das den Zweck hat, das perlitische Gefüge in Sorbit umzuwandeln. Dies geschieht dadurch, daß man den Draht auf eine oberhalb seines oberen Umwandlungspunktes Ar_3 gelegene Temperatur (in der Regel etwa 900° C) erhitzt und ihn dann in einem Bleibade von 400 bis 500° C abschreckt. Hierbei kann der Drahtring zuvor erhitzt und dann in das Bad getaucht werden, oder aber der Draht läuft durch einen röhrenförmigen Glühofen ununterbrochen hindurch und aus diesem durch ein Bleibad. Die Einzelheiten des Vergütungsverfahrens werden von den einzelnen Firmen geheim gehalten. Das Verfahren selbst hat infolgedessen eine ganze Reihe von Namen bekommen, die zum Teil irreführend sind: z. B. „Patentieren, Zementieren, Härten, zuweilen auch Glühen". Die vergüteten Drähte heißen meißt „Patentdrähte". Auf das Vergüten folgt gegebenenfalls nochmaliges Beizen, Kälken und Trocknen, und schließlich schließen sich die weiteren Züge an. Unter Umständen wird die Vergütung nach einer bestimmten Anzahl von Zügen wiederholt. Soll der fertige Draht verzinkt werden, so ist noch einmal zu beizen.

Tabelle XVIII.

Die Festigkeitseigenschaften von Seildrähten in den einzelnen Stufen der Herstellung.

(Nach Speer und Winter.)

Nr. und Art des Materials	Analyse	Vorbehandlung	Durchmesser mm	Streckzahl $\frac{f_0}{f}$	σ_S at	σ_B at	δ_{30} 1) %	Zahl der Biegungen	Zahl der Verwindungen
16									
Siemens-	C 0,84	Walzdraht	5,000	—	5 010	9 030	6,2	4,2	8,5
Martin-Stahl	Si 0,30	1 mal gezogen	4,636	1,16	10 120	10 410	1,9	3,6	7,8
s. Abb. 255,	Mn 0,75	patentiert	4,657	—	8 090	9 950	4,15	7,2	11,9
Bd. II A	P 0,05	2 mal gezogen	3,996	1,36	11 980	12 450	1,6	4,7	17,9
	S 0,036	3 mal gezogen	3,434	1,84	12 520	13 260	1,9	6,0	18,4
	Cu 0,14	4 mal gezogen	2,970	2,46	12 990	14 230	1,9	7,8	33,2
	Ni Spur	5 mal gezogen	2,460	3,58	14 760	16 030	1,7	9,4	33,7
		fertig gezogen	1,967	5,60	16 720	18 090	1,5	12,2	31,4
		fertiger Draht, blank	1,925	—	17 440	18 310	1,4	12,3	32,2
		desgl., verzinkt	2,000	—	14 140	15 860	5,3	9,7	33,4
17									
Siemens-	C 0,69	Walzdraht	5,500	—	4 100	7 890	10,5	3,0	9,7
Martin-Stahl	Si 0,13	desgl. gebeizt, gekälkt, getrocknet	5,500	—	4 410	8 150	7,3	4,0	8,1
	Mn 0,36								
	P 0,02	1 mal gezogen	4,520	1,48	10 460	10 800	1,8	4,3	2,8
	S 0,027	zementiert	4,544	—	6 950	9 470	4,5	9,6	24,1
	Cu 0,056	2 mal gezogen	3,845	1,40	11 390	11 960	1,9	5,5	26,0
	Ni 0,055	4 mal gezogen	2,895	2,46	12 390	13 780	2,1	8,6	40,3
		gehärtet	2,895	—	7 550	11 310	7,65	9,8	52,4
		gebeizt, gekälkt, getr.	2,896	—	7 730	11 300	7,3	8,8	47,4
		5 mal gezogen	2,378	1,49	11 620	13 400	2,35	13,0	62,0
		fertiger Draht, blank	1,994	2,11	12 540	14 460	2,2	18,0	66,4
		desgl., verzinkt	2,000	—	11 370	13 920	6,55	13,8	33,5
18									
Siemens-	C 0,72	Walzdraht	5,405	—	4 340	8 090	7,7	2,0	8,5
Martin-Stahl	Si 0,14	1 mal gezogen und gehärtet	4,500	—	6 970	8 970	3,8	6,7	28,8
	Mn 0,40								
	P 0,027	2 mal gezogen und gehärtet	3,685	—	6 660	9 690	6,0	6,5	32,5
	S 0,016								
	Cu 0,048	fertiger Draht, blank	1,782	4,27	12 730	15 630	2,0	17,4	44,2
	Ni 0,058	desgl. verzinkt	1,786	—	12 410	15 300	6,1	15,3	39,4
19									
Siemens-	C 0,62	Walzdraht	5,006	—	3 330	6 050	13,2	4,9	11,1
Martin-Stahl	Si 0,025	fertiger Draht, blank	2,491	—	14 720	15 750	2,3	8,2	32,3
	Mn 0,195	desgl., verzinkt	2,590	—	10 120	11 720	6,5	6,8	7,1
	P 0,042								
	S 0,010								
	Cu 0,017								
	Ni Spur								

1) Meßlänge 30 cm, daher Werte von δ kleiner als bei Meßlänge $l = 11{,}3\sqrt{f}$.

Tabelle XVIII (Fortsetzung).

Nr. und Art des Materials	Analyse	Vorbehandlung	Durchmesser mm	Streckzahl $\frac{f_0}{f}$	σ_S at	σ_B at	δ_{30} [1]) %	Zahl der Biegungen	Zahl der Verwindungen
20 Siemens-Martin-Stahl	C 0,73	Walzdraht	5,500	—	4760	8180	11,5	3,2	11,0
	Si 0,15	gebeizt, gekälkt, getr.	5,600	—	4370	7220	12,6	3,0	10,4
	Mn 0,39	1 mal gezogen	4,648	1,45	9090	9460	1,9	2,2	5,5
	P 0,049	zementiert	4,688	—	7280	9870	5,2	8,0	25,9
	S 0,041	gebeizt, gekälkt, getr.	4,718	—	7880	10290	4,9	8,4	21,7
	Cu 0,048	2 mal gezogen	3,868	1,49	11420	11870	1,6	4,8	(12,6)
	Ni 0,047	gehärtet	3,855	—	7350	10450	7,7	5,5	27,5
		gebeizt, gekälkt, getr.	3,875	—	7380	10300	7,7	5,0	27,0
		4 mal gezogen	2,865	1,83	11820	13270	2,2	8,3	50,5
		5 mal gezogen	2,358	2,70	12590	14730	2,3	10,5	34,8
		fertig gezogen	1,995	3,76	13230	15450	2,0	8,0	27,5
		fertig verzinkt	2,016	—	12860	14400	3,3	6,4	15,2
21 Siemens-Martin-Flußeisen s. Abb. 254 Bd. II A	C 0,09	Walzdraht	5,000	—	2430	4060	18,8	14,8	27,0
	Si 0,01	gebeizt	5,000	—	2170	3810	20,5	12,5	29,6
	Mn 0,49	1 mal gezogen	3,898	1,65	6280	6510	1,05	5,0	3,8
	P 0,088	2 mal gczogen	3,215	2,42	6860	7140	0,8	5,6	2,6
	S 0,07	3 mal gezogen	2,656	3,54	7380	7680	0,8	5,8	1,9
	Cu 0,024	geglüht	2,665	—	2950	4340	18,2	9,4	52,6
	Ni —	gebeizt	2,672	—	3070	4390	17,4	10,8	54,5
		verzinkt	2,727	—	3120	4180	16,9	10,5	49,5
		3 mal gezogen, ungeglüht, gebeizt	2,682	—	7490	7850	0,6	5,9	1,6
		desgl., verzinkt	2,742	—	6650	6960	4,7	6,0	5,6
22 Thomas-Flußeisen	C 0,15	Walzdraht	5,000	—	2910	4390	20,4	7,1	27,0
	Si 0,01	gebeizt	5,000	—	2720	4260	21,7	7,0	26,3
	Mn 0,57	1 mal gezogen	3,803	1,73	6860	7100	0,8	4,3	1,5
	P 0,080	2 mal gezogen	3,206	2,43	7580	7870	0,8	4,8	1,3
	S 0,05	3 mal gezogen	2,603	3,69	8110	8380	0,6	5,3	1,8
	Cu 0,02	geglüht	2,607	—	3110	4290	20,1	11,2	53,4
	Ni —	gebeizt	2,622	—	3120	4310	19,8	10,4	55,2
		verzinkt	2,659	—	2940	4140	18,4	9,5	49,1
		3 mal gezogen, ungeglüht, gebeizt	2,606	—	7770	8010	0,7	5,4	1,4
		desgl., verzinkt	2,656	—	6970	7250	5,4	5,3	5,8

Bei Flußeisendrähten, die nicht härtbar sind, fällt das Vergüten fort.

Wie die Tabelle XVIII erkennen läßt, ist es bei Verwendung kohlenstoffreicher Stahlsorten (0,6 bis 0,8% C) durch Kaltziehen unter Einschaltung der Vergütung möglich, Stahldrähte herzustellen, die bei hochgelegenen S- und B-Grenzen noch ganz erhebliche Biegungs- und Verwindungszahlen aufweisen, welch letztere ja neben der hohen Festigkeit bei Seildrähten ganz besonders ins Gewicht fallen.

Wollte man bei kohlenstoffarmem Flußeisen, das wegen der fehlenden Härtbarkeit nicht vergütet werden kann, die B-Grenze durch Kaltrecken allein auf ein eben so hohes Maß steigern, so würde man ganz niedrige Werte für die Biege- und Verwendungszahlen erhalten.

107. Das Glühen nach dem Kaltrecken. Die untere Temperaturgrenze t_r, bei der sich die durch das Kaltrecken erzielten Wirkungen bei kohlenstoffarmem Flußeisen wieder rückgängig machen lassen, war in II A, 297 als zwischen 417 und 616° C gelegen angegeben worden. Diese Angabe gründete sich auf eine bereits aus dem Jahre 1900 stammende Untersuchung des Verfassers (II A, L_3. 23).

Neuerdings hat sich Goerens der Aufgabe unterzogen, die genauere Lage von t_r innerhalb der oben angegebenen Grenzwerte zu bestimmen. Das Ergebnis ist in der Abb. 96 wiedergegeben. Hierbei sind als Abszissen

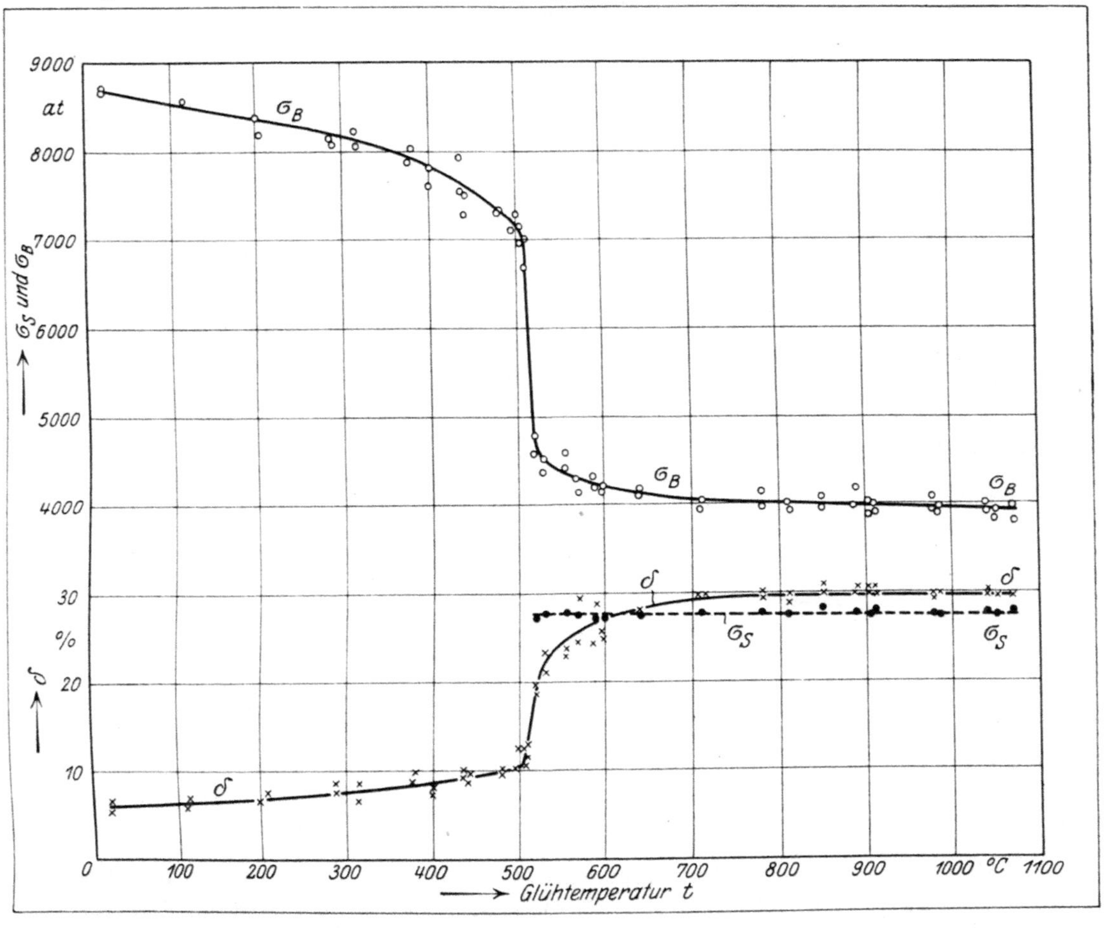

Abb. 96. Einfluß des Glühens auf die Festigkeitseigenschaften kaltgezogenen Flußeisens mit 0,08% Kohlenstoff (nach Goerens).

die Glühtemperaturen, als Ordinaten die Werte von σ_B und δ verwendet. Die Glühdauer betrug durchweg 25 Minuten. Die Untersuchung bezieht sich auf einen kohlenstoffarmen Flußeisendraht (C = 0,08%; Si = 0,008%; Mn = 0,39%; P = 0,059%; S = 0,056%), der von einem Walzdraht von 7 mm Durchmesser in 5 Zügen auf 2,7 mm heruntergezogen worden war, und infolgedessen eine Festigkeit $\sigma_B = 8670$ at bei einer Dehnung $\delta_x = 6{,}1\%$ (Meßlänge l nicht angegeben) besaß.

Wie die Abb. 96 in Übereinstimmung mit der Abb. 266 des Bandes II A erkennen läßt, wird durch die Steigerung der Glühtemperatur t die Festigkeit σ_B zunächst etwas erniedrigt und die Dehnung etwas gesteigert. Bei $t = 500°$ C beginnen die beiden Schaulinien für σ_B und δ plötzlich stark abzubiegen, so daß zwischen etwa 500 und 530° C die Bruchgrenze wesentlich erniedrigt, die Dehnung wesentlich gesteigert wird. Für das untersuchte Flußeisen ist sonach bei 25 Minuten Glühdauer für t_r der Wert 530° C einzusetzen. Oberhalb dieser Grenztemperatur t_r findet bis zu etwa 700° C noch eine weitere Verminderung von σ_B und Vermehrung von δ statt.

Es mag hier bemerkt werden, daß die Schaulinie für kohlenstoffreiche Stähle oberhalb t_r einen wesentlich anderen Verlauf nimmt, als in Abb. 96.

Die Zahl der Biegungen, die der Draht bis zum Bruch aushält, wird im wesentlichen in gleichem Sinne durch das Glühen beeinflußt, wie die Bruchdehnung δ, wie dies aus Abb. 97 erhellt, die sich auf denselben kaltgezogenen Flußeisendraht bezieht, wie Abb. 96.

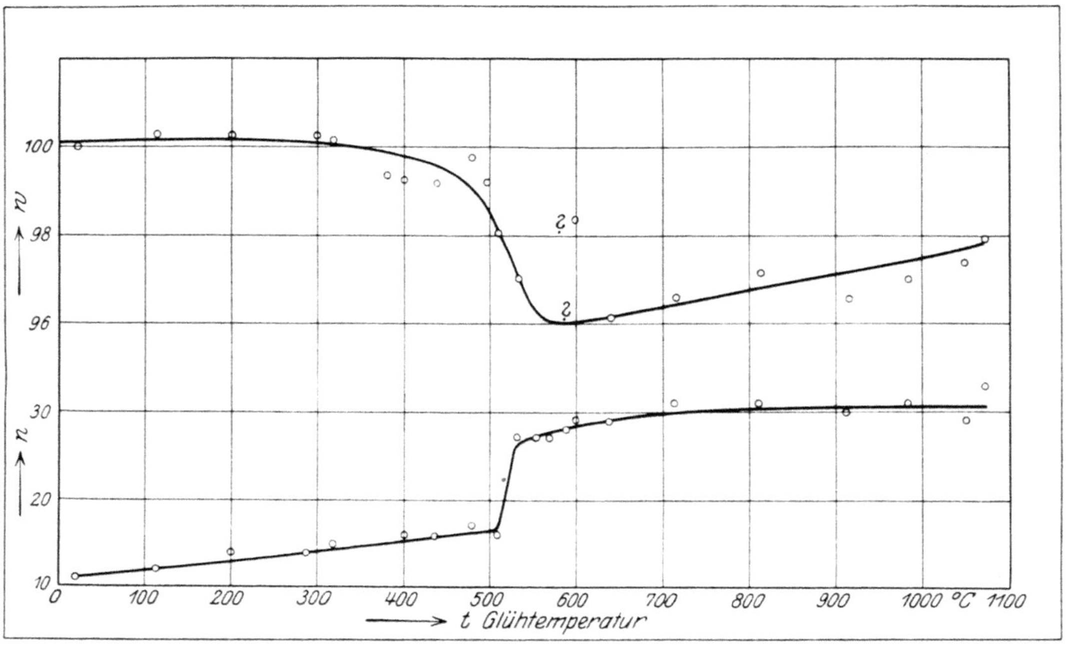

Abb. 97. Einfluß des Glühens auf die Biegefähigkeit n und den elektrischen Leitwiderstand w kaltgezogenen Flußeisendrahtes mit 0,08% Kohlenstoff (nach Goerens). n = Zahl der Biegungen (90°) bis zum Bruche über 5 mm Radius; w = Leitwiderstand in Prozenten, wenn der spez. Leitwiderstand des kaltgezogenen Drahtes $w_{16-18} = 0{,}1227\ \Omega$ m/qmm gleich 100 gesetzt wird.

Mit dem gleichen Drahtmaterial wurden von Goerens auch Versuche angestellt über den Einfluß der Glühdauer z bei verschiedenen Glühgraden t auf die Festigkeit σ_B und Bruchdehnung δ. Das Ergebnis ist in Abb. 98 zusammengefaßt. Der Verlauf der Schaulinien entspricht im allgemeinen dem, wie er in II A, 298 für kaltgerecktes Kupfer angegeben wurde. Jeder Glühtemperatur t entspricht ein bestimmter durch die Größen σ_B und δ gekennzeichneter Zustand des Materials, dem sich dieses in den ersten Zeitteilen der Glühdauer z rasch, in den folgenden Zeitteilen langsam, fast asymptotisch nähert. — Wichtig ist, daß bei 495° C selbst nach 48 Stunden Glühdauer der Wert von σ_B und δ noch nicht erreicht ist, der bei 530° C bereits nach 25 Minuten erzielbar ist, obwohl durch fortgesetztes Glühen bei 495° C über die Dauer von 25 Minuten hinaus ganz wesentliche Änderungen von σ_B und δ herbeigeführt wurden, die Glühdauer also eine ganz wesentliche Rolle spielt.

Die für kaltgereckte Materialien in der Praxis des Drahtziehens angewendeten Glühtemperaturen liegen in der Regel zwischen 550 und 700° C, und zwar ist es üblich, mit fortgesetzter Querschnittsverminderung die

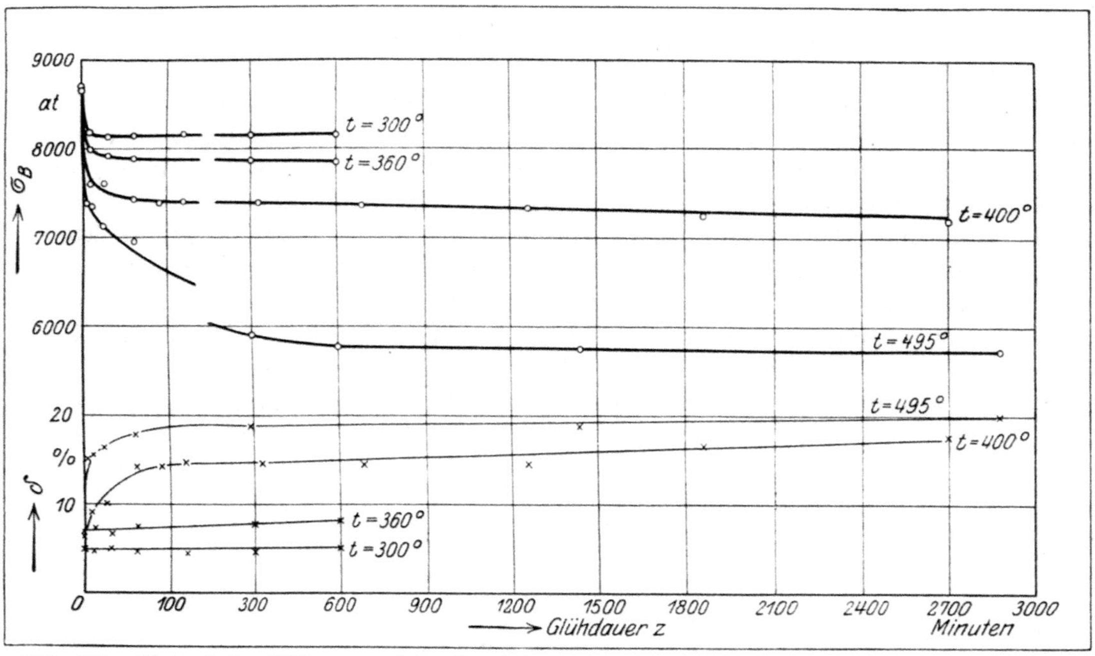

Abb. 98. Einfluß des Glühens auf die Festigkeitseigenschaften kaltgezogenen Flußeisens mit 0,08% Kohlenstoff (nach Goerens) (Glühtemperatur $= t^0$ C; Glühdauer $= z$ in Minuten).

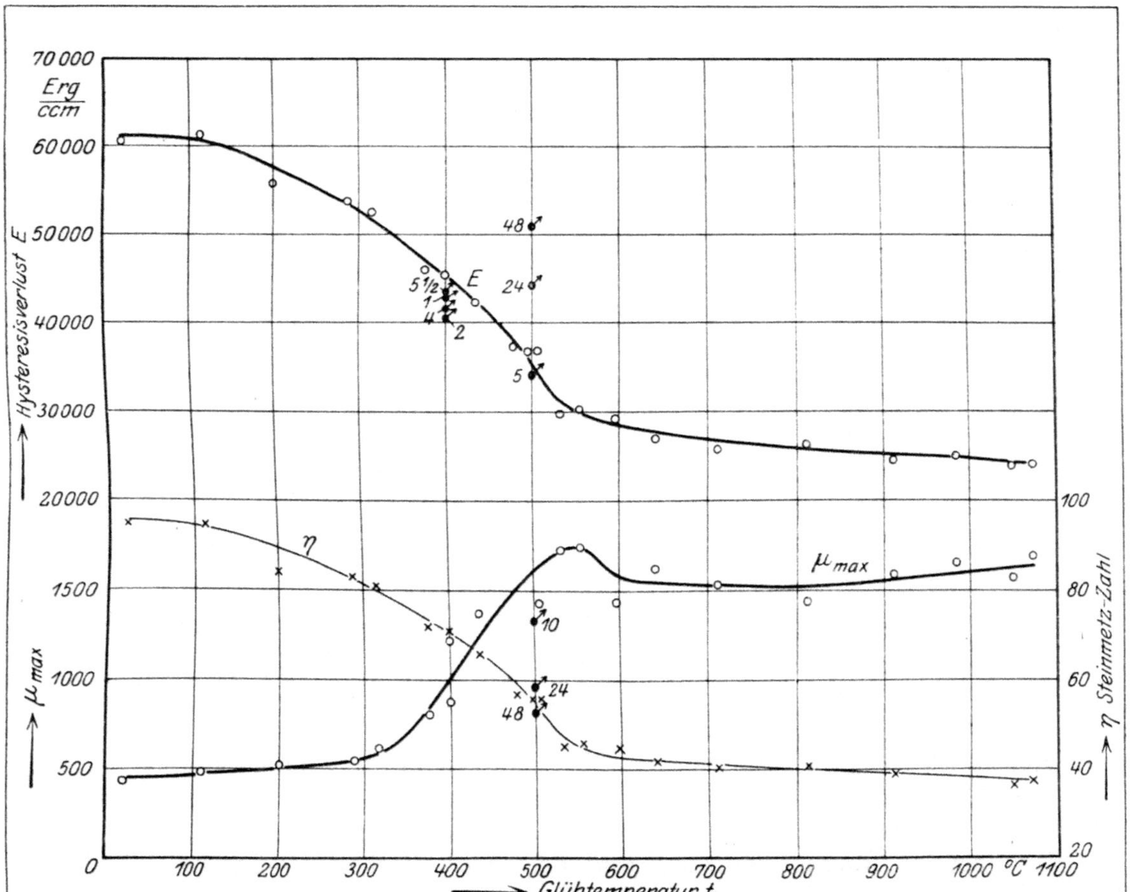

Abb. 99. Einfluß des Glühens auf die magnetischen Eigenschaften kaltgezogenen Flußeisendrahtes mit 0,08% Kohlenstoff nach Goerens ($\mathfrak{H}_{max} = 131{,}1-135{,}5$; $\mathfrak{B}_{max} = 17600$ bis 18400). × O = 25 Min. geglüht bei t^0 C, ♂ = n-Stdn. geglüht bei t^0 C, n den Punkten beigeschrieben. Ermittelte Zahlen nur Näherungswerte.

Glühtemperatur der unteren Grenze (550° C) zu nähern und auch die Glühdauer zu vermindern.

108. In Abb. 97 oben ist die Änderung des elektrischen Leitwiderstandes bei der Temperatur 16 bis 18° C nach 25 Minuten langem Glühen bei den als Abszissen verzeichneten Temperaturen t auf Grund der Versuche von Goerens mit Flußeisendraht veranschaulicht. Die Abb. 99 und 100 zeigen die Veränderung der magnetischen Eigenschaften desselben kaltgereckten Flußeisendrahtes durch Glühen bei den verschiedenen Temperaturen t. Die durch nicht ausgefüllte Kreise dargestellten Werte entsprechen einer Glühdauer von 25 Minuten, die durch schwarz ausgefüllte Kreise mit Pfeil bezeichneten Punkte dagegen geben die Wirkung des Glühens nach einer Glühdauer von n Stunden an, wobei die Zahl n den betreffenden Punkten bei-

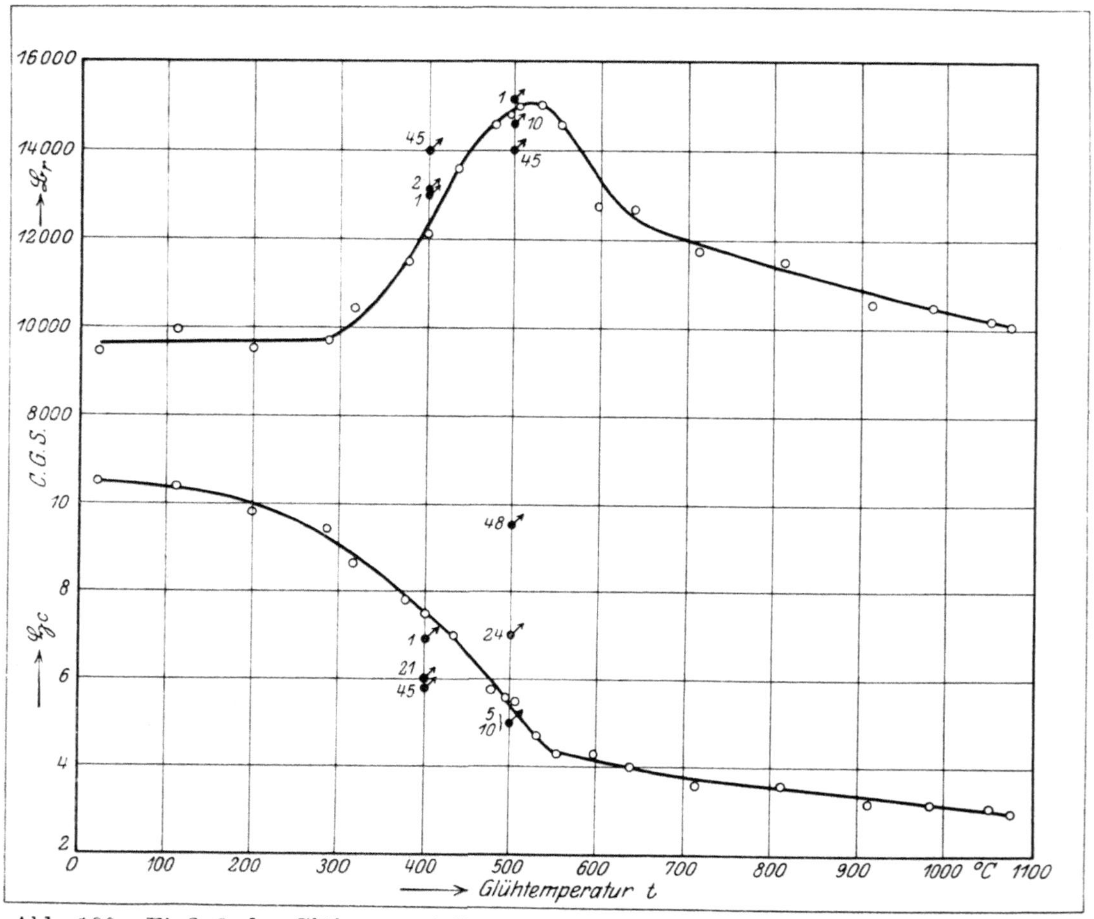

Abb. 100. Einfluß des Glühens auf die magnetischen Eigenschaften kaltgezogenen Flußeisendrahtes mit 0,08% Kohlenstoff nach Goerens. O = 25 Min. geglüht bei t° C, ♂ = n-Stdn. geglüht bei t° C, n ist den Punkten beigeschrieben. Ermittelte Zahlen nur Näherungswerte, $\mathfrak{H}_{max} = 131{,}1-135{,}5$, $\mathfrak{B}_{max} = 17600-18400$.

geschrieben ist. Festgestellt wurden die Änderungen folgender magnetischer Eigenschaften durch das Glühen: des Hysteresisverlustes E, der Steinmetzschen Zahl η, des Höchstwertes der magnetischen Durchlässigkeit μ_{max}, des zurückbleibenden Magnetismus $\mathfrak{B}_r$ und der magnetischen Rückhaltskraft $\mathfrak{H}_c$. Die erforderlichen Erläuterungen sind auf den Abbildungen selbst gegeben (vgl. II A, 383 bis 404).

109. In Abb. 94, welche die Untersuchungsergebnisse von Seyrich mit Kratzendraht (0,55% C, 1,0% Mn) entsprechend der Tabelle XI wiedergibt, fällt namentlich bei der Schaulinie für σ_B auf, daß der durch wiederholtes Glühen des Drahtes nach dem Kaltziehen herbeigeführte Wert von σ_B von der 2. Glühung an bis zur 5. Glühung mit jeder Glühung tiefer sinkt, und erst von der 5. bis 7. Glühung ab unveränderlich bleibt.

Man könnte die Ursache in einer fortschreitenden Entkohlung des Materials infolge der wiederholten Glühungen suchen, da Seyrich die Kohlenstoffgehalte in den einzelnen Stufen der Fertigung der Drähte nicht nachgeprüft hat. Wahrscheinlicher liegt aber hier ein gleicher Fall vor, wie ihn Hanemann und Lind (L. 85) an Bandstahl mit 1,15% Kohlenstoff beobachteten.

Wurde nämlich dieses Material abwechselnd kalt gewalzt und geglüht, so verminderte sich infolge des Glühens seine Festigkeit und stieg seine Dehnung um so mehr, je öfter der Vorgang des Kaltwalzens und Glühens wiederholt wurde, bis schließlich der geglühte Stahl nach einer genügenden Anzahl von Wiederholungen asymptotisch Grenzwerte der Festigkeit und Dehnung erreichte. Näheren Aufschluß hierüber geben die Tabelle XIX und die Abb. 101. Daß die oben angegebene Änderung der Festigkeitseigenschaften nicht etwa auf Entkohlung zurückzuführen ist, geht aus den in der Tabelle angegebenen, in den einzelnen Stufen der Bearbeitung kolorimetrisch ermittelten Kohlenstoffgehalten hervor.

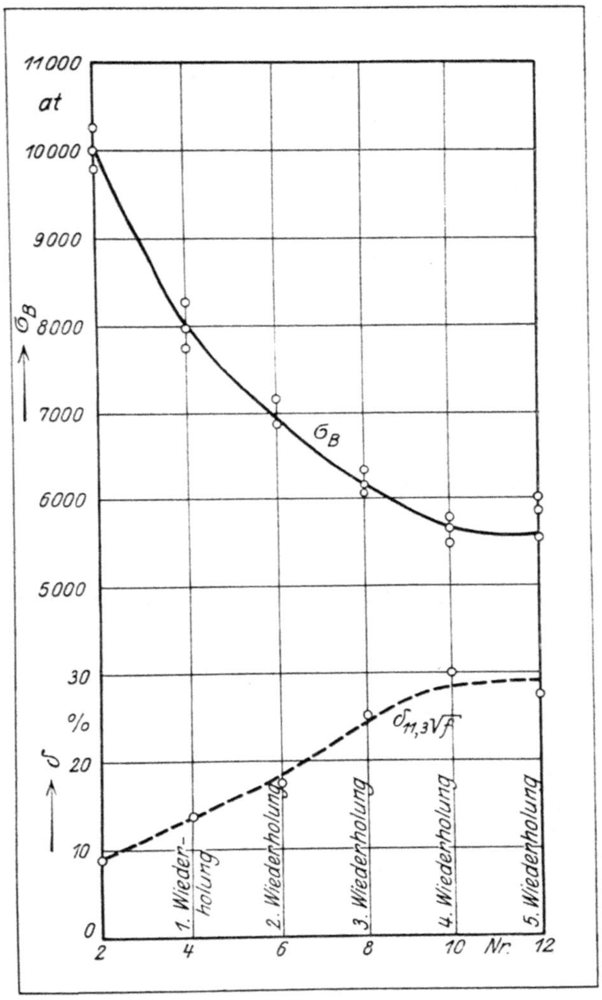

Abb. 101. Einfluß wiederholten Kaltwalzens und Glühens auf die Festigkeitseigenschaften von Bandstahl mit 1,15% C nach Haneman und Lind, vgl. Tab. XIX.

Hanemann und Lind machen keine Angaben über die Temperatur, bei der das Glühen des kaltgewalzten Bandstahles erfolgte. Um über den Einfluß der Glühtemperatur Aufschluß zu erlangen, wurden im Materialprüfungsamt folgende Versuche an einem Bandstahl ausgeführt, dessen Zusammensetzung war: C 1,09, Si 0,13, Mn 0,44, P 0,030, S 0,020, Cu 0,04, Ni 0,15, Cr 0,07%.

Der Stahl war in Form eines kaltgewalzten Bandes von 78 mm Breite und 1,65 mm Dicke eingeliefert. Er wurde einmal 6 Stunden bei 700° C, das andere Mal 1/2 Stunde bei 900° C geglüht. Die Abkühlung erfolgte in beiden Fällen langsam im elektrischen Rohrofen.

Die Ergebnisse der Behandlung sind in Tabelle XX zusammengestellt. Durch das Glühen des kaltgewalzten Stahles bei 700° C wird eine niedrige Bruchgrenze bei höherer Dehnung erzielt, während durch das Glühen bei 900° C wesentlich höhere Bruchgrenze und entsprechend niedrigere Bruch-

Tabelle XIX.

Einfluß des wiederholten Kaltwalzens und Ausglühens auf Bandstahl mit 1,15 % Kohlenstoff.

(Nach Hanemann und Lind.)

Nr.	Vorbehandlung	Mittlere Dicke mm	Breite mm	Streckzahl des Kaltwalzens f_0/f	Spezifisches Gewicht[2])	Kohlenstoff (kolorimetrisch) %	σ_B at	$\delta_{11,3\sqrt{f}}$ %
1	Warmgewalzt	2,421	81,36	—	7,8212	1,12	9720[3])	8,7
2	Geglüht[1])	2,065	81,89	—	7,8274	1,17	10020[4])	8,8
3	Kaltgewalzt	1,562	81,13	1,33	7,8112	1,15	10120[5])	3,8
4	Nr. 3 geglüht[1])	1,629	81,73	—	7,8250	1,21	8000[4])	13,8
5	Nr. 4 kaltgewalzt . . .	1,339	81,61	1,22	7,8152	1,19	9170[5])	3,8
6	Nr. 5 geglüht[1])	1,343	81,63	—	7,8242	1,18	7020[5])	17,5
7	Nr. 6 kaltgewalzt . . .	0,971	81,91	1,38	7,8154	1,16	8940[5])	6,2
8	Nr. 7 geglüht[1])	1,028	83,89	—	7,8257	1,23	6180[4])	25,0
9	Nr. 8 kaltgewalzt . . .	0,706	82,17	1,48	7,8090	1,19	9080[5])	3,8
10	Nr. 9 geglüht	0,721	82,26	—	7,8316	1,18	5660[4])	30,0
11	Nr. 10 kaltgewalzt . . .	0,485	82,60	1,48	7,8030	1,16	8800[5])	5,0
12	Nr. 11 geglüht[1])	0,465	82,57	—	7,8240	1,20	5810[4])	27,5

Tabelle XX.

Einfluß der Glühtemperatur auf die Festigkeitseigenschaften kaltgereckten Bandstahles mit 1,09 % Kohlenstoff.

Breite 78 mm, Dicke 1,65 mm.

Nr.	Vorbehandlung	σ_S at		σ_B at		$\delta_{11,3\sqrt{f}}$ %		q %		$\frac{\sigma_S}{\sigma_B}\,100$ %	
			im Mittel		im Mittel		im Mittel		im Mittel		im Mittel
1	Kaltgewalzt	9380		9650		6,1		14		97	
			9390		9710		5,9		15		97
		9390		9770		5,6		15		96	
2	Nr. 1 6 Stunden bei 700° C geglüht; langsam abgekühlt	3730		6190		24,1		30		60	
			3750		6070		25,1		40		62
		3760		5940		26,1		49		63	
3	Nr. 1 ½ Stunde bei 900° C geglüht; langsam abgekühlt	4140		8350				10		50	
			4200		8320		8,7		9		51
		4260		8290		8,7		7		51	

[1]) Glühtemperatur nicht angegeben. [2]) Vgl. II A, 299, 300. [3]) Mittel aus 4 Einzelversuchen. [4]) Mittel aus 3 Einzelversuchen. [5]) Mittel aus 2 Einzelversuchen.

Tabelle XXI.

Einfluß der Glühtemperatur auf die Biegefähigkeit kaltgereckten Bandstahles mit 1,09 % Kohlenstoff.

Nr.	Vorbehandlung	$\mathfrak{B}_n$ = Zahl der Biegungen Einzelwerte	Mittelwert
1	Kaltgewalzt	1, 1/2, 1/2, 1 1/4—1 1/2, 1/2, 3/4	3/4
2a	Nr. 1 geglüht 6 Std. bei 650° C; langsam abgekühlt	1, 1, 1, 1, 1 1/4	1
2b	Nr. 1 geglüht 6 Std. bei 700° C; langsam abgekühlt	1 1/2, 1 1/4, 1, 1—1 1/4, 1, 2	1 1/4—1 1/2
3a	Nr. 1 geglüht 1/2 Std. bei 900° C; langsam abgekühlt	3/4, 1, 1, 1/2, 1/2, 3/4	3/4
3b	Nr. 1 geglüht 1/2 Std. bei 900° C; rasch an der Luft abgekühlt	3/4, 1/2—3/4, 1/2, 1/4—1/2, 1/2, 1/2	1/2

dehnung erreicht wird. Beiden Zuständen entspricht verschiedenes Gefüge. Im Zustand Nr. 2, nach dem Kaltrecken bei 700° C geglüht, besteht das Gefüge aus sogenanntem „körnigen" Perlit, wie in Abb. 71, Taf. XVI (Lineare Vergrößerung 620). Bei dieser Art des Perlits ist der Zementit in Form kleiner Inselchen in der Grundmasse des Ferrits zerstreut (vgl. auch L. 85). Im Zustand 3 hingegen, nach dem Kaltrecken und Glühen bei 900° C, ist das Material aus dem gewöhnlichen Perlit aufgebaut, in dem feine Lamellen von Zementit und Ferrit miteinander abwechseln, wie in Abb. 72, Taf. XVI (Vergr. 620). Aus dieser Abbildung ist ferner noch eine Unterteilung des Perlits in einzelne gröbere Körner ersichtlich, die sich durch verschiedene Richtung der Lamellen und verschiedenen Grad der Dunkelfärbung voneinander unterscheiden. Im Zustand 2 hingegen zeigt der sogenannte „körnige" Perlit solche Unterteilung nicht.

Der Bandstahl wurde weiterhin auf seine Biegefähigkeit beim Schlagbiegeversuch geprüft.

Streifen von 7 mm Breite wurden in der Längsrichtung aus dem Band herausgeschnitten. Sie wurden, ohne daß ein Kerb angebracht wurde, nach Abb. 102 in den Schraubstock gespannt und mit einem Handhammer an der durch Pfeil angegebenen Stelle (vgl. II A, 316) um 90° um die scharfe Amboßkante geschlagen. Dieser Vorgang wurde als eine Biegung bezeichnet. War noch kein Bruch erfolgt, so wurde der rechtwinklig gebogene Streifen zwischen den Schraubstockbacken wieder gerade gerichtet, was als zweite Biegung gerechnet wurde. Die Zahl $\mathfrak{B}_n$ der Biegungen bis zum Bruch gilt als Maßstab für die Biegefähigkeit.

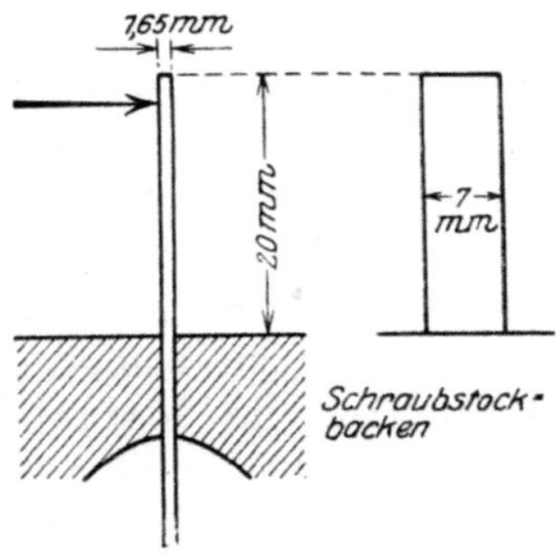

Abb. 102.

Die Ergebnisse der Biegeprobe sind in der Tabelle XXI enthalten. Die Zahl $\mathfrak{B}_n$ ändert sich in ähnlicher Weise, wie die Bruchdehnung beim Zugversuch. Sie ist hoch nach Glühung des kaltgewalzten Stahles bei 650 bis 700° C, sie ist dagegen wesentlich niedriger, wenn der kaltgewalzte Stahl bei 900° C geglüht worden ist.

110. Die Gesetze über den Einfluß des Glühens auf Eisenkohlenstoff-Legierungen nach dem Kaltrecken lassen sich, soweit das Beobachtungsmaterial reicht, wie folgt zusammenfassen:

a) Dem allgemeinen Gesetz entsprechend (II A, 297), gibt es eine Mindesttemperatur t_r, bei welcher durch das Glühen die Wirkung des Kaltreckens beseitigt, also die gehobene Bruchgrenze erniedrigt und die herabgedrückte Bruchdehnung wieder gesteigert wird. Diese Mindesttemperatur liegt bei kohlenstoffarmem Flußeisen bei etwa 500° C. Ob sie bei kohlenstoffreichen Stählen einen anderen Wert besitzt, ist noch nicht festgestellt.

b) Während bei kohlenstoffarmen Flußeisensorten (Abb. 96) oberhalb der Grenztemperatur t_r Bruchgrenze und Bruchdehnung sich verhältnismäßig wenig ändern, findet bei kohlenstoffreichen Stählen mit 1% Kohlenstoff in der Gegend von 900° C eine plötzliche Steigerung der Bruchgrenze und entsprechende Verminderung der Bruchdehnung statt.

Die Abbildung, die σ_B und δ in Abhängigkeit von der Glühtemperatur darstellt, muß also für Stahl mit etwa 1% Kohlenstoff und darüber wesentlich von der in Abb. 96 abweichen, die für kohlenstoffarmes Flußeisen gilt. Ihr Verlauf muß etwa der sein, wie er in Abb. 103 angedeutet ist.

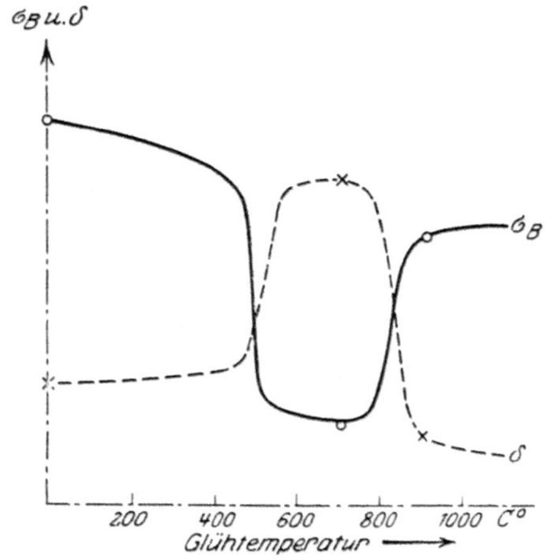

Abb. 103.

Wie aus den Versuchen von Seyrich hervorgeht, wird auch das Schaubild für Stähle mit etwa 0,5% Kohlenstoff qualitativ ähnlich verlaufen wie Abb. 103; möglicherweise macht sich eine ähnliche Wirkung bis zu noch tieferen Kohlenstoffgehalten geltend. Planmäßige Untersuchungen hierüber liegen noch nicht vor.

c) Die Werte für die Bruchgrenze und Bruchdehnung, die durch Glühen kaltgereckten kohlenstoffreicheren Flußmaterials bei etwa 700° C erzielt werden, hängen auch davon ab, wie oft das abwechselnde Kaltrecken und darauf folgende Glühen wiederholt wird. Mit der Anzahl dieser Wiederholungen sinkt die Bruchgrenze und steigt die Bruchdehnung erst schnell, dann immer langsamer einem Grenzwert zu.

Für die Technik des Kaltreckens (Kaltziehen, Kaltwalzen) bietet die Möglichkeit, durch Glühen des kohlenstoffreicheren kaltgereckten Stahles bei 700° C die Festigkeit auf einen sehr niedrigen, die Dehnung auf einen sehr hohen Wert zu bringen, also die Geschmeidigkeit zu erhöhen, ein wichtiges Hilfsmittel, da hierdurch der Arbeitsaufwand beim Kaltrecken vermindert und weitgehende Querschnittsverminderung erleichtert wird. Erst nachdem die durch das Kaltrecken erstrebte Querschnittsverminderung oder sonstige Formänderung erreicht ist, kann man durch Glühen des fertigen Erzeugnisses bei etwa 900° C (jedenfalls über 700° C) die Festigkeit steigern und so dem Material die Festigkeitseigenschaften erteilen, die man von kohlenstoffreichen Stählen erwartet.

111. Die bisherigen Auseinandersetzungen bezogen sich nur auf das Glühen von kaltgerecktem Material. Da aber nach unseren früheren Betrachtungen (II A, 314) zwischen Kalt- und Warmrecken keine scharfen Übergänge bestehen, so kann, wenn das Warmrecken bis zu ziemlich niedrigen Temperaturen fortgesetzt wird, die Wirkung sich der des Kaltreckens nähern. Die Folge davon könnte sein, daß durch Glühen bei 700° C die Festigkeit auch dieses warmgereckten Materials vermindert, die Dehnung gesteigert, durch das Glühen bei 900° C aber die Festigkeit wieder gehoben und die Dehnung entsprechend erniedrigt wird. Manches deutet auf eine derartige Wirkung bei kohlenstoffreichen Stählen hin. Planmäßige Untersuchungen sind allerdings bisher noch nicht veröffentlicht.

112. Änderung der Abmessungen von kaltgereckten Drähten und Bändern durch das Glühen ist häufig beobachtet worden. So folgt z. B. aus den Tabellen XI und XVIII, daß der kaltgezogene Draht nach dem Glühen größeren Durchmesser hat, als zuvor. Da das kaltgereckte Material geringeres spezifisches Gewicht, also größeres Volumen als das geglühte hat (vorausgesetzt, daß das Material vor dem Kaltrecken vom Dichtigkeitsgrade 1 war: s. I, 21, 22), so kann die Vergrößerung des Durchmessers der Drähte infolge des Glühens nur mit einer entsprechenden Verkürzung der Länge verknüpft sein. Auch bei den Bandstählen (Tabelle XIX) wächst die Dicke nach dem Glühen. Beide Erscheinungen sind unter der Voraussetzung, daß keine Oxydbildung vorliegt, vielleicht auf die Auslösung von Reckspannungen zurückzuführen.

2623 $V = 1650$

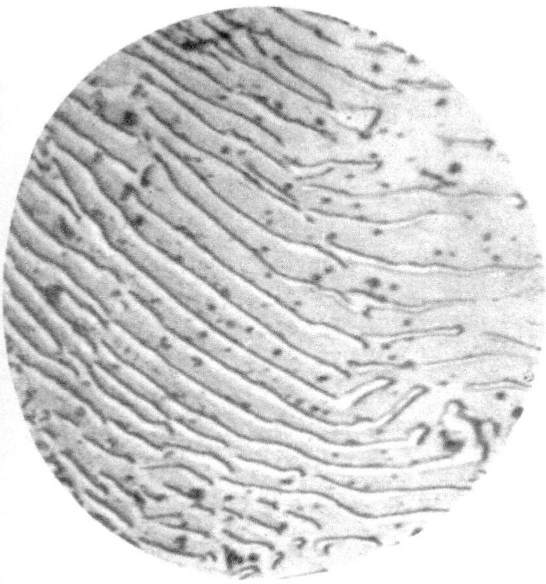

Abb. 1. Perlit.

2128 $V = 123$

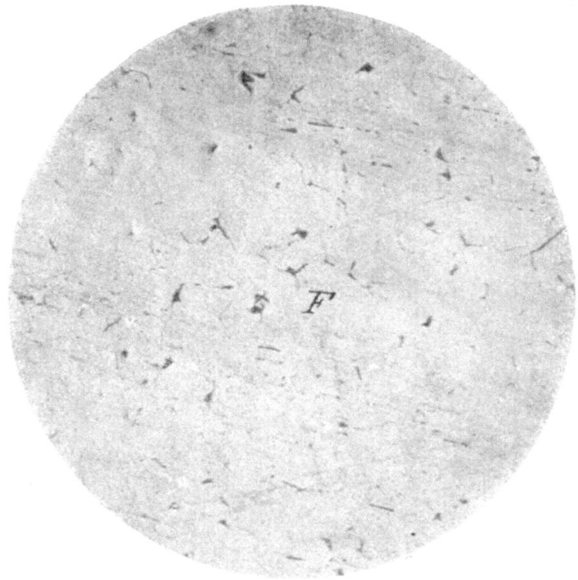

Abb. 2. Eisen mit 0,05 % C, gewalzt.
F = Ferrit mit eingelagerten Perlitinselchen.

228 $V = 900$

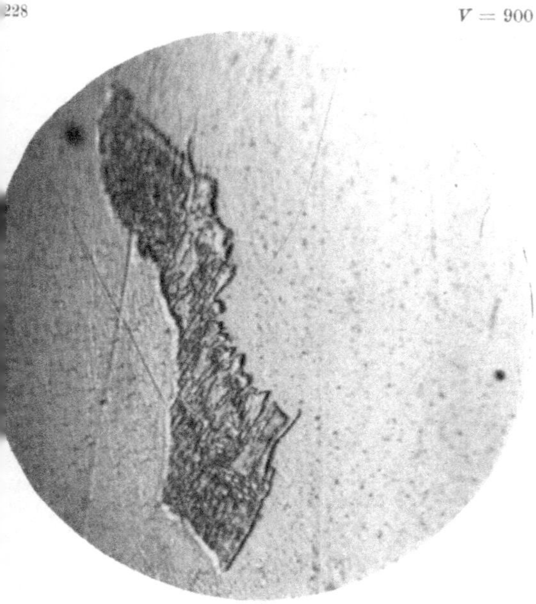

Abb. 3. Perlitinselchen im Ferrit.
(Teilbild zu Abb. 2.)

2851 $V = 123$

Abb. 4. Eisen mit 0,34 % C, gewalzt.
Ferrit und Perlit.

Tafel II.

2954 $V = 1650$

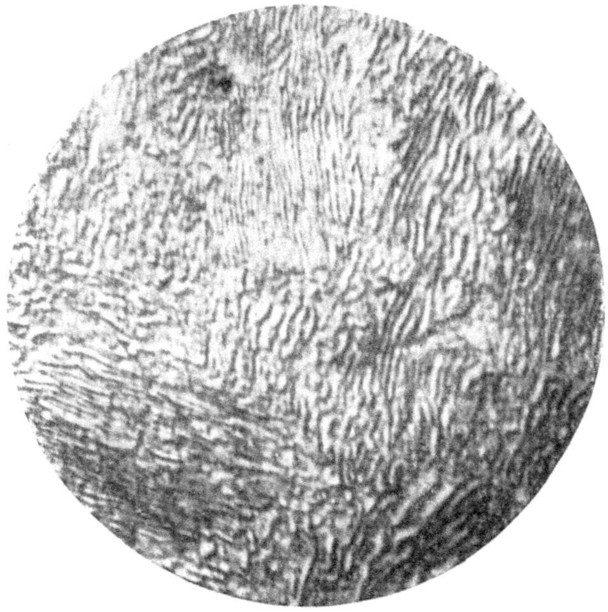

Abb. 5. Eisen mit 0,95 % C, gewalzt.
Perlit
(mit alkoholischer Salzsäure geätzt).

2633 $V = 365$

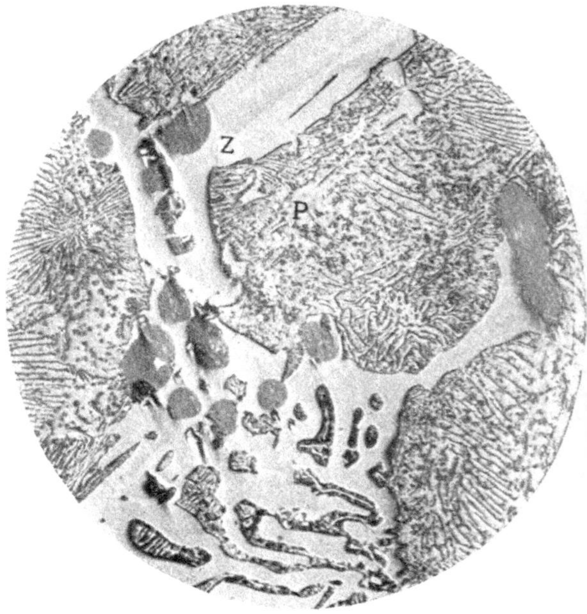

Abb. 6. Eisen mit 2,16 % C, geglüht.
P = Perlit, Z = Zementit
(ätzpoliert).

3099 $V = 365$

Abb. 7. Stahl, gegossen, mit 2,08 % C.
Perlit und Zementit.

3478 $V = 365$

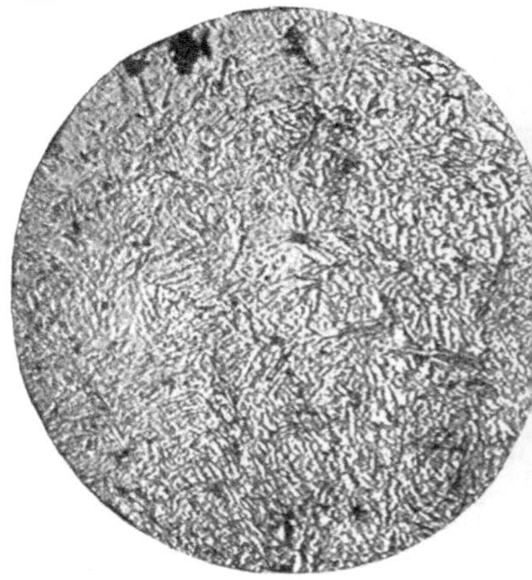

Abb. 8. Stahl mit 0,95 % C bei
900° C in Wasser abgeschreckt.
Martensit.

Stahl mit 0,95 $^0/_0$ C, bei 900° C in Wasser abgeschreckt, dann angelassen bei
dann mit Salzsäure und Alkohol geätzt.

Abb. 9.

4532 $V = 350$

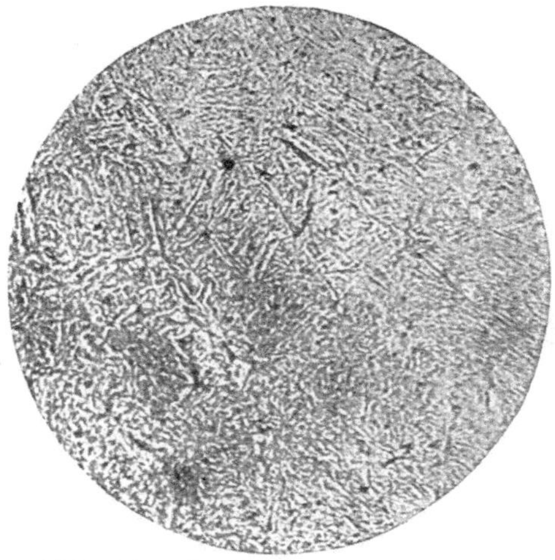

Abb. 10. Stahl mit 0,95 $^0/_0$ C, bei 900° C in Wasser abgeschreckt.
Martensit.

4533 $V = 350$

Abb. 11. Stahl mit 0,95 $^0/_0$ C, bei 900° C in Wasser abgeschreckt, bei 100° C angelassen.

4534 $V = 350$

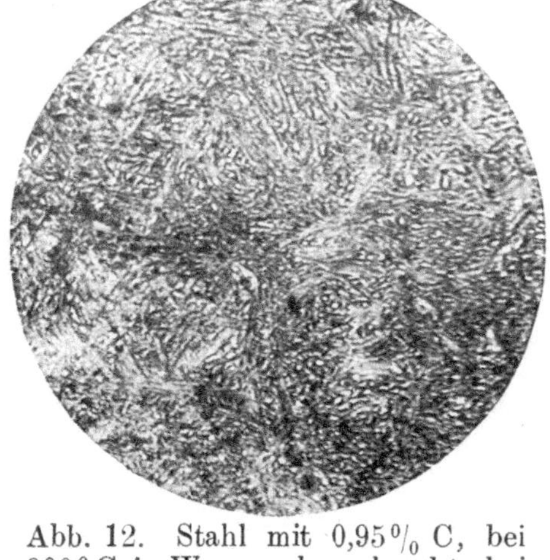

Abb. 12. Stahl mit 0,95 $^0/_0$ C, bei 900° C in Wasser abgeschreckt, bei 200° C angelassen.

Tafel IV.

Gefüge von abgeschrecktem und angelassenem Werkzeugstahl mit 0,95 % C (Fortsetzung von Abb. 10, 11, 12, Taf. III).

4535 $V = 350$

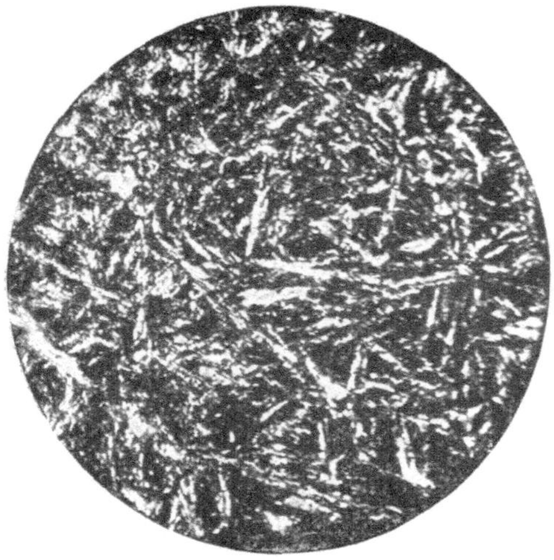

Abb. 13. Bei 275° C angelassen. Troostit.

4558 $V = 900$

Abb. 14. Bei 275° C angelassen. Troostit.

4538 $V = 350$

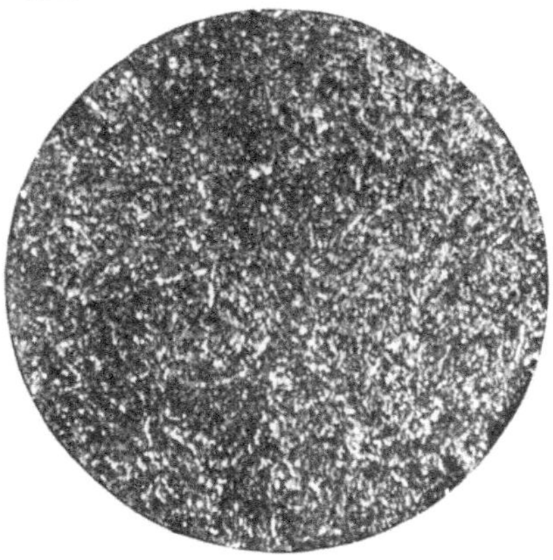

Abb. 15. Bei 405° C angelassen. Osmondit.

4539 $V = 1650$

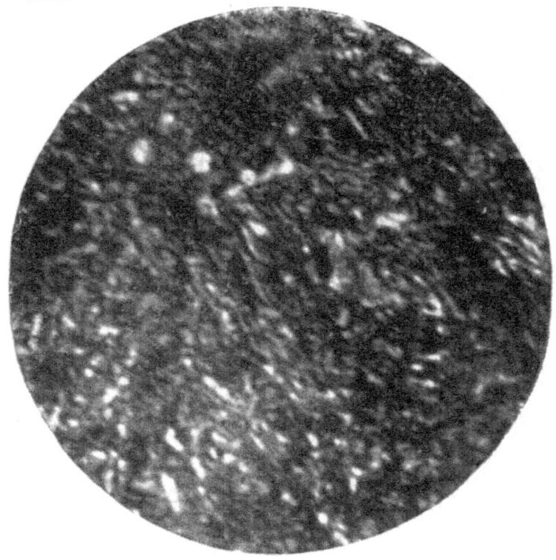

Abb. 16. Bei 405° C angelassen. Osmondit.

4550 $V = 350$

Abb. 17. Bei 500° C angelassen. Sorbit.

4554 $V = 350$

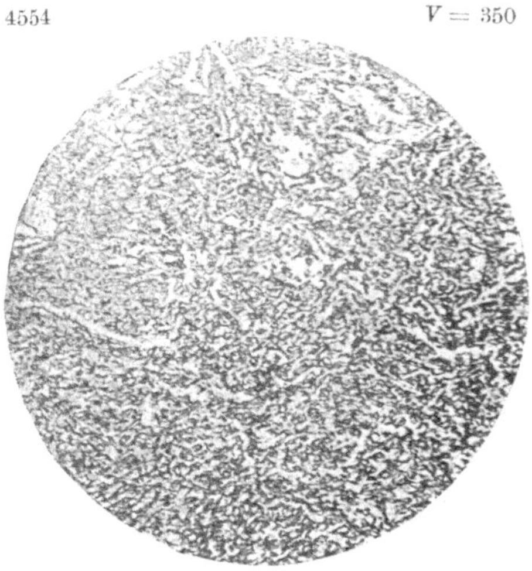

Abb. 18. Bei 640° C angelassen. Sorbit.

Gefüge von abgeschrecktem und angelassenem Werkzeugstahl mit 0,95 % C.
(Fortsetzung von Taf. IV.)

4461 $V = 350$

Abb. 19. Bei 700° C angelassen.
(Körniger Perlit.)

4544 $V = 350$

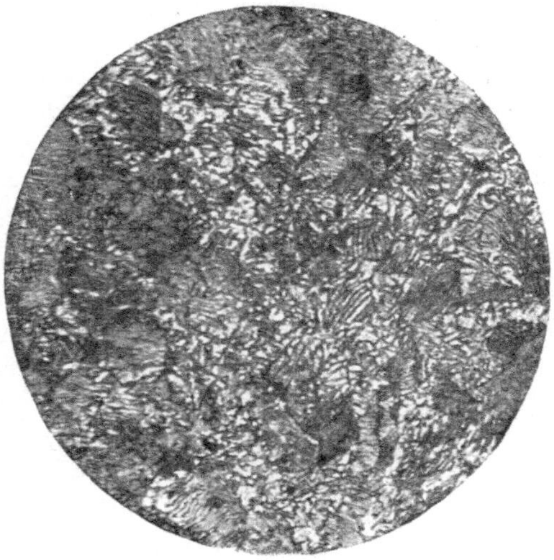

Abb. 20. Gefüge im geschmiedeten Zustand.
Perlit.

4553 $V = 900$

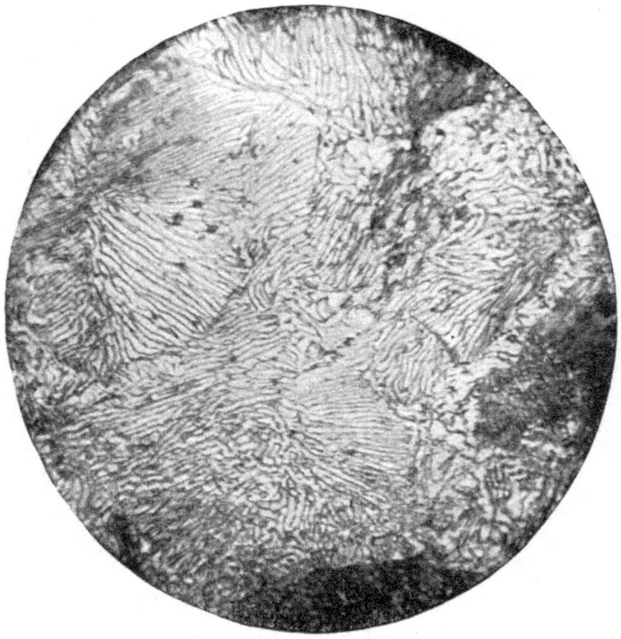

Abb. 21. Gefüge im geschmiedeten Zustand bei stärkerer Vergrößerung.
(Lamellarer Perlit.)

3565 $V = 875$

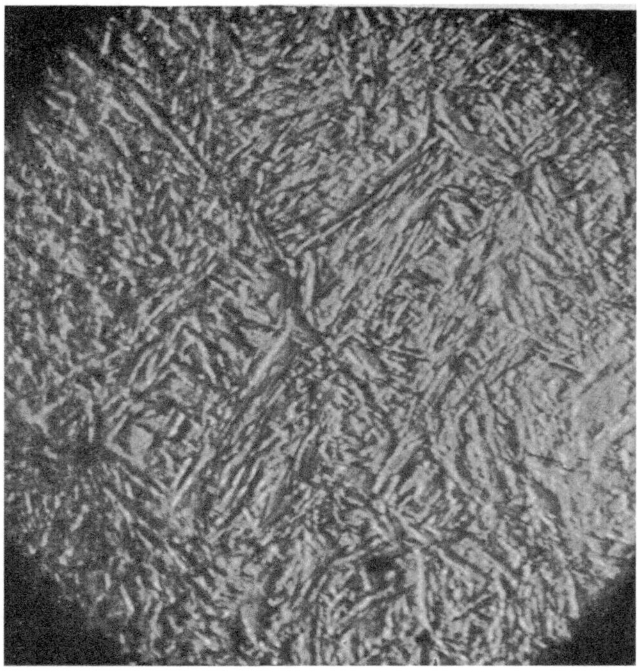

Abb. 22. Überhitzt gehärteter Werkzeugstahl.
(Grobnadliger Martensit.)

3566 $V = 875$

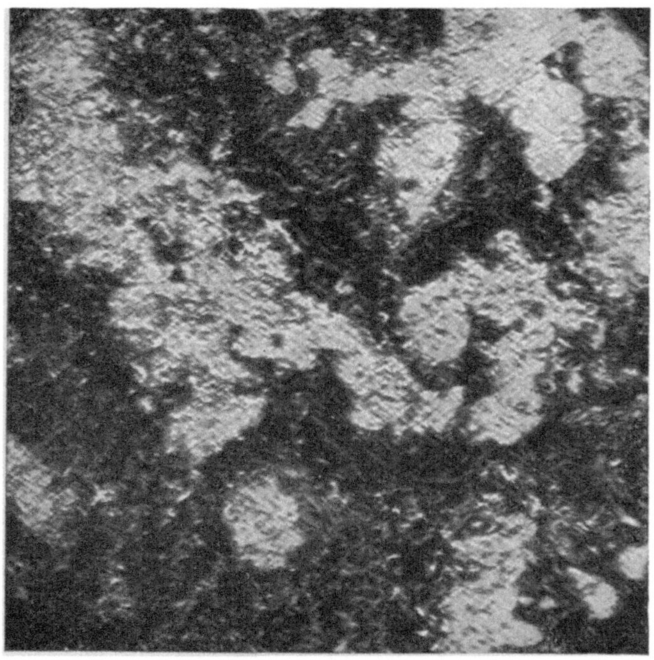

Abb. 23. Derselbe Stahl wie in Abb. 22 weniger schroff abgeschreckt.
(Neben feinnadligem Martensit treten große Mengen Troostit auf.)

Tafel VII.

Abb. 24 bis 30. Stahl mit 0,95 % Kohlenstoff nach Tabelle VII abgeschreckt und mit alkoholischer Salzsäure geätzt.

1.

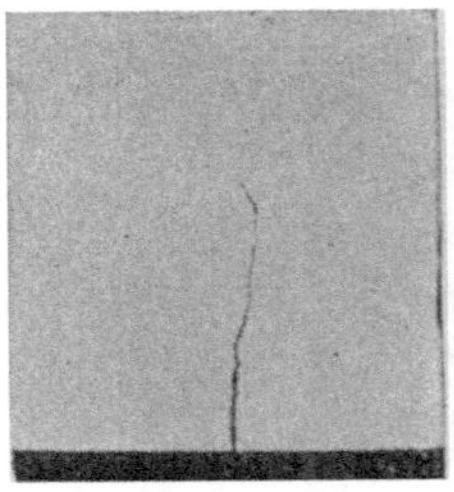

2.

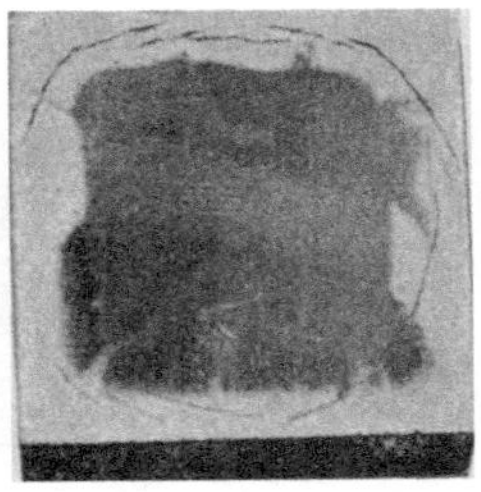

Abb. 24.

3.

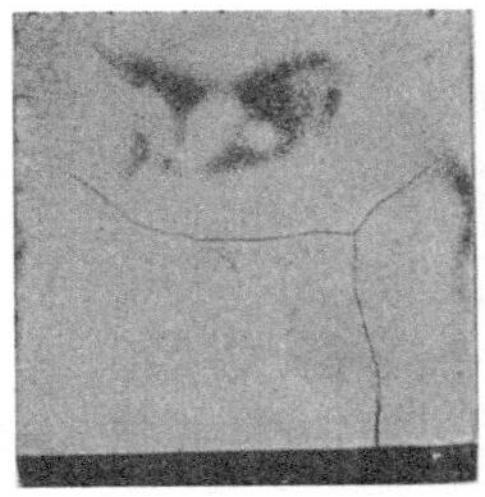

4.

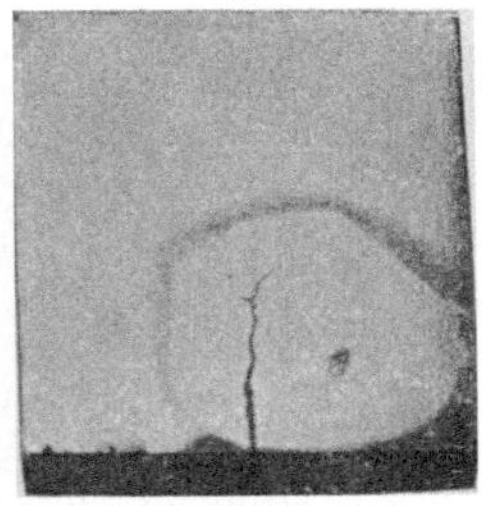

Abb. 25

Abgeschreckt in 20 % Kochsalzlösung. Abgeschreckt in Wasser von 0° C.

5.

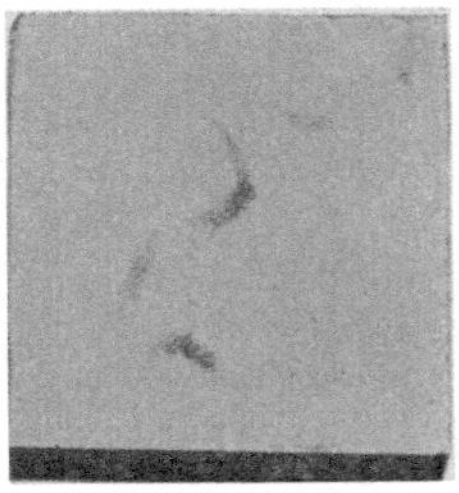

6.

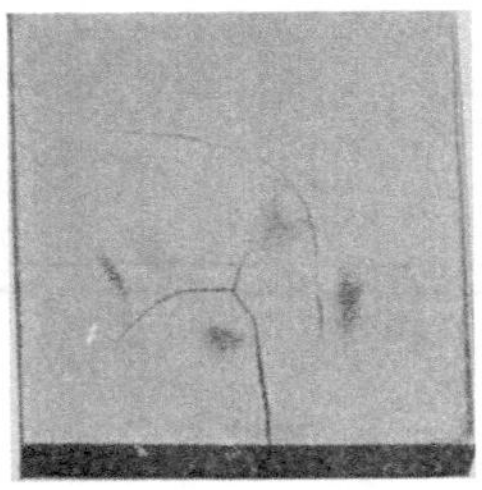

Abb. 26.

7.

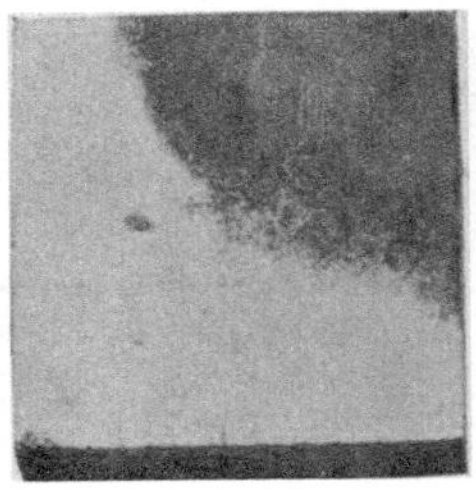

8.

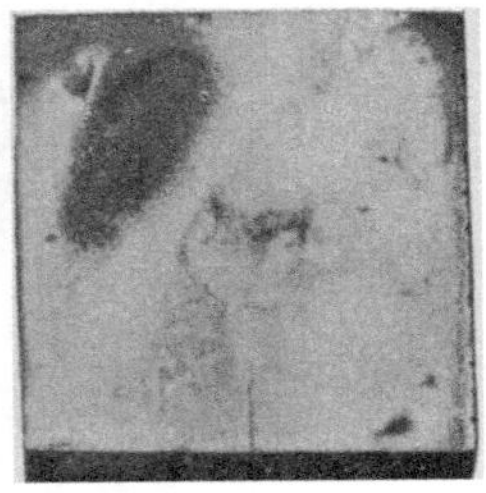

Abb. 27

Abgeschreckt in Wasser von 20° C. Abgeschreckt in Quecksilber von 22° C.

9.

10.

Abb. 28.

11.

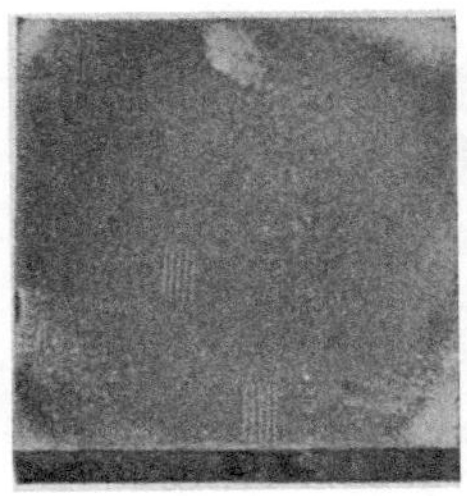

12.

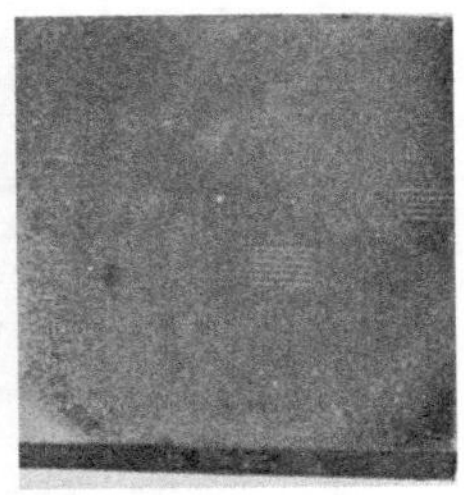

Abb. 29

Abgeschreckt in Wasser von 100° C. Abgeschreckt in Leinöl von 20° C.

13.

14.

Abb. 30.

Abgeschreckt in schmelzendem Blei von 348° C.

Abb. 31 bis 33. Die geätzten Proben 3, 5, 7 (siehe oben) nach Tab. VII 3 Stunden bei 300 bis 320° C angelassen.

3.

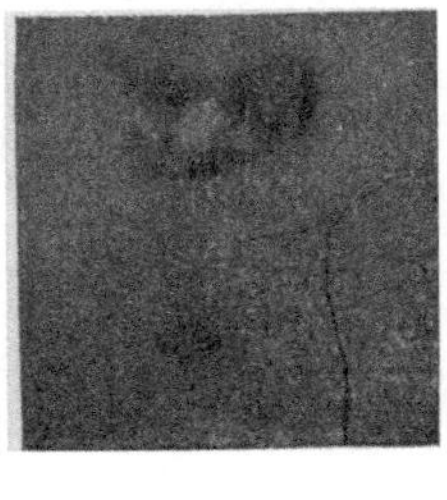

5.

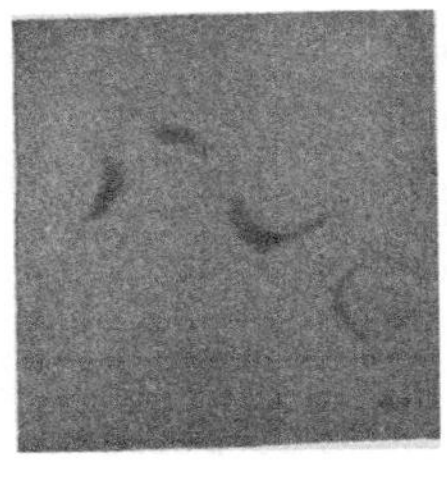

7.

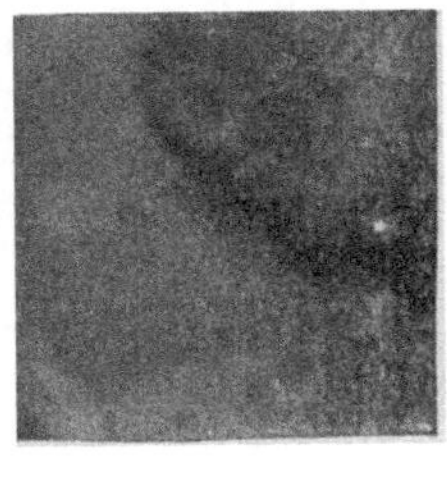

Tafel VIII.

Gefüge von Flußeisen mit 0,17 $^0/_0$ C nach dem Abschrecken bei verschiedenen Temperaturen.

3308 $V = 123$

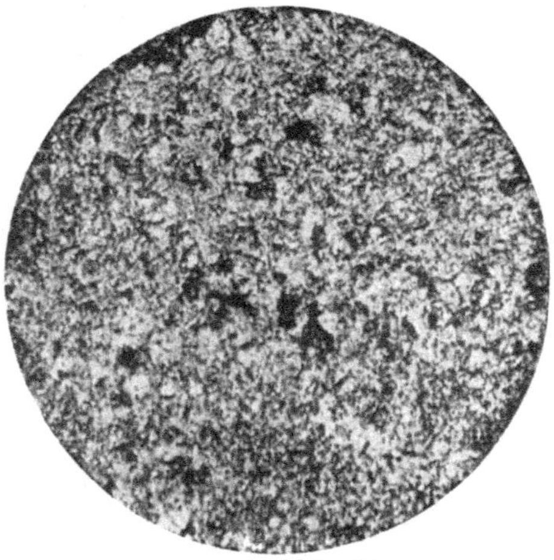

Abb. 34.

3310 $V = 900$

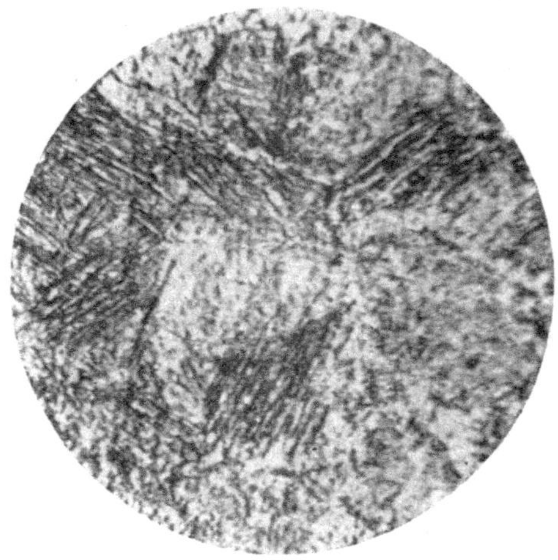

Abb. 35.

Von 1100° C abgeschreckt.

3307 $V = 123$

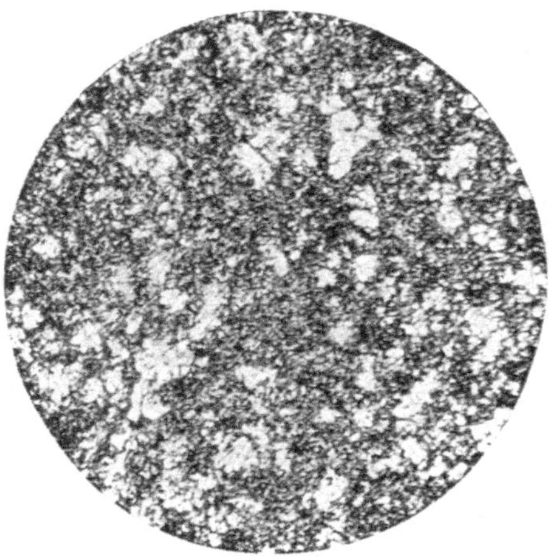

Abb. 36.

3306 $V = 900$

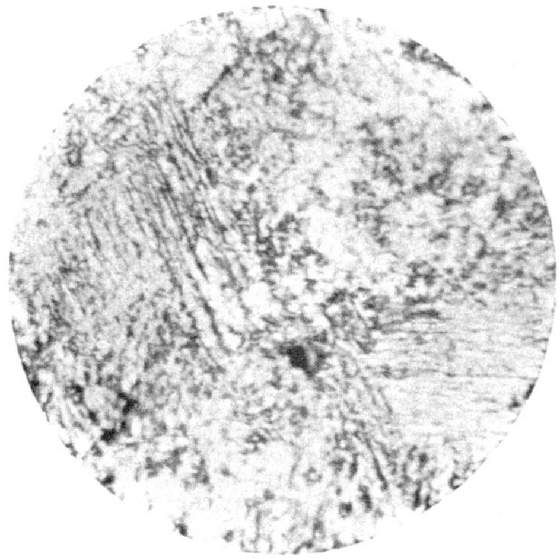

Abb. 37.

Von 900° C abgeschreckt.

3301 $V = 123$

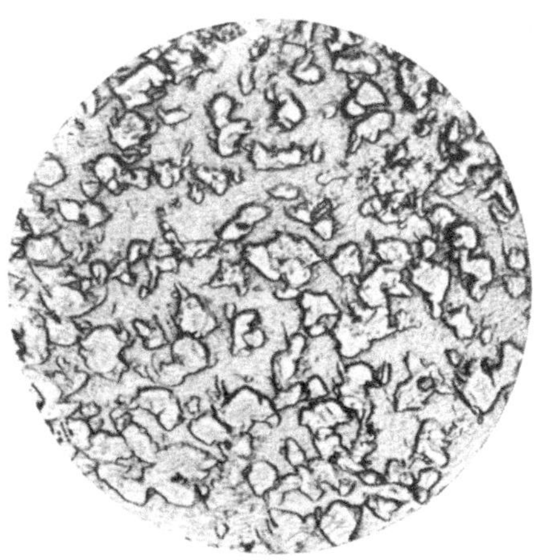

Abb. 38.

3316 $V = 365$

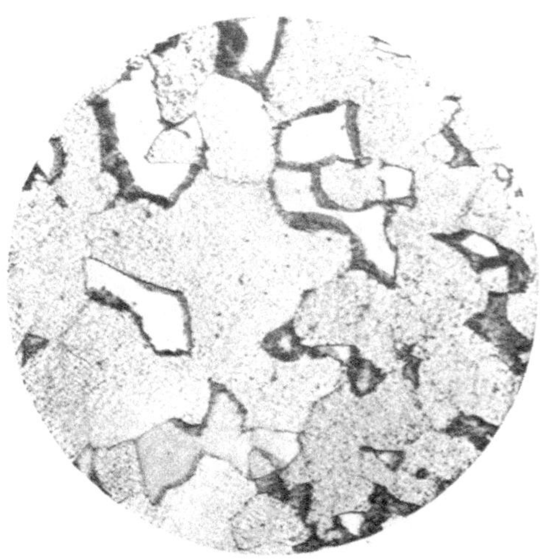

Abb. 39.

Von 790° C abgeschreckt.

Gefüge von Flußeisen mit 0,17 % C nach dem Abschrecken von verschiedenen Temperaturen (Fortsetzung von Tafel VIII).

3318 $V = 900$

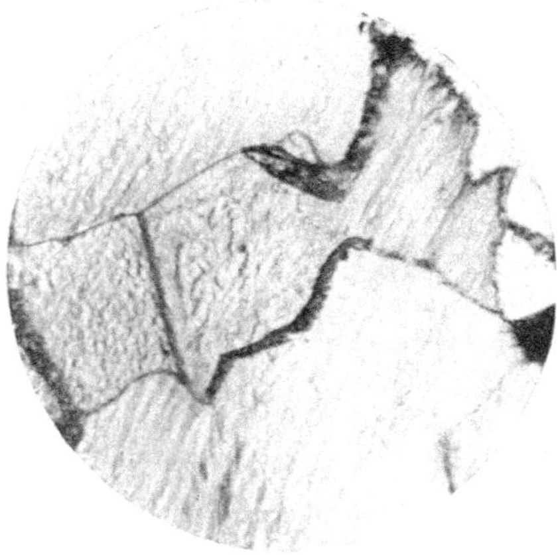

Abb. 40. Von 790° C abgeschreckt.
(Wie Abb. 39, Taf. VIII, jedoch in stärkerer Vergrößerung.)

3296 $V = 123$

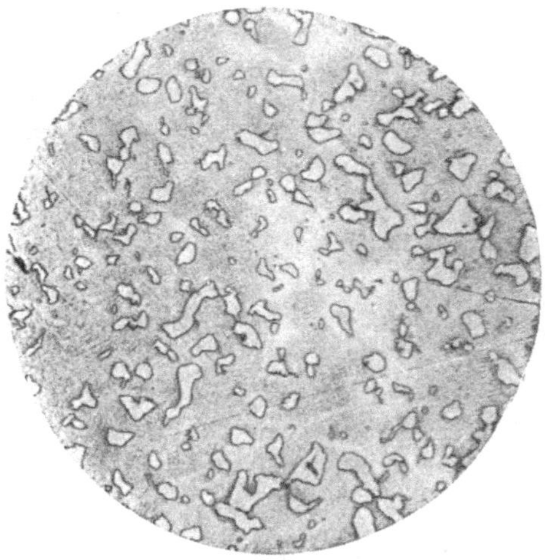

3298 $V = 900$

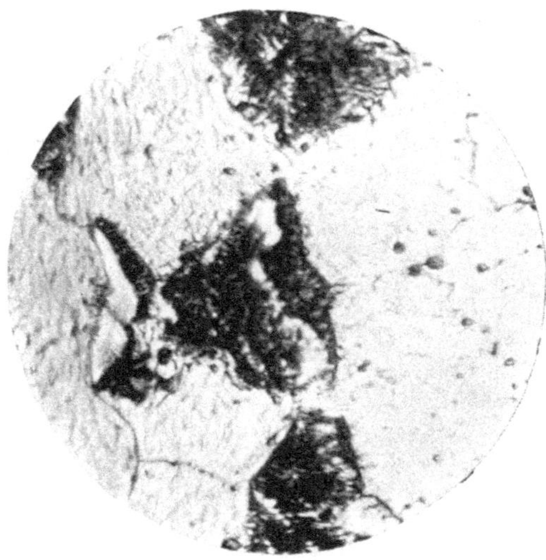

Abb. 41. Abb. 42.
Von 740° C abgeschreckt.

3292 $V = 123$

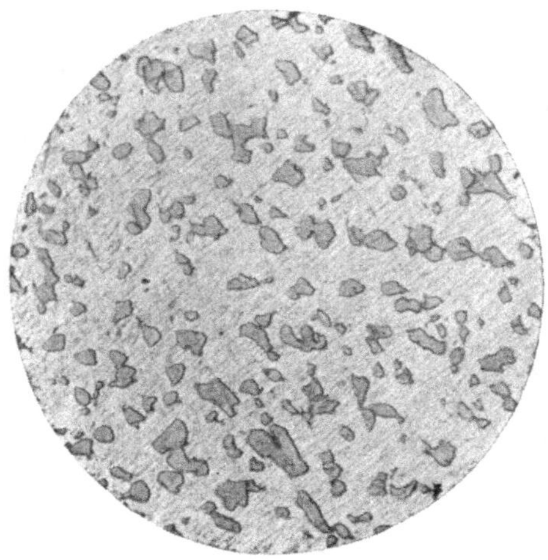

Abb. 43. Von 715° C abgeschreckt.

3290 $V = 123$

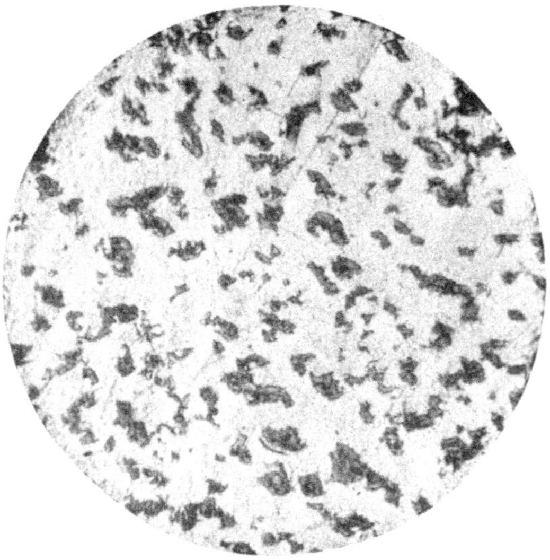

3300 $V = 900$

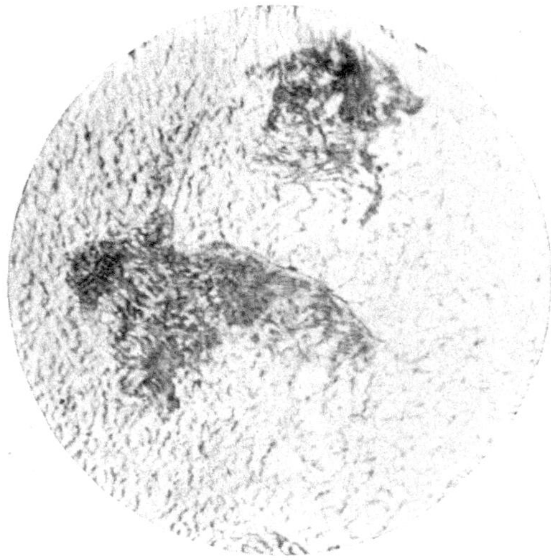

Abb. 44. Abb. 45.

Gefüge von Flußeisen mit 0,17 % C nach dem Abschrecken von 650° C.

3412 $V = 365$

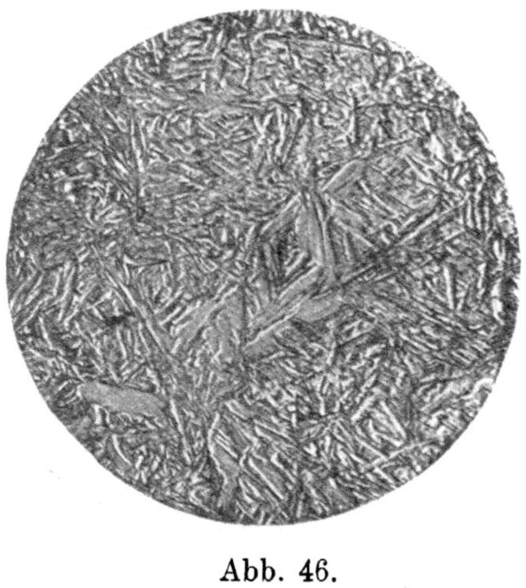

3415 $V = 365$

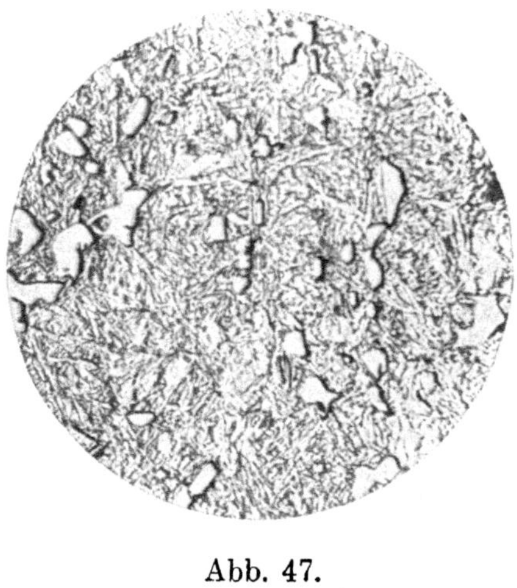

Abb. 46. Abb. 47.

Gefüge von Flußstahl mit 1,3 % C nach dem Abschrecken bei 1090° C.

3433 $V = 365$

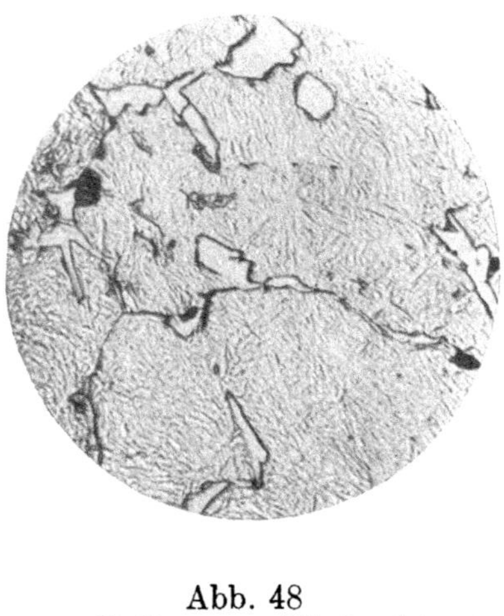

3427 $V = 900$

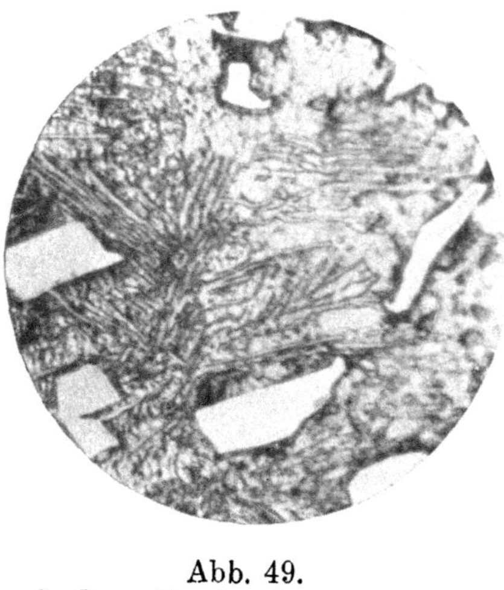

Abb. 48 Abb. 49.

Gefüge von Flußstahl mit 1,3 % C nach dem Abschrecken von 715° C. 650° C.

3348 $V = 225$

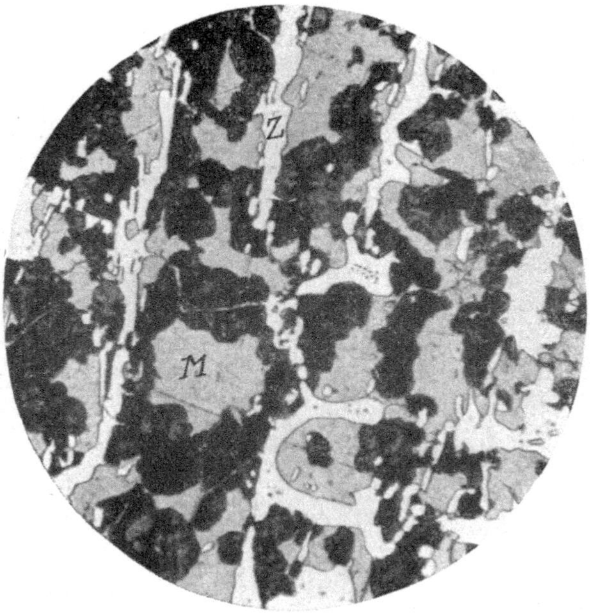

3347 $V = 225$

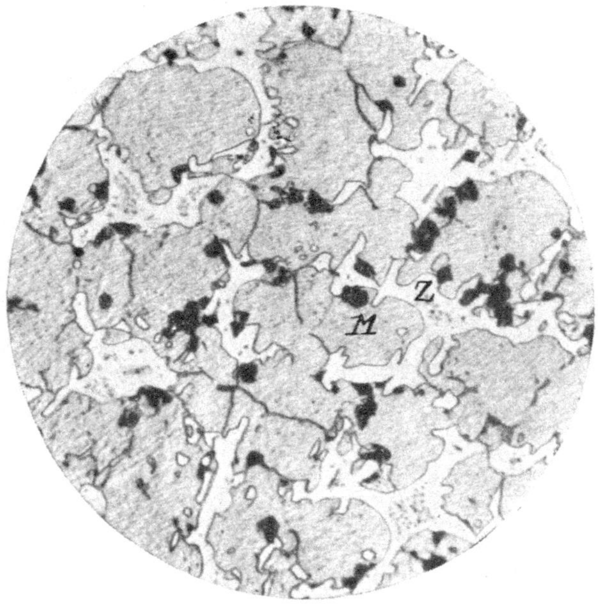

Abb. 50. Abb. 51.

Gefüge einer bei 750° C abgeschreckten Stahlprobe mit 2,08% C (vgl. Text-Abb. 56)

an den in Text-Abb. 56 mit *a* u. *b* bezeichneten dunklen Stellen.

an den hellen Stellen der Probe (vgl. Text-Abb. 56).

3615 $V = 365$

Abb. 52.
durch Abschreckung erzielter Austenit (elektrolytisch mit Salzsäure geätzt).

5490 $V = 350$

Abb. 53.
Ursprünglicher Austenit durch Eintauchen in flüssige Luft in Martensit umgewandelt.

Abb. 53.
Ursprünglicher Austenit durch Eintauchen in flüssige Luft in Martensit umgewandelt.

Abb. 54. Stahl mit 1,94 % C, 2,20 % Mn bei 1050° C abgeschreckt: Austenit (nach Maurer).

4700 $V = 117$ 4714

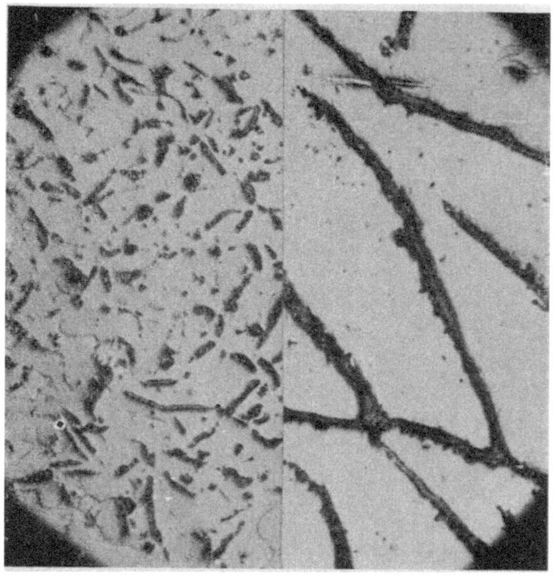

Abb. 55. Graphitblättchen in Gußeisen (nicht geätzt).

4871 $V = 117$

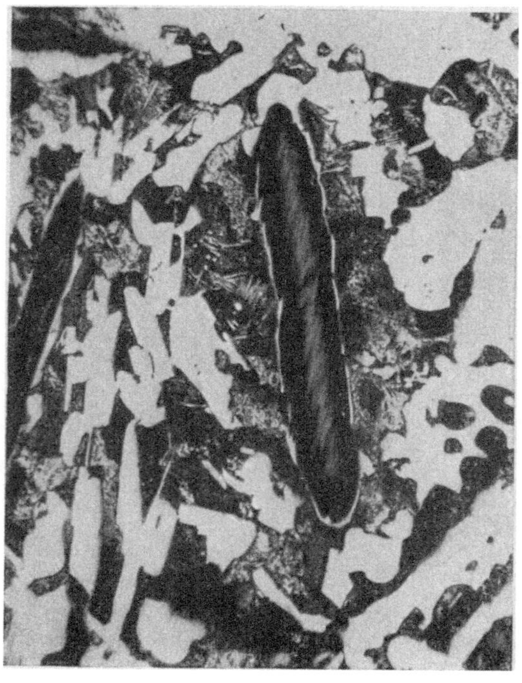

Abb. 56.

4870 $V = 350$

Abb. 57.

Graphitausscheidung in hochmanganhaltigem Spiegeleisen (nach Osann). Gesamt-C = 5,19 %; davon Graphit = 1,80 %; Mn = 9,61 %.

3311 $V = 29$

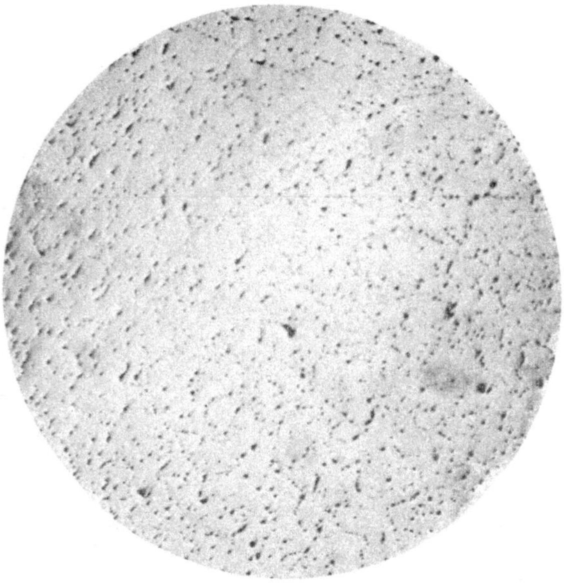

3315 $V = 123$

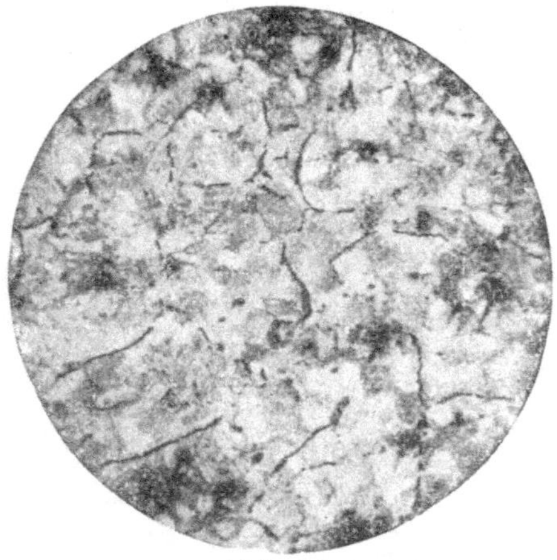

Abb. 59.

Abb. 58.
Temperkohle in einem längere Zeit in Holzkohle geglühten Werkzeugstahl (nach Ledebur).

5379 $V = 275$

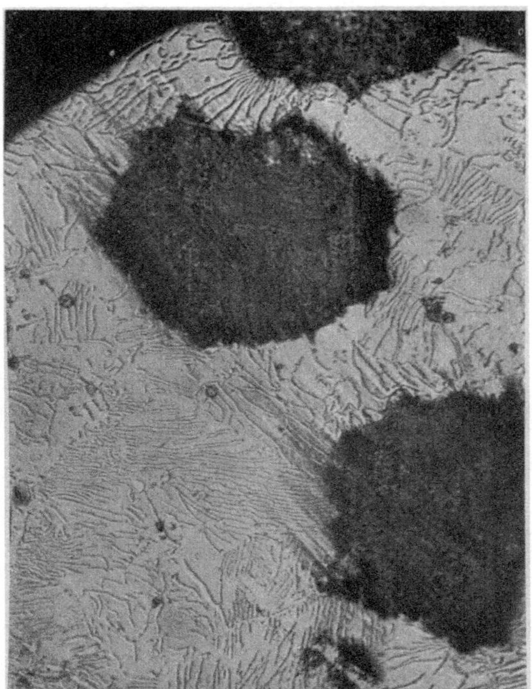

Abb. 60. Temperkohle in einem Temperguß.

Tafel XIV.

2831 $V = 275$

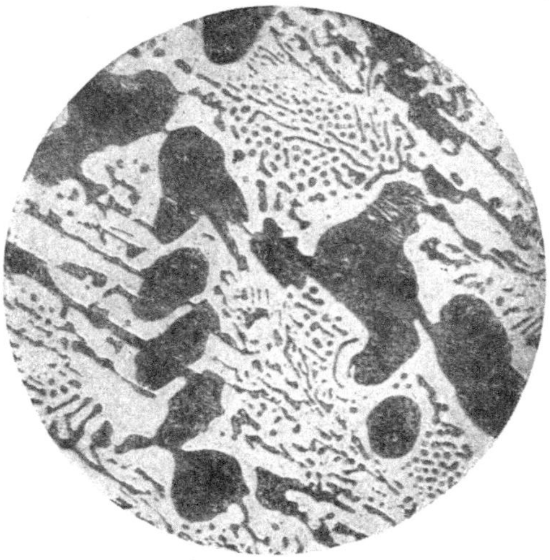

Abb. 61.

2832 $V = 1250$

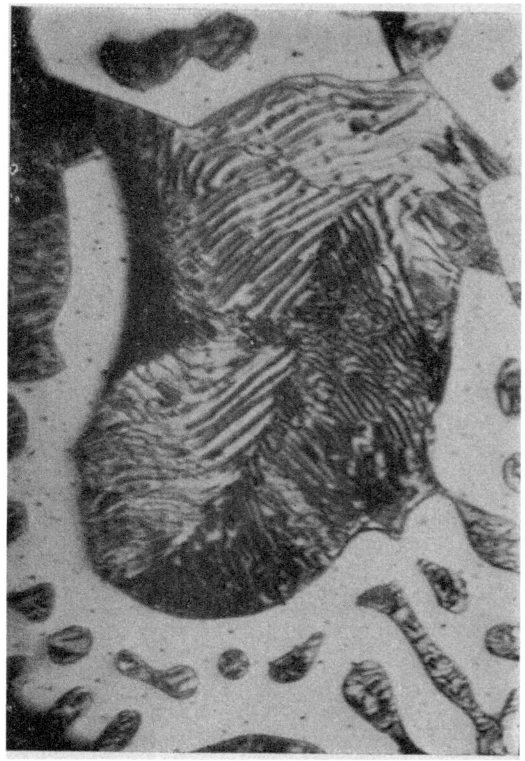

Abb. 62.

Perlitinseln im Zementit, Ledeburit.
(Aus einem weißen Roheisen mit 3,91 % C.)

2511 $V = 123$

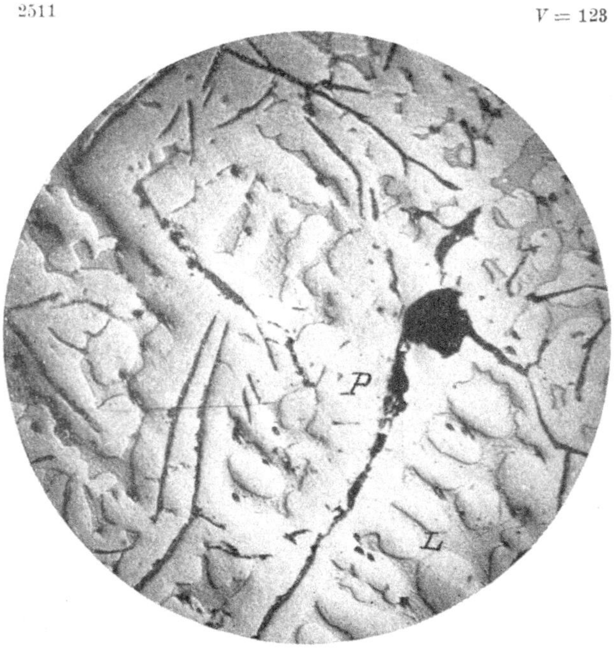

Abb. 63.

2519 $V = 900$

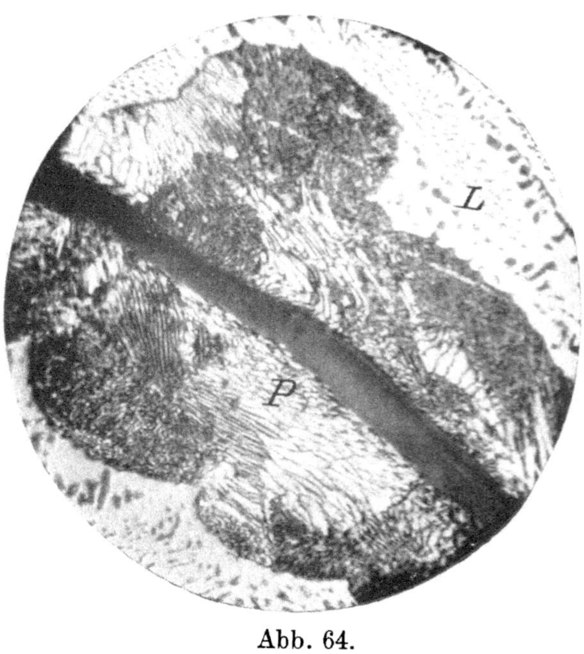

Abb. 64.

Gefüge von grauem Roheisen

(reliefpoliert). (ätzpoliert).

2633 $V = 365$

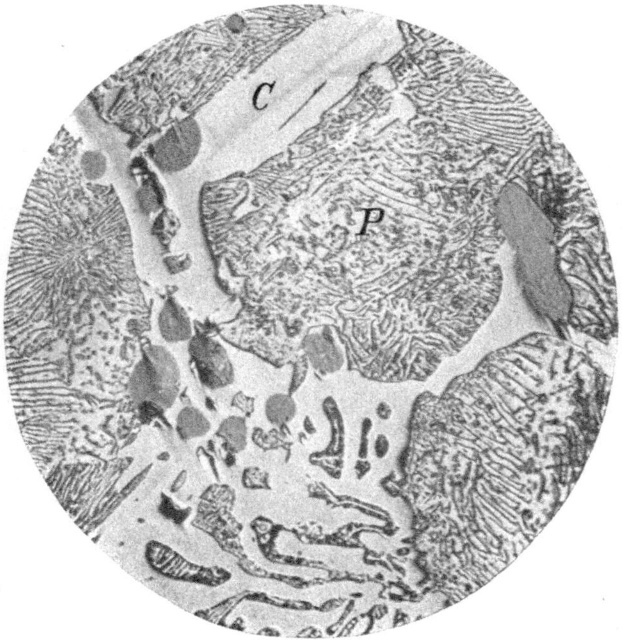

Abb. 65. Weißes Thomasroheisen mit 2,49 % Gesamtkohlenstoff.

2632 $V = 365$

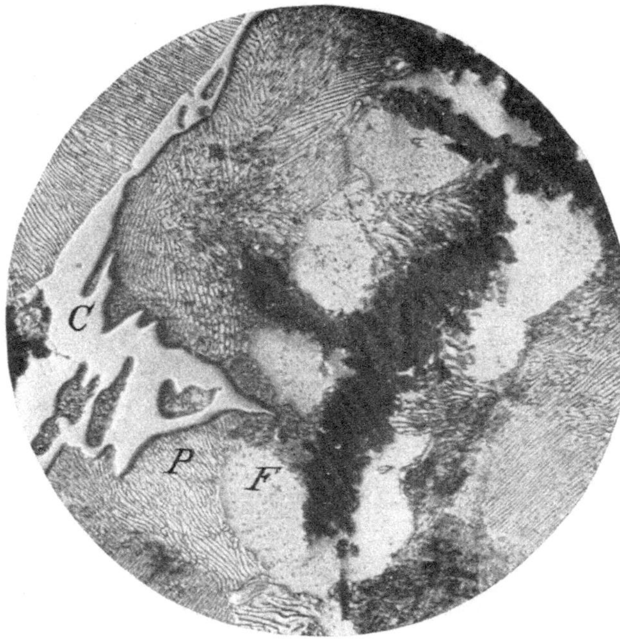

Abb. 66. Dasselbe Roheisen wie Abb. 65 108 Stden. lang in Holzkohle geglüht.

5045 $V = 350$

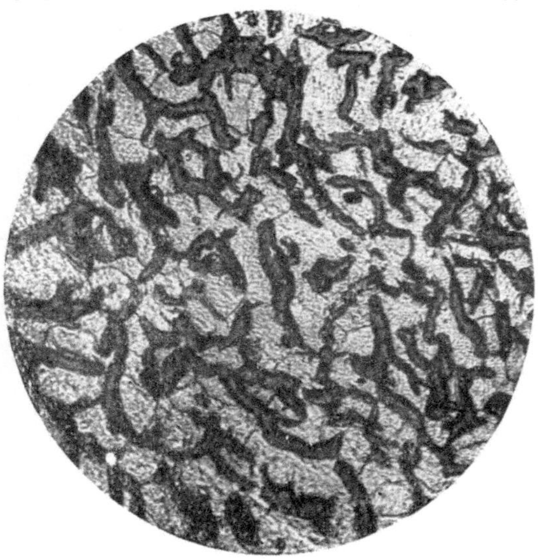

Abb. 67.
Gefüge von langsam abgekühltem grauem Roheisen mit 4,25 % C.

5083 $V = 117$

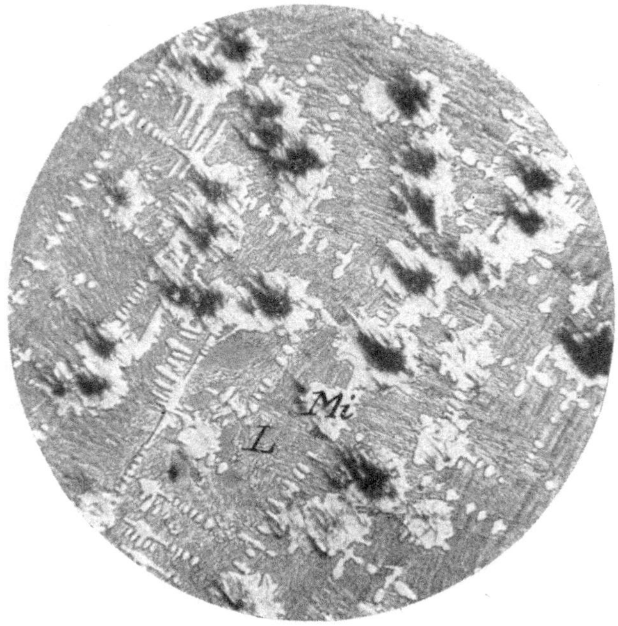

Abb. 68. Eisenkohlenstoff-Schmelze mit 4,78 % C bei 1284 ° C abgeschreckt. (Gefüge im Innern der Granalien.)

Tafel XVI.

4884 $V = 100$

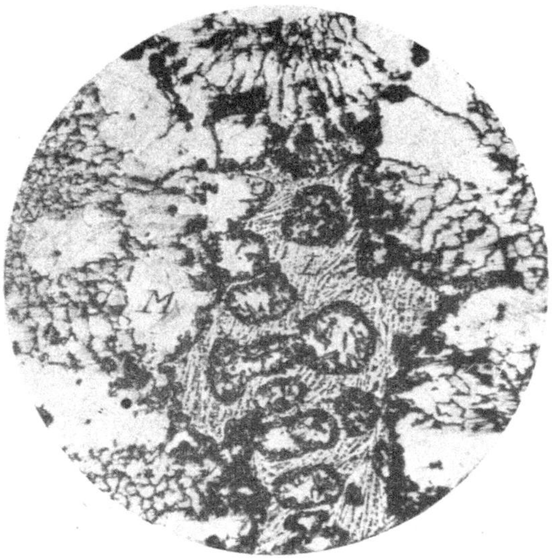

4885 $V = 300$

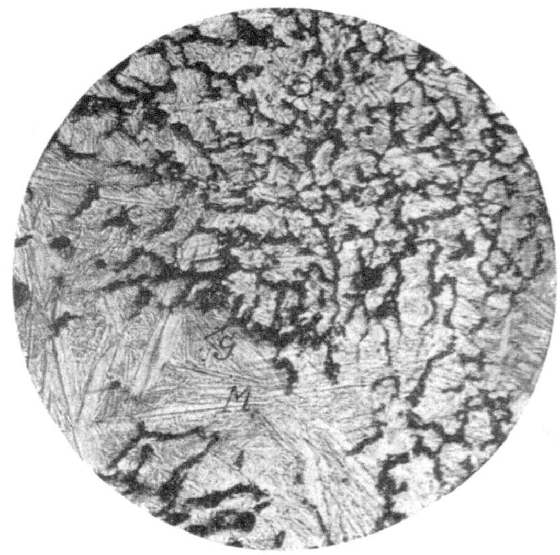

Abb. 69. Abb. 70.

Eisenkohlenstoff-Schmelze mit 2,75 % C bei 1102 °C abgeschreckt: Ledeburit L, Graphitnester G in Martensit-Grundmasse M.

7035 $V = 620$

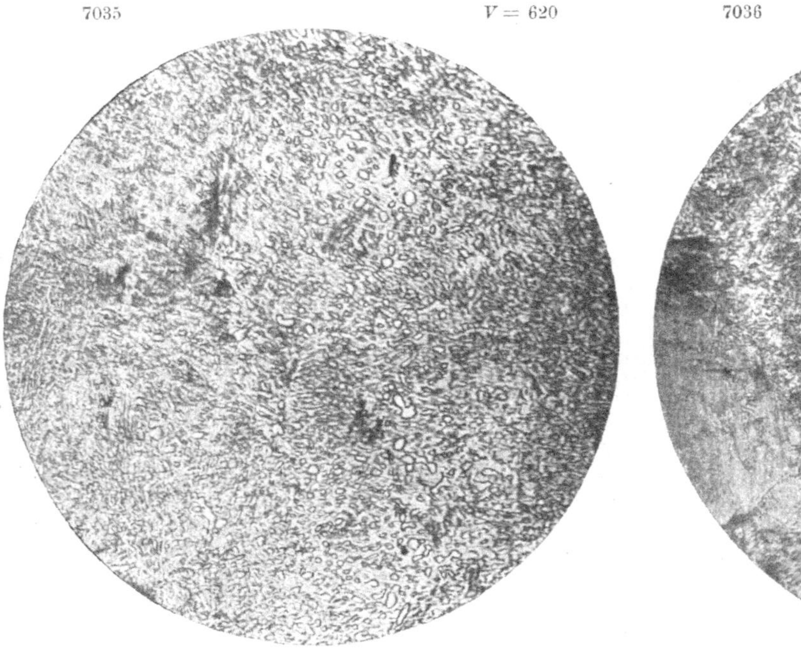

Abb. 71. Bandstahl mit 1,09 % C, kaltgewalzt, dann 6 Stdn. bei 700 °C geglüht, langsam abgekühlt; körniger Perlit.

7036 $V = 620$

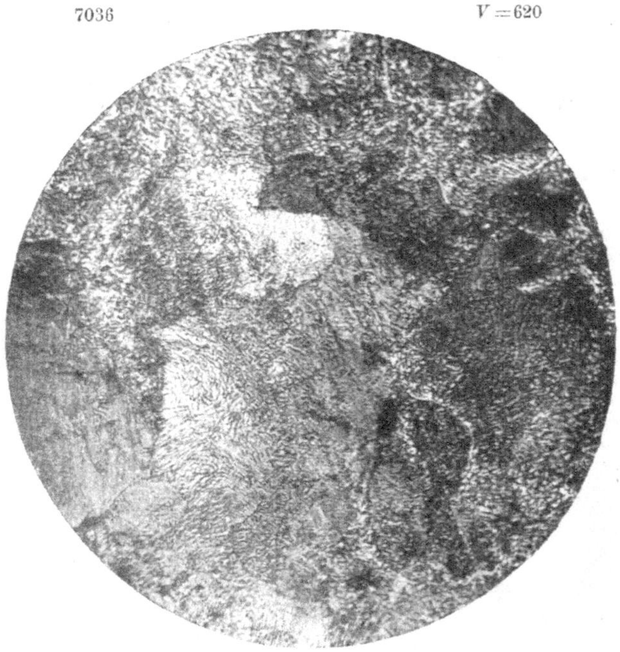

Abb. 72. Bandstahl mit 1,09 % C, kaltgewalzt, dann $^{1}/_{2}$ Std. bei 900 °C geglüht, langsam abgekühlt; lamellarer Perlit.

Metallurgische Berechnungen. Praktische Anwendung thermochemischer Rechenweise für Zwecke der Feuerungskunde, der Metallurgie des Eisens und anderer Metalle. Von Prof. **Jos. W. Richards**, Lehigh-Universität. Autorisierte Übersetzung nach der zweiten Auflage von Prof. Dr. **B. Neumann**, Darmstadt und Dr.-Ing. **P. Brodal**, Christiania. Unveränderter Neudruck. 1920. Gebunden 24 Goldmark / Gebunden 5.75 Dollar

---

Die Messung hoher Temperaturen. Von **G. K. Burgess** und **H. Le Chatelier**, Membre de l'Institut. Nach der dritten amerikanischen Auflage übersetzt und mit Ergänzungen versehen von Prof. D. **G. Leithäuser**, Dozent an der Techn. Hochschule Hannover. Mit 178 Textfiguren. 1913.
15 Goldmark / 3.60 Dollar

Die Verfestigung der Metalle durch mechanische Beanspruchung. Die bestehenden Hypothesen und ihre Diskussion. Von Prof. Dr. **H. W. Fraenkel**, Frankfurt a. M. Mit 9 Figuren im Text und 2 Tafeln. 1920. 1.80 Goldmark / 0.45 Dollar

---

Lagermetalle und ihre technologische Bewertung. Ein Hand- und Hilfsbuch für den Betriebs-, Konstruktions- und Materialprüfungsingenieur. Von Ober-Ingenieur **J. Czochralski**, Frankfurt a. M. und Dr.-Ing. **G. Welter.** Zweite Auflage. Mit etwa 130 Textabbildungen. In Vorbereitung.

Moderne Metallkunde in Theorie und Praxis. Von Ober-Ingenieur **J. Czochralski**, Frankfurt a. M. Mit 298 Textabbildungen.
Erscheint im März 1924.

Mechanische Technologie der Metalle in Frage und Antwort. Von Dr.-Ing. **E. Sachsenberg**, ord. Professor an der Technischen Hochschule Dresden. Mit zahlreichen Abbildungen. 1924.
6 Goldmark; gebunden 6.80 Goldmark / 1.45 Dollar; gebunden 1.65 Dollar

---

Die Konstruktionsstähle und ihre Wärmebehandlung. Von Dr.-Ing. **Rudolf Schäfer.** Mit 205 Textabbildungen und 1 Tafel. 1923.
Gebunden 15 Goldmark / Gebunden 3.60 Dollar

Die Werkzeugstähle und ihre Wärmebehandlung. Berechtigte deutsche Bearbeitung der Schrift „The heat treatment of tool steel" von **Harry Brearley**, Sheffield. Von Dr.-Ing. **Rudolf Schäfer.** Dritte, verbesserte Auflage. Mit 226 Textabbildungen. 1922.
Gebunden 10 Goldmark / Gebunden 3.35 Dollar

Die Schneidstähle. Ihre Mechanik, Konstruktion und Herstellung. Von Dipl.-Ing. **Eugen Simon.** Dritte, vollständig umgearbeitete Auflage. Mit etwa 545 Textabbildungen. In Vorbereitung.

Probenahme und Analyse von Eisen und Stahl. Hand- und Hilfsbuch für Eisenhütten-Laboratorien. Von Prof. Dipl.-Ing. **O. Bauer** und Prof. Dipl.-Ing. **E. Deiß.** Zweite, vermehrte und verbesserte Auflage. Mit 176 Abbildungen und 140 Tabellen im Text. 1922.
Gebunden 10 Goldmark / Gebunden 2.40 Dollar

GPSR Compliance

The European Union's (EU) General Product Safety Regulation (GPSR) is a set of rules that requires consumer products to be safe and our obligations to ensure this.

If you have any concerns about our products, you can contact us on ProductSafety@springernature.com

In case Publisher is established outside the EU, the EU authorized representative is:

Springer Nature Customer Service Center GmbH
Europaplatz 3
69115 Heidelberg, Germany

Batch number: 10684220

Printed by Printforce, the Netherlands